Grundkurs Literaturgeschichte

Westdeutscher Verlag

Erhard Schütz · Jochen Vogt u. a.

Einführung in die deutsche Literatur des 20. Jahrhunderts
Band 2: Weimarer Republik, Faschismus und Exil

Erhard Schütz · Jochen Vogt

unter Mitarbeit von Karl W. Bauer, Horst Belke,
Manfred Dutschke, Heinz Geiger, Hermann Haarmann,
Manfred Jäger, Heinz Günter Masthoff, Florian Vaßen

Einführung
in die deutsche Literatur
des 20. Jahrhunderts

Band 2: Weimarer Republik,
Faschismus und Exil

Westdeutscher Verlag

Durchgesehener Nachdruck 1978

© 1977 Westdeutscher Verlag GmbH, Opladen
Satz: Vieweg, Wiesbaden
Druck: E. Hunold, Braunschweig
Buchbinder: W. Langelüddecke, Braunschweig

ISBN 3-531-11424-7

Inhalt

Vorbemerkung

Das Neue kommt besonders vertrackt.
Ernst Bloch

Für diesen zweiten Band der *Einführung* gilt weiterhin, sofern er chronologisch den ersten fortsetzt, dessen *Vorbemerkung.* Sie hält u. a. den Bezugspunkt der gesamten Darstellung fest: den Struktur- und Funktionswandel der modernen deutschen Literatur im Zeitalter verschärfter Medienkonkurrenz und zunehmender Monopolisierung der Kulturproduktion.

Aber diese Perspektive hebt den zweiten Teil doch auch vom ersten ab, insofern die Faktoren und Symptome solchen Wandels in der Literatur der Weimarer Republik, des Exils und auch des Faschismus besonders deutlich, ja kraß hervortreten. Am Anfang steht dabei die literarische ,Verarbeitung' des Ersten Weltkriegs und der ihn tragenden Gesellschaftsordnung; hat dieser Krieg doch — über die offenbar politischen Folgen hinaus — geradezu anthropologische Veränderungen beschleunigt und sichtbar gemacht. Walter Benjamin etwa hat auf eine weitreichende Umwälzung der Erfahrungs- und Wahrnehmungsstruktur hingewiesen, die er als Ablösung der ,Versenkung' durch ,Zerstreuung' zu fassen sucht. Einige Konsequenzen, die solche Veränderung auf dem Gebiet der Literatur hervorgerufen hat, will dieser Band sodann andeuten. Brechts Lehrstück-Konzept, Döblins Prosa, Benns lyrische Montagen sind einige — sehr disparate! — Reaktionen auf die immer stärkere Dominanz der neuen Medien, der ,Apparate' (Brecht). Im Bereich der sogenannten Massenliteratur lassen sich weitere Strukturzüge und Techniken einer auf Zerstreuung abzielenden Literatur fassen: anhand der Kabarettkultur und der Reportage, aber auch am Sachbuch im Dienste des Nationalsozialismus.

Unter derart übergreifenden Gesichtspunkten kann allerdings das Jahr 1933 nicht als qualitativer Einschnitt verstanden werden; im ,Dritten Reich' wie im Exil setzen sich ideologisch und ästhetisch Tendenzen durch, die vorher schon erkennbar waren. Freilich werden durch die politische Frontlinie zunehmend auch bürgerliche Autoren zur Positionsbestimmung und Parteinahme gedrängt, — in ihren politischen Aktivitäten wie in ihrer literarischen Produktion. Hier, bei den Reaktionen bürgerlicher Literatur auf die politischen und gesellschaftlichen Veränderungen, liegt ein Hauptinteresse dieses Bandes (ohne daß darüber der Komplex proletarischer Literatur vernachlässigt werden soll). Autoren wie Ernst Jünger, Benn, Brecht, Heinrich und Thomas Mann erscheinen deshalb mehrfach, − als ,Leitfiguren', die besonders geeignet sind, den Spielraum bürgerlicher Literatur im 20. Jahrhundert auszuleuchten, nach rechts wie nach links.

Diese ausführliche Behandlung einzelner Autoren, ausgewählter Texte mag dabei *auch* auf gewisse Vorlieben der Verfasser hindeuten; aber keineswegs darf andererseits die knappe Erwähnung oder das Fehlen anderer, durchaus wichtiger Autoren als negatives Werturteil mißverstanden werden. Es sei deshalb wiederholt: diese *Einführung* will *keine Literaturgeschichte* sein, wohl aber zu einem historisch reflektierten Literaturverständnis anleiten. Unter diesem Anspruch ist das auswählende, exemplarische Verfahren konzipiert worden − was nicht ausschließt, daß man über die Auswahl im einzelnen streiten kann. Dem aufmerksamen Leser werden solche ,Lücken' nicht entgehen − und als *Einführung* sollte ihn dieser Band allemal so weit führen, daß er die nächsten Schritte selber tun kann.

Essen, im September 1977   *Die Verfasser*

Hinweis zur Benutzung

Dieser Band soll − als Einführung − leicht zu benutzen sein; deshalb wurden Anmerkungen und Literaturverweise auf ein Minimum reduziert. Zitate aus den jeweils behandelten Werken (*Primärtexte*) werden im Text unter Nennung der Seitenzahl nachgewiesen; diese Seitenangaben beziehen sich jeweils auf die Studienausgaben (Reclam, Taschenbuch usw.), die unter den Literaturhinweisen zuerst genannt sind. Die dort angeführten Titel der *Sekundärliteratur* sind generell als Empfehlungen für ein vertiefendes Selbststudium gemeint. Bibliographische Vollständigkeit ist selbstverständlich nicht angestrebt.

Ein *Personenregister* für alle drei Bände dieser Einführung wird in Band 3 (Bundesrepublik und DDR) enthalten sein.

1. Einführung und Überblick: Literatur im Zeitalter der Medienkonkurrenz

Die Aktualität der Weimarer Republik

Wolfgang Rothe, Herausgeber eines umfänglichen Bandes über die deutsche Literatur der Weimarer Republik, stellt im Vorwort 1974 ein stark gestiegenes Interesse an der Weimarer Republik fest und sucht nach Gründen: „Es bekundet sich in ihm das Verlangen nach Einsicht in den Charakter dieses Staatswesens und die Ursachen seines Untergangs." Fraglich ist, ob so einfach Literatur als Dokument der Politik genommen werden kann; aber daß es ein starkes Interesse an dieser Zeit und ihrer Literatur gibt, bleibt unbezweifelbar – und zwar schon seit einiger Zeit. So schreibt 1962 der Philosoph Helmuth Plessner: „Die zwanziger Jahre haben es zur Zeit sehr gut bei uns. Der Expressionismus steht wieder in hohem Ansehen. Die Drei-Groschen-Oper ist nicht totzukriegen und selbst die Schlager von damals erleben eine Renaissance."[1]

Verfolgt man diesen Zusammenhang weiter, dann stößt man auf merkwürdige Beziehungen: mit der Entwicklung der Bundesrepublik wurden – auch literarhistorisch – nach und nach *verschiedene historische Schichten der Weimarer Republik* entdeckt. Stand am Anfang, wie Plessner bemerkt, die Wiederbelebung des Expressionismus, so folgte in den Jahren der Prosperität das plötzliche Interesse an der ,Neuen Sachlichkeit', dazu im Gefolge der Studentenrevolte von 1968 und der Krise 1969 die Entdeckung der proletarisch-revolutionären Literatur – und schließlich treten im Zeichen der neuerlichen, verstärkten ökonomischen Krise zunehmend die Krisenpunkte der damaligen Zeit in das Zentrum des Interesses. Um das Problem schärfer zu konturieren, sollen – schlaglichtartig – einige Selbstdeutungsversuche der damaligen Zeit in den Blick genommen werden.

1931 etwa hatte die damals relativ bedeutende Essener Theaterzeitschrift *Der Scheinwerfer* eine Umfrage zur Literatur unter den Parteien veranstaltet; gefragt war unter anderem, ob es eine nationale deutsche Kunst gebe. Die Wirtschaftspartei antwortete, in Geschmacksfragen wolle sie nicht eingreifen. Die Nazis, wie nicht anders zu erwarten, proklamierten die erst noch zu schaffende ,völkische Kunst' und die Sozialdemokraten antworteten zaghaft: „Der Begriff ‚nationale Kunst' steht noch nicht eindeutig fest", — von einer einheitlichen nationalen deutschen Kunst wollte und konnte keiner reden.[2]

Welche Gründe wurden nun dafür gesucht? Gerhard Menz, ein Wirtschaftswissenschaftler, schrieb im März 1933, als eben die Nazis den Staat übernommen hatten, unter dem Titel *Kulturwirtschaft*: „Bei der Partei-, aber auch Kulturzerrissenheit der Gesellschaft, die sich in der deutschen Republik ihren neuen Staat geschaffen hatte, war an bewußte einheitliche Kulturpflege überhaupt nicht zu denken." — Und deshalb sei das gerade geschaffene Propagandaministerium Goebbels' ausdrücklich zu begrüßen.[3] Spezialisiert auf den Roman, aber nicht minder symptomatisch fällt zwei Jahre zuvor die Antwort des damals linksradikalen Schöngeistes Bernard von Brentano aus: „Die erste Voraussetzung des Romans ist eine Gesellschaft. Wir haben keine Gesellschaft." Weiter: „Der Staat ist kein System, sondern ein gärendes Durcheinander von Interessen . . ."[4] Von allen Seiten her wurden Gesellschaft, Staat und Kultur als uneinheitlich, zerrissen, unüberschaubar und widersprüchlich erfaßt. Die Germanistik der Zeit stand der Gegenwartsliteratur hilflos gegenüber. Wo sie nicht zu den — in den Faschismus überleitenden — Kategorien vom Völkisch-Gesunden und Zivilisatorisch-Krankhaften oder ähnlichem griff, blieb sie ohnmächtig. Exemplarisch Benno von Wiese 1931: „Alles bleibt ungewiß und schwebend, was man über das politische Problem der literarischen Gegenwart aussagen kann (. . .). Und wie ließe sich sagen, was wesentlich und was unwesentlich, was Tagesmode und was geschichtliche Notwendigkeit ist?"[5]

Joachim Maaß, selbst Schriftsteller, versuchte für die elitäre konservative Zeitschrift *Die Tat* 1932, gegen Ende der Republik also, eine Gruppierung der „jungen deutschen Literatur". Er sondert nach „zeitkritischer" und „zeitdeutender", „neuromantischer" und „neoklassizistischer" Literatur. Schließlich findet er noch eine Gruppe, die er unterm Titel „Das Ich und die Zeit" zusammenfaßt, ihr sollen Ernst von Salomon, Heinrich Hauser, Siegfried Kracauer, Erich Kästner, Wilhelm E. Süskind, Maaß selbst, Klaus Mann, Marie Luise Fleißer und Bruno Brehm angehören — Autoren also, die für uns heute untereinander gar nichts gemein haben, deren politisches Spektrum so weit reicht wie ihr literarisches.[6] Nimmt man noch hinzu, daß viele der älteren Autoren in diesen Jahren ausgesprochen produktiv waren, ob Hugo von Hofmannsthal oder Hermann Hesse, daß Thomas Mann den Nobelpreis für Literatur 1929 bekam, daß Heinrich Mann als *der* Repräsentant der Weimarer Kultur galt, gar als sozialdemokratische Leitfigur, daß noch Gerhart Hauptmann später von den Nazis als der „Republik gefeiertster Poet" geschmäht wurde, dann illustriert das, welche Schwierigkeiten die Zeit haben mochte, ihre Literatur erkennend in den Begriff zu bekommen.

Zu erklären bleibt also, *warum* die Zeit sich selbst zerrissen und konturenlos erscheinen konnte. Zusammenfassende Darstellungen über die Weimarer Republik tragen Titel wie *Die Zeit ohne Eigenschaften, Weimar — Republik auf Zeit* oder *Experiment in Demokratie* — also durchweg Versuche solcher Deutung. Eines der neueren Bücher, das die Zeit unter dem Aspekt ihrer Kultur behandelt, trägt den Titel *Die Republik der Außenseiter.*[7] So belanglos gerade dieses Buch ist, so macht doch sein Titel ungewollt auf einen Kernpunkt des gegenwärtigen Interesses an der Weimarer Republik aufmerksam, gleichzeitig aber auf Gründe des damaligen Selbstmiß- und Unverständnisses. Denn: Außenseiter — das ist der Titel, den sich gern Intellektuelle zulegen, die ihre wohlfunktionierende Funktionslosigkeit als Ausgestoßensein illusionieren. Es handelt sich dabei, so lautet die These, entscheidend um ein *Problem der Intelligenz und ihres Verhältnisses zur Realität.* Insofern sind die Deutungen und Fehldeutungen der Intelligenz, besonders der literarischen, die von den Umstrukturierungsprozessen innerhalb der bürgerlichen Gesellschaft am unmittelbarsten betroffen wurde, für die Analyse der Zeit besonders wichtig.

Republik der Tuis: Die Intellektuellen in der Weimarer Republik

Bertolt Brecht, wenn nicht der größte, so doch einer der intelligentesten Schriftsteller des 20. Jahrhunderts, hat die Weimarer Republik die *Tui-Republik* genannt. Brecht hatte im Exil einen Roman konzipiert, der von der Tui-Republik Chima, gemeint ist damit eben die Weimarer Republik, handeln sollte. Er ist nicht fertig geworden, aber die vorhandenen Fragmente bilden eine außerordentlich scharfsinnige und tiefgehende Auseinandersetzung mit den Selbstverblendungen der literarischen Intelligenz. „Es war die allgemeine Meinung, daß man die Ordnung, die überall ausbrach, als die Regierenden ihren Krieg, den sie mit großem Gewinn, aber weniger äußerem Erfolg geführt hatten, aufgeben und verloren geben mußten, nur dem Bestehen einer revolutionären Partei verdankte, die sich sogleich an die Spitze der Bewegung des Volkes setzte. Diese Partei (...) (gemeint ist die SPD — E. S.) konnte in diesen allgemein als gefährlich angesehenen Tagen ihre historische Aufgabe nur deshalb erfüllen, weil sie schon seit langem bestand (. . .) und weil sie sehr groß war." „Nach allgemeiner Ansicht" − so fährt Brecht fort − „begann in diesen Tagen jenes Zeitalters in Chima, das die Zeit der Herrschaft des Geistes genannt wurde, nämlich die große Zeit der Tuis", der „Kaste der Tellekt-uell-ins, der Kopfarbeiter".[8]

Brecht verhöhnt nun im folgenden diese *Illusion von der Herrschaft des Geistes*, die damals nicht immer gleich so ausgeprägt war wie in Kurt Hillers Forderung nach Herrschaft der ‚Geistigen', die aber allgemein unter den Intellektuellen bestand, nämlich, daß sie in der Demokratie die tragende Elite seien. Brechts besonderer Spott gilt der Verfassung der Weimarer Republik, in der, durchaus wohlgemeint, alles zusammengestellt war, was an den Verfassungen der bisherigen Demokratien gut und wertvoll schien. Gerhard Leibholz, einer der bedeutendsten Verfassungsrechtler der Bundesrepublik, charakterisiert sie so: „Es waren die Ideen der französischen Revolution und der Aufklärung, vor allem der Glaube an die schöpferische Kraft der Vernunft und damit der Glaube (. . .) an die schöpferische Kraft der Diskussion."[9] Brecht nun verspottet in der Person des Schöpfers dieser Verfassung, des Liberalen Hugo Preuß, der bei Brecht als Sa-u-pröh erscheint, die Illusion, daß eine gutgemeinte Verfassung auch die Realität gut machen könne. Er zeigt, wie die Realität der alten herrschenden Schichten und der Interessen des Kapitals die Liberalität dieser Demokratie mit Füßen tritt, wie aus dem Wohlgemeinten ein Instrument der Diktatur wird, etwa in Form des berüchtigten Artikels 48, auf dem Notverordnung und Ermächtigungsgesetz basierten.

Zur *Literatur*, die unter solchen Bedingungen entstand, notiert er dann: „Die Literatur hatte einen riesigen Aufschwung genommen. Es wurden mehr Wohnzimmer, mehr Leute, mehr Arbeitsstellen beschrieben als bisher und mehr glückliche und mehr traurige Schicksale erfunden. (. . .) Das war alles verhältnismäßig harmlos und machte die Leute weder dümmer noch klüger." Über die Autoren, die literarischen ‚Tuis', befindet er: „Sie haben eine langjährige Freiheit genossen, da ihre Redereien nicht wesentlich geschadet haben." − „Das Buch endet" − schreibt Brecht dann lapidar − „mit der Überwindung und Ausschaltung der Tuis. Ihre große Zeit ist unwiederbringlich vorüber, als die Demokratie vorüber ist." Und: „Die bestehende Demokratie hat nicht den Sieg des Volkes ermöglicht. Sie ermöglicht hingegen seine Niederlage."[10] Darin ist Brechts Analyse aktuell und wirft ein Licht auf die Verklärung der Weimarer Republik unter Intellektuellen in der unmittelbaren Gegenwart; sie demonstriert nämlich, wie aus der abgelösten Selbstbeschäftigung des Geistes die Illusion entstehen kann, der Geist und die ‚Geistigen' seien Träger des Prozesses, dem sie jedoch in Wirklichkeit ausgeliefert sind: Die eigentlich treibenden Kräfte sind anderswo wirksam.

Berlin — Hauptstadt der Ungleichzeitigkeit

Der vorhin zitierte Helmuth Plessner gibt im Versuch, das Interesse an den 20er Jahren zu erklären, eine exemplarische Tui-Antwort: „Zu den extremen Temperaturen des Expressionismus und der Neuen Sachlichkeit taugte nur die scharfe, schnoddrige, kesse Geste Berlins, Deutschlands einziger Zitadelle der Aufklärung."[11] Das ist leider weniger Auf- als *Ver*klärung, denn daß Berlin zum Zentrum der Kultur der Weimarer Republik werden konnte, ist selbst noch zu erklären — und nicht dadurch schon bestimmt, daß in Berlin vor langer Zeit einmal die bedeutendsten deutschen Aufklärer saßen. Bernard von Brentano kommt, im Rückblick, der Sache schon näher: „Die Kunst hatte endlich bei uns einen festen Platz (. . .), sie hatte Berlin. (. . .) und wie ein Schriftsteller ein Stück Papier braucht, um seine Gedanken aufschreiben zu können, genauso braucht der Geist eine Werkstatt, und eine große, lebendige, freie Stadt ist eine sehr gute Werkstatt."[12]

In Berlin liefen zweifellos die bestimmenden Momente der damaligen Zeit zusammen, es traten dort auch die Probleme am klarsten hervor. Berlin hatte also ein großes Potential an Erfahrungsmöglichkeiten. Die Umschichtung vom Land in die Stadt, das zeigt sich besonders deutlich in Berlin, war vorerst abgeschlossen, die Stadtkultur dominierte — aber, so muß man in Kenntnis der Geschichte einwenden, um einen hohen Preis: eben das Gefälle zum Land vergessen zu haben. Im Bewußtsein der Großstadtkultur war das Land, die Provinz, nur allzu sehr diffuses Abnehmerpotential am Rande und bestenfalls Quelle exotischer Stoffe.

Diese Konstellationen hat Ernst Bloch 1932 — aber doch schon zu spät — unterm Begriff der *Ungleichzeitigkeit* gefaßt: „Das *objektiv* Ungleichzeitige ist das der Gegenwart Ferne und Fremde: es umgreift also *untergehende Reste* wie vor allem *unaufgearbeitete Vergangenheit*, die kapitalistisch noch nicht ‚aufgehoben' ist." Oder im Bild: „Die Straße, welche das Kapital durchs ‚organisch' überlieferte Land gebrochen hat, zeigt als deutsche jedenfalls besonders viel Nebenwege und Bruchstellen." Insbesondere sind es die Bauern, von denen Bloch sagt, sie seien „mitten im wendigen kapitalistischen Jahrhundert, älter placiert". Aber, das macht für ihn das Problem aus,

13

diese Elemente des Ungleichzeitigen, Bauern und Mittelstand, die mit der kapitalistischen Produktion nicht unmittelbar Befaßten, „blühen (...) nicht im Verborgenen wie bisher, sondern widersprechen dem Jetzt; (...) von rückwärts her."[13]

Diese Ungleichzeitigkeit, diese unfriedliche Koexistenz von Altem und Neuem, Früherem und — oftmals noch barbarischerem — Jüngstem, ist eine entscheidende Bestimmung der Zeit — die jedoch der Zeit selbst in ihrem illusionistischen Selbstverständnis viel zu lange verborgen blieb. Hellmut von Gerlach, einer der wenigen Liberalen der Weimarer Republik, zeigt, wie weit diese Illusionen wirkten. In seinem Bericht an die Carnegie-Stiftung über Fortschritte der Demokratisierung in Deutschland schreibt er optimistisch, daß zwar bisher an den Universitäten die antidemokratischen und reaktionären Ex-Offiziere absolut dominiert hätten, nach deren Examina aber die republikanischen Minderheiten ihre Chancen bekämen.[14] Daß diese antidemokratischen Akademiker aber Schlüsselstellungen in den Institutionen der Republik einnahmen und demokratische Entwicklung dort systematisch verhinderten, den wenigen nachfolgenden Demokraten schließlich den Zutritt in Wissenschaft, Kultur, Schule, Justiz und Medizin meist erfolgreich verwehrten, blieb in diesem Optimismus verborgen.

Aber selbst das viel offenkundigere *Schisma zwischen Proletariat und Bourgeoisie* nahmen nur wenige wahr. Noch wenigere wußten es zu deuten und kaum einer hat das Dilemma der Intelligenz darin so klar gefaßt wie Walter Benjamin. Er stellt fest, daß es sich keineswegs darum handeln konnte, „den Künstler bürgerlicher Abkunft zum ‚Meister der Proletarischen Kunst' zu machen", sondern höchstens darum, „ihn, und sei es auf Kosten seines künstlerischen Wirkens" im Raum des politischen Handelns selbst in Funktion zu setzen.[15] Aber Benjamin liefert gleichzeitig die Begründung dafür, warum das so gut wie unmöglich ist: weil die bürgerliche Herkunft dem Intellektuellen seit seiner Kindheit in Form von Bildung „ein Produktionsmittel mitgab, das ihn aufgrund des Bildungsprivilegs mit ihr, und, das vielleicht noch mehr, sie mit ihm solidarisch macht."[16] Für sich selbst hat er daher die Konsequenz gezogen: „Die ausgebildetste Zivilisation und die ‚modernste' Kultur gehören nicht nur zu meinem privaten Komfort, sondern sie sind zum Teil geradezu Mittel meiner Produktion. Das heißt: es liegt nicht in meiner Macht, meine Produktionsanstalt nach Berlin O.(st) oder N.(ord; die ausgesprochenen Arbeiterviertel — E. S.) zu verlegen. (In meiner Macht stünde, nach Berlin O. und N. zu übersiedeln, aber dort anderes zu tun, als ich hier tue. [...])"[17]

Zwar hat die deutschsprachige Literatur dieser Zeit noch andere signifikante Zentren und Nebenhauptstädte, München vor allem, Wien und Prag. Aber es scheint gerechtfertigt, Berlin exemplarisch hervorzuheben, weil dort die Gegensätze am schärfsten konturiert waren — und dennoch nur partiell und von wenigen erkannt wurden; dann aber auch, weil, wie Otto Friedrich schreibt, „dieses Berlin der zwanziger Jahre mit seinem Sinn für Freiheit und seiner weltstädtischen Lebensauffassung nach einer so kurzen Blütezeit so gründlich zerstört wurde, (. . .) zu einer Art Mythos (. . .), zu einem verlorenen Paradies" geworden ist.[18]

Es gibt noch andere Einwände gegen die vage Illusion der Freiheit des Geistes und der Geister in der Weimarer Republik. Gegen Helmuth Plessner, der das „Fascinosum der zwanziger Jahre" aus dem geistigen Schwung einer idealistischen Intelligenz und eben aus Berlin als Mittelpunkt „für die entbundenen Energien" dieser Intelligenz erklären wollte, tritt Adorno mit einem radikalen Argument auf: „die heroischen Zeiten der neuen Kunst lagen vielmehr um 1910, die des synthetischen Kubismus, des deutschen Frühexpressionismus, der freien Atonalität Schönbergs". Adorno sieht im Vorkriegs-Avantgardismus den Höhepunkt des Kunstprozesses. Er sagt sogar, daß der „Kirchhoffrieden", den man „gemeinhin erst dem Druck des nationalsozialistischen Terrors zuschreibt", eigentlich schon in der Weimarer Republik geherrscht habe.[19] Das hat viel für sich, denn es sind gerade jene Keimformen der Kulturindustrie mit ihrer intellektuellen Laxheit, ihrer Prostitution an den Augenblick und die gefühlige Regression, die die Kultur der Weimarer Republik zurichteten und die von den Nazis nur noch systematisiert zu werden brauchten.

Wie wenig frei ‚der Geist' damals war, ist nicht nur an den unmittelbar ökonomischen Abhängigkeiten zu belegen, sondern auch durch die Radikalität, mit der die staatliche Bürokratie und eine anti-demokratische Justiz damals ‚literarische Hochverratsprozesse' anstrengte und Zensur ausübte, angeblich, um den Staat zu schützen — faktisch indes nur, um ihn, von jeglicher Demokratie gesäubert, an die Nazis zu übergeben.

Aber da ist andererseits das Problem mit jener Literatur der strengen Konsequenz und Einsamkeit, die Adorno für das einzige Gegenbild zu diesem Mummenschanz der Unkultur, ja zur Gesellschaft überhaupt hielt. So thematisierten zwar die fortgeschrittenen Autoren wie Franz Kafka, Robert Musil (oder auch noch der gefälligere Alfred Döblin) sehr tiefgehend die Momente dieser kapitalistisch zugerichteten Massengesellschaft — aber eben *unter Ausschluß der*

Massen. Der Makel, daß ihre Erkenntnis nur durch eine Arbeit zu haben war, die notwendig die Masse der Produzierenden ausschloß, haftet ihnen wider Willen und ohne subjektive Schuld, aber haftet ihnen dennoch an. Eine Vermittlung avancierter Erkenntnis im Medium des Ästhetischen (wie auch der Wissenschaft) mit den Massen und ihren Erfahrungen fand nicht statt, wohl aber eine Rückkoppelung auf beiden Seiten: die Intelligenz erfuhr den ständigen Zirkel von Unverständnis und Thematisierung des Unverständnisses als eigene Unwirksamkeit oder Schuld der Massen, sie verfiel darüber in Resignation und Isolation — wo nicht in Massenverachtung. Sie propagierte nicht eben selten den Genuß der eigenen resignativen Wirkungslosigkeit. Besonders plastisch formuliert von Valeriu Marcu unter dem Titel *Diktatur der Presse:* „Wir sind im Leben auf einer Galeere, wir rudern in der Zeit, Welle auf Welle erreicht das Ufer, aber die Existenz freut uns doch, wir wollen uns das Boot nicht in die Luft sprengen lassen. Wir wollen über die Möglichkeit des Ruderns disputieren."[20] Die Masse aber versank immer mehr in dem kulturindustriellen Mist, der ihre Arbeitskraft düngen sollte.

Auch hier produzierte die Arbeiterklasse nicht nur den gesellschaftlichen Reichtum, sondern zugleich ihr eigenes Elend. Brecht weist 1931 anhand der Trennung von Arbeits- und Freizeit darauf hin: „Die Erholung darf nichts enthalten, was die Arbeit enthält. Die Erholung ist im Interesse der Produktion der Nichtproduktion gewidmet." Und weiter, mit Blick auf den Film: „Wer sein Billet gekauft hat, verwandelt sich vor der Leinwand in einen Nichtstuer und Ausbeuter. Er ist, da hier Beute in ihn hineingelegt wird, sozusagen ein Opfer der Einbeutung." Immerhin besteht jedoch Brecht darauf, daß die sogenannte „Geschmacklosigkeit der Massen (. . .) tiefer in der Wirklichkeit (wurzelt) als der Geschmack der Intellektuellen."[21] Und zwar, weil sie eben vom grundlegenden Konflikt dieser Wirklichkeit hervorgebracht wird. Adorno, der sonst so viel nicht mit Brecht gemein hat, sagt denn auch im Blick auf die standardisierte Massenkultur und deren Industrie, daß das Bewußtsein von Fortschritt auf diesem Gebiet sich „allenfalls der fortschreitenden Perfektionierung der Maschinerie, auch der sozial-psychologischen Kontrolle" verdanke. Und er schließt, mit Blick auf die Barbarei des Faschismus, die Konsequenz dieser Situation war: „Weil jedoch die Welt den eigenen Untergang überlebt hat, bedarf sie gleichwohl der Kunst als ihrer bewußtlosen Geschichtsschreibung."[22]

Literatur in der Medienkonkurrenz

Literatur als *bewußtlose Geschichtsschreibung* — daran kann man festhalten, wenn man zugleich darauf beharrt, daß sich auch die *Formen der Bewußtlosigkeit* mit der Geschichte ändern. Die Formen der Bewußtlosigkeit, die für die Weimarer Republik spezifisch waren, erscheinen heute jedenfalls als zentrale Bestimmungen der Zeit. Neben der unerkannten Ungleichzeitigkeit kommt zunächst, direkt in Verlängerung des Massenproblems, der Widerspruch der sich immer arbeitsintensiver spezialisierenden Kunstliteratur auf der einen Seite und der sich extrem ausbreitenden Massenkultur auf der anderen Seite erneut in den Blick. Die damalige Zeit erfährt deutlicher als an der massenhaften Literatur diesen Widerspruch in der Monopolisierung des Rundfunks seit 1923. Max Wieser beklagt 1927 in der *Tat*: Rund vier Jahrhunderte sei das Buch alleiniger Kulturträger gewesen, jetzt aber plötzlich nicht mehr; „durch die Tatsache, daß es heute eine Reihe anderer Unterhaltungs- und Bildungsmittel" gibt.[23]

„Es war von jeher eine besondere deutsche Ideologie", schrieb der sozialistische Regisseur und Schriftsteller Béla Balázs damals, „daß gute Kunst und volkstümliche Kunst unvereinbare Widersprüche seien."[24] — Dies steht in einem Buch über den *Geist des Films* und ist insofern signifikant, als eben der Film von den meisten Intellektuellen als wohlfeile und degoutante Massenunterhaltung abgetan wurde. Nur wenige waren sich der *Bedeutung des Films für die Literatur* so sehr bewußt wie Brecht, der schon damals schrieb: „Der Filmesehende liest Erzählungen anders. Aber auch der Erzählungen schreibt, ist seinerseits ein Filmesehender."[25] Tatsächlich ist die Literatur mindestens in den letzten Jahren der Weimarer Republik fast gar nicht mehr ohne die Voraussetzung des Films zu denken. Schon ihre Versuche in der Montagetechnik leiten sich direkt aus der Absicht her, den Film literarisch zu imitieren. Viele schreiben zwar für den Film, aber eher im Bewußtsein, damit belanglose Brotarbeit zu leisten als in einem neuen Medium neue Versuche zur Realitätserfassung zu unternehmen, so etwa Autoren wie Thomas Mann, Carl Zuckmayer und Alfred Döblin — meist jedoch ohne großen Erfolg oder nachhaltige Wirkung.

Der radikale Nationalist Ernst Jünger nimmt damals durchaus wahr, was im Kino substantiell neu ist, wenn er den „Untergang des klassischen Schauspiels" am Lichtspiel als „Ausdruck eines schlechthin andersartigen Prinzips" konstatiert. Er stellt den Massencharakter dieses Phänomens Kino heraus: „Das Publikum ist kein besonderes Publikum, keine ästhetische Gemeinde, es stellt vielmehr durchaus die Öffentlichkeit dar, die auch an jedem anderen Punkte des Lebensraumes anzutreffen ist." Jünger sieht sogar, ähnlich wie Brecht und später Walter Benjamin, daß sich mit der Filmberichterstattung „eine andere Art Verständigung, eine andere Art der Lektüre zu entwickeln beginnt". Wo er jedoch dies als Ausdruck eines von ihm ersehnten neuen Glaubens, einer Identität von Leben und Kultur begrüßen und im Kino eine „tiefere Frömmigkeit" feststellen zu können meint, „als man sie[26] unter Kanzeln und vor den Altären noch wahrzunehmen vermag"[26], da sieht Franz Kafka gerade eine grundlegende Problematik des neuen Mediums: „Der Blick bemächtigt sich nicht der Bilder, sondern diese bemächtigen sich des Blickes. Sie überschwemmen das Bewußtsein. Das Kino bedeutet eine Uniformierung des Auges."[27]

Solche Überlegungen sind eher die Ausnahme, die Regel wird bestimmt durch oberflächliches Reagieren, wie etwa das Thomas Manns. Er schreibt 1928: „mit Kunst hat (. . .) der Film nicht viel zu schaffen, und ich halte es für verfehlt, mit der Sphäre der Kunst entnommenen Kriterien an ihn heranzutreten."[28] Die Literaten kämpften, während der Film seinen Siegeszug antrat, in ihrer großen Zahl weitaus mehr gegen Presse und Journalismus, die als größere Herausforderer erfahren wurden. Einmal bot die Presse – vom Zwang zum Profit getrieben – ein immer breiteres Potential zu füllender Seiten für die ‚Metaphysiker des Feuilletons' (wie Brecht sie genannt hat), zum anderen aber erhöhte sich mit der entfalteten Presse der Umsatz an Kultur erheblich, denn die Feuilletons mußten täglich neu gefüllt werden. Die Zeitung reagierte in ihren Reportern fast stündlich auf die Ereignisse der Zeit, während der konventionelle ‚Dichter' im langwierigen Produktions- und Umschlagsprozeß des Buches befangen blieb, um bestenfalls in Form eines Vorabdrucks oder von Rezensionen Kontakt mit der Presse zu bekommen.

Die *Rolle der Presse* wird vielleicht andeutungsweise klar, wenn man bedenkt, daß die großen Verlagshäuser Ullstein, Mosse und Scherl sich Belletristisches fast nur als Nebengeschäft, Kulturkonzession oder Extravaganz leisteten – die Menge des Profits wurde mit Zeitungen und Illustrierten gemacht. Einen Eindruck davon, wie die Rolle der Presse von der kritischen Intelligenz wahrgenommen wurde, gibt die Beobachtung Franz Hessels. Er schreibt in einer Skizze unter dem Titel *Zeitungsviertel* in dem Buch *Spazieren in Berlin:* „Als unsre letzte kleine Revolution ausbrach" – gemeint ist 1918 – „wurden mit den andern Königen eine zeitlang auch die Zeitungskönige aus ihren Schlössern vertrieben. (. . .) Aber viel schneller als andre Monarchen sind die Zeitungskönige zurückgekehrt. In ihren Höfen stehen wieder die Streitwagen mit Papiermunition (. . .)."[29]

Ein besonders krasses, aber immer noch sehr aktuelles Beispiel bietet der Konzern des deutschnationalen ehemaligen Krupp-Managers Hugenberg, finanziert von der Schwerindustrie, und damals das größte deutsche Presseimperium. Zu ihm gehörten viele Zeitungen und Zeitschriften, eine große Nachrichtenagentur, ein Annoncenbüro, Druckereien und ein Materndienst, durch den die Provinzpresse mit vorgefertigten Meinungen und standardisierter Unterhaltung schnell und billig beliefert werden konnte. Vor allem aber gehörte zu diesem Konzern die *Ufa,* Deutschlands größtes Filmunternehmen. Die Konzernpresse tat sich mit einem widerwärtigen Antisemitismus hervor, dazu kam ein hinterhältiger Anti-Demokratismus, natürlich ganz besonders anti-sozialdemokratisch. Auf kulturellem Gebiet zeichnete sich die Presse des Konzerns durch Hetze gegen die berliner Intellektuellenkultur aus. Wie heute dem Springer-Konzern, so hatten auch damals die demokratischen Kräfte dem Hugenberg-Konzern nichts entgegenzusetzen, was nur annähernd von gleichem Einfluß gewesen wäre. Zur direkt politischen Wirkung kam die scheinbar unpolitische der Unterhaltungsblätter hinzu, sowie die unendliche Produktion jener Trivialliteratur in Heftchenform, die der zum Konzern gehörige Scherl-Verlag ausstieß.

Wie hilflos man bei partiell richtiger Einsicht den Phänomenen gegenüberstand, mag ein Aufsatz erläutern, der sich mit dem *Stil der Massenpresse* beschäftigte und im *Kunstblatt* erschien. Paul Westheim überlegt da: ,,Statt irgend eines Schund-Kolportageheftchens würde die Maschine genau so gut auch den Homer oder Goethes Italienische Reise (. . .) drucken." Aber dann versucht er zu erklären, warum es nicht so ist. Es scheitere ,,am Geist der großen Massen", die der Maschine solch Kolportageheft ,,gern und gierig abnehmen."[31] Den Massen wird zu Last gelegt, was ihnen zuallererst angetan wurde.

Damals gab es andererseits noch die Form der literarischen Wochenzeitschrift, z.B. die *Literarische Welt,* die einen großen Einfluß auf die kulturelle Szene der Zeit hatte. In ihr artikulierte sich, was Rang und Namen hatte oder bekommen sollte, von Brecht über Benjamin bis zu den Manns und Zuckmayer. Und es ist erstaunlich, gemessen am Niveau der heutigen Presse, welche differenzierten Analysen damals geschrieben und gelesen wurden. Insgesamt trifft jedoch Brechts bissige Bemerkung zu: Da die Intellektuellen in Zeitungen schrieben, ,,die nicht ihr Eigentum waren, schrieben sie gelegentlich auch gegen das Eigentum. Sie durften es, so lange die Zeitungen dadurch Geld verdienten, also Eigentum vermehrt wurde."[31]

Noch in den Werken selbst schlug sich das Konkurrenzverhältnis zur Presse nieder. Es entstanden zunehmend Romane und Erzählungen, die die Presse und ihre Leute zu Helden hatten. Bestimmte von dieser Seite die Presse den Inhalt, so von der andern auch zunehmend die Form solcher Werke: es kam der *Reportageroman* auf. Eine Form, die in der ‚Neuen Sachlichkeit' außerordentliche Beliebtheit erlangte und die nicht selten als Fortschritt der Literatur gefeiert wurde. Selbst die Lyrik wurde tangiert von Bewußtsein und Wahrnehmungsweisen, wie sie von der Presse gefördert wurden: Flüchtigkeit, Aufzählungen und Häufung, Zerstreuung und Montage; nicht immer trug sie das, wie Otto Rombachs *Gazettenlyrik,* deutlich schon im Titel.

Sowjethoffnung und Amerikabegeisterung

Es ist indes keineswegs so, daß die Anpassung an die Bedingungen der *verschärften Medienkonkurrenz* sich selbständig vollzog, vielmehr wurde sie von einer allgemeinen Begeisterung für ‚den Fortschritt' und von Optimismus in die Möglichkeiten der technologisch gesteuerten ökonomischen Expansion getragen.

In den *revolutionären Umwälzungen Rußlands* und den darin eingeschlossenen Zukunftshoffnungen, sowie in den endlos scheinenden Möglichkeiten amerikanischer Rationalisierung und Automatisierung im Ökonomischen, Chancengleichheit und Klassenlosigkeit im Sozialen und einer behavioristischen Psychologie fanden die Intellektuellen reale Anlässe. Während die Begeisterung für die Sowjetunion sich zumeist aus einem — sehr schnell wieder erlöschenden, auch durch die realen Entwicklungen enttäuschten — humanitären Pathos speiste, wirkte der *‚Amerikanismus'* nachhaltiger, weil er die Existenzgrundlagen der literarischen Intelligenz betraf.

Gerade die junge Sowjetunion mußte die literarische Intelligenz zur Stellungnahme herausfordern. Denn für die einen war zu prüfen, ob sich in ihr jener Weg der Menschheitsgesellschaft abzeichnete, den sie so sehr suchten, für die anderen stellte sie die real gewordene Bedrohung durch die Schrecknisse einer radikalen Massengesellschaft dar. Tatsächlich gibt es kaum einen Schriftsteller, schon gar keinen von Rang, der nicht zumindest implizit auf das Faktum Sowjetunion reagiert hat. Nicht wenige thematisierten das direkt in ihren Werken, andere, wie Heinrich und Thomas Mann, Hermann Hesse, Lion Feuchtwanger oder auch Alfred Kerr betonten in Stellungnahmen die historische Mission dieses als sozialistisch erhofften Staates oder bewunderten mindestens die Person Lenins. Fast alle unterstützten in der einen oder anderen Weise die *Internationale Arbeiter-Hilfe,* die eingerichtet worden war, um den Aufbau in der Sowjetunion zu fördern. Hier vereinigte man sich von Bertolt Brecht bis Gerhart Hauptmann. Entsprechend groß war denn auch die Zahl von Schriftstellern, die die Sowjetunion bereisten und in Berichten, Reportagen und Tagebüchern Zeugnis ablegten — für und gegen das, was sie gesehen hatten. Und als Ende der 20er Jahre der Eindruck entstehen konnte, die Westmächte planten einen Krieg gegen die Sowjetunion, gab es viele deutsche Schriftsteller, die wie ihre Kollegen aus ganz Europa vehement gegen solche Absichten protestierten, von Alfred Döblin bis Kurt Tucholsky.

Viele der Berichte aus der Sowjetunion, gerade aus den ersten Jahren muten heute sehr naiv begeistert an. Man muß aber mindestens bedenken, daß sie nicht zuletzt geschrieben wurden, um jener unvorstellbaren Greuelhetze zu entgegnen, die die Presse (und nach 1923 den deutschen Rundfunk) überschwemmte. Man macht sich heute kaum noch ein Bild von dem, was hier der Antikommunismus der reaktionären Dummheit sich alles einfallen ließ. Die Greuelmeldungen, besonders auf dem Gebiet der Sexualität angesiedelt, haben nicht zuletzt bewirkt, daß so viele den Berichten über den real beginnenden Stalinismus keinen Glauben schenken wollten. — Umgekehrt trugen die positiven Berichte aus der Sowjetunion sicherlich auch dazu bei, der Arbeiterbewegung im eigenen Lande Optimismus zu geben — man darf diese Wirkung aber nicht überschätzen, wie es — verständlicherweise — in der DDR getan wird.

Auf jeden Fall machte die Stellungnahme zur Sowjetunion es für die literarische Intelligenz erforderlich, ihr *Verhältnis zur Arbeiterbewegung* im eigenen Land zu klären. Das hieß für damals radikalisiert: sich für oder gegen eine proletarische Revolution zu entscheiden. Das brachte natürlich Probleme für die eigene Existenz mit und das trug wesentlich bei zur ideologischen Polarisierung auf der kulturellen Ebene. Walter Benjamin, der die Aporien der bürgerlichen Intelligenz an sich selbst eindringlich erfahren und reflektiert hat, gab damals eine skeptische Prognose, die sich, ingesamt gesehen, durchaus bewahrheitet hat: „Der Intellektuelle nimmt die Mimikri der proletarischen Existenz an, ohne darum im mindesten der Arbeiterklasse verbunden zu sein. Damit sucht er den Zweck zu erreichen, über den Klassen zu stehen."[32]

Die Illusion, über den Klassen zu stehen, wurde nun aber insbesondere getragen von einer anderen Illusion, der des Amerikanismus als Zukunftsversprechen einer verbesserten kapitalistischen oder gar transkapitalistischen Gesellschaft. So nimmt es nicht Wunder, daß man weithin in den USA die Garantie der eigenen Zukunft jenseits von Klassen zu haben glaubte, legten doch immense Kapitalkraft dieses Landes, der relative Wohlstand seiner Arbeiter und am meisten die Prognosen der rationalisierten Technik nahe, daß eine Transformation des Kapitalismus aus seiner gegenwärtig zugestanden schlechten Kondition in eine schöne Zukunft möglich wäre, ohne den Weg der gefürchteten Revolution gehen zu müssen.

Ein willkürliches Beispiel: Artur Holitscher erklärt im Nachwort eines ‚Lesebuchs für die Jugend' mit dem Titel *Amerika. Leben, Arbeit und Dichtung* (1923) zu der Zeit, als der Dawes-Plan konkrete Gestalt annahm: „Nirgends schreitet das Gute, schreitet das Böse mit solch riesigen Schritten vorwärts". „In diesem Akkord rauschen die Treibriemen der Fabriken, die Chöre der singenden Revolutionäre (!), die Ährenfelder und die Sturmwellen rauschen in ihnen und das Brausen Niagaras vereint sich mit dem dumpfen, stockenden, dann losschießenden Geratter der Automobile in den Schluchten, die die himmelhohen Häuser Newyorks und Chicagos bilden, — Hört die Kraft, (. . .) nehmt die ersten gewaltig rauschenden Signale der kommenden Zeiten wahr (. . .)."[33]

Dieser Amerikanismus kam nicht von ungefähr. Vor dem Krieg gab es zwar einige Aufmerksamkeit auf Amerika, die sich literarisch niederschlug — genannt seien nur drei sehr unterschiedliche Titel: Peter Rosens *Deutscher Lausbub in Amerika,* Bernhard Kellermanns *Der Tunnel* und Franz Kafkas Romanfragment *Amerika* —, aber erst nach dem Krieg, der mit Eintritt Amerikas für die Entente entschieden wurde, mit der ökonomischen Prosperität im Zuge der amerikanischen Kapitalhilfe trat der Faktor USA so recht ins allgemeine Bewußtsein. In den Jahren des relativen ökonomischen Aufschwungs der Weimarer Republik etablierte sich eine Kultur, die durch und durch von amerikanischen Einflüssen durchdrungen war, sei es in der Sportbegeisterung (Boxen!), sei es im Jazz, sei es in der Varieté-Show oder im Musical.

Zwar gab es natürlich Stimmen, die den Amerikanismus aufs schärfste ablehnten, nicht wenige im Anspruch, *deutsche Tradition* zu verteidigen; aber die Bewunderung für den amerikanischen Technizismus reichte bis tief in das konservative Lager hinein. So schreibt z. B. Ernst Jünger damals: „Es ist das unbestreitbare Verdienst des Amerikanismus, den Produktionsprozeß (. . .) auf eine zeitgemäße Höhe gebracht und ihn durch eine Propaganda von entsprechenden Ausmaßen geölt und angeregt zu haben."[34] Erst mit der Weltwirtschaftskrise, die von den USA ihren Ausgang nahm, flaute die Begeisterung ab. Das Ausmaß der intellektuellen Illusion einer ‚stromlinienförmigen' Kultur wird erst richtig deutlich, wenn man sich vor

Augen hält, daß dieser Amerikanismus gar nicht das ganze Amerika meinte, sondern dort selbst wiederum nur einen bestimmten Ausschnitt, die Kultur der Metropolen und der technischen Rationalisierung. So wie im eigenen Land, so übersah man auch in den USA die virulenten Kräfte der Ungleichzeitigkeit.

Schon 1920 gewann Harding die Präsidentschaft mit der Parole "Back to Normalcy", was meinte, Rückzug aus der internationalen Politik und den Problemen der industriellen Gegenwart. Äußerer Ausdruck dieser antiindustriellen, antiintellektuellen und antimetropolitanen Kräfte in den USA waren so unterschiedliche Momente wie Prohibition und Ku-Klux-Klan, tiefer saßen sie im zunehmenden Fremdenhaß und in der offenen Intellektuellenfeindschaft. Von alledem nahm die deutsche Intelligenz jedoch nichts wahr, wenn sie sich ein Deutschland nach dem Bild des rationalisierten und nivellierten Amerika ausmalten.

Kaum jemand kam zu einer so genauen Analyse der Funktion des Amerikanismus wie Charlotte Lütkens, die 1932 in einem Aufsatz über die *Amerikalegende* darstellt, wie ambivalent die Haltung der Intellektuellen war, einerseits von der Furcht einer standardisierten Massenkultur gepeinigt, in der sie ihre Privilegien bedroht fanden, andererseits alle Hoffnung auf die expandierenden Massenkommunikationstechniken als neues Arbeitsgebiet setzend. Sie bringt dann das Problem auf den Begriff: *„Abwehr des Sozialismus* und *Rationalisierung* sind die Grundthemata des deutschen Kapitalismus nach dem Kriege. Die Amerikalegende diente beiden Zielen."[35] Auch hier gilt, was Benjamin zur Kriegstechnik feststellt: daß die Begeisterung für die Fortschritte der Technik die Rückschritte der Gesellschaft verdeckt. Wir sehen, wie in Person ihrer Intellektuellen die bürgerliche Gesellschaft beginnt, sich ihres kulturellen Erbes, des Humanismus, zu entledigen, um nur noch auf die von ihr besessenen Produktionsmittel zu setzen.

Dieses Faktum ist von grundlegender Bedeutung für eine Kulturgeschichte bzw. Literaturgeschichte der Weimarer Republik und ihrer Konsequenz in der Unkultur des Faschismus.

Konsequenz oder Sonderfall? Der Weg in den Faschismus

Mit der Weltwirtschaftskrise wurden die Illusionen der ‚fortschrittlichen' literarischen Intelligenz über die Unendlichkeit des allgemeinen Progresses, die Reibungslosigkeit technologischer Expansion und die Überholtheit ökonomischer Besitzverhältnisse jäh zerstört.

Gleichzeitig begann, gestützt durch den Siegeszug einer immer offener diktatorischen Politik, die große Stunde jener Autoren, die mit ihrer Massenfeindschaft, der Verachtung gegenüber der Demokratie, ihren Vorstellungen von Ständestaat, Militärdiktatur oder neuem Germanenreich, mit ihrem Antisemitismus und der Intellektuellenfeindschaft, die sie schon vorher zu Wortführern des deklassierten Mittelstandes hatten werden lassen, dem Faschismus literarisch und publizistisch den Weg bahnten. Wohingegen die ehemals so begeistert Progressiven sich in die Sehnsucht nach einem Leben jenseits der offenkundig komplizierten Geschichte zurückfallen ließen: sich zurückzogen auf das sensible Ich (vgl. hier Joachim Maaß) oder auf − idyllische oder dämonisierte − Natur. Sie vollzogen, was die Reaktionäre ihnen voraus hatten, die Regression in den Mythos.

Das war − zurückblickend − in der *Neuen Sachlichkeit* schon angelegt. Zum Exempel die programmatische Äußerung Oskar Schürers von 1927: „in der heutigen kunst sowie in der heutigen industrie wird die wirklichkeit als formbildende und letztlich regulierende macht anerkannt." Aber die „schicksalsfrage" der Gegenwart sei, ob sie dieses „ethos des industrialismus" zu „einem aus der tiefe heraufwirkenden mythos" steigern könne.[36] Als die technische Rationalisierung ihre Kehrseite zu zeigen begann, blieb nurmehr der Mythos übrig. So kann Börries von Münchhausen gleich zu Beginn der faschistischen Herrschaft feststellen: „Das Schrifttum hat sich wieder zu seinen echten Erbprovinzen zurückgefunden, die Lyrik heim von Maschine und Sport zu Landschaft, Jahreszeit und Empfindung . . ."[37]

Entscheidend war dabei, daß es die jüngste Generation der literarisch Produktiven war, die den Protest gegen die Neue Sachlichkeit vortrug, Autoren, die damals in der literarischen Öffentlichkeit noch kaum wahrgenommen wurden, die aber nach 1945 die *Literatur der Bundesrepublik* repräsentierten. Die Generation der nach 1900 Geborenen war in der Weimarer Republik literarisch sozialisiert worden, stand aber der politischen Kultur der Republik denkbar gleichgültig, gar ablehnend gegenüber, − schon deshalb, weil die herrschenden Kräfte alles taten, um tagtäglich die Demokratie in Verruf zu bringen. So war ihr Protest zwar faktisch ein Politikum, von ihnen aber nicht politisch vorgetragen. Wolfgang Koeppen hat jüngst in seiner Erzählung *Jugend* (1976) das Klima sehr präzise dargestellt. Seine Stilisierung der Protesthaltung als politische zeigt aber gerade deren antipolitischen Kern. Der Protest kam indes nicht mehr zu seiner Konsequenz − wie etwa die europäische Jugendrebellion um 1968 −, sondern wurde durch den Herrschaftsantritt der Nazis abgebogen.

Während die bekannten, für die Republik repräsentativ geltenden Autoren fast durchweg ins Exil gingen, andere in subalternen Stellungen des Kulturbetriebes untertauchten, sehr wenige – und zumeist nur vorübergehend – sich offen mit dem Faschismus einließen, begann diese Generation ihre literarische Karriere unter Bedingungen, die der Faschismus diktierte. Lange Jahre hat das Augenmerk in der Literaturwissenschaft auf der moralischen, seltener der ästhetischen *Kritik der offiziellen NS-Literatur* gelegen, vor allem auch auf den ‚Sündenfällen' einzelner Autoren, wie etwa Gottfried Benn oder Ernst Jünger. Dabei galt als ausgemacht, daß das ‚Dritte Reich' eine reglementierte und von der literarischen Moderne völlig isolierte kulturelle Zwangsanstalt war. Bei genauerer Analyse erweist sich dies aber als unhaltbar. Wie neuere Untersuchungen sehr präzise darlegen, wurden nicht nur amerikanische Autoren wie John Steinbeck im ‚Dritten Reich' gedruckt, sondern überhaupt war es durchaus möglich – jedenfalls für die literarische Intelligenz – Proust, Joyce, Gide, Faulkner, Hemingway, ja sogar Kafka zu lesen. Die jüngeren Autoren taten es zumeist – wie zahlreiche Zeugnisse belegen.[38] Zudem gab es bis zum Ende Möglichkeiten der Publikation von Literatur, die dem NS-Offizialkult deutlich fern stand.

Indes wurde so gut wie nicht wahrgenommen, was die deutschen Autoren *des Exils* schrieben. Damit setzte sich im Grunde aber nur fort, was auch vorher weitgehend der Fall war: die *Wirkungslosigkeit der demokratisch engagierten Autoren in Deutschland.* Theodor W. Adorno hat das so pointiert: „Was Hitler an Kunst und Gedanken ausgerottet hat, führte längst zuvor die abgespaltene und apokryphe Existenz, deren letzte Schlupfwinkel der Faschismus ausfegte."[39] Wobei – so kann man fortsetzen – dieser durchaus selbst neue Schlupfwinkel zuließ. Von daher ist die Literatur der jungen Generation von Autoren im ‚Dritten Reich', die sich durchweg vom Faschismus distanziert hielt, nicht nur Beleg der These Adornos, sondern auch Grund genug dafür, 1933 nicht als qualitativen Einschnitt in der Literaturgeschichte anzuerkennen.

Auch von der Produktion deutscher Autoren im Exil war diese Literatur zunächst kaum unterschieden. Betrachtet man nämlich das Werk der Günter Eich, Wolfgang Koeppen, Hans Erich Nossack, Karl Krolow, Wolfgang Weyrauch, Marie Luise Kaschnitz, Peter Huchel, dann zeigt sich die Fortsetzung dessen, was seit 1930 begonnen hatte: Wendung zur mythisierten Natur, Rückgriffe auf Klassizismus oder Antike, z. T. auch Flucht in Religiosität, vor allem aber formal durchaus ‚Modernes': Montage, innerer Monolog, am Film orientierte Formen der Überblendung, des Schnitts usw. Das läßt sich auch an der Literatur des Exils verfolgen, wobei, im Paradox, sich die Exilliteratur oftmals formal weitaus konservativer und konventioneller zeigt.

Den Unterschied macht dann aber aus, daß die in Deutschland produzierenden Autoren, abgesehen sowieso von den Offizialpropagandisten, zu Mythos, Allegorie, Gleichnis und Märchenhaftem neigten, darin zumeist die Ewigkeit und Schicksalhaftigkeit der ‚dunklen Mächte' suggerierten, während die Exilautoren sich eher *geschichtlicher Stoffe* bedienten, um darin die *Aktualität der Gegenwart* einzubringen (am deutlichsten vielleicht Heinrich Mann und Bertolt Brecht). Gerade an der jungen Autorengeneration wiederholte sich jene Isolation der Literatur mit Kunstanspruch, wie sie schon früher skizziert worden ist — wobei es sich hier allerdings nicht einmal um einen konsequenten Artismus und Ästhetizismus handelte, sondern durchaus um Kompromißformen.

Von dem Gegenpol dieser Isolation, von der *Massenkultur* her zeigt sich die Literatur nach 1933 ebenfalls als bloße Zuspitzung dessen, was sich zuvor schon anbahnte. Die Nazi-Offizialkultur ließ die Literatur des literarischen Anspruchs in ihrer selbstgenügsamen Isolation relativ ungestört, noch dadurch unterstrichen, daß die Autoren entweder im Verlagsapparat ihrem Beruf nachgingen oder im ‚befreundeten' Ausland (meist in Italien) saßen und in der Kriegszeit oft nicht einmal zum Wehrdienst eingezogen wurden. In durchaus realistischer Einschätzung war das nämlich Zugeständnis angesichts der Tatsache, daß die Masse fest im Griff des Propagandaapparats, unter Dominanz von Film und Funk, war. So ratifizierte der Nationalsozialismus in Verfolg seiner wahnhaften Politik praktisch nur, was in den USA bereits der Fall war: die Durchsetzung der Massenkulturindustrie, die Zentralisierung und Monopolisierung der Kultur auf allen Sektoren. Kaum jemand hat das im Exil so hart erfahren und so genau reflektiert wie Bertolt Brecht in Hollywood. Dort entdeckte er an eben der Filmindustrie, auf die er noch 1930 seine Hoffnungen gesetzt hatte, sie würde — richtig genutzt — zur Etablierung einer fortschrittlichen ästhetischen Produktion dienen können, das Schreckbild einer schier unentrinnbaren Maschinerie der Verdummung und des Stumpfsinns. So notiert er im *Arbeitsjournal*: ‚‚es existieren keinerlei gesetze der psychologie, des gesunden menschenverstandes, der ökonomie, der moral, der wahrscheinlichkeit. als richtig gilt, was schon einmal (. . .) ‚durchging', als gut, was ein honorar erhöhte." Und Brecht muß schließlich selbstkritisch erkennen, daß er selbst, in seinem sachlichen Optimismus in die Aktivierung durch die neuen technischen Möglichkeiten, dem Vorschub geleistet hat:

„eisler weist mich mit recht darauf hin, wie gefährlich es war, als wir neuerungen rein technisch, unverknüpft mit der sozialen funktion, in umlauf setzten. da war das postulat einer aktivierenden musik. 100mal am tag kann man aus dem radio hier aktivierende musik hören: chöre, die zum kauf von coca cola animieren. man ruft verzweifelt nach l'art pour l'art." Während Eich, Koeppen, Krolow und andere mit ihrem resignativen Solipsismus und ihrer Realitätsflucht nach dem Krieg hierzulande Repräsentanten der Literatur wurden, dadurch allerdings nicht auch schon weiter verbreitet als zuvor, nur bekannter, beharrt Brecht gerade wegen seiner Erfahrungen mit der amerikanischen Kulturindustrie darauf: „die proletarier müssen zusammen mit der gesamten produktion eben auch die künstlerische von den fesseln befreien."[40] Deshalb ging er — trotz aller Bedenken — in die DDR, deshalb wurde er aber in der Bundesrepublik jahrelang verfemt.

Das ist zwar ein Problem der Literatur nach 1945, eins des noch ausstehenden Teils der Einführung also, aber doch eines, das seine Wurzeln in jener Zeit hat — und dessen Lösung nach wie vor ansteht.

Anmerkungen

1 Helmuth Plessner: Die Legende von den zwanziger Jahren, in: Merkur 16 (1962), S. 33.
2 Umfrage ‚Literatur und Politik‘, in: Der Scheinwerfer. Blätter der Städtischen Bühnen Essen 5 (1931) H. 7, S. 14 ff.
3 Gerhard Menz: Kulturwirtschaft, Leipzig 1933, S. 299 f.
4 Bernard von Brentano: Kapitalismus und schöne Literatur, Berlin 1930, S. 10 und 26.
5 Benno von Wiese: Politische Dichtung in Deutschland, Berlin 1931, S. 115.
6 Joachim Maaß: Junge deutsche Literatur. Versuch einer zusammenfassenden Darstellung, in: Die Tat 24 (1932), S. 751.
7 Leonhard Reinisch (Hrsg.): Die Zeit ohne Eigenschaften, Stuttgart 1951; Wolfgang Runge: Weimar — Republik auf Zeit, Berlin/DDR 1969; Helmut Hirsch: Experiment in Demokratie, Wuppertal 1972; Peter Gay: Die Republik der Außenseiter, Frankfurt/M. 1970.
8 Bertolt Brecht: Der Tui-Roman, in: B. B.: Prosa 2 (Gesammelte Werke 12), Frankfurt/M. 1967, S. 624.
9 Gerhard Leibholz: Strukturprobleme der modernen Demokratie, 3. Aufl. Karlsruhe 1967, S. 63.
10 Brecht, S. 653 f., 589, 591 und 662.
11 Plessner, S. 42.
12 Bernard von Brentano: Schöne Literatur und öffentliche Meinung, Wiesbaden 1962, S. 29 f.
13 Ernst Bloch: Erbschaft dieser Zeit, Frankfurt/M. 1973, S. 117, 113, 108, 104.

14 Karl Holl/Adolf Wild: Ein Demokrat kommentiert Weimar. Die Berichte Hellmut von Gerlachs an die Carnegie-Friedensstiftung in New York 1922—1930, Bremen 1973, S. 58.

15 Walter Benjamin — unter Berufung auf Leo Trotzki! —: Der Sürrealismus (1929), in: W. B.: Angelus Novus. Ausgewählte Schriften 2, Frankfurt/M. 1966, S. 214.

16 Walter Benjamin: Politisierung der Intelligenz (1930), ebda., S. 427.

17 Walter Benjamin: Briefe, Frankfurt/M. 1966, Bd. 2, S. 531.

18 Otto Friedrich: Weltstadt Berlin. Größe und Untergang 1918—1933, München 1973, S. 11.

19 Theodor W. Adorno: Jene zwanziger Jahre, in: Merkur 16 (1962), S. 46.

20 V(aleriu) Marcu: Diktatur der Presse, in: Literarische Welt 2 (1926) Nr. 26, S. 6.

21 Bertolt Brecht: Der Dreigroschenprozeß, in: B. B.: Schriften zur Kunst und Literatur 1 (Gesammelte Werke 18), S. 169, 165.

22 Adorno: S. 47 und 51.

23 Max Wieser: Buch und Rundfunk, in: Die Tat 18 (1927), S. 737.

24 Béla Balázs: Der Geist des Films (1930), Frankfurt/M. 1972, S. 188.

25 Brecht: Der Dreigroschenprozeß, S. 156.

26 Ernst Jünger: Der Arbeiter (1932), (Gesammelte Werke Bd. 6), Stuttgart 1964, S. 138, 140, 144, 294, 170.

27 Franz Kafka, zitert nach: ‚Hätte ich das Kino!' Die Schriftsteller und der Stummfilm, Marbach 1976, S. 138.

28 Thomas Mann, ebda., S. 213.

29 Franz Hessel: Spazieren in Berlin, Leipzig und Wien 1929, S. 275.

30 Paul Westheim: Stil der Massenproduktion, in: Kunstblatt 12 (1928), S. 368.

31 Brecht: Der Tui-Roman, S. 589.

32 Walter Benjamin: Zum gegenwärtigen gesellschaftlichen Standort des französischen Schriftstellers (1934), in: W. B.: Angelus Novus, S. 277.

33 Arthur Holitscher (Hrsg.): Amerika. Leben, Arbeit und Dichtung, Berlin 1923, S. 120.

34 Ernst Jünger (1928), zitiert nach Karl Prümm: Die Literatur des soldatischen Nationalismus der 20er Jahre (1918—1933), Kronberg 1974, Bd. 2, S. 285.

35 Charlotte Lütkens: Die Amerikalegende, in: Sozialistische Monatshefte 1 (1932), S. 47.

36 Oskar Schürer: Über werkform und lebensform des industrialismus, in: Front. Almanach über die Aktivität der Gegenwart, Brünn 1927, S. 167.

37 Börries von Münchhausen: Die neue Dichtung, in: Deutscher Almanach für das Jahr 1934, Stuttgart 1933, S. 34.

38 Vgl. dazu durchgehend Hans Dieter Schäfer: Die nichtfaschistische Literatur der ‚jungen Generation' im nationalsozialistischen Deutschland, in: Horst Denkler/Karl Prümm (Hrsg.): Die deutsche Literatur im Dritten Reich, S. 459 ff.

39 Theodor W. Adorno: Minima Moralia. Reflexionen aus dem beschädigten Leben, Frankfurt/M. 1969, S. 67.

40 Bertolt Brecht: Arbeitsjournal 1938—1955, Frankfurt/M. 1973, Bd. 1, S. 323, 439; Bd. 2, S. 517.

Literaturhinweise

Autorenkollektiv unter Leitung von Hans Kaufmann: Geschichte der deutschen Literatur, Bd. 10: 1917–1945, Berlin/DDR 1973.

Wolfgang Rothe (Hrsg.): Die deutsche Literatur in der Weimarer Republik, Stuttgart 1974.

Horst Denkler/Karl Prümm (Hrsg.): Die deutsche Literatur im Dritten Reich, Stuttgart 1976.

Hans-Albert Walter: Deutsche Exilliteratur 1933–1950, (bisher Bd. 1, 2, 7), Darmstadt und Neuwied 1972 ff. (= Sammlung Luchterhand 76, 66, 136).

Arthur Rosenberg: Geschichte der Weimarer Republik, Frankfurt/M. 1961.

Martin Broszat: Der Staat Hitlers, München 1969 (= dtv-Weltgeschichte des 20. Jahrhunderts 9).

Helmut Böhme: Prolegomena zu einer Sozial- und Wirtschaftsgeschichte Deutschlands im 19. und 20. Jahrhundert, Frankfurt/M. 1968 (= edition suhrkamp 253).

2. Heinrich Mann I

Zwei Epochenromane?

Wenn im Einleitungskapitel zu recht vor allem das Neue, Neuartige der gesellschaftlichen wie kulturellen Situation nach dem Ersten Weltkrieg betont wurde, so muß doch andererseits auch auf die Kontinuität der literarischen Produktion hingewiesen werden. Ohne verkennen zu wollen, daß gerade in den zwanziger Jahren Kunst und Literatur in Konfrontation mit einer noch schwer durchschaubaren Gegenwart und mit zukunftweisenden Entwicklungstendenzen geriet, kann man andererseits doch auch einen Vergangenheitsbezug konstatieren; zugespitzt könnte man formulieren: *Die Literatur der Republik beginnt im Kaiserreich*. Und zwar in dem Sinne, daß bei einer großen Zahl von Autoren — gerade auch Schlüsselfiguren der modernen Literaturgeschichte — eine lebens- und werkgeschichtliche Kontinuität von Vor- und Nachkriegszeit besteht; eine Kontinuität, die gewisse Veränderungen von Tendenz und Technik durchaus einschließen kann. Dies gilt übrigens für das Habsburgerreich und seine Nachfolgestaaten ebenso wie für das Deutsche Reich und die Republik von Weimar. Von einigen Autoren, die noch nach dem Ersten Weltkrieg produktiv geblieben sind, wird freilich in diesem Teil der Einführung nicht mehr die Rede sein (z. B. von Gerhart Hauptmann, Hermann Hesse, Arthur Schnitzler, Rainer Maria Rilke); und zwar deshalb nicht, weil die Grundzüge ihres Werkes sich nicht mehr oder jedenfalls nicht in diskutierenswerter Weise verändern. Einige wichtige Autoren dagegen, die schon seit kurz nach der Jahrhundertwende literarisch produktiv waren, werden erst jetzt diskutiert; sei es, weil erst das ‚Spätwerk‘ ihr ganzes künstlerisches und literaturgeschichtliches Gewicht zum Ausdruck bringt (z. B. Karl Kraus, Robert Musil), sei es auch, weil ihre Wirkung sich spürbar erst in der Nachkriegszeit entfaltet (z. B. Franz Kafka).

Zuvor aber soll erneut von den beiden ‚Leitfiguren‘ bürgerlicher Erzählliteratur in der ersten Hälfte des 20. Jahrhunderts die Rede sein: von Heinrich und Thomas Mann. Dabei muß näher begründet werden, warum Heinrich Manns *Der Untertan* (1918) und Thomas Manns *Der Zauberberg* (1924) im folgenden wiederum vergleichend betrachtet werden. Denn weder liegt die Entstehung der beiden Werke zeitlich-räumlich so eng beisammen, wie dies für *Buddenbrooks* und *Im Schlaraffenland* der Fall war[1]; noch erscheinen Themen und erzählerischer Stil der neuen Erzählwerke auf den ersten Blick vergleichbar. Im übrigen hatte das Verhältnis der Brüder zueinander seit 1900 ziemlich gelitten. Während Heinrich inzwischen politisch eher liberale Positionen vertrat, polemisierte Thomas in nationalkonservativer Tonart gegen den Bruder, so etwa in dem Essaybuch *Betrachtungen eines Unpolitischen* (1918).

Wenn man dennoch *Untertan* und *Zauberberg* nebeneinander halten will, so läßt sich das am stichhaltigsten aus dem Anspruch beider Autoren begründen, einen „Roman der Epoche", nämlich der deutschen bzw. europäischen Vorkriegszeit, verfaßt zu haben. Heinrich Mann hatte, prägnant und selbstbewußt, seinem Manuskript den Untertitel gegeben: *Geschichte der öffentlichen Seele unter Wilhelm II.* — allerdings entfiel diese Zeile in der endgültigen Fassung. Thomas Mann seinerseits charakterisiert später — 1939 — den *Zauberberg* als „Zeitroman", der „historisch (. . .) das innere Bild einer Epoche, der europäischen Vorkriegszeit, zu entwerfen versucht".[2] Wir wollen vorerst diesen — durchaus analogen — Anspruch der beiden Romane festhalten — und auch festhalten, daß es hier noch nicht um die literarische Verarbeitung des Ersten Weltkriegs selber, sondern um die seiner Vorgeschichte geht. Dies entspricht wohl auch der generations- und klassenspezifischen Situation der Brüder, die sich — anders als die nachfolgende Autorengeneration — an die unmittelbaren Gegenwartsfragen erst ‚heranarbeiten' mußten. Beide Romane spielen demgemäß, wie es im *Vorsatz* zum *Zauberberg* heißt, „*vor* einer gewissen, Leben und Bewußtsein tief zerklüftenden Wende und Grenze", sie spielen „vormals, ehedem, in den alten Tagen, der Welt vor dem großen Kriege, mit dessen Beginn so vieles begann, was zu beginnen wohl kaum schon aufgehört hat."[3] Wir werden also im folgenden zu prüfen haben, ob, inwiefern und auf welche Weise die beiden Romane ihren eigenen Anspruch erfüllen, „Roman einer Epoche" zu sein. Wir werden beurteilen müssen, ob die erzählerische Gestaltung jeweils die gesellschaftlichen Triebkräfte und insbesondere die hauptsächlichen gesellschaftlichen Widersprüche der dargestellten Zeit zu erfassen und anschaulich zu gestalten vermag. Am Anfang soll dabei die Analyse des nach Entstehungszeit und Erscheinungsdatum älteren Werkes, Heinrich Manns *Untertan*, stehen.

Der Bildungsroman der autoritären Persönlichkeit

Mit Recht hat man diesen Roman als kritische Abrechnung mit dem letzten deutschen Kaiserreich, seinen Machtstrukturen und Ideologien verstanden, als ein herausragendes Beispiel des (in Deutschland seltenen) *satirischen Gegenwartsromans.* In der Tat ist er auch schon *während* der wilhelminischen Zeit, ab 1906, entstanden (anders als der retrospektiv verfaßte *Zauberberg*); die historischen Tatsachen und Ereignisse, die Heinrich Mann in seiner Romanhandlung verarbeitet, entstammen, wie man nachgewiesen hat[4], den Jahren zwischen 1890 und 1907. Für dieses, 1918 erstmals als Buch in Deutschland erschienene Werk gilt insofern mehr als für jedes andere: Die Literatur der Weimarer Republik beginnt im Kaiserreich.

Allerdings schließt *Der Untertan* strukturell auch an eine andere, spezifisch deutsche Traditionslinie, die des Bildungs- oder Entwicklungsromans an: Auch im *Untertan,* zumindest in seinem ersten Teil, wird nämlich die Entwicklung, Bildung eines exemplarischen Individuums bis zu seinem aktiven Eintritt ins gesellschaftliche Leben nachgezeichnet. Allerdings bleibt dieser Traditionsbezug formal: denn die Inhalte und Ziele des jetzt beschriebenen Entwicklungsprozesses erscheinen als krasse Negation der humanitären bürgerlichen Erziehungs- und Lebensideale, die der deutsche Bildungsroman seit Goethe verkündet hat. *Der Untertan* entwirft — und er trägt damit dem historischen Wandlungsprozeß der bürgerlichen Klasse Rechnung — den individuellen Bildungsgang nur noch als Herausbildung eines asozialen Zwangscharakters, der jedoch keineswegs als abweichen empfunden, sondern gesellschaftlich toleriert, ja honoriert wird und deswegen von eminenter politischer Bedeutung ist.

Dieser *autoritäre Charakter,* wie er später von der kritischen Sozialpsychologie genannt wird[5], ist typisches Produkt der spätbürgerlichen Gesellschaft und zugleich — in millionenfacher Ausgabe — sicherstes Fundament des autoritären imperialistischen Staates, wie er besonders eindrucksvoll vom letzten deutschen Kaiserreich repräsentiert wurde. — Auf wenigen Seiten, umrißhaft und ganz im Stile einer Karikatur, die mit wenigen Strichen das Wesentliche trifft, zeichnet der Romananfang die Sozialisation seines ‚Helden‘ Diederich Heßling, des ‚Untertans‘ schlechthin, — er zeichnet die *Fabrikation des autoritären Charakters durch bürgerliche Familie und Schule.* Denn die Familie, wie Diederich sie erlebt, ist zuerst und in allem geprägt durch ihre patriarchalische Struktur, die fast grenzenlose Autorität des Vaters, die aus ökonomischer Stärke herrührt (denn Vater Heßling regiert einen kleinen Handwerksbetrieb). Von den Untergebenen: der Ehefrau und dem Kind aber wird das familiäre Autoritätsverhältnis als ebenso naturgegeben aufgenommen wie das Arbeitsverhältnis von Heßlings Arbeitern. Nur, daß die familiäre Gewaltbeziehung paradoxerweise emotional besetzt wird. „Fürchterlicher als Gnom und Kröte" — so heißt es auf der ersten Seite von den Schauerwesen des Märchenbuchs, die den kleinen Diederich ängstigen — „war der Vater, und obendrein sollte man ihn lieben. Diederich liebte ihn." (S. 5)

In Wahrheit ist die Reaktionsbildung des Kindes wohl widersprüchlich gemischt aus masochistischer Unterwerfung, die ihm als Liebe erscheinen mag, aus Strafangst und nur mühsam unterdrückten Rachegelüsten: „Wenn er genascht oder gelogen hatte, drückte er sich so lange schmatzend und scheu wedelnd am Schreibpult umher, bis Herr Heßling etwas merkte und den Stock von der Wand nahm. Jede nicht herausgekommene Untat mischte in Diederichs Ergebenheit und Vertrauen einen Zweifel. Als der Vater einmal mit seinem invaliden Bein die Treppe herunterfiel, klatschte der Sohn wie toll in die Hände — worauf er weglief." (S. 5) Die Aggressionen, die nur ganz selten so wie hier auf ihr eigentliches Ziel gerichtet werden, entladen sich gewöhnlich auf sozial abhängige *Fremdgruppen*. „Kam er nach einer solchen Abstrafung mit gedunsenem Gesicht und unter Geheul an der Werkstätte vorbei, dann lachten die Arbeiter. Sofort aber streckte Diederich nach ihnen die Zunge aus und stampfte. Er war sich bewußt: ‚Ich habe Prügel bekommen, aber von meinem Papa. Ihr wäret froh, wenn ihr auch Prügel von ihm bekommen könntet. Aber dafür seid ihr viel zuwenig.'" (S. 5) Wo der erwachsene Diederich Heßling später einmal seine politischen Gegner sehen wird, kann man hier zumindest schon vermuten.

Neben die Familie in ihrer prägenden Funktion als „Agentur der Gesellschaft"[6] tritt nun, kaum weniger wichtig, eine zweite: „Nach so vielen furchtbaren Gewalten, denen man unterworfen war (. . .) geriet nun Diederich unter eine noch furchtbarere, den Menschen auf einmal ganz verschlingende: die Schule. Diederich betrat sie heulend, und auch die Antworten, die er wußte, konnte er nicht geben, weil er heulen mußte. (. . .) Immer blieb er den scharfen Lehrern ergeben und willfährig. Den gutmütigen spielte er kleine, schwer nachweisbare Streiche, deren er sich nicht rühmte. Mit viel größerer Genugtuung sprach er von einer Verheerung in den Zeugnissen, von einem riesigen Strafgericht. (. . .) Denn Diederich war so beschaffen, daß die Zugehörigkeit zu einem unpersönlichen Ganzen, zu diesem unerbittlichen, menschenverachtenden, maschinellen Organismus, der das Gymnasium war, ihn beglückte, daß die *Macht*, die kalte

Macht, an der er selbst, wenn auch nur leidend, teilhatte, sein Stolz war. Am Geburtstag des Ordinarius bekränzte man Katheder und Tafel. Diederich umwand sogar den Rohrstock." (S. 7 f.)

Diese Stelle ist von exemplarischer Bedeutung: sie zeigt die Charakter- und Triebstruktur des Untertans, des autoritären Typus in ihren Grundzügen. Entscheidend ist das ambivalente Verhältnis zur Autorität — oder, wie es im Text heißt, zur „Macht". Denn die masochistische ‚Beglückung', die Diederich aus der leidenden ‚Teilhabe' an institutioneller Gewalt zieht, ist jederzeit bereit, in sadistische Macht*ausübung* umzuschlagen, wenn sich nur eine Gelegenheit bietet. So den „gutmütigen" Lehrern, aber auch denjenigen Mitschülern gegenüber, die ohnehin schon wenig Reputation genießen, wie es etwa beim „einzigen Juden seiner Klasse" (S. 10) der Fall ist. Diederich vermag erlittene Autorität aktiv-autoritär wieder in den Familienbereich zurückzutragen: „Die Macht, die ihn in ihrem Räderwerk hatte, vor seinen jüngeren Schwestern vertrat Diederich sie." (S. 8)

Seine weiteren Erfahrungen in der Studentenkorporation zu Berlin, die nichts anderes ist als verabsolutierte, inhaltslose Hierarchie, und beim Militär, dem er sich jedoch bald zu entziehen weiß, festigen Diederich Heßlings autoritäre Fixierung. Er hat damit all die Bildungsinstitutionen absolviert, die auch in der Realität des wilhelminischen Kaiserreichs von den künftigen Mitgliedern der gesellschaftlichen Elite zu durchlaufen waren. In Hans Ulrich Wehlers historischer Darstellung über *Das Deutsche Kaiserreich 1871–1918* wird die reale Bedeutung dieser „Matrix der autoritären Gesellschaft" betont. „Promovierter Akademiker, Corpsstudent und Reserveoffizier zu sein — das bedeutete, wie es Heinrich Manns Diederich Heßling stellvertretend für alle empfand, den Gipfel bürgerlicher Glückseligkeit erklommen zu haben."[7]

Diederichs ‚Bildungsroman' ist somit abgeschlossen, wenn man etwa noch einer Liebesgeschichte während der Studienzeit gedenkt, die ihm Gelegenheit gibt, seine deformierte Emotionalität zugleich mit männlicher Doppelmoral zu demonstrieren. Wesentliches Ergebnis dieser ‚Bildung' ist also Heßlings sado-masochistische Fixierung auf die jeweils herrschende Autorität. Er ist eingespannt in ein Gesellschafts- und Weltbild, in dem alle menschlichen Beziehungen als Machtverhältnisse erscheinen; losgelöst von der Person des jeweils Machthabenden in Familie, Schule und wo sonst wird *die Macht* zum Wert an sich; Diederich gewinnt einen — und handelt seinerseits nach einem völlig „hierarchischen Begriff von den menschlichen Beziehungen."[8]

Treffenderweise hatte Heinrich Mann die beiden ersten Kapitel, die eben diesen Bildungsgang Heßlings umfassen, ursprünglich mit dem Zwischentitel *Die Macht* überschrieben (allerdings taucht auch er in der endgültigen Fassung nicht mehr auf). Die Folgen, die aus Heßlings Bildungsweg und Persönlichkeitsstruktur für sein geschäftliches und politisches Wirken erwachsen, sollen später noch betrachtet werden; vorerst sei ein Blick auf die Verfassung von Diederichs eigener Familie geworfen, wie sie sich am Ende des Romans, viele Jahre später, darstellt: „Wie Diederich in der Furcht seines Herrn", — gemeint ist der Kaiser — „hatte Guste in der Furcht des ihren zu leben. Beim Eintritt ins Zimmer war es ihr bewußt, daß dem Gatten der Vortritt gebühre. Die Kinder wieder mußten ihr selbst die Ehre erweisen, und der Teckel Männe hatte alle zum Vorgesetzten." (S. 338)

Der Untertan als Wirtschaftsführer

Die im Erziehungsprozeß herausgebildete Machtfixierung findet in der öffentlich-politischen Sphäre ihr zentrales Objekt. Der letzte deutsche Kaiser wird für den fiktiven Untertanen Heßling zur Autoritäts- und Identifikationsfigur, die künftig sein Handeln bestimmen wird, der er sich äußerlich und innerlich anzugleichen sucht, in der er, der selbst so Ich-schwach heranwuchs, sein Über-Ich findet. Kaiser und Untertan stellen mit dem identifikatorisch-schwärmerischen, dabei aber streng hierarchischen Verhältnis, das sie verbindet, ein Modell des autoritären Staates dar. Dabei ist der Untertan austauschbar, zählt sozusagen nur in millionenfacher Ausfertigung; aber auch der Kaiser, den Heßling gern im absurden Superlativ als die „persönlichste Persönlichkeit" (S. 98 u. ö.) feiert, hat gerade dies nicht: Individualität. Er fungiert vielmehr — nach einem Ausdruck von Karl Marx, als „Charaktermaske" eines Systems, das im Kern nicht von seiner Figur und ihrem imperialen Anspruch, sondern von ökonomischen, militärischen und bürokratischen Oligarchien repräsentiert und beherrscht wird.[10] Selbst die Tatsache, daß der Untertan sich so sehr auf die Figur des Kaisers fixiert, sagt nichts über deren ‚persönliche' Qualitäten aus, sondern belegt nur, daß hierarchisch-autoritäre Beziehungen häufig nachträglich *personalisiert* werden. Dem Untertan nämlich vermittelt seine Begeisterung für und Identifikation mit dem Herrscher nicht nur das beruhigende Gefühl, auf der richtigen Seite zu stehen, sondern darüber hinaus auch noch die Illusion einer fast privaten Beziehung.

Für den Erzähler Heinrich Mann aber bedeutet das Herausarbeiten der Konstellation Kaiser — Untertan zugleich die beste Gelegenheit,

Situationen von höchst komischer — oder besser: *satirischer Wirkung* zu schaffen. Am Ende des ersten Kapitels zum Beispiel, also schon gegen Ende seiner Berliner Studienzeit, gerät der Corpsstudent Heßling Unter den Linden in einen proletarischen Straßenauflauf von bedrohlichem Charakter (historisch bezeugt übrigens für das Jahr 1892). Dabei nun begegnet er zum ersten Mal dem Kaiser leibhaftig, der sich zur Dämpfung des Aufruhrs hoch zu Pferde sehen läßt:

,,,Hurra!' schrie Diederich, denn alle schrieen es; und inmitten eines mächtigen Stoßes von Menschen, der schrie, gelangte er jäh bis unter das Brandenburger Tor. Zwei Schritte vor ihm ritt der Kaiser hindurch. Diederich konnte ihm ins Gesicht sehen, in den steinernen Ernst und das Blitzen; aber ihm verschwamm es vor den Augen, so sehr schrie er. Ein Rausch, höher und herrlicher als der, den das Bier vermittelt, hob ihn auf die Fußspitzen, trug ihn durch die Luft. Er schwenkte den Hut hoch über allen Köpfen, in einer Sphäre der begeisterten Raserei, durch einen Himmel, wo unsere äußersten Gefühle kreisen. Auf dem Pferd dort, unter dem Tor der siegreichen Einmärsche, und mit Zügen steinern und blitzend, ritt die Macht! Die Macht, die über uns hingeht und deren Hufe wir küssen! Die über Hunger, Trotz und Hohn hingeht! Gegen die wir nichts können, weil wir alle sie lieben! Die wir im Blut haben, weil wir die Unterwerfung darin haben!'' (S. 46 f.)

Deutlich wird hier die Fortsetzung und ekstatische Vertiefung jener masochistischen Machtteilhabe, die Diederich schon in der Schulzeit ,,beglückte''; deutlich wird auch, daß es nur oberflächlich um eine Person, im Grunde aber um ,,die Macht'' selber geht. Zur *aktiven* Teilhabe an dieser Macht aber führt ironischerweise nur der Weg über Angleichung, Assimilation, Identifikation mit dem personellen Machtträger. Deshalb begibt Heßling am Ende seiner Berliner Zeit, unmittelbar vor der Heimfahrt, sich ,,in die Mittelstraße zum Hoffriseur Haby und nahm eine Veränderung mit sich vor, die er an Offizieren und Herren von Rang jetzt immer häufiger beobachtete. Sie war ihm bislang nur zu vornehm erschienen, um nachgeahmt zu werden. Er ließ vermittels einer Bartbinde seinen Schnurrbart in zwei rechten Winkeln hinaufführen. Als es geschehen war, kannte er sich im Spiegel kaum wieder. Der von Haaren entblößte Mund hatte, besonders wenn man die Lippen herabzog, etwas katerhaft Drohendes, und die Spitzen des Bartes starrten bis in die Augen, die Diederich selbst Furcht erregten, als blitzten sie aus dem Gesicht der Macht.'' (S. 76)

Äußere Imitation fungiert hier komisch und symbolisch zugleich im Sinne von Identifikation, und nicht zufällig steht diese Szene am

Einschnitt zwischen den beiden ersten (*Die Macht*) und den nachfolgenden Kapiteln, die nach Heinrich Manns Plan *Die Eroberung von Netzig* heißen sollten. Diese seine altmodisch-verträumte Heimatstadt will Diederich, der nach seines Vaters Tod nun zurückreist, um sein Erbe anzutreten, in der Tat erobern – und zwar gesellschaftlich, politisch und ökonomisch. Er nimmt sich vor, dort „ein Bahnbrecher zu sein für den Geist der Zeit" (S. 76) – den man in knappen Worten benennen kann als Monopolkapitalismus im Innern, Imperialismus nach außen. – Die äußerlich-innerliche Assimilation an den Hohenzollernhelden wird von Diederich im Laufe seiner Eroberungskampagne immer weiter perfektioniert und erweist sich als gefährliche Waffe. Das vom Staatsoberhaupt übernommene „Blitzen" der Augen und Schnurrbartspitzen beeindruckt die kleinstädtischen Sympathisanten wie die Gegner; Heßling spricht wie Hohenzollern (z. B. wenn er die Leitung der kleinen Fabrik übernimmt); er kolportiert, ja er erfindet schließlich kaiserliche Äußerungen, um seine reaktionären Zechgenossen zu beeindrucken (Ende des dritten und vierten Kapitels). Aber er imponiert bei Gelegenheit der Hochzeitsreise auch seiner frisch und kapitalträchtig angetrauten Guste: „Sie bestiegen die erste Klasse, er spendete drei Mark und zog die Vorhänge zu. Sein von Glück beschwingter Tatendrang litt keinen Aufschub, Guste hätte so viel Temperament nie erwartet. (. . .) Als sie aber schon hinglitt und die Augen schloß, richtete Diederich sich nochmals auf. Eisern stand er vor ihr, ordenbehangen, eisern und blitzend. ‚Bevor wir zur Sache selbst schreiten', sagte er abgehackt, ‚gedenken wir seiner Majestät Unseres allergnädigsten Kaisers. Denn die Sache hat den höheren Zweck, daß wir Seiner Majestät Ehre machen und tüchtige Soldaten liefern.' ‚Oh!' machte Guste, von dem Gefunkel auf seiner Brust entrückt in höheren Glanz. ‚Bist – du – das – Diederich?'" (S. 276)

So satirisch effektvoll nun diese Szenen sind, soviel sie auch an historischer Wahrheit enthalten mögen, – die Identifikation von Kaiser und Untertan als Grundmuster sowohl eines autoritären Staates wie eines nach außen höchst aggressiven nationalen Narzißmus erschöpft den historisch-gesellschaftlichen Gehalt dieses Romans (oder auch nur des Typus Heßling) noch nicht. Denn Heßling spricht zwar in Kaiserzitaten, als er den väterlichen Betrieb übernimmt, wichtiger aber ist, daß er *als Unternehmer zu seinen Arbeitern* spricht: „ „Jetzt habe ich das Steuer selbst in die Hand genommen. Mein Kurs ist der richtige, ich führe euch herrlichen Tagen entgegen. Diejenigen, welche mir dabei behilflich sein wollen, sind mir von Herzen willkommen; diejenigen jedoch, welche sich mir bei dieser Arbeit entgegenstellen, zerschmettere ich.' Er versuchte, seine Augen blitzen zu lassen, sein Schnurrbart sträubte sich noch höher." (S. 80)

Der Kampf um die Eroberung von Netzig, darüber können Diederichs politische Machenschaften im nationalkonservativen Kriegerverein nicht hinwegtäuschen, ist primär ein *ökonomischer Kampf*. Politische Intrigen gegen die Liberalen, dubiose Arrangements mit den ziemlich opportunistischen Sozialdemokraten, die Anbiederung beim Regierungspräsidenten von Wulckow, einem handfesten Interessenvertreter des Landadels, schließlich die Heirat mit der wohlhabenden Guste: alles hat als ‚höheren Zweck' die Erringung des Monopols in der lokalen Papierindustrie. In der Tat sieht das Ende des Romans Herrn Dr. Heßling als Großaktionär und Generaldirektor einer Aktiengesellschaft, die die bisher rivalisierenden Kleinunternehmen schluckt. In dem Roman *Die Armen* von 1917, der diese Handlung fortführt, kann man seine weitere Karriere verfolgen.

So wird schließlich neben der waffenklirrenden nationalistischen Oberfläche der Zeit auch ihr unterirdisches ökonomisches Bewegungsgesetz: Hochindustrialisierung, Finanzkonzentration, kurz der *Übergang vom Konkurrenzkapitalismus zum Monopolkapitalismus* vom Roman eingefangen; allerdings in einer provinziellen Verkleinerung und Verzerrung, die wiederum eine Fülle komischer und satirischer Wirkungen hervorbringt. Der Typus des Bourgeois, nach dem schon anläßlich der *Buddenbrooks* gefragt wurde, der lediglich profitorientierte Unternehmer-Bürger — hier ist er wirklich. Im *Untertan*, so sah es Bertolt Brecht mit scharfem Blick, gibt Heinrich Mann als erster die „brillante Beschreibung des deutschen Wirtschaftsführers der Vorkriegsepoche"[11]; eines Typus also, der fast mehr als die „blitzende" Majestät realer Inbegriff des Imperialismus und seiner Macht ist. In der Allianz von monarchisch-junkerlichem Militärstaat und Schwerindustrie, von Krupp und Hohenzollern hat sich ja auch historisch die Konstellation des aggressiven deutschen Nationalismus gefunden, die ‚herrliche Zeiten' anstrebte, eine Welt von Feinden besiegen wollte und schließlich selbst in ‚Blut und Tränen' unterging.

Ein deutscher Erziehungsroman

Fragen wir abschließend nochmals nach dem historischen Wahrheitsgehalt und nach dem Anspruch des Romans. Insofern er die zentralen Konstellationen der historischen Lage aufzeigt, wird man ihn realistisch nennen können: er hält die Bewegungsgesetze, die Triebkräfte der geschichtlichen Realität fest. Daß er dies aber *satirisch*, in karikierender Zeichnung und Zuspitzung tut, hat man dem Roman und seinem Autor in Deutschland seit jeher übel angekreidet. Es hat ihnen beim zeitgenössischen Publikum, vor allem aber bei der gelehrten Nachwelt den Ruf des Unseriösen, des Undeutschen und Zersetzenden eingetragen — und damit auch des künstlerisch Zweitrangigen (all dies im Gegensatz etwa zur Wertschätzung Thomas Manns).[12]

Der Begriff der *Satire* soll hier aber nicht als (negatives) Werturteil verwendet werden, sondern als analytischer Begriff. Er bezeichnet dann nicht so sehr eine feste literarische Form, als vielmehr eine spezifische Haltung: das heißt eine Darstellungs*absicht* und ein entsprechendes Darstellungs*verfahren*. Die satirische Darstellung ist demnach gekennzeichnet durch die Auseinandersetzung mit der gegenwärtigen sozialen Realität, weiterhin dadurch, daß diese Auseinandersetzung unter dem Ziel steht, Mißstände, Widersprüche, die Verlogenheit, Scheinhaftigkeit der jeweiligen Gesellschaft aufzudecken, schließlich durch die Eindeutigkeit und Parteilichkeit dieser Kritik, d. h. die Perspektive gesellschaftlicher Veränderung.

Dementsprechend ist das satirische Verfahren dadurch gekennzeichnet, daß es die Widersprüche, die *in der Realität* sichtbar sind, aufgreift, verschärft und dadurch entlarvt. Es konfrontiert Erscheinung und Wesen, den äußeren Anspruch und die reale Substanz; beispielsweise die Diskrepanz von Diederichs großen Reden und niedrigen Motiven, von herrischem Gestus und privater Feigheit. Derartige Konfrontierung löst überwiegend *komische Wirkung* aus. Und ähnlich im Blick auf die Gesellschaft als Ganzes: da wird vor allem das imperialistische Erscheinungsbild, die feudale Maske des Staates satirisch gezeichnet. Denn dieses Erscheinungsbild, könnte man sagen und sagt auch Heinrich Mann, ist ja schon falsch, weil historisch überholt, ist nur noch Fassade. Die Verhältnisse selbst sind also unecht, verlogen, sind Parodie: Satire braucht sie im Grunde nur abzubilden, um sie sogleich zu entlarven.

Heinrich Mann selbst hat sich noch zu Lebzeiten gegen jene Vorwürfe verteidigt, so im Vorwort zu einer 1929 erschienenen Neuauflage des Romans *Der Untertan*. Erst 1918, nach Wegfall der literarischen Zensur, war das Buch öffentlich erschienen, obgleich es schon 1914 abgeschlossen war und als Fortsetzungsroman in einer Münchner Illustrierten zu erscheinen begonnen hatte. Rückblickend also schreibt der Verfasser im Jahre 1929: „Der Roman ‚Der Untertan‘ wurde von 1912 bis 1914 geschrieben. Die ersten Aufzeichnungen sind aus dem Jahre 1906; denn schon damals entfaltete der Typ des kaiserlichen Deutschen seine Eigenheiten bis zu einer betörenden Parodie. Was parodierte er? Er selbst, nicht erst der Verfasser seiner Lebensgeschichte, parodierte den nationalen Stolz und das männliche Selbstbewußtsein. Die Furchtbarkeit der Macht parodierte er, ihre drohende Maske in Politik, Geschäft und überall; er parodierte den weltbeherrschenden Machtwillen. Selbst ohne Verantwortung und offene Mitentscheidung, parodierte der Typ des Untertan wahrhaftig die Macht."[13]

Der Vorwurf der Verzerrung, den man an den Schriftsteller gerichtet hatte, wird von diesem ‚weitergereicht' an seinen Gegenstand. Der satirisch-parodistische Stil ist demnach durchaus *realistisch* zu nennen: nichts anderes als ein Sichtbar-Machen des verkehrten, verzerrten Gesellschaftszustandes oder, wie Heinrich Mann sagt, eines „falschen Menschentyps". Und indem der Autor die Vorwürfe zurückweist, reklamiert er für sich zugleich einen *politisch-pädagogischen Anspruch*, erklärt er sein Buch in einem höheren Sinne zum ‚Erziehungsroman'. Einmal im Hinblick auf die Zeit um 1918: „Im Augenblick, als der Roman des Untertans durch die Ereignisse bestätigt wurde und endlich öffentlich erscheinen konnte, fand der Untertan selbst die Besinnung, stutzte wenigstens, man hätte an seine Umkehr glauben können, womöglich an Bekehrung. Seinen eigenen Roman, die erste Ausgabe dieses ‚Untertan', las er damals in ungeheuren Mengen, — es ist genau zehn Jahre her."

Aber der Anspruch, durch satirisch-kritische Gesellschaftsschilderung erzieherisch zu wirken, wird auch für die Gegenwart der Weltwirtschaftskrise von 1929 aufrechterhalten: „Die neue Ausgabe des Romans wird von anderen Menschen gelesen werden, diese aber sind meist unhistorisch. (. . .) Sie können daher auch nicht wissen, welche warnenden Beispiele die Vergangenheit bietet. Sie erkennen nicht, was vom Erbe des einstigen Untertans in ihnen noch fortlebt. Sie sind ununterrichtet über weitwirkende Gefahren. Ich wünschte, dieses Buch vermöchte ein neues Geschlecht aufzuklären, wenn es das alte nicht mehr ändern konnte." Diese Überlegungen zielen unmittelbar auf die vielen Elemente des autoritären Staates und eines autoritätsfixierten Bewußtseins, die in Institutionen und Öffentlichkeit der Weimarer Republik hinübergelangt waren und diese von innen her zersetzten. Schließlich organisierte sich ja zu der Zeit, als dies geschrieben wurde, bereits ein neuer aggressiver Nationalismus. Heinrich Mann ist gegen solche weiterreichenden Gefahren nicht blind gewesen. Er mahnt: „Man kann auch in der Republik ein rechter Untertan sein. Dafür ist nicht nötig, daß man Herrscher verehrt und nachäfft. Dafür genügt, daß man irgendeine andere Macht gewähren läßt, vielleicht die Geldmacht. Man beugt sich unter ihren Willen wie unter das Schicksal selbst und tut nichts Ernstes, um auch nur das

Ärgste, den nächsten Krieg, zu verhindern." Aber er ist, in Einschätzung der stattfindenden Demokratisierungsprozesse, doch optimistisch: „Wir haben schon viel gelernt in den vergangenen zehn Jahren: das Nichtstrammstehen, den Zweifel und manches eigene Urteil. Wenn wir uns noch nicht richtig wehren, merken wir doch halbwegs, wer uns mißbraucht. Jubeln werden wir nicht so bald, wenn Katastrophen herbeigeführt werden."

Gerade dieser Optimismus aber wurde bald darauf widerlegt. Fast scheint es, als sei der Roman selber da wesentlich weitsichtiger, ja prophetischer gewesen als sein Autor glaubte. Denn ohne gewaltsame Spekulation kann man — aus unserer Gegenwartsperspektive — sagen, daß im *Untertan* bereits in vieler Hinsicht *die Herrschaft des deutschen Faschismus antizipiert wird.* Nicht nur die politische Konstellation ingesamt: das Bündnis von aggressivem Nationalismus und Industriekapital bei gleichzeitiger Hilflosigkeit der liberalen Intelligenz und zumindest Unentschlossenheit der Arbeiterbewegung trägt bzw. ermöglicht später auch den Nationalismus. Diederich Heßling selbst ist in seiner Persönlichkeitsstruktur exakt jener ‚autoritäre Charakter', dessen besondere Anfälligkeit für faschistische Ideologie später von der Sozialpsychologie nachgewiesen wurde.[14] Heßlings Kampf gegen die Arbeiterschaft, sein Antisemitismus, seine stereotype Demokratiefeindlichkeit — all die „Kernworte deutschen und zeitgemäßen Wesens" (S. 338), mit denen er um sich wirft: „Herrenvolk", „jüdische Frechheit", „Schlammflut der Demokratie" — sie alle entlarven ihn ebenso wie seine Maxime „Macht geht vor Recht" (S. 244) als ‚Vorgestalt der Nazis'.[15]

Heinrich Mann hat dies später, aus der Erfahrung des antifaschistischen Exils heraus, sehr wohl gesehen. In seinem Memoirenwerk *Ein Zeitalter wird besichtigt,* das 1941—1944 geschrieben wurde, notiert er: „Den Roman des bürgerlichen Deutschen unter der Regierung dokumentierte ich seit 1906. Beendet habe ich die Handschrift 1914, zwei Monate vor Ausbruch des Krieges — der in dem Buch nahe und unausweichlich erscheint. Auch die deutsche Niederlage. Der Faschismus gleichfalls schon: Wenn man die Gestalt des ‚Untertan' nachträglich betrachtet. Als ich sie aufstellte, fehlte mir von dem ungeborenen Faschismus der Begriff, und nur die Anschauung nicht."[16]

Anmerkungen

1 Vgl. hierzu die Kapitel über Heinrich und Thomas Mann in Band 1 dieser Einführung.
2 Thomas Mann: Einführung in den Zauberberg für Studenten der Universität Princeton, in: Th. M.: Der Zauberberg, Berlin und Frankfurt/M. 1962, S. XI.

3 Thomas Mann: Der Zauberberg, 2 Bde., Frankfurt/M. 1967, Bd. 1, S. 5.
4 Vgl. Hartmut Eggert: Das persönliche Regiment, in: Neophilologus 55 (1971), S. 299 ff.
5 Vgl. Theodor W. Adorno u. a.: Der autoritäre Charakter. Studien über Autorität und Vorurteil (gekürzte deutsche Fassung), Amsterdam 1968; ergänzend: Th. W. A.: Studien zum autoritären Charakter, Frankfurt/M. 1973; zusammenfassend: Max Horkheimer: Autorität und Familie in der Gegenwart, in: Dieter Claessens/Petra Milhoffer (Hrsg.): Familiensoziologie, Frankfurt/M. 1973.
6 Vgl. Max Horkheimer: Autorität und Familie (1936), in: M. H.: Kritische Theorie, Frankfurt/M. 1968, Bd. 1, S. 330.
7 Hans Ulrich Wehler: Das Deutsche Kaiserreich 1871–1918, Göttingen 1973, S. 131.
8 Adorno u.a.: Der autoritäre Charakter, S. 246.
9 Vgl. als treffende ‚Illustration‘ die Zeichnung ‚Die Familie ist die Grundlage des Staates‘ von George Grosz (in: G. G.: Das Gesicht der herrschenden Klasse, Frankfurt/M. 1972, S. 86).
10 Vgl. Wehler, bes. Kap. III.
11 Bertolt Brecht: Notizen zu Heinrich Manns ‚Mut‘, in: B. B.: Schriften zur Literatur und Kunst 2 (Gesammelte Werke 19), Frankfurt/M. 1967, S. 470.
12 Belege gibt Klaus Schröter in seinem Aufsatz über ‚Deutsche Germanisten als Gegner Heinrich Manns‘ (in: K. S.: Heinrich Mann ‚Untertan‘ − ‚Zeitalter‘ − ‚Wirkung‘).
13 Hier und im folgenden nach Heinrich Mann: Vorwort zur neuen Ausgabe, in: H. M.: Der Untertan, Berlin 1929 (Sieben-Stäbe-Verlag), S. 9 ff.
14 Vgl. Adorno: Studien zum autoritären Charakter, S. 1 ff.
15 Vgl. hierzu auch Michael Nerlich: Der Herrenmensch bei Jean-Paul Sartre und Heinrich Mann, in: Akzente 16 (1969), S. 460 ff.
16 Heinrich Mann: Ein Zeitalter wird besichtigt, Reinbek 1976, S. 131.

Literaturhinweise

Heinrich Mann: Der Untertan. Roman (1918), München 1964 (= dtv 256/7).
Heinrich Mann: Gesammelte Werke, hrsg. von der Deutschen Akademie der Künste zu Berlin (bisher 10 von 25 Bänden), Berlin und Weimar 1965 ff.

Klaus Schröter: Heinrich Mann in Selbstzeugnissen und Bilddokumenten, Reinbek 1967 (= Rowohls Monographien 125).
Hugo Dittberner: Heinrich Mann. Eine kritische Einführung in die Forschung, Frankfurt/M. 1974 (= Fischer Athenäum Taschenbücher 2053).
Klaus Schröter: Heinrich Mann ‚Untertan‘ − ‚Zeitalter‘ − ‚Wirkung‘. Drei Aufsätze, Stuttgart 1971 (= Texte Metzler 17).
Karl Riha: ‚Dem Bürger fliegt vom spitzen Kopf der Hut‘. Zur Struktur des satirischen Romans bei Heinrich Mann, in: Heinz Ludwig Arnold (Hrsg.): Heinrich Mann (Sonderband Text + Kritik), München 1971, S. 48 ff.
Jochen Vogt: Diederich Heßlings autoritärer Charakter. Sozialpsychologisches in Heinrich Manns ‚Untertan‘, in: J. V.: Korrekturen. Versuche zum Literaturunterricht, München 1974, S. 78 ff.

3. Thomas Mann I

Ein „einfacher junger Mensch" auf Bildungsreise

Im Mai 1920, als der Roman des Bruders noch nicht lange erschienen war, las Thomas Mann in Augsburg aus einem noch unvollendeten Werk, das nach langer Schaffenskrise wieder ans erzählerische Niveau und den verlegerischen Erfolg der *Buddenbrooks* anschließen sollte. Beeindruckt von dieser Lesung zeigte sich u. a. auch der junge Kritiker der lokalen Zeitung *Volkswille*: „Mann las aus seinem Roman ‚Der Zauberberg', der, wenn die Bruchstücke typisch sind, in sorgsamer und niemals der Metaphysik mangelnder Schilderung des Lebens einiger Dutzend Lungenkranker, eine Art raffinierten oder naiven Guerillakrieg gegen den Tod zeigt. Die Gemeinsamkeit vieler, die das Gleiche erwarten, nämlich den Tod, zeitigt eine eigene Kultur (. . .)."[1]

In der Tat frappiert der neue Roman vorerst durch seinen Schauplatz, seine Figuren und das vom Kritiker genannte Thema. Die Lungentuberkulose war für das 19. und frühe 20. Jahrhundert ein ernstes medizinisches und soziales Problem; Thomas Mann führt freilich nur *eine* Gruppe der Patientenschaft vor: die Angehörigen der Mittel- und Oberschicht, die die Therapie im Internationalen Kursanatorium Berghof zu Davos in Anspruch nehmen — gegen ein durchschnittliches Monatsentgelt von eintausend Schweizerfranken, wie der Romanheld Hans Castorp einmal errechnet. Ausgespart bleibt also von vornherein die typische *Proletarierkrankheit* Tuberkulose — der Roman spielt eben auf dem *Zauberberg*, nicht in der „Hustenburg", aus welcher der Arbeiter Moritz Bromme in seinen Lebenserinnerungen[2] berichtet.

Das Interesse des Erzählers — und der Leser — gilt nun aber nicht so sehr, wie jener Kritiker meinte, der *allgemein* verzaubernden Wirkung der Krankheitskultur auf die kranke Gesellschaft dort oben; es gilt mehr den *individuellen* Erfahrungen, die Hans Castorp anläßlich einer Ferienreise zu seinem lungenkranken Vetter Joachim Ziemßen macht. Oder, wie das erste Kapitel einsetzt: „Ein einfacher junger Mensch reiste im Hochsommer von Hamburg, seiner Heimatstadt, nach Davos-Platz im Graubündischen. Er fuhr auf Besuch für drei Wochen." (S. 7) Der lakonische Ton verlangt geradezu nach Ergänzung: er fuhr auf Besuch für drei Wochen — und blieb sieben Jahre, machte die eigentümlichsten Erfahrungen und wäre ohne den „großen Donnerschlag" von 1914 wohl nie mehr heruntergekommen ins „Flachland".

Wie aber geschieht so etwas? Hans Castorp, gerade eben examinierter Schiffbauingenieur aus der „herrschenden Oberschicht der handeltreibenden Stadtdemokratie" (S. 35), einer leicht vergrößerten *Buddenbrooks*-Welt, entfremdet sich eben dieser Sphäre, läßt sich bereitwillig gefangennehmen von einer *Gegenwelt*. Die räumliche Entfernung, das streng ritualisierte und dabei doch inhaltsleere Leben in dieser abgeschlossenen Bergwelt, in einer Gemeinschaft von Kranken, aus dem praktischen Leben schon Ausgeschiedenen, übt eine gewaltige Faszination auf ihn aus. Er — den außer einer zukünftigen, halb ungewissen Berufstätigkeit im Flachland niemand und nichts erwartet — ‚bleibt oben', legt sich einen Bronchialkatarrh, dann gar einen kleinen tuberkulösen Krankheitsherd zu — nicht ohne die schon erwähnte Kalkulation angestellt zu haben mit dem Ergebnis, daß ein Daueraufenthalt im Sanatorium ihn allenfalls die Hälfte seiner regelmäßigen Kapitaleinkünfte kosten würde.

Wie aber, nochmals, geschieht so etwas? Ein junger Mann, durchaus bürgerlich-mittelmäßig, auch im Intellektuellen, erhält durch sehr eigentümliche und abseitige Umstände die Gelegenheit, aus der bürgerlich-praktisch geordneten Welt von Arbeit, Pflicht, Ehre und Gesundheit auszubrechen, sich Einflüssen und Erfahrungen auszusetzen, die dort entweder nicht existent waren oder doch unterdrückt und verdrängt wurden. Der Ausnahmezustand des Lebens auf dem Zauberberg ist somit Bedingung für einen Entwicklungs- und Bildungsprozeß höchst eigener Art. Bildung, Entwicklung, Verfeinerung wird von dem ökonomisch gesicherten Bürger Hans Castorp generell als Faszination durch das ‚Unbürgerliche' erlebt, nicht in einem politischen, sondern im moralischen Sinn. „Seine Geschichte ist die einer Verführung und einer Entwicklung; das eine bedingt das andere auf sehr eindrucksvolle, komplizierte und oft komisch vertrackte Weise. (. . .) Er erliegt Verführungen verschiedenster Art. Die Verführung zur verantwortungslosen ‚Freiheit' — das heißt zum Freisein von sozialen Bindungen und Verpflichtungen — steht dabei obenan. Ihr folgen die Verführung durch die Faszination von Krankheit und Tod und die Verführung durch die Herausforderung zur intellektuellen Regsamkeit (. . .)."[3]

Diese Kräfte der Verführung und Entwicklung werden fast alle durch Handlungsfiguren verkörpert: Da ist zuerst und zuletzt (d. h.

bis zum Romanende) die klassische Lehrerfigur des Bildungsromans, in diesem Fall ein italienischer Literat namens Lodovico Settembrini, gleichfalls Patient im Sanatorium. Er bemächtigt sich alsbald des Neuankömmlings und versucht ihn zu kritischem Denken im Sinne von *Rationalismus und bürgerlicher Demokratie,* vor allem aber zur Abwehr des Verfallszaubers von Krankheit und Tod anzuhalten — mit insgesamt bescheidenem Erfolg. Weithin nämlich besitzt eine andere, „dem Patriotismus, der Menschenwürde und der schönen Literatur entgegengesetzte Seite" die stärkere Anziehungskraft. „Dort befand sich (. . .) Clawdia Chauchat — schlaff, wurmstichig und kirgisenäugig (. . .)." (S. 170)

Castorps schnell entflammte und lange einsam gehegte Leidenschaft zu dieser russischen Mitpatientin, die in sich das *Faszinosum der Erotik und des Verfalls* vereinigt, findet in einer Karnevalsnacht eine kurze Erfüllung. Als Mme. Chauchat abreist, verbleibt ihrem Verehrer neben der Erinnerung nur ihr „Innenporträt": die Röntgenaufnahme von Clawdias attraktiv-tuberkulösem Oberkörper, die er in seiner Brieftasche trägt und bisweilen auf einer kleinen vergoldeten Staffelei in seinem Zimmer aufstellt, um sie wehmütig zu betrachten. Als die Porträtierte nach längerer Zeit zurückkehrt, ist sie zu Hansens Verdruß in Herrenbegleitung. Mynheer Pieter Peeperkorn, ein reicher Kaufmann aus den holländischen Kolonien, verkörpert im Spektrum des Romans das *Prinzip der Vitalität.* Im Schatten seiner äußerlich imposanten Erscheinung und seines herrischen, keinen Widerspruch duldenden Verhaltens verstummt selbst Settembrini: Der Intellektuelle „verzwergt" vor dem „königlichen Format" dieses Exponenten der Lebenskraft. (Es ist kein Widerspruch, daß Peeperkorn, als er eben diese Lebenskraft durch Krankheit bedroht fühlt, sich selbst tötet.) Auch Hans Castorps anfängliche Eifersucht geht alsbald in Bewunderung über. Und der Autor selbst scheint von dieser, wie er stereotyp schreibt, „Persönlichkeit"[4] gebannt zu sein: und zwar in problematischer Weise. Zu fragen wäre, ob diese Figur, subjektiv durchaus sympathisch gezeichnet, objektiv nicht höchst fragwürdige Prinzipien verkörpert: die Bewunderung für Vitalität als solche, den Glauben an das Recht des Stärkeren, Geist- und Demokratiefeindlichkeit; Prinzipien also, die man als Elemente des historisch nahenden Faschismus ernst nehmen muß.

Andererseits hat Settembrini inzwischen auch einen *intellektuellen Gegenspieler* erhalten: Leo Naphta, ein Gelehrter und Jesuit jüdischer Herkunft, der teils mittelalterlich-klerikalen, teils autoritärkommunistischen Ideen abhängt und somit als genauer Kontrahent des italienischen Demokraten und Aufklärers zu sehen ist. Ihre endlosen Debatten und Streitgespräche gelten insgeheim einem aufmerksamen Zuhörer: Sie „stritten (. . .) um diese Prinzipien mit der persönlichsten Angelegenheit, wobei es öfters geschah, daß sie sich nicht aneinander, sondern an Hans Castorp wandten, dem der eben Redende seine Sache vortrug und vorhielt, indem er auf den Gegner nur mit dem Haupte oder dem Daumen deutete. Sie hatten ihn zwischen sich, und er, den Kopf hin und her wendend, stimmte bald dem einen, bald dem anderen zu (. . .).“ (S. 479)

So ist Hans Castorp *pädagogisches Objekt* geworden und beginnt darüber hinaus allmählich, ein eigenständig denkendes Subjekt zu werden. Er läßt sich auf alle diese Personen, Ideen, Prinzipien ein, ohne sich doch irgendwo völlig zu identifizieren. In der Konfrontation mit unterschiedlichsten Menschen und geistigen Mächten *bildet* er sich im emphatischen Sinne der bürgerlichen Tradition, ein letzter Nachfahre Wilhelm Meisters. So jedenfalls hat es Thomas Mann gesehen. Aber selbst er kann nicht ignorieren, daß Hans Castorp eben nicht mehr ins fraglos bürgerlich-tätige Leben ziehen kann wie Wilhelm Meister, sondern daß er in den Ersten Weltkrieg zieht, der mit der Bedrohung bürgerlicher Gesellschaft überhaupt auch das historische Ende des bürgerlichen Bildungsbegriffs signalisiert. So bleibt am Ende des Romans auch der Erzähler einigermaßen ratlos, als er seinen Helden (und mit ihm den Leser) im ‚Stahlgewitter‘ einer Materialschlacht verabschiedet: „Lebewohl, Hans Castorp, des Lebens treuherziges Sorgenkind! (. . .) Fahr wohl — du lebest nun oder bleibest! Deine Aussichten sind schlecht; das arge Tanzvergnügen, worein du gerissen bist, dauert noch manches Sündenjährchen, und wir möchten nicht hoch wetten, daß du davonkommst. Ehrlich gestanden, lassen wir ziemlich unbekümmert die Frage offen. Abenteuer im Fleische und Geist, die deine Einfachheit steigerten, ließen dich im Geist überleben, was du im Fleische wohl kaum überleben sollst.“ (S. 757)

Zeit-Erfahrung und Erzählstruktur

In einer *Einführung in den Zauberberg,* die er 1939 an der Universität Princeton gab, hat Thomas Mann die schon einmal erwähnte Formel verwendet, daß sein Roman ein „Zeitroman“ sei, und zwar „in doppeltem Sinn“: „einmal historisch, indem er das innere Bild einer Epoche, der europäischen Vorkriegszeit, zu entwerfen versucht, dann aber, weil die reine Zeit selbst sein Gegenstand ist, den er nicht nur als die Erfahrung seines Helden, sondern auch in und durch sich selbst behandelt.“[5] Auf den Zeit-Roman im zweiten Sinne verweisen zunächst die ausgedehnten *Reflexionen über das Wesen der Zeit,* die an markanter Stelle, nämlich jeweils zu Beginn der letzten drei Kapitel, entweder dem Romanhelden in den Kopf gelegt oder vom Erzähler selbst angestellt werden. Hier wird Zeit thematisch, aber sie wird es nicht unvermittelt. Motiviert sind diese Zeit-Gedanken bereits von den ersten Romanseiten an durch neuartige Erfahrungen, die vor allem Hans Castorp mit der Dimension der Zeit macht. Das beginnt bereits auf dem Bahnhof von Davos, als Hans Castorp sich über das halbe Jahr verwundert — „Man hat doch nicht soviel Zeit!" —, das Joachim schon im Berghof verbracht hat: „,Ja, Zeit', sagte Joachim und nickte mehrmals geradeaus, ohne sich um des Vetters ehrliche Entrüstung zu kümmern. ,Die springen hier um mit der menschlichen Zeit, das glaubst du gar nicht. Drei Wochen sind wie ein Tag vor ihnen. Du wirst schon sehen. Du wirst das alles schon lernen', sagte er und setzte hinzu: ,Man ändert hier seine Begriffe.'" (S. 11)

Diese Veränderung der Begriffe — und zentral des Zeitbegriffs — könnte man als ein Leitthema des ganzen Romans bestimmen. Dabei geht es nur einerseits um die subjektiv-psychologische Seite, die Veränderungen der Zeitwahrnehmung, die Hans Castorp seit seinem Eintreffen auf dem Zauberberg sehr intensiv erlebt und die ihn zum Erstaunen seines Vetters schon während der ersten Tage zu einem kapitellangen *Exkurs über den Zeitsinn* veranlassen. Andererseits nämlich sind diese Veränderungen nur Indiz für eine grundsätzliche Veränderung: für die Herauslösung des Subjekts aus dem Normen- und Koordinatensystem des bürgerlich-praktischen Lebens, für dessen Regelung eine homogene, quantifizierbare Zeit als Medium und Maß unersetzlich bleibt. Indem Hans Castorp nicht nur seinen Zeitsinn, sondern mehr und mehr auch sein *Interesse an der Zeit* verliert (er zieht seine Taschenuhr nicht mehr auf, er liest keine Zeitungen, kennt das Datum nicht mehr), geht er zunehmend und fast endgültig der Welt ,drunten' bzw. geht diese ihm verloren. Er fällt schließlich in einen Zustand absoluten Desinteresses an der Zeit, einer subjektiven Zeitlosigkeit oder „Un-Zeit", die der Erzähler humoristisch als „Einerleiheit" und „Ewigkeitssuppe" bezeichnet (S. 195).

Dem Erzähler geht es aber nicht nur darum, dieser Erfahrungen seiner Figur (oder auch ihre Reflexionen über diese Erfahrungen) mitzuteilen, er will sie den Leser selbst miterleben lassen und zwar durch den Einsatz erzählerischer Kunstmittel, durch die Struktur des Erzählwerks selber. Deshalb wird — am Beginn des V. wie des VII. Kapitels — der *Zusammenhang von Zeitstruktur und Erzählstruktur* zum Gegenstand der Erörterung. Dabei lenkt der Erzähler ausdrücklich die Aufmerksamkeit auf die Veränderung der Relation von ‚Erzählzeit' und ‚erzählter Zeit'; darauf also, daß die ersten drei Wochen von Hans Castorps Aufenthalt besonders breit erzählt werden (ein Viertel des Gesamtumfangs), während die restlichen sieben Jahre dann sehr viel knapper, gedrängter und unter Auslassung weiter Zeiträume zu Darstellung kommen. „Dies also könnte wundernehmen; und doch ist es in der Ordnung und entspricht den Gesetzen des Erzählens und Zuhörens. Denn in der Ordnung ist es und diesen Gesetzen entspricht es, daß *uns* die Zeit genau so lang oder kurz wird, für unser Erlebnis sich genau ebenso breit macht oder zusammenschrumpft, wie dem auf so unerwartete Art vom Schicksal mit Beschlag belegten Helden unserer Geschichte, dem jungen Hans Castorp (. . .)." (S. 195)

Es geht darum, durch eine kunstreiche Erzählperspektive die Erfahrungsperspektive des Helden nachzuvollziehen, und Thomas Mann kann unter Ausnutzung aller erzähltechnischen Finessen diese selbstgestellte Aufgabe auch überzeugend lösen. Allerdings wird damit nicht eigentlich eine neue, ‚moderne' Romankonzeption realisiert, wie man häufig lesen kann, vielmehr werden die Intentionen des traditionellen Romans mit einem sehr differenzierten und geschärften Instrumentarium weiterverfolgt.

In die bewußte Gestaltung der zeitlichen Perspektivik fügt sich eine ebenso bewußte und *differenzierte Motivtechnik* ein. Durch vielfältige Verfahren der Motivwiederholung und der Motivvariation (häufig unter dem Begriff des ‚Leitmotivs' diskutiert) gelingt es dem Autor, der fiktiven Welt seiner Erzählung zumindest den Anschein von Tiefe, Dreidimensionalität, Konsistenz zu vermitteln, wenn schon — wie noch zu zeigen ist — derartige Konsistenz nicht aus dem Bezug zur historischen Realität erwächst. Hinzu kommt, daß die verschiedenen Elemente der Erzählung, und zwar auch Einzelheiten, sehr häufig *doppelbödig* erscheinen: „In der Erzählstruktur des ‚Zauberbergs' werden dem ‚realen' Geschehen symbolische Beziehungen unterlegt. Was auf der Redeebene eine ‚kleine' Handlung (. . .) ist, kann auf der Symbolebene Großes bedeuten."[6] Ein Beispiel für dieses Gestaltungsprinzip mag der erste Besuch Settembrinis in Hans Castorps abendlich-dämmrigen Krankenzimmer sein: „Eines Tages (. . .) pochte es um diese Stunde (. . .) an die Stubentür, und auf Hans Castorps fragendes Herein erschien Lodovico Settembrini auf der Schwelle — wobei es mit einem Schlage blendend hell im Zimmer wurde. Denn des Besuchers erste Bewegung, bei noch offener Tür, war gewesen, daß er das Deckenlicht eingeschaltet hatte (. . .)." (S. 204)

Das Licht der Vernunft, die Klarheit der Ratio sind für den Aufklärer Settembrini die obersten Leitsterne des Denkens und Handelns, unter denen er gegen alle Formen von ‚Dunkelheit‘, Obskurantismus, Irrationalismus kämpft. Diese Zuordnung zu einer weltanschaulichen Position wird nun, symbolischerweise, bereits durch die alltägliche Handlung des Lichteinschaltens angedeutet, — und derartige Zuordnungen, Charakterisierungen prägen insgesamt die Erzählung als ‚bedeutsam‘, als ein ‚symbolisches Beziehungsgeflecht‘. (Was das Motiv des Lichteinschaltens angeht, so wird auch dies wiederholt und variiert: Jahre später ist es Castorp selbst, der durch den Griff nach dem Schalter eine höchst obskure spiritistische Sitzung beendet — und sich zumindest bei dieser Gelegenheit als Schüler des italienischen Aufklärers zeigt.)

Ein weiteres Strukturelement des symbolischen Stils ist die erzählerische *Zitiertechnik*. Sie ist für Thomas Manns ganzes Werk insofern konstitutiv, als er eingestandenermaßen kaum irgendwelche Geschehnisse oder Figuren frei ‚erfunden‘, sondern sie aus alltäglich oder literarisch vorgefundenem Material übernommen und seiner Erzählung ‚anverwandelt‘ hat. Im *Zauberberg* gewinnt das Zitieren von Überliefertem zusätzlich Gewicht, weil dies Werk von seinem Autor ganz bewußt in literarische Traditionszusammmhänge gestellt wurde. So lassen sich zahlreiche Verweise und zitierende Anspielungen auf die Tradition des Bildungsromans wie auch zur *Faust*-Thematik feststellen.[7] Und zwar werden nicht nur deutlich und offen Textstellen vom Erzähler oder den Handlungsfiguren zitiert; vielmehr werden ganze Szenen, Handlungskonstellationen und Personen ‚zitiert‘: So ist etwa der Karnevalsabend, an dem Hans Castorp endlich mit Mme. Chauchat ins Gespräch, und nicht nur ins Gespräch kommt, nach der ‚Vorlage‘ der Walpurgisnacht aus dem *Faust* aufgebaut, worauf nicht nur der Goethe-Verse deklamierende Settembrini und die Kapitelüberschrift *Walpurgisnacht* hinweisen. — Auch die Gestalt von Castorps Vetter Joachim, die anfänglich sehr hanseatisch-realistisch erschien, wird immer mehr (und zumal in der Erinnerung Castorps) als Zitat deutlich: mit dem Leitmotiv „als Soldat und brav" wird nicht nur Gretchens Bruder Valentin aus dem *Faust* angesprochen, sondern der von Joachim verkörperte Verhaltenstypus zusätzlich charakterisiert. Die Zitiertechnik dient so vor allem der Intention, die ‚reale‘ Handlung des Romans mit zusätzlichen Bedeutungen zu versehen, das konkrete Geschehen als Ausformung von Archetypen menschlichen Verhaltens und Schicksals erscheinen zu lassen. Es ist deutlich, daß dies Verfahrensweisen einer kulturellen Spätphase sind, die sich vor allem durch Neuarrangement und Neuinterpretation der Überlieferung bestätigt.

Thomas Mann ist gewiß der deutsche Erzähler des 20. Jahrhunderts, der die Möglichkeiten traditioneller Erzählkunst am weitesten verfeinert hat, ohne sie doch (wie andere Autoren) grundsätzlich in Frage zu stellen. Dies enthebt uns jedoch nicht der Aufgabe der Bewertung; und da kann die Kunstfertigkeit im Umgang mit den Mitteln des Erzählens nicht allein entscheiden. Ohne Zweifel ist der *Zauberberg* ein Buch, wie Inge Diersen sagt, voller „Erzähl-Delikatessen"[8]. Aber darüber hinaus wird man nach dem *historischen Ideen- und Wahrheitsgehalt* des Romans fragen müssen.

„Ein nicht unbeträchtlicher Rest von Verschwommenheit"

Denn nach dem Anspruch seines Autors soll der *Zauberberg* noch in anderer Hinsicht ein „Zeitroman" sein: indem er nämlich „das innere Bild einer Epoche, der europäischen Vorkriegszeit, zu entwerfen versucht". Aber gelingt dies? Werden die gesellschaftlichen Kräfte und Bewegungsgesetze im imperialistischen Vorkriegseuropa deutlich? *Können* sie bei der ‚hermetischen' Anlage des Romans überhaupt deutlich werden?

Als erster Einwand drängt sich auf, daß der vom Autor präsentierte Welt- und Gesellschaftsausschnitt in sich zu eng, zu abseitig sei, um wirklich das „innere Bild" einer Epoche entstehen zu lassen. Gezeigt werden ja nur parasitäre Einzelexistenzen aus der Mittel- und Oberklasse verschiedener Nationalitäten, ohne daß soziale bzw. nationale Herkunft jeweils einen repräsentativen Charakter annähmen. Selbst Inge Diersen, die Thomas Mann stets wohlgesonnen ist, muß einschränkend bemerken: „Thomas Mann siedelt seinen zweiten großen Roman in einem hermetischen Milieu an, weil ihm dies gestattet, gerade soviel an Wirklichkeit einzubeziehen, wie ihm in seinem eigenen, relativ eingeengten gesellschaftlichen Erfahrungsbereich als arrivierter bürgerlicher Künstler als lebendige Anschauung zugänglich ist."[9]

In Verteidigung des *Zauberberg* könnte man dagegen allerdings vorbringen, ein Luxussanatorium voll leichtfertiger Schwerkranker sei die treffende Allegorie einer immer gewissenloseren und absterbenden bürgerlichen Gesellschaft. Das mag stimmen – aber doch nur auf dieser allgemeinen Ebene. Denn nur in wenigen Figuren oder Geschehnissen innerhalb des Romans sind gesellschaftliche Kräfte, Tendenzen, Ereignisse repräsentiert, die auch realgeschichtlich von Belang sind. Für den Erzähler ist eher der hämische Blick auf individuelle Mängel und Schwächen als das Interesse an satirisch-typischer

Darstellung leitend. So etwa häufig bei der Schilderung der Patienten des Berghofs (vgl. z. B. S. 117 ff.). Man kann natürlich auch diese Erzählweise ‚satirisch' nennen — aber Satire wird dabei nicht auf Gesellschaftlich-Typisches in kritischer Absicht gerichtet; sie geißelt nicht die Charaktermasken des Systems, sondern Individuen, die vielleicht selbst dessen Opfer, in jedem Fall aber harmlos sind. Derartige Satire wird zum Selbstzweck, wird zynisch.

Nun kann man freilich anführen, Thomas Mann habe „das *innere Bild*" seiner Epoche zeichnen, nicht ihre Sozialgeschichte schreiben wollen. Als Zeitroman, Epochenroman müsse *Der Zauberberg* demnach mehr aufgrund der vorgebrachten *Ideen und geistigen Tendenzen* gelten als aufgrund von Figuren oder Handlung. Als Ideenträger kommen aber vor allem die beiden ‚Lehrer' Settembrini und Naphta in Frage. Welche Ideen formulieren sie? Bei Settembrini ist das noch leicht zu beantworten: Er ist vom Autor konzipiert als Repräsentant der Aufklärung und ihrer Ideen, einer Tradition, die allerdings in Deutschland immer schwach geblieben ist, — deshalb ist Settembrini wohl zurecht Italiener. Problematischer ist die Zuordnung Naphtas: Der düstere kleine Jesuit mit den Zügen von Georg Lukács[10] ist zwar als Gegenfigur zu Settembrini konzipiert, vertritt aber keineswegs eine einheitliche oder ideologiegeschichtlich fixierbare Position. Wie für Settembrini das elektrische Licht symbolisch erscheint, so für Naphta die gotische *Pietà* aus dem 14. Jahrhundert, die Hans Castorp und Joachim Ziemßen bei einem Besuch bewundern. Denn Naphta greift historisch *hinter* Settembrinis bürgerlich-vernünftig-demokratisches Weltbild zurück auf die Prinzipien mittelalterlicher Religiosität und klerikaler Hierarchie. Andererseits geht er in seinen Vorstellungen *weiter* als der italienische Reformist, versteht den künftigen Gottesstaat zugleich als eine Art Diktatur des Proletariats und proklamiert den „lebendigen Geist", „der Elemente des Alten in sich mit Zukünftigstem zu wahrer Revolution verschmilzt (. . .)." (S. 535) Sein „Neues Zeitalter" ist, wie Inge Diersen zurecht bemerkt, „ein Konglomerat aus faschistischen und kommunistischen Elementen, wobei die ersteren dominieren und letztere entstellt sind (. . .)."[11]

So mag Naphta im Spielfeld des Romans eine eindrucksvolle Figur abgeben — das „innere Bild" der europäischen Vorkriegsepoche verwirrt er nur. Denn nicht der Gegensatz zwischen bürgerlicher Demokratie und klerikaler Autokratie prägt diese Zeit, — sondern die inneren Widersprüche der immer autoritärer gewordenen bürgerlichen Gesellschaft selbst — oder auch, wie man durchaus bemerken konnte, wenn man zwischen 1919 und 1924 an einem „Zeitroman" schrieb, der gesamteuropäische Konflikt zwischen bürgerlichem Klassenstaat und proletarischer Revolution. Insofern ist Martin Walser zuzustimmen, der seine Thomas Mann-Kritik gerade an diesem Kompositionsverfahren der Entgegensetzung von Ideen, Prinzipien, Philosophien und politischen Positionen festmacht — Positionen, die mit den real bedeutsamen Widersprüchen der Epoche aber nur sehr wenig zu tun haben. Thomas Mann hat sich in vielen Äußerungen zu diesem seinem Gestaltungsprinzip bekannt, das er *Ironie* nennt: „jene nach beiden Seiten gerichtete Ironie, welche verschlagen und unverbindlich, wenn auch nicht ohne Herzlichkeit, zwischen den Gegensätzen spielt und es mit Parteinahme und Entscheidung nicht sonderlich eilig hat."[12] Dazu Walsers Kommentar: „Der Autor dieser (. . .) Sätze wollte einfach überall sein, vorne und hinten, links und rechts, aber vor allem über allem. Unbelangbar."[13] Wäre vielleicht noch hinzuzufügen, daß dieses ,ironische' Verhalten zwar individuell besonders ausgeprägt ist, daß es aber objektiv in der Klassenlage bürgerlicher Intelligenz begründet liegt, einer Intellektuellenschicht, die von (ebenfalls bürgerlichen) Soziologen der Zeit nicht zufällig als „freischwebend" charakterisiert wurde.[14] Scharfe Kritik am Zauberberg und ähnlichen Werken hat daher früh schon (1935) Ernst Bloch geübt. In seinem Buch *Erbschaft dieser Zeit* heißt es über derartige „Gesänge der Entlegenheit": „Könner wie (. . .) Thomas Mann eröffneten, in der Breite des Romans, eine ganze Galerie diskutierenden Scheinlebens mit all seinen Fragen, außer der einen: woher denn dieses Leben und diese Fragwürdigkeit stamme, und wie sie daher wirklich beschaffen sei. (. . .) Kurz, hier gerieten (. . .) schön geschwungene Konstruktionen, an denen alles stimmt außer der Welt, die sie scheinbar so realistisch darstellen. Die Fragen blieben auf der Symptomfläche, worauf sie ausgefabelt sind; das dargestellte Leben dieser Ärzte, Staatsanwälte, Edelknaben, Zeitverlierer ist nicht so wirklich wie ihre Beredsamkeit, wie die angenehme Säure ihrer innerbürgerlichen Zweifel."[15]

Grundsätzlich hat dagegen der Autor selbst und haben viele seiner Ausleger für den Roman beansprucht, „die Idee des Menschen, die Konzeption einer zukünftigen, durch tiefstes Wissen um Krankheit und Tod hindurchgegangenen Humanität"[16] zumindest bildhaft eingefangen zu haben (im *Schnee*-Kapitel). Die Substanz des Werkes soll also in der *utopischen Dimension* liegen. Von daher könnte man dann auch eine Brücke konstruieren zu den tatsächlich-historischen Tendenzen, die eine ,neue Humanität' zu erkämpfen suchten, von Thomas Mann aber nirgendwo recht erfaßt und wahrgenommen werden. Inge Diersen: „Im ,Zauberberg' suchte er nach einer anderen Alternative (zum Bürgertum als es der Faschismus sein konnte — J. V.), nach der einer ‚neuen Humanität'. Daß er damit tendenziell dem sozialistischen Humanismus des revolutionären Proletariats, dessen Ziel die kommunistische Gesellschaft ist, näher steht als allen anderen Humanismuskonzeptionen, wußte er noch nicht." Dies bleibt eine Konstruktion, und keine tragfähige. Diersen selber muß einräumen: „Dennoch bleibt ein nicht unbeträchtlicher Rest von Verschwommenheit. Die Humanismus-Konzeption ist gesellschaftlich orientiert, aber wenig konkret profiliert."[17]

Denn worin besteht, letzten Endes, das „Vorgefühl der neuen Humanität"? Im Bewußtseins-, Bildungs- und Sensibilisierungsprozeß, den Hans Castorp erlebt — dessen Preis aber die totale Absage an gesellschaftliche Praxis ist. In den Verführungen durch Krankheit, Todesidee, Erotik, Musik; in dem utopischen Traumgesicht menschlicher Existenz, das er, wie der Erzähler betont, „schon den gleichen Abend nicht mehr recht verstand." (S. 525) Gerade die Ausführung dieses Traums, des ‚utopischen' Kernstücks des ganzen Romans, sollte bedenklich stimmen. Denn was sieht Hans Castorp in seiner utopischen Vision? Eine antike Mittelmeerlandschaft, wo zwischen Meer, Fels und Zypressen eine „verständig-heitere, schöne junge Menschheit" mit Tätigkeiten wie Reiten, Bogenschießen, Ziegenhüten und Flötespielen beschäftigt ist und dabei eine „große Freundlichkeit" und „unter Lächeln verborgene Ehrerbietung" im Umgang miteinander an den Tag legt. Woher nun rühren diese neuen und humanitären Verkehrsformen? Sie rühren, so erfährt der Träumer wie der Leser, aus dem *Wissen um den Tod* — ins Bild gesetzt mit Hilfe eines archaischen Tempels in jener idyllischen Landschaft, in dem zwei Hexengestalten, „graue Weiber, halbnackt, zottelhaarig, mit hängenden Hexenbrüsten und fingerlangen Zitzen" über einem Opferbecken „ein kleines Kind (...) in wilder Stille mit den Händen zerrissen" und die Stücke verschlangen, „daß die spröden Knöchlein ihnen im Maule knackten und das Blut von ihren wüsten Lippen troff." (S. 517 ff.)

Von solcher Art sind Thomas Manns Wunsch- und Denkbilder menschlicher Existenz: Hänsel-und-Gretel-Gruselbilder einerseits, schlecht klassizistische Idyllen andererseits. Ob damit eine Bildersprache gefunden ist, in der die Probleme des 20. Jahrhunderts — oder auch nur: die Gestalt, die Tod und Vernichtung einerseits, die Utopie vom menschenwürdigen Leben andererseits im 20. Jahrhundert historisch angenommen haben, angemessen ausgedrückt werden können — darüber kann man streiten. So muß auch eine Gesamteinschätzung des *Zauberbergs* problematisch bleiben. Sein Autor geriet in den frühen zwanziger Jahren erst allmählich in den Prozeß der Ablösung von nationalkonservativen Positionen und der Zuwendung zu bürgerlich-demokratischen Ideen; Spuren des damit verbundenen Experimentierens auch im ideologischen Bereich sind im Roman ohne Mühe aufzufinden. Was aber da an Ideen und Begrifflichkeiten, politischen und philosophischen Theorien hin und her bewegt wird, trägt kaum etwas bei zu einer Zeitanalyse, die auch heute noch von Interesse sein könnte (wie etwa die des *Untertan*); und bewegt sich wohl auch nur zum Teil auf dem damals gegebenen Erkenntnisniveau. Weder werden die Triebkräfte nationalistisch-reaktionärer Politik ins Blickfeld gerückt, noch kommt die historische Gegenkraft der internationalen Arbeiterbewegung irgendwo ins Bild — als politischer ebensowenig wie als ideologisch-philosophischer Faktor. Am Ende des Romangeschehens steht der Erste Weltkrieg, der „Donnerschlag" wie eine Naturkatastrophe — kaum ein Wort darüber, wie er der ‚neuen Humanität' zusetzen und ob sie ihm standhalten kann. Also doch kein Roman der Epoche. Treffend schrieb 1925 schon der durchaus konservative Literaturwissenschaftler Ernst Robert Curtius: „Thomas Manns Werk ist tief verwurzelt in dem geheimen musikalisch-metaphysischen Deutschtum. Es ist deutsch nicht in einem aktuellen, aber in einem zeitlosen Sinne. Einen Querschnitt durch das heutige Deutschland darf man im ‚Zauberberg' nicht suchen."[18] Und selbst der Kritiker des *Volkswille* in Augsburg, ein gewisser Brecht, sah das inzwischen so ähnlich, auch wenn er zu einer anderen Bewertung kam als der Thomas Mann-Verehrer Curtius. 1930 schrieb er ein Gedicht mit dem Titel *Ballade von der Billigung der Welt*, dessen 16. Strophe lautet:

> Der Dichter gibt uns seinen Zauberberg zu lesen.
> Was er (für Geld) da spricht, ist gut gesprochen!
> Was er (umsonst) verschweigt: die Wahrheit wär's gewesen.
> Ich sag: Der Mann ist blind und nicht bestochen.[19]

Anmerkungen

1 Bertolt Brecht: Thomas Mann im Börsensaal, in: B. B.: Schriften zur Literatur und Kunst 1 (Gesammelte Werke 18), Frankfurt/M. 1967, S. 23.

2 Vgl. dazu das Kapitel über die proletarische Autobiographie in Band 1 dieser Einführung.

3 Inge Diersen: Thomas Mann, S. 160 f.

4 Vgl. dazu kritisch Martin Walser: Ironie als höchstes Lebensmittel oder: Lebensmittel der Höchsten, in: Heinz Ludwig Arnold (Hrsg.): Thomas Mann, S. 12 f.

5 Thomas Mann: Einführung in den Zauberberg für Studenten der Universität Princeton, in: Th. M.: Der Zauberberg, Berlin und Frankfurt/M. 1962, S. XI.

6 Diersen, S. 181.

7 Vgl. Thomas Manns explizite Berufung auf diese Traditionen (Einführung in den Zauberberg, S. XIII f.).

8 Diersen, S. 169.

9 Ebda., S. 152.

10 Thomas Mann soll (sagt eine Anekdote) etwas gekränkt darüber gewesen sein, daß Lukács sich nicht ‚wiedererkennen‘ mochte, sondern die Naphta-Figur als „Verkünder einer katholisierenden Vorform des Faschismus" bezeichnete (G. L.: Auf der Suche nach dem Bürger, in: Faust und Faustus. Ausgewählte Schriften II, Reinbek 1967, S. 231). Neue Gesichtspunkte zum Verhältnis Lukács – ‚Naphta‘ gibt Michael Löwy: Pour une sociologie des intellectuels révolutionnaires. L' évolution politique de Lukács 1909 – 1929, Paris 1976, S. 65 ff.

11 Diersen, S. 172.

12 Zitiert nach Walser, S. 8.

13 Ebda., S. 10.

14 Vgl. etwa Karl Mannheim: Ideologie und Utopie, 3. Aufl. Frankfurt/M. 1952.

15 Ernst Bloch: Erbschaft dieser Zeit, Frankfurt/M. 1973, S. 198.

16 Thomas Mann: Einführung in den Zauberberg, S. XIV.

17 Diersen, S. 193.

18 Ernst Robert Curtius: Thomas Manns ‚Zauberberg‘ (1925), jetzt in: Heinz Sauereßig: Die Entstehung des Romans ‚Der Zauberberg‘. Zwei Essays und eine Dokumentation, Biberach a. d. Riß 1965, S. 55.

19 Vgl. Bertolt Brecht: Gedichte 2 (Gesammelte Werke 9), S. 472.

Literaturhinweise

Thomas Mann: Der Zauberberg. Roman (1924), 2 Bde., Frankfurt/M. 1967 (= Fischer Taschenbücher 800/1 und 2).

Thomas Mann: Gesammelte Werke in 13 Bänden, Frankfurt/M. 1974.

Eike Middell: Thomas Mann. Versuch einer Einführung in Leben und Werk, 3. Aufl. Leipzig 1975 (= Reclams Universal-Bibliothek 268).

Inge Diersen: Thomas Mann. Episches Werk, Weltanschauung, Leben, Berlin und Weimar 1975.

Helmut Koopmann: Die Entwicklung des ‚intellektualen Romans‘ bei Thomas Mann, 2. Aufl. Bonn 1971.

Ulrich Karthaus: ‚Der Zauberberg‘ – ein Zeitroman, in: Deutsche Vierteljahrsschrift 44 (1970), S. 269 ff.

Heinz Ludwig Arnold (Hrsg.): Thomas Mann (Sonderband Text + Kritik), München 1976.

4. Kriegsprosa: Remarque, Renn, Jünger

Die ‚remarquable Verwässerung‘ des Krieges

Von der Literatur, die versucht hat, den Ersten Weltkrieg literarisch zu erfassen, kennt man zumeist nur einen Titel, der zur Redewendung geworden ist: *Im Westen nichts Neues*. Das Buch selbst ist nahezu unbekannt. Damals jedoch hat es außerordentlich heftige Reaktionen hervorgerufen. Der Roman des Sportredakteurs Erich Maria Remarque (1898–1970), 1929 als Buch bei Ullstein erschienen, wurde bald zum größten Bestseller der damaligen Zeit. Ende der Weimarer Republik war er in über 30 Sprachen übersetzt, bei einer Gesamtauflage von acht Millionen.

Ist dieser Erfolg erstaunlich, so ist doch erstaunlicher – und zuerst zu klären –, *warum plötzlich, ein Jahrzehnt nach Kriegsende, der Krieg literarische Mode wurde.* Weder die pazifistischen Sammelbände, meist von deutschen Emigranten in der Schweiz zusammengestellt, noch die reaktionären Verherrlichungen des Krieges mit ihrem Lamento über den Dolchstoß aus der Heimat hatten in den Jahren direkt nach dem Krieg nur annähernd den Effekt wie die romaneske Kriegsliteratur ab 1927. Das Börsenblatt des deutschen Buchhandels verzeichnete bald Hunderte von Titeln, in Roman- oder Berichtform, meist in hohen Auflagen. Dazu kam die quantitativ noch gewaltigere Flut der Regimentsgeschichten und militärischen ‚Fachbücher‘.

Die eigenartige Entwicklung der Kriegsliteratur faßt ein Rezensent 1930 so zusammen: „In bezug auf den Weltkrieg leben wir augenblicklich in der vierten literarischen Periode. Die erste war Stimmungspoesie, Kriegsberichterstatter für die Heimat, Feldzeitungsdichter für die Front. Die zweite war expressionistisches Plakat für Menschheitserlösung. Die dritte Memoiren- und Generalstabsliteratur. Die vierte –? Man sagt, sie bringe das Dokument, mal mehr dichterisch, mal mehr photographisch, jedenfalls das Tatsächliche. Das hieße also: nach zehn Jahren wären wir so weit, daß wir Ruhe, Überlegung, Distanz haben.“[1]

Theodor W. Adorno versucht die Phasenverschiebung, den Eindruck von der ruhigen Überlegtheit und Distanziertheit nach zehn Jahren, sozialpsychologisch zu erklären: „Das lange Intervall zwischen den Kriegsmemoiren und dem Friedensschluß ist nicht zufällig: es legt Zeugnis ab von der mühsamen Rekonstruktion der Erinnerung, der in all jenen Büchern etwas Ohnmächtiges und selbst Unechtes gesellt bleibt, gleichgültig durch welche Schrecken die Berichtenden hindurchgingen." Und als Grund hält Adorno fest: „Sowenig der Krieg Kontinuität, Geschichte, das ‚epische‘ Element enthält, sondern gewissermaßen in jeder Phase von vorn anfängt, so wenig wird er ein stetiges und unbewußt aufbewahrtes Erinnerungsbild hinterlassen. Überall, mit jeder Explosion, hat er den Reizschutz durchbrochen, unter dem Erfahrung, die Dauer zwischen heilsamem Vergessen und heilsamem Erinnern sich bildet. Das Leben hat sich in eine zeitlose Folge von Schocks verwandelt (...)."[2]

Diese Erklärung aus der Schwierigkeit der Schockbewältigung ist stichhaltig. Zunächst wird damit begründbar, warum es sinnvoll ist, sich mit der *Prosaliteratur* über den Krieg zu befassen, nicht mit den vielzahligen Gedichten über den Krieg oder den durchaus bemerkenswerten Dramen. Man kann hier nämlich ein Problem der Literatur analysieren, das sie mit der Bewältigung der Realität hat. Stimmt die These, daß der Krieg wesentlich *nicht-episch* ist, dann müßte sich in der Prosaliteratur über den Krieg eine Spannung zwischen dem nicht-epischen Gegenstand und der epischen Form ergeben, eine Spannung, die den Roman nicht unverändert lassen dürfte. Ernst Jünger, Kriegsprosaist der ersten Stunde, zweifellos ideologischer Antipode zu Adorno, bestätigt die Hypothese von einer anderen Seite her. Er schreibt 1931: „Die große Schwierigkeit, die gerade der letzte Krieg jeder Gestaltung entgegensetzt, besteht in seiner Monotonie."[3]

Es reizt, sich an der Person Remarque aufzuhalten, von der Brecht später im Exil sagte, „irgend etwas fehlt mir an seinem gesicht, wahrscheinlich ein monokel".[4] Remarque war zweifellos eine höchst ambivalente und schillernde Figur. Robert Neumann z. B. erinnert sich an ihn als einen „jungen, smart gekleideten Sportjournalisten", der bald „in hoher Fahrt auf dem Weg in eine filmstarähnliche Glanzexistenz am Rande der Literatur" war. Neumann weiter: „Da war immer wieder eine grobschlächtige, aber stupende Erzählerbegabung, da war immer ein solider realistischer Hintergrund, aber immer wieder wurde diese Leistung kompromittiert durch Knalleffekte, die gar nicht für den Roman, die schon fürs Kintopp geschrieben waren"[5]. In der Tat wurde das Buch 1930 in Hollywood verfilmt. (Sergej Eisenstein nannte den Film begeistert eine „gute Doktorarbeit".)

Neumanns Bemerkung sagt aber noch mehr. Sie weist auf eine literarische Technik hin, die dem Kino entstammt, auf die *Montage-*

technik: die Weise, einzelne Elemente schockhaft aneinanderzusetzen, meist in scharfem Kontrast. Walter Benjamin hat in seinem berühmten Aufsatz über die *Reproduzierbarkeit des Kunstwerks* ausgeführt, daß die Montagetechnik der Aufmerksamkeit des Zuschauers ständig neue Schocks versetze und ihn damit faktisch für eine Realität trainiere, deren zentrale Erfahrungsweise zunehmend durch Schocks bestimmt werde. Man kann von hier aus also die Kriegsereignisse als Vorausbild dieser schockhaften Realität bestimmen und zugleich ermessen, wie weitgespannt das Realitätsverhältnis der epischen Kriegsliteratur ist: Es geht nämlich nicht mehr nur einfach darum, ob der Krieg korrekt wiedergegeben wird, sondern daß mit dem Krieg eine neue Dominante in der allgemeinen Erfahrung sich durchsetzt, auf die gestaltend zu reagieren Aufgabe der Kunst sein mußte, wollte sie auf dem Stand der Zeit bleiben.

Dazu ein paar Überlegungen anhand von Remarques Bestseller. Schon der Untertitel *Ein Bericht* weist den Anspruch aus, Tatsachen objektiv darzustellen. „Dieses Buch", so lautet sein Vorspruch, „soll weder eine Anklage noch ein Bekenntnis sein. Es soll nur den Versuch machen, über eine Generation zu berichten, die vom Krieg zerstört wurde – auch wenn sie seinen Granaten entkam." (S. 5)

Remarque läßt den Ich-Erzähler Paul Bäumer berichten, eine Figur, die autobiographisch gefärbt ist. Bäumer erlebt mit seinen Kameraden, wie er von der Schule her begeisterte Patrioten, die Materialschlacht des Grabenkrieges in Frankreich, dessen wüste Zerstörung von Menschen und Landschaft noch heute in der Gegend von Verdun unübersehbar ist. Der Roman setzt also da ein, wo Thomas Manns *Zauberberg* endet. Aufgrund seiner Erlebnisse in dieser brutalsten Phase des Krieges wird Bäumer zum Skeptiker und Pessimisten: „Ich bin so allein und so ohne Erwartung." Das Buch endet dann mit einem lapidaren ‚Nachtrag' des Autors: „Er" – Bäumer – „fiel im Oktober 1918, an einem Tag, der so ruhig und so still war an der ganzen Front, daß der Heeresbericht sich nur auf den Satz beschränkte, im Westen sei nichts Neues zu melden". Und weiter: „Sein Gesicht hatte einen so gefaßten Ausdruck, als wäre er beinahe zufrieden damit, daß es so gekommen war." (S. 288)

Was, außer Skepsis, vermittelt das Buch noch an Einsichten und Erkenntnissen? – Etwa die, daß die sadistischsten Ausbilder meistens die größten Feiglinge, oder daß die Unteroffiziere größere Feinde der Mannschaften sind als die Mannschaften des Gegners – also Binsenweisheiten. Die sexuellen Nöte der Generation erscheinen in Passagen von Freudscher Komik: So kratzen Bäumer und ein Kamerad, um mit einem schönen Mädchen auf einem Plakat allein zu sein, den neben sie gedruckten Mann einfach weg ... Die ‚entscheidenden' Stellen werden dann aber durch Gedankenstriche wiedergegeben. Etappenerlebnisse, wie das Requirieren einer Gans werden im gleichen sprachlichen Duktus vorgebracht wie Kampfberichte. (Nebenbei: wo gab es 1917 hinter der Front noch Gänse?)

Es gibt auch eindrückliche Szenen wie die, in der Bäumer beginnt, sich mit einem von ihm getöteten Franzosen wahnhaft zu identifizieren: „Ich habe den Buchdrucker Gérard Duval getötet. Ich muß Buchdrucker werden, denke ich ganz verwirrt, Buchdrucker werden, Buchdrucker −" (S. 225) Aber solche − sehr effektbewußten − Momente gehen unter in der schier endlosen Sequenz von kurzen Abschnitten, die verschiedene Aspekte des Kriegserlebnisses thematisieren, ohne doch den Krieg in seinen Grundstrukturen erfassen zu können. So reproduziert das Buch zwar Momente der neuen, fragmentarisierten Wahrnehmung, ist sich aber dessen und macht es dem Leser nicht *bewußt;* so dient es nur der Stabilisierung dieser problematischen Wahrnehmungsweise.

Das Buch hinterläßt beim Lesen eine sentimentalische, melancholische Gestimmtheit, jedoch kaum klares Bewußtsein. So mochte sich zwar an einzelnen Episoden die jäh aufkommende Erinnerung der Kriegsteilnehmer festsetzen, aber insgesamt erzeugte es eher Resignation vor der unergründlichen Schicksalhaftigkeit des Krieges. Gerade das war natürlich ein Moment, das zum immensen Erfolg dieses Buches beigetragen hat. Egon Erwin Kisch schreibt denn auch bissig von einer „remarquablen Verwässerung" des Krieges.

Die Widersprüche des Gefreiten Renn

Ähnlich heftig wie Remarques Bestseller wurde nur noch Ludwig Renns Bericht mit dem lapidaren Titel *Krieg* (1928), allerdings ökonomisch nicht so erfolgreich, diskutiert. Auch Renns Darstellung erhebt den Anspruch, reine Vermittlung von Fakten zu sein, geschrieben aus der Perspektive des Gefreiten Renn, der jedoch mit dem Autor nicht identisch ist. In einer bewußt spröde und lapidar gehaltenen Sprache versucht der Autor die Monotonie des Krieges durchscheinen zu lassen. So bleibt das Buch auch auf den Horizontausschnitt beschränkt, den man aus dem Schützengraben wahrzunehmen vermag. Der Gefreite Renn berichtet nur und erklärt nicht; die wenigen Gespräche wirken dann eher wie Zustandsprotokolle. Dennoch gibt er mehr als nur die Perspektive und Bewußtseinslage des Gefreiten Renn. Es macht sich nämlich ein grundlegender Widerspruch der Darstellung produktiv bemerkbar, der darin besteht, daß der Autor Ludwig Renn in Wirklichkeit Arnold Vieth von Golßenau (geb. 1889) heißt und dementsprechend sozialisiert ist: Sohn eines Mathematikprofessors und Prinzenerziehers, selbst Offizier im Krieg — keineswegs Gefreiter. Später dann, als das Buch erscheint, ist Renn schon Mitglied der KPD, wofür er bald mit Gefängnisstrafe büßen muß, verwickelt in einen Prozeß wegen ‚literarischen Hochverrats‘.

In der Darstellung also widerstreiten die angenommene Perspektive des schlichten Gefreiten Renn und die reale des Autors. Das hat zur Folge, daß die Eindimensionalität der Darstellung aus dem Blickwinkel des Gefreiten Renn immer wieder durchbrochen und ergänzt wird durch die (sich insbesondere in den Offiziersfiguren niederschlagenden) weiterreichenden Erfahrungen des Autors. Ein in der herrschenden Klasse Erzogener legt sich Rechnung ab. Das kann man noch bis in letzte Details verfolgen. So läßt der *Autor* Renn den *Gefreiten* Renn über seine Schreibversuche reflektieren: ,,Wenn ich vom Schreiben aufstand, (. . .) dann war (. . .) eine Heiterkeit in mir, die alles hell machte, was ich sah. Dagegen sah ich, wenn ich von der Philosophie aufstand (gemeint sind philosophische Bücher aus der Truppenbibliothek — E. S.), alles grau und grämlich.‘‘ (S. 175) Oder auch jene Stelle: ,,Der Mond kam über ein Dach und versilberte die Blätter der Trauerweiden. Die Landwehrleute sahen träumerisch hinüber. (. . .) Ich sah den Mond und die Blätter der Weiden und die Blumen, deren Farben bleich ausgelöscht waren. Die Natur ist nicht gefühlvoll, auch nicht, wenn man gefühlvoll ist. Sie ist ganz kalt und hart, und das ist schön an ihr.‘‘ (S. 172 f.) Das steht in radikaler Opposition zu den weinerlichen Naturverklärungen bei Remarque, und ebenso in Oppositon zur Stilisierung des Schlachtfelds als heroischer Landschaft, z. B. bei Ernst Jünger. Aber darin drückt sich auch ein Bewußtsein aus, das durch die angesammelte feudale und bürgerliche Erfahrung hindurchgegangen ist, denn hinter dieser Einsicht des ‚einfachen Gefreiten Renn‘ steckt die Quintessenz einer Epoche — und dann doch der *Einfühlung in die Natur* verhaftet bleibt: die ‚schöne‘ Kälte der Natur, die hier gelobt wird, ist nichts anderes als ein Ausdruck jener Kälte und Härte des Krieges, in der der so Reflektierende sich befindet.

Renns Buch — über dessen Entstehung im ersten Jahrgang der *Linkskurve* sein Autor 1929 Rechenschaft abgelegt hat — galt insbesondere der organisierten Linken als konsequentester und gelungenster Versuch der Kriegsbewältigung. Aber selbst auf der ausgesprochenen Rechten, das weist auf die Ambivalenz solcher Sachlichkeit hin, wurde das Buch gelobt, zumeist eben wegen seiner Präzision und Nüchternheit. So etwa 1930 durch den Germanisten Heinz Kindermann, der sich dann allzu kompromißlos mit den Nazis einließ: „Läßt man den Formbegriff der dichterischen, in diesem Falle also der romanhaften Reportage gelten, dann steht Renns ‚Krieg' als reinster Typus dieser Art wortkarg und erschütternd schlicht obenan."[6] Wobei allerdings das Lob sich nicht selten noch durch seine Terminologie verrät, etwa, wenn ein Rezensent begeistert schreibt: „Dort ist fast jedes Wort notwendig, sitzt sicher wie ein gut gezielter Schuß."[7]

Renn selbst lobt jedoch den Kriegsroman eines anderen, daß er „einen letzten Schritt in der Literatur über den Weltkrieg" bedeute. Gemeint sind Adam Scharrers (1889—1948) 1930 erschienene *Vaterlandslose Gesellen*. Zentralfigur des Buchs ist ein Arbeiter, der zu der Minderheit der Sozialdemokraten zählte, die sich treu geblieben und gegen den Krieg waren. Aus der Perspektive eines Kriegsgegners, der sich der Einberufung zeitweilig durch Flucht in die Illegalität entzieht, dann aber doch noch in den Krieg muß, eines also, der sowohl das Leben in der ‚Heimat' als auch an der ‚Front' erfahren hat, der zeitweilig in der Rüstungsindustrie arbeitete, der dann am Ende zu den Soldaten- und Arbeiterräten übergeht, — aus dessen Perspektive ist in der Tat das ‚Phänomen Krieg' genauer und umfassender gestaltbar.

Der Krieg der Fachleute: Ernst Jünger

Während die Kritik sich an Remarque ereiferte, Renn aus allen Lagern gelobt wurde, ist Scharrers Buch, weil es das eines ‚Proleten' war, gar nicht erst wahrgenommen worden. Stattdessen bestimmte die kriegsverherrlichende Literatur des *soldatischen Nationalismus* mehr und mehr die Szene. Diese Literatur übertraf insgesamt gesehen bei weitem die kritische, schon deshalb muß man sich mit ihr auseinandersetzen: weil in ihr die Kräfte repräsentiert sind, die Deutschlands Weg in den Faschismus entscheidend förderten. Aber auch unter dem Aspekt der Veränderung der Prosa hin zum Reportage-, Berichthaften und Dokumentarischen; ist diese Technik doch nicht an einen ‚fortschrittlichen' politischen Standort gebunden. Aus der Vielzahl der konservativen bis reaktionären Kriegsromane und -berichte[8] soll das Werk Ernst Jüngers hervorgehoben werden — schon deshalb, weil es von unmittelbar nach dem Ersten Weltkrieg bis in unsere Gegenwart reicht, vor allem aber, weil von ihm aus alle anderen Romane im Zweifelsfalle miterklärt werden können.

Brecht hat in einem Gedicht geschrieben: „Freilich, es gibt Liebhaber der Kriege, Fachleute für Kriege, Handwerker/Leidenschaftlich geneigt diesem Handwerk mit goldenem Boden."[9] Ernst Jünger war in diesem Sinne, wie ein damaliger Rezensent schrieb, „der Typus des schriftstellernden Fachmanns"[10]. Er hat die ästhetische Verarbeitung des Krieges zweifellos am weitesten getrieben, den Krieg total mythisiert. In seinem zweiten Buch über die Kriegszeit, unterm programmatischen Titel *Der Kampf als inneres Erlebnis* (1922) schreibt er beispielsweise: „Der Krieg ist, wie der Geschlechtstrieb, ein Naturgesetz" — und lapidar: „Leben heißt töten."[11] Im Sinne dieser Sentenz ist seine gesamte literarische Produktion in der Weimarer Republik — und auch noch danach — der *Verklärung des Krieges zum Mythos* gewidmet. Dabei hebt sich Jünger noch zur Zeit allgemeiner expressionistischer Emphase durch die Weise seiner Darstellung von fast allen anderen ab. So bemerkt schon die zeitgenössische Kritik: „Jünger strebte in einer durch und durch unsachlichen Literaturperiode Sachlichkeit an."[12]

Exemplarisch dafür sein erstes Buch *In Stahlgewittern* (1920), zunächst mit dem Untertitel *Aus dem Tagebuch eines Stoßtruppführers*, später nur noch *Kriegstagebuch.* Jünger faßt darin seine Erlebnisse in Kapiteln nach geographischen Orten zusammen, in sich jeweils tagebuchartig mit Zeit und Ortsangaben noch einmal untergliedert. — Diese Häufung von Zeit-, Orts- und Namensangaben, gibt dem Buch den Charakter von Präzision und Faktentreue. Im Gegensatz zu seinen folgenden Schriften hat Jünger das Buch frei gehalten von spekulativen Reflexionen, wie sie seinen Stil insgesamt charakterisieren. Dieses Buch ist ganz aus der Perspektive individuellen Erlebens geschrieben. Es beginnt mit dem Eintreffen an der Front und endet mit der Verwundung des Autors und der Verleihung des Ordens *Pour le mérite* — damals höchster Kriegsorden. Dadurch sind der allgemeine Beginn des Krieges und das Ende in der Niederlage ausgeklammert. Die Beschränkung auf die Dauer des individuellen Kriegserlebnisses blendet den Zusammenhang der Geschichte aus, schon von daher kann der Krieg als ein elementarer Zustand erscheinen.

Man kann bei der Bewertung dieses Buches von Jünger schnell Stellen finden, die in ihrer zynischen Kälte empören — Stellen wie: „Ein einzelner Schütze trat aus dem Waldsaum heraus (. . .) ‚Schießt ihn kaputt!' Ein Dutzend Schüsse, die Gestalt sank zusammen und glitt ins hohe Gras. Dieses kleine Zwischenspiel erfüllte uns mit einem Gefühl der Genugtuung." (S. 163) Oder: „Der große Augenblick war gekommen. (. . .) Wir traten an. In einer Mischung von Gefühlen, hervorgerufen durch Blutdurst, Wut und Trunkenheit, (. . .). Der übermächtige Wunsch zu töten, beflügelte meine Schritte." (S. 257)

Man hat sich oft damit begnügt, Jünger wegen solcher Stellen moralisch zu verurteilen. Aber um das Problem in seiner Tiefe zu erfassen, muß mehr gesagt werden als nur moralisch Entrüstetes. Jüngers Ziel ist gerade nicht bloß, so sehr vielleicht solche Stellen das nahelegen mögen, die Verherrlichung des Blutrausches, sondern vielmehr: dessen *Kultivierung zum bewußten ästhetischen Erlebnis.* Darum ist das ganze Buch geradezu in Kritik der Illusion geschrieben, die eingangs so bezeichnet wird: „Aufgewachsen in einem Zeitalter der Sicherheit, wohnte in uns allen die Sehnsucht nach dem Ungewöhnlichen, nach der großen Gefahr. Da hatte uns der Krieg gepackt wie ein Rausch. In einem Reigen von Blumen waren wir hinausgezogen, in einer trunkenen Stimmung von Rosen und Blut." (S. 1)

Ziel Jüngers dabei ist, die „Rätselhaftigkeit" und „Unpersönlichkeit" des Krieges ästhetisch zu durchdringen und eine der neuen Kriegsform — der „Materialschlacht" — angemessene Haltung zu entwickeln. Diese Haltung nennt er gelegentlich „Heroismus der gebändigten Leidenschaften" — und so wird denn immer wieder die „Kaltblütigkeit" und „jene Ruhe, die dem Krieger wohlansteht" demonstriert. Als Quintessenz kann daher gelten: „Im Laufe von vier Jahren schmolz das Feuer hier ein immer reineres, ein immer kühneres Kriegertum heraus." (S. 157) Dahinter steckt dann allerdings ein — pervertiertes — Gentlemanideal, das des passionslosen, kultivierten Genießens der Gefahr.

Die Versuche der absoluten Stilisierung, einmal des Krieges selbst zum mythischen Geschehen, dann der Soldaten, selbstredend vor allem der Offiziere, zu Kriegern in der Haltung kühner Gelassenheit und höchst verfeinerter Genußfähigkeit, erinnern nicht zufällig an das Ideal des *l'art pour l'art,* hier gewendet als Genuß des Krieges um seiner selbst willen.

Bei genauerem Hinsehen erweisen sich aber die Stilisierungen und diese Haltung nicht einmal so sehr als Form der Bewältigung des vergangenen *Krieges,* denn als Versuch, den *Frieden* zu bewältigen. Nicht zufällig hat man Jüngers Werk als ‚Offiziersprosa' charakterisiert. Das spielt darauf an, daß Jünger exemplarischer Vertreter einer nach dem verlorenen Krieg deklassierten und weitgehend überflüssigen Kaste war. Es ist zu verfolgen, daß die Vertreter der rechtsradikalen Kriegsverklärung zumeist junge Berufsoffiziere oder kriegsfreiwillige Offiziere waren, die nach Niederlage und Abrüstung brotlos geworden waren und keine Tätigkeit mehr fanden, die ihrer bisherigen entsprochen hätte. Plötzlich herausgebrochen aus Befehlshierarchie und Frontkameradschaft, isoliert in einer zwangsweise zivilen Gesellschaft, die von ihnen als spießig und bürgerlich verachtet wurde, fanden sie sich meist in kleinen Gruppen zusammen und steigerten sich in die wahnhafte Verklärung einer angeblich heroischen Vergangenheit als Ideal für die Zukunft hinein. Deshalb waren sie dem Faschismus zugetan — aber deshalb wurden sie auch später von ihm angeekelt: Seine brutale, so gänzlich unästhetische Realistik, seine triviale Massenhaftigkeit sprach ihrer Idealisierung von Elite, Gemeinschaft und heroischem Kampfe Hohn. Wir finden in den Vertretern des soldatischen Nationalismus Leute, die das feudale Modell des Militärs als Gesellschaftsmodell nahmen, daher ständisch dachten. So wie um die Jahrhundertwende nicht der Proletarier, sondern der ,Künstler' als Kontroversbild des Bürgers illusioniert wurde, so jetzt der ,Krieger'.

Ihre eigene Tätigkeit sahen diese Leute als Arbeit an. So schreibt Jünger vom Erschießen und Postenstehen als *Arbeit* und sein Bruder Friedrich Georg sagt in einem von Ernst Jünger herausgegebenen Band unmißverständlich, daß der Krieg „ein Arbeitsprozeß im strengsten Sinne" sei[13]. Das zeugt von einer elementaren Fehleinschätzung der Realität, ist aber gleichwohl erklärbar bei einer Generation, die aus der Schule direkt in den Krieg ging — und bei Leuten, deren einziger Lebensinhalt bis dahin das Kriegshandwerk war. „Wir werden aber", so schreibt Walter Benjamin, „einen nicht gelten lassen, der vom Krieg spricht und nichts kennt als den Krieg"[14], denn all diese wollten eines nicht wahrhaben: die elementare Tatsache, daß der Krieg *verloren* wurde. Sie schwärmen daher, nicht immer so konsequent wie Jünger, von der Wiedergeburt der Nation aus dem Geiste des Krieges.

„Dies ist das Wesen des Nationalismus, ein neues Verhältnis zum Elementaren, zum Mutterboden, dessen Krume durch das Feuer der Materialschlachten wieder aufgesprengt und durch Ströme von Blut befruchtet ist."[15] Das Zitat Jüngers nur als regressive Verklärung im Stil der Heimatkunst oder Blut-und-Boden-Literatur zu fassen, griffe zu kurz. Denn auffällig ist zunächst die manifeste Sexualsymbolik, eine Begrifflichkeit des Sadomasochismus. In der Tat finden sich auch andernorts ähnliche Stellen. Solche Metaphorik ist als Ausdruck jener rigiden Sozialisation zu werten, wie sie in den Werken Hesses, in Wedekinds *Frühlings Erwachen* oder Heinrich Manns *Untertan* dargestellt ist. Man sieht dann, daß dieser soldatische Nationalismus sich noch bis in die Metaphorik jener repressiven Gesellschaft verdankt, gegen deren Spießigkeit er doch zu rebellieren meint. Es kommen noch einige Momente hinzu, die sich derselben gesellschaftlichen Grundlage des Imperialismus verdanken, die das jedoch nicht auf den ersten Blick zeigen. Hier sei nur das Verhältnis zur Natur als Landschaft erwähnt. Denn läßt man die Sexualsymbolik beiseite, dann bietet noch das Bild vom aufgesprengten Mutterboden, das Bild der Kriegslandschaft, einen Aspekt dieser Gesellschaft, den wir erst heute so richtig erfahren: den der Zerstörung der Umwelt, hier im Vorausbild der von Bomben und Granaten zerschundenen Erde (die übrigens durchaus „Mutterboden" gewesen sein mag, nur: kein deutscher, sondern französischer). Die Glorifizierung der Materialschlacht ist dann als *Einfühlung in die Macht der Technik* zu deuten: als magisches Unterwerfungsritual unter ihre Herrschaft. Aber man muß dazu sagen, daß es Technik schlechthin eben nicht gibt, sondern, das zeigte ja gerade die Kriegstechnik, nur eine Technik zu bestimmten Zwecken und unter bestimmten Bedingungen. Die technikbegeisterten Kriegsverherrlicher wurden folglich auch in ihrer Mehrzahl von Spenden der Industrie ausgehalten.

Literarische Technik der Technikverherrlichung

Die Paradoxie — wenn man wohlmeinend ist: die Tragik — der pazifistisch orientierten Kriegsliteratur gegenüber dieser offen kriegsverherrlichenden ist, daß sie in ihrer Form nicht minder der fetischisierten Technik zu verfallen droht wie ihr reaktionäres Gegenüber. So schlägt in der *literarischen Technik* nahezu aller Werke, ob ihr Autor nun Kritik oder Verklärung wollte, Verherrlichung der — unbegriffenen — Technik durch. Das Montagehafte, Reportierende, der Berichtstil, die Heranziehung von Dokumenten, kurz der ‚Beweis der Wirklichkeit' verdankt sich eben dem Vertrauen in die Technik und der Begeisterung für den technischen Fortschritt. In dieser literarischen Technik des *Wirklichkeitszitats* und der *Montage* gab nämlich die literarische Intelligenz auch nach der Seite der Darstellung jenes Erbe auf, das in der Ethik der bürgerlichen Gesellschaft fundiert war. Denn früher hatte es gerade die Mächtigkeit der bürgerlichen Literatur ausgemacht, daß sie willens und in der Lage war, der großen Idee der Selbstverwirklichung des Individuums und der Autonomie des Subjekts immer wieder neu Ausdruck zu geben. Und es war ihre Größe, dies gegen zunehmende Widerstände zu tun: den Anspruch des Subjekts geltend zu machen in einer immer mehr nur als Ansammlung von Objekten erscheinenden, fremden und bedrohlichen gesellschaftlichen Umwelt.

Noch eine Literatur, die explizit antritt, die alten bürgerlichen Ideale für eine bessere Zukunft zu retten, trägt in der Darstellungsweise die Züge ihres Gegenteils. So etwa die Romane Theodor Pliviers (1882—1955) *Des Kaisers Kuli* (1928/1929) und *Der Kaiser ging, die Generäle blieben* (1932; Bühnenfassung durch Piscator 1930). Auch Plivier bedient sich reportagehafter Dokumentationsmethoden; in seinem zweiten Buch verarbeitet er unmittelbar 92 Interviews mit Leuten, die aus unterschiedlichster Perspektive an der Revolution 1918 beteiligt waren. Kennzeichnend ist die Zerlegung in kleinste Episoden, die Reduktion der Figuren und Repräsentation von Schichten und Gruppen. So faßt Stephan Hermlin denn auch als das Besondere dieser Bücher „das Montieren des eigentlich Romanesken mit der Tatsache, der Zahl, der journalistischen Nachricht."[16]

Ein weiteres, besonders krasses Beispiel ist ein Roman Johannes R. Bechers (1891—1958), dessen voller Titel das schon signalisiert: *(CHCL = CH) 3 AS (Lèvisite) oder Der einzig gerechte Krieg* (1926). Becher verwendet darin eine ausgeprägte Montagetechnik, die zum Teil wörtliche Zitate aus damaligen Publikationen über das Giftgas Levisite in eine konstruierte Handlung einmontiert. In Konsequenz des Anspruchs, eine Synthese von Wissenschaft und Dichtung zu liefern, gibt Becher seinem Buch ein ausführliches Quellenverzeichnis mit und in der Einleitung verkündet er programmatisch: „Es handelt sich hier nicht um poetische Erfindungen, phantastische Konstruktionen oder um Wahnbildungen. Es handelt sich hier um Tatsachen, um Taten, um Ereignisse." Daß Becher aufgrund der Widmung des Buches an die „kommende deutsche soziale Revolution" der Prozeß gemacht wurde mit der Beschuldigung, einen Versuch, „die Verfassung des Deutschen Reiches gewaltsam zu ändern, durch Handlungen vorbereitet zu haben", hat besonders im Ausland damals heftige Proteste hervorgerufen, so daß schließlich die Anklage niedergeschlagen wurde. Das ist aber nicht schon Gewähr für die Bedeutung des Buches.

Es bleibt offen, ob nicht diese Form der Adaption technischer Vorgänge Ausdruck dafür ist, daß der Optimismus in die Rettbarkeit der alten bürgerlichen Ideale an der Entwicklung der unbeherrschten Technik real scheitert. Ob nicht darin sich ebenfalls ausdrückt, was im Tatsachenfetischismus und dem Glauben an die Allgewalt der Fakten ansonsten offenliegt: die Opferung des Subjekts an die Herrschaft der Objekte. Denn indem man sich völlig auf die Überzeugungskraft der Realitätskontraste, die Wirkung von Schocks und die Dynamik der Fakten verließ, verzichtet man im Namen eines subjektlosen Objektivismus auf die Kraftquelle des früheren Bürgertums, auf die zähe Behauptung des Anspruchs auf Entfaltung *aller* menschlichen Fähigkeiten, sowohl der Produktion als auch des Genusses.

So bleibt eine doppelte Paradoxie von Intention und Wirkung zu konstatieren: Die soldatischen Nationalisten, die gegen den Bürger als moralisierenden Spießer den radikalen Gegen-Typus des sachlichen, durch das Stahlbad der Materialschlacht gegangenen Kriegers setzten, vollzogen in Wahrheit damit eine Rückwendung auf den Kern bürgerlicher Macht: die Verfügung über die Produktionsmittel. Das ist um so paradoxer, als sie selbst daran nur von Ferne teilhatten. Andererseits glaubte jene Intelligenz, die sich als links und kritisch verstand, mit dem Schock der präsentierten bloßen Realität, mit dem Grauen und der Brutalität des Dokumentarischen das bürgerliche Gewissen wachrütteln zu können. Sie appellierte damit an eine Moral, die es so gar nicht mehr gab, von der sich das Bürgertum als Ballast längst befreit hatte. Insofern ratifizierte der Dokumentarismus gerade dort, wo er kritisch sein wollte, die bestehenden Herrschaftsverhältnissse.

Walter Benjamin hat dies damals wohl am schärfsten gesehen. Er charakterisiert die metaphysische Kriegsverherrlichung von Jünger und seinesgleichen als Versuch, „das Geheimnis einer idealistisch verstandenen Natur in der Technik mystisch und unmittelbar zu lösen", also asozial. Er setzt angesichts dieses gefährlichen Lösungsversuchs der gesellschaftlichen Grundfrage des Verhältnisses zur Natur daher konsequent nicht mehr auf ideologische Überzeugungsarbeit, durch Literatur etwa, sondern auf das praktische Handeln des Proletariats. In seiner Rezension zu Ernst Jünger gibt er der Überzeugung Ausdruck, daß das Proletariat den nächsten Krieg nicht mehr als „magischen Einschnitt" anerkennen, „vielmehr in ihm das Bild des Alltags entdecken und (...) seine Verwandlung in den Bürgerkrieg vollziehen" werde. Daß es so *nicht* gekommen ist, wissen wir — was das aber für die Gegenwart bedeutet, ist noch nicht ausgemacht: ob Benjamins Hoffnung auf den „marxistischen Trick" gegen den „finsteren Runenzauber" Jüngers[17] selbst noch ästhetische Aktion war — oder ob die Schocks des Alltags den Krieg längst überholt haben.

Anmerkungen

1 Heinrich Schmitz: Mobilmachung der Sänger des großen Krieges, in: Der Scheinwerfer 2 (1929/30) H. 15, S. 19.
2 Theodor W. Adorno: Minima Moralia. Reflexionen aus dem beschädigten Leben, Frankfurt/M. 1969, S. 63.

3 Ernst Jünger: Kriegsstücke von drüben, in: Der Scheinwerfer 4 (1930) H. 1, S. 9.
4 Bertolt Brecht: Arbeitsjournal 1938—1942, Frankfurt/M. 1973, S. 350 (Notiz vom 31. 12. 1941).
5 Robert Neumann: Ein leichtes Leben, Bergisch-Gladbach 1974, S. 29 f.
6 Heinz Kindermann: Das literarische Antlitz unserer Zeit, Halle 1930, S. 64. Vgl. auch den aufschlußreichen Briefwechsel unter dem Titel ‚So wirds gemacht', in: Die Linkskurve 2 (1930) Nr. 4, S. 6 ff.
7 Schmitz, S. 21.
8 Einige wichtige Titel: Werner Beumelburg: Sperrfeuer um Deutschland, Oldenburg 1929 (hierzu schrieb Hindenburg als Reichspräsident ein Vorwort); Karl Bröger: Bunker 17, Jena 1929; Hans Carossa: Rumänisches Tagebuch, Leipzig 1926; Edlef Köppen: Heeresbericht, Berlin 1930; Franz Schauwecker: So war der Krieg, Berlin 1927; Georg von der Vring: Soldat Suhren, Berlin 1928; Joseph Magnus Wehner: Sieben vor Verdun, München 1930.
9 Bertolt Brecht: Gedichte 3 (Gesammelte Werke 10), Frankfurt/M. 1967, S. 908.
10 Schmitz, S. 23.
11 Ernst Jünger: Der Kampf als inneres Erlebnis, Berlin 1928, S. 37 f.
12 Schmitz, S. 26.
13 Friedrich Georg Jünger, in: Ernst Jünger (Hrsg.): Krieg und Krieger, Berlin 1930, S. 63.
14 Walter Benjamin: Theorien des deutschen Faschismus (Rezension zu Ernst Jüngers ‚Krieg und Krieger'), in: W. B.: Gesammelte Schriften III, Frankfurt/M. 1972, S. 245.
15 Ernst Jünger: Der Kampf um das Reich, 2. Aufl. Essen 1931, S. 9.
16 Stephan Hermlin: Drei Bücher von Theodor Plivier, in: St. H./Hans Mayer: Ansichten über einige Schriftsteller, Wiesbaden 1949, S. 148.
17 Benjamin, S. 247 und 250.

Literaturhinweise

Erich Maria Remarque: Im Westen nichts Neues, Berlin 1929.
Ludwig Renn: Krieg, Frankfurt/M. 1929.
Adam Scharrer: Vaterlandslose Gesellen (1930), Berlin 1972.
Ernst Jünger: In Stahlgewittern (1920), (Werke Bd. 1), Stuttgart 1960.
Theodor Plivier: Des Kaisers Kuli, Berlin 1930.
Theodor Plivier: Der Kaiser ging, die Generäle blieben, Berlin 1932.
Johannes R. Becher: Levisite oder Der einzig gerechte Krieg (1926), Berlin/DDR 1970.

Karl Prümm: Die Literatur des Soldatischen Nationalismus der 20er Jahre (1918—1933), 2 Bde., Kronberg 1974.

5. Karl Kraus

„Die Fackel": Eine Zeitschrift gegen die Zeitung

Mit dem „Kampfruf (. . .) kein tönendes ,Was wir bringen', aber ein ehrliches *,Was wir umbringen'* (. . .), Trockenlegung des weiten Phrasensumpfes" (Die Fackel Nr. 1, S. 1) signalisiert der 25-jährige Österreicher Karl Kraus die gesellschaftskritische Stoßrichtung seiner neuen, von ihm allein bestrittenen Zeitschrift *Die Fackel*. Der Einstand der am 1. April 1899 erstmals in Wien erscheinenden roten Hefte war sensationell. Die Fackel erscheint anfangs dreimal im Monat, später in loser Folge. Bis zu Kraus' Tod bringt sie es auf 37 Jahrgänge mit 415 Heften, rund 30 000 Seiten. Die Auflage beträgt um 1906 etwa 9 000, um 1911 zwischen 29 000 und 38 000; sie beläuft sich 1922 noch auf etwa 10 000 und nimmt dann fortlaufend ab.

In der *Fackel* spiegeln sich Zeit und Autor gleichermaßen; ein Autor, so Kraus von sich selbst, „der sein Tagebuch als Zeitschrift herausgibt" (Nr. 267—68, S. 24). Anfänglich greift Kraus „Fälle" des politisch-sozialen und kulturellen Lebens in Wien auf, von Vetternwirtschaft an den Universitäten und Theatern bis zur Korruption bei Banken und Eisenbahnen. Dieser Enthüllungsjournalismus wird ihm bald fragwürdig, weil er auf diese Weise den tieferreichenden Ursachen solcher Mißstände nicht beikommen kann. Kraus' Gesellschaftskritik wird grundsätzlicher und weitet sich zur *Kulturkritik*. Im Jahrzehnt vor dem Ersten Weltkrieg stellt Kraus der bürgerlichen Kultur der k. u. k. Monarchie seine Diagnose und zwar vor allem am Beispiel ihrer Sexualjustiz, ihrer repressiven Einschätzung der Frau, ihrer Doppelmoral. In dieser Auseinandersetzung wächst er vom Publizisten zum Schriftsteller, zum *Satiriker*. Gleichzeitig ändert sich der Charakter der *Fackel:* Sie wird zu einer *literarischen Zeitschrift*. In den Jahren 1903—1911 bietet Kraus vielen Autoren ein Forum und fördert unter ihnen gerade auch unbekannte und unbequeme wie Peter Altenberg, Albert Ehrenstein, Kurt Hiller, Jakob van Hoddis, Else Lasker-Schüler, Heinrich Mann, Erich Mühsam, Franz Werfel, August Strindberg, Frank Wedekind u. a. Später überwirft er sich mit den meisten von ihnen und bestreitet ab 1911 die *Fackel* wieder allein.

Mit der eingangs zitierten „Trockenlegung des weiten Phrasensumpfes" sind Antrieb und Ziel seines Schreibens genannt: *Kritik der Presse*. Der junge Kraus bestimmt die Funktion der *Fackel* ausdrücklich als Gegenposition, als Korrektiv: „Kein ‚neues Blatt'; aber, — daß die alten mit anderen, helleren Augen gelesen würden" (Nr. 118, S. 2 f.), ist das Ziel der *Fackel*. Sie will aufklären, indem sie Informationen über das Bewußtsein der Informierenden vermittelt. Kraus ruft seinem Leser zu: „Werde *mißtrauisch*, und einer von Druckerschwärze fast schon zerfressenen Cultur winkt die Errettung. Lasse den Zeitungsmenschen als Nachrichtenbringer und commerciellen Vermittler sich ausleben, aber peitsche ihm den frechen Wahn aus, daß er von einer Kanzel aus zu versammeltem Volke spreche und berufen sei, geistigen Werthen die Sanction zu ertheilen. Nimm das gedruckte Wort nicht ehrfürchtig für baare Münze! Denn deine Heiligen haben zuvor für das gedruckte Wort baare Münze genommen." (Nr. 98, S. 4). Nicht der Warencharakter der Zeitung, den Kraus voraussetzt, ja nicht einmal ihre Korruptheit provoziert ihn so sehr als ihr Versuch, dieses alles durch pseudoidealistisches Pathos und zur Schau gestellten Bildungsdekor, kurz: durch ‚Literarisierung' zu kaschieren. Hier setzt Kraus' Kritik an; er hat als seine „Tendenz klargelegt: die Tagespresse allen verführerischen Glanzes einer literarischen Form zu entkleiden, der wieder der Literatur zurückgegeben (...) werden müßte." (Nr. 167, S. 9) Daher attackiert er besonders heftig die *Neue Freie Presse*, die, wie er sagt, „literarischste der deutschen Zeitungen" (Nr. 167, S. 9), das repräsentative Blatt des liberalen österreichischen Bürgertums. Mit seinem spezifisch Wiener Feuilletonismus bot es ästhetisch aufgeputzten Meinungsjournalismus: mehr Impressionen als Informationen, Aufmachung statt Authentizität, Phrasen statt Fakten. Dieser parasitäre Übergriff in den Bereich der Literatur verdeckt Kraus zufolge nicht nur um bloßer Effekte und Pointen willen die Wirklichkeit, sondern arrangiert aus Phrasen und Klischees eine eigene Wirklichkeit, eine „Nachrichtenwelt", die so nur in der Presse besteht.

Kraus' besondere Methode, diesen Sachverhalt zu problematisieren, ist *das Zitat*. Er nimmt die Pressetexte beim Wort, fügt als Kommentar lediglich eine Überschrift, ein Ausrufe- oder Fragezeichen hinzu oder hebt Einzelnes durch Sperrdruck hervor. Ein Beispiel (Nr. 413—417, S. 86):

Den Heldentod fürs Vaterland erlitt unser lieber, jüngerer Chef Herr

Wilhelm Berdux
Landsturmmann in einem Infanterie-Regiment.

Sein weiter kaufmännnischer Blick ließ ihn früh die großen Kampfesziele erkennen und freudig zog er hinaus pro gloria et patria.

Nun hat ihm die Norn die Wege verlegt, die treue Liebe in rastloser Arbeit für ihn geebnet.

Sein hehres Bild bleibt unvergänglich in unserer Erinnerung.

Berdux & Sohn, G. m. b. H.

Weiterhin kontrastiert er Zitate:

> „So leben wir alle Tage
> ‚Vater, Brot!'
> ‚Kinder, Rußland verhungert!'" (Nr. 508–513, S. 59)

Häufig nimmt Kraus Zitate zum Anlaß für Glossen, die er zu hunderten schrieb, besonders während des Ersten Weltkrieges. Nach Ermordung des österreichischen Thronfolgers erschien eine Glosse mit dem Titel *Ermessenssache:* „‚Viele Vergnügungsetablissements haben bei den Behörden *angefragt,* ob sie Vorstellungen abhalten sollen. Es wurde mitgeteilt, daß irgendeine Hoftrauer noch nicht angeordnet sei und daß es dem *Ermessen* jeder einzelnen Direktion anheim gestellt werden müsse.'" Diesem durch Kursivdruck bereits modifizierten Zitat fügt Kraus einen Kommentar hinzu, der ebenfalls fast ganz aus Zitaten besteht: „‚Venedig in Wien' ermaß, Hopsdoderoh zu machen. Denn wenn wir auch nimmer leben werden, wird es doch schöne Maderln geben, und was fängt man mit dem angebrochenen Abend an." (Nr. 400–403, S. 8) Auf solche Weise wird die Phrase satirisch verfremdet und entlarvt; die Satire erwächst also aus der Zeitung, gleichsam aus Prasenmüll. Indem Kraus' Satire so die Literarisierung der Presse als Anmaßung enthüllt, verweist er sie in ihre Schranken und gewinnt der Literatur im öffentlichen Bewußtsein ein Stück Souveränität zurück, das sie, ihm zufolge, seit Heine an den Journalismus verloren hat.

Szenische Satire: „Die letzten Tage der Menschheit"

Kraus' Bestimmung des Verhältnisses von Literatur und Presse, sein Kampf gegen die Phrase sowie seine Methode der Zitat-Satire sind denn auch konstitutiv für sein Weltkriegsdrama *Die letzten Tage der Menschheit*. Im Vorwort schreibt er: „Die unwahrscheinlichsten Taten, die hier gemeldet werden, sind wirklich geschehen; ich habe gemalt, was sie nur taten. Die unwahrscheinlichsten Gespräche, die hier geführt werden, sind wörtlich gesprochen worden; die grellsten Erfindungen sind Zitate. Sätze, deren Wahnwitz unverlierbar dem Ohr eingeschrieben ist, wachsen zur Lebensmusik. Das Dokument ist Figur; Berichte erstehen als Gestalten, Gestalten verenden als Leitartikel; das Feuilleton bekam einen Mund, der es monologisch von sich gibt; Phrasen stehen auf zwei Beinen (...)." (Bd. 1, S. 5)

Das Stück erweitert also die Presse-Kritik um eine Dimension: Jetzt werden die Phraseure in Szene gesetzt. Hunderte von Figuren läßt Kraus auf der Bühne in Monologen, Dialogen, Briefdiktaten, Telefongesprächen, Gedichten Texte noch einmal sprechen, die in Wirklichkeit ebenso gesprochen worden sind. Ein Großteil des Dramentextes besteht aus einer *Montage von Dokumenten*, größtenteils Zeitungsberichten, die Kraus dialogisiert hat, also Reproduktion der Reproduktion, um zu zeigen: Was in der Zeitung steht, kann so nicht stimmen. „Wie eng Kraus dabei auch jetzt noch seiner publizistischen Methodik verhaftet bleibt, läßt sich an der bezeichnenden Einzelheit erkennen, daß er neben Dokumenten des Drucks und der Schrift auch solche photomechanischer Reproduktion reproduziert: die Buchausgabe enthält vor dem Titelblatt und nach der letzten Seite zwei Photographien aus der Berichterstatterpraxis zeitgenössischen Pressewesens, beide voller scheußlicher und erschütternder Inhumanität — um die Leiche eines durch den Strang hingerichteten italienischen Abgeordneten im österreichischen Parlament, Cesare Battisti, stehen grinsend Militärs und Zivilisten der ‚Siegermacht'; einem Kruzifix auf freiem Feld ist das Kreuz weggeschossen, so daß die nackte Heilandsfigur anklagend-hilflos ihre Hände ins Leere hebt..."[1]

Unter den mehr als tausend Akteuren finden sich viele Personen der Zeitgeschichte, aber auch erfundene typisierte Figuren, häufig mit sprechenden Namen wie Oberleutnant Beinsteller, Hauptmann Niedermacher, Major Metzler. Zu den geschichtlichen Figuren, die auftreten, zählen Wilhelm II. und Kaiser Franz Joseph sowie Hindenburg, Ludendorff, österreichische Militärs und Minister, Dichter wie Ganghofer und Hofmannsthal und immer wieder Journalisten und

Reporter. Unter den fiktiven typisierten Figuren agieren u. a. Pastoren, Professoren, Künstler, Schieber, Huren, Bettler, Sterbende, sprechende und wortlose Erscheinungen — ein Pandämonium von Gestalten, Gesichtern, Stimmen und Tonfällen. Freilich: Diese Figuren, die nichts als Phrasen darstellen sollen, erscheinen gleichsam auf ihre Münder reduziert, die Sprechblasen produzieren und austauschen, was nicht so sehr beim Lesen als bei der theatralischen Realisation des Textes in Erscheinung tritt, der eher ein ‚Hörspiel' als ein „Schauspiel" ist.

Der Fülle der Akteure entsprechen die Vielzahl und Vielfalt der Schauplätze: Die 220 Szenen spielen an so unterschiedlichen Handlungsorten wie: „Straßenkreuzung in Wien", „Im Vatikan", „Isonzo-Front", „Ein chemisches Laboratorium in Berlin", „Weimar, Frauenklinik", „Bei Verdun". Es gibt keine kontinuierliche Handlung; mit ständigem Szenenwechsel folgt das Dramengeschehen der disparaten Wirklichkeit des Krieges. Es besteht aus additiv gereihten Szenen, die immer wieder das gleiche Thema variieren: Der Krieg als Bankrott und Untergang abendländischer Kultur.

In Fortführung der zentralen Thematik Kraus'scher Satire, Pressekritik als Kulturkritik, spielen Figuren aus dem Bereich des Journalismus eine dominante Rolle: Reporter, Feuilletonisten, Dichter, die im Krieg für die Presse arbeiten, Kriegsberichterstatter und, sie alle lenkend, der Herausgeber der *Neuen Freien Presse* und skrupellose Meinungsmanager seiner Epoche: Moriz Benedikt. Diesen Presseproduzenten sind Pressekonsumenten zugeordnet: der Abonnent, ein alter Abonnent der *Neuen Freien Presse,* der älteste Abonnent, zwei Verehrer der *Reichspost* und der alte Biach, der gläubigste aller Zeitungsleser.

Kraus demonstriert seine These, daß die Presse Hauptursache aller Zeitübel und mitschuldig am Ausbruch und an der Verlängerung des Weltkrieges sei, am Verhalten ihrer Repräsentanten. Kennzeichnend für die im Stück auftretenden Reporter ist, daß sie entweder von den Ereignissen selbst ganz absehen oder sie nur insoweit beschreiben, als sie ihrer vorgefaßten Meinung entsprechen. In einem Interview mit einer aus Rußland heimkehrenden Schauspielerin werfen zwei Reporter auf jedes Stichwort antirussische Propagandaphrasen ein, die den Erfahrungen der Schauspielerin völlig widersprechen, um das Gespräch in eine ihnen genehme Richtung zu manipulieren. (S. 94—98) Für diese Art ‚Reporter' ist es nicht von Belang, Augenzeuge zu sein; ihnen kommt es allein auf den Effekt an. Daher wird die Wirklichkeit zurechtgebogen und schöngefärbt, werden Stimmung und Details vom Schreibtisch aus hinzugefügt. Besonders infam und inhuman ist solche Pressearbeit bei Kriegsberichterstattern: „Ich habe diesen Rausch, dieses selige Vergessen vor dem Tode beschrieben, Sie wissen, wie zufrieden der Chef war (. . .)." (S. 114) Zur Symbolfigur eines pervertierten Journalismus, bei dem sich die Wirklichkeit der Phrase anpaßt, wird die berühmt-berüchtigte Kriegsberichterstatterin Alice Schalek, die in jedem Akt bei Frontbesuchen in Erscheinung tritt. Sie fragt vom Einsatz Zurückkehrende nach ihren Empfindungen, äußert sich fachmännisch zu militärischen Problemen, interviewt einen sterbenden Soldaten und feuert selbst Geschütze ab. Kraus läßt sie mehrfach ihre peinlich forschen Kriegsfeuilletons sprechen. Ein Kollege äußert sich bewundernd über sie: „Wie sie die Leichen beschreibt, Kleinigkeit, der Verwesungsgeruch." (S. 114) Die Tatsache, daß eine Frau mit Enthusiasmus über das Kämpfen und Sterben von Soldaten Feuilletons schreibt, ist in Kraus' Augen ein Symptom für den Verfall der europäischen Kultur, das mehr über den Krieg und seine tieferen Ursachen besagt als eine Darstellung seiner politischen und ökonomischen Voraussetzungen.

Kraus insistiert, wie erwähnt, auf einer strikten *Abgrenzung der Funktionen von Literatur und Tagespresse;* deshalb setzt er Literaten und Dichter, die sich für Kriegspropaganda einspannen lassen, besonders entlarvend in Szene. So tritt Ganghofer im Gespräch mit Wilhelm II. auf, gibt sich urwüchsig, singt, jodelt und schnadahüpfelt, liest auf Wunsch des Kaisers ein patriotisches Feuilleton vor, dann entfernt sich Wilhelm II. und Ganghofer „sagt, mit völlig verändertem Ton: Das kommt als Leitartikel!" (S. 129)

Hans Müller, der sich in der Pose eines teutonischen Landsknechts gefällt, zitiert einem Hauptmann im Pressequartier aus seinem Feuilleton über den Kriegsausbruch in Berlin: „Herr Hauptmann melde gehorsamst, ewig unvergeßbar wird mir die Sommermittagsstunde bleiben, da Männer und Frauen im königlichen Dom zum Altar traten, den Gott der deutschen Waffen anzurufen." (S. 268) Ganghofer und Müller sind sich − so jedenfalls für Kraus − der Verlogenheit ihrer Auftritte durchaus bewußt; sie bringen den erforderlichen Zynismus auf, um die von ihnen erwartete Rolle im Krieg zu spielen.

Selbst Lyrik, als genuine poetische Gattung, wird zu Kriegszwecken mißbraucht. Alfred Kerr, Richard Dehmel, Otto Ernst, Franz Werfel und vor allem der Priester-Barde Ottokar Kernstock rezitieren ihre Beiträge zur Wehrertüchtigung. So Kernstock in seiner „stille(n) Poetenklause im steirischen Wald":

> Steirische Holzer, holzt mir gut
> Mit Büchsenkolben die Serbenbrut!
> Steirische Jäger, trefft mit glatt

Den russischen Zottelbären aufs Blatt!
Steirische Winzer, preßt mir fein
aus Welschlandfrüchtchen blutroten Wein! (S. 299)

Autoren, die derart Kampfparolen liefern und den Krieg glorifizie-
ren, verlieren für Kraus jeglichen moralischen Kredit, weil sie das
Wort schänden.

Alle Journalisten und Schriftsteller im Dienste des Krieges sind
Werkzeuge in der Hand des allmächtigen Pressemagnaten Moriz
Benedikt. Er ist der „Schlachtbankier", der „Großjud", der Expo-
nent kapitalistischen Gewinnstrebens. Im Epilog wird die Gestalt
Benedikts ins Surreale gesteigert. Während Hyänen, das sind die
Journalisten, einen Tango um Leichen tanzen, wirft sich Benedikt
zum Antichrist auf und besingt in einem 22-strophigen Couplet die
Vernichtung aller christlichen Werte im Zeichen des Geldes. In die-
sem diabolischen Couplet klingen alle Themen Kraus'scher Kultur-
kritik nochmals an: Allmacht der Presse, Vergötzung von Geld, Profit und Macht, Traditionsfeindlichkeit des technischen Fortschritts,
Ehrfurchtslosigkeit vor dem menschlichen Leben, vor Kultur und
Religion.

Die Auswirkungen der Benediktschen Presseherrschaft demonstriert Kraus an Figuren, die nur als Zeitungsleser in Erscheinung treten: „Der alte und der älteste Abonnent der ‚Neuen Freien Presse',
der alte Biach und der kaiserliche Rat, harmlose, kriegsbegeisterte
alte Juden aus der Sphäre des Kommerz, verkörpern die Folgen der
sprachlichen und intellektuellen Vergiftung, die das Blatt ausübt."[2]
Ihr Denkvermögen und ihre Phantasie sind von Phrasen okkupiert.
Wirklich ist nur, was in der Zeitung zu lesen war: „Der Abonnent:
Bitte, das wurde nie gemeldet! Oder haben Sie je gelesen — ."
(S. 306) Auch die Beurteilung läßt man sich von der Zeitung vor-
formulieren: „Der Älteste (Abonnent. — H. B.): (...) Ich — freu mich
morgen am Leitartikel. Eine Sprache wird er finden, wie noch nie."
(S. 23) Prototyp des zeitungsversessenen Lesers ist der alte Biach,
der nur Benedikt-Zitate im Munde führt. Folgerichtig stirbt der alte
Biach im 5. Akt förmlich an „Satzverschlingung", als er über Widersprüche zwischen einem Wiener und einem Berliner Communiqué
nicht hinwegkommt.

Die Herrschaft der Presse ist total. Die *Phrase* ist nicht nur Sym-
ptom, sondern *Ursache* der Vergiftung des Lebens.[3] Ein Beispiel: Das
Vorspiel zum Stück endet mit der Trauerfeier für das ermordete
Thronfolgerehepaar im Südbahnhof. Es erscheinen eine Reihe von
Personen. „Die Gespräche sind die von Schatten" (S. 34), d. h. die
einzelnen Figuren sprechen so, wie sie am nächsten Morgen sich in

der Zeitung wiederzufinden hoffen. Beispielsweise sagt ein Dr. Charras: „Mit mir an der Spitze ist auch die Rettungsmannschaft erschienen, hat aber noch keinen Anlaß gefunden, in zahlreichen Fällen zu intervenieren." (S. 36) In die Zeitung transponiert hieße das: Mit Dr. Charras an der Spitze war auch die Rettungsmannschaft erschienen, die Anlaß fand, in zahlreichen Fällen zu intervenieren. Bezeichnenderweise enthält diese ‚Zeitungsmeldung' einen Fehler; es müßte heißen: (...) die in zahlreichen Fällen Anlaß fand, zu intervenieren. Der Fehler ist Indiz für die Gedankenlosigkeit, mit der man sich der Phrase bedient und durch sie die Wirklichkeit verzerrt reproduziert. Die Rolle der Presse in der Öffentlichkeit und das Zustandekommen der „Nachrichtenwelt" führt Kraus zugleich szenisch vor: (...) „Es erscheinen zehn Herren in Gehröcken, die, ohne sich zu legitimieren, mit Zuvorkommenheit, an dem Spalier der Wartenden vorbei, bis über die Tür des Trauergemachs geleitet werden, die sie während des Folgenden besetzt halten, so daß sie zwar selbst die Vorgänge beobachten können, aber diese den Blicken der Außenstehenden fast ganz entziehen. Die Sarkophage sind seit dem Moment ihres Auftretens nicht mehr sichtbar (...)." (S. 36)

Die Journalisten sind als „Zwischenhändler", wie Kraus sie einmal genannt hat, zwischen Ereignis und Betrachter getreten, verdecken es vollständig und nivellieren es zum atmosphärischen Klischee: „(Einer der zehn, die allmählich ganz in das Trauergemach gelangt sind, wendet sich plötzlich mit lauter Stimme an seinen Nachbarn.) Der Redakteur: Wo ist Szomory? Wir brauchen die Stimmung! (Die Orgel setzt ab. Es tritt eine Pause stummen Gebets ein, nur vom Schluchzen der drei Kinder unterbrochen.) Der Redakteur (zu seinem Nachbarn): *Schreiben Sie, wie Sie beten!*" (S. 39) Eine solche Kontrastierung eines realen Vorgangs — Trauerfeier, weinende Kinder — mit den Phraseuren und deren daraus erwachsende Entlarvung bestimmt weitgehend die Struktur des Stückes.

Das Kriegsgeschehen wird zum geringeren Teil direkt szenisch vorgeführt, vielmehr meist so, wie es sich im Bewußtsein der daran Beteiligten spiegelt. Dieses Bewußtsein ist durch die Omnipotenz der Presse deformiert. Die Figuren stellen nicht Personen und ihre Konflikte dar, sondern sind zu Marionetten geworden, an denen Kraus modellhaft Bewußtseinsformen demonstriert.

Es gibt eine Figur im Drama, deren Bewußtsein nicht von der Presse korrumpiert ist: *der Nörgler.* Mit der Figur des Nörglers hat Kraus sich selbst in das Stück eingeführt; er stellt diese Identität durch mehrere direkte Hinweise zweifelsfrei fest. Zudem gibt es oftmals wörtliche Übereinstimmungen zwischen dem, was der Nörgler sagt und dem, was Kraus in der Fackel geschrieben hat. Der Nörgler tritt gelegentlich in Monologen, meist jedoch in Dialogen mit dem Optimisten auf und begleitet kommentierend und räsonierend das Dramengeschehen; er hat den bei weitem größten Textanteil aller Figuren. Während der Optimist − ein durchaus ernstzunehmender Opponent des Nörglers, der keineswegs nur als Stichwortgeber fungiert − das Kriegsgeschehen als ein um Verständnis und Objektivität bemühter Patriot beurteilt, leidet der Nörgler am Krieg und verzweifelt schließlich an der Unbelehrbarkeit des Optimisten.

Es überrascht nicht, daß der Nörgler innerhalb seiner prinzipiellen, umfassenden Kommentierung des Krieges der Pressekritik eine zentrale Stellung einräumt. Die Phraseologie der Presse hat die Phantasie ihrer Leser zerstört. Sie ist hinter den technischen Möglichkeiten des Krieges zurückgeblieben: In der Phrase stellt sich der Krieg als ritterlicher Waffengang dar, in dem man zum Schwerte greift, das Panier hochhält und den Heldentod stirbt, während die Wirklichkeit des Krieges längst gekennzeichnet ist durch Massenvernichtungsmittel und Materialschlachten: „Der Nörgler: (. . .) Ein Volk, sage ich, ist dann fertig, wenn es seine Phrasen noch in einem Lebensstand mitschleppt, wo es deren Inhalt wieder erlebt. Das ist dann der Beweis dafür, daß es diesen Inhalt nicht mehr erlebt. (. . .) Ein U-Boot-Kommandant hält die Fahne hoch, ein Fliegerangriff ist zu Wasser geworden. Leerer wird's noch, wenn die Metapher stofflich zuständig ist. Wenn statt einer Truppenoperation zu Lande einmal eine maritime Unternehmung Schiffbruch erleidet. Wenn der Erfolg in unseren jetzigen Stellungen bombensicher war und die Beschießung eines Platzes ein Bombenerfolg." (S. 196) Die Rolle der Presse im Krieg, die szenisch in vielen Details demonstriert wird, formuliert der Nörgler zusammenfassend so: „Ach, der Heldentod schwebt in einer Gaswolke und unser Erlebnis ist im Bericht abgebunden! 40000 russische Leichen, die am Drahtverhau verzuckt sind, waren nur eine Extraausgabe (. . .) Die Realität hat nur das Ausmaß eines Berichts, der mit keuchender Deutlichkeit sie zu erreichen strebt. Der meldende Bote, der mit der Tat auch gleich die Phantasie bringt, hat sich vor die Tat gestellt und sie unvorstellbar gemacht. Um so unheimlicher wirkt seine Stellvertretung, daß ich in jeder dieser Jammergestalten, die uns jetzt mit dem unentrinnbaren, für alle Zeiten dem Menschenohr angetanen Ruf ‚Extraausgabe' −! zusetzen, den verantwortlichen Anstifter dieser Weltkatastrophe fassen möchte. Und ist denn der Bote nicht der Täter zugleich? Das gedruckte Wort hat ein ausgehöhltes Menschentum vermocht, Greuel zu verüben, die es sich nicht mehr vorstellen kann, und der furchtbare Fluch der Vervielfältigung gibt sie wieder an das Wort ab, das fortzeugend Böses muß gebären. Alles was geschieht, geschieht nur für sie, die es beschreiben, und für die, die es nicht erleben." (S. 158 f.)

Die Gegenwelt des „Ursprungs"

Positiver Gegenpol einer zum moralischen Untergang verurteilten Gegenwart ist das, was Kraus mit dem vieldeutigen Begriff *Ursprung* bezeichnet.[4] Er hat historische, ethische und ästhetische Dimensionen, die Kraus autobiographisch füllt. „Ursprung" findet sich in einer von Menschen noch nicht entstellten Natur, in der Mensch, Tier und Pflanze harmonisch zusammenleben. Kraus erlebt Schweizer Gebirgstäler, böhmische Parks und Schmetterlinge als Manifestationen des Ursprungs und gestaltet sie in seiner Lyrik. Zum Ursprung gehören die Kindheit, sein Kindheitserleben, in das er sich immer wieder zurückversetzt. Ursprung ist eine unverderbte Sprache. Weil sie jedoch von der Presse korrumpiert worden ist, will Kraus im Kampf gegen diese ihr ihre „Unschuld" zurückgewinnen. Im Vollzug solcher Restitution ermöglicht die Sprache einem Dichter, wie Kraus es sein will, ein authentisches Gestalten der Wirklichkeit. Die Dichter Shakespeare, Goethe, Nestroy, Claudius und der Musiker Offenbach schaffen aus solchem Ursprung; deshalb bringt Kraus sie in seinen mehr als 700 Rezitationsabenden bevorzugt zu Gehör. Ursprünglich sind für Kraus die achtziger Jahre des 19. Jahrhunderts als große Zeit des Burgtheaters.

Der Ursprung ist also nicht in mythischer Ferne zu suchen, sondern historisch fixiert; er ist eine privat erinnerte Welt, keine heile Welt, aber *eine Welt, die zumindest partiell noch nicht in Ware überführt ist.* Der Ursprung ist für Kraus der Bezugspunkt, von dem aus er als Satiriker Analyse und Urteil für die Gegenwart ableitet. Der konservative Zeitkritiker Kraus hält von daher den Gebrauch, den die Menschen von Wissenschaft, Technik und Presse machen, für zerstörerisch. Der blinde Fortschrittsglaube führe unaufhaltsam vom Ursprung zum Untergang. Eine Rettung der Menschheit könne es nur durch eine Rückwendung zum Ursprung geben. Kraus wird nicht müde, in apokalyptischen Beschwörungen seinen Zeitgenossen ihre Entfremdung vom Ursprung vor Augen zu halten.

Je weiter sich seine Mitwelt im Krieg vom Ursprung entfernt, desto intensiver wendet Kraus sich ihm zu. Zwischen 1914—18 beschäftigt er sich mit Shakespeare, wendet er sich verstärkt der Lyrik zu, schreibt er die *Letzten Tage der Menschheit,* entfaltet er eine rege Rezitationstätigkeit.

„*Ursprung ist das Ziel*"[5]: Dieser spannungsvolle Antagonismus prägt auch die dramatische Struktur von *Die letzten Tage der Menschheit*. Kraus versucht, das Chaos des Kriegsgeschehens auf streng poetische Weise in die Form klassischen Welttheaters zu bannen: fünf Akte, Vorspiel und Epilog, partielle Verwendung des Verses, Ausweitung des Geschehens ins Überirdische wie in Goethes *Faust*. Gleichzeitig verwendet Kraus, genötigt durch die Dimension des ungeheuerlichen Stoffes, Techniken des epischen Theaters, des Dokumentartheaters, der Revue und des Films, die die angestrebte klassische Form bis zur Unaufführbarkeit sprengen.

Dieses Drama ist kein Historienstück über den Ersten Weltkrieg, ist auch nicht so gemeint. Gleichwohl übertrifft es in seinem zeitgeschichtlichen Gehalt die zeitgenössische Dramatik, gerade auch die des Expressionismus. Für Kraus selbst, der sich oft als Verächter der Politik bezeichnet hat, sind politische Aspekte des Kriegsgeschehens zweitrangig. Er hat es — unter Berufung auf Kant — ausschließlich unter ethischen Gesichtspunkten beurteilt. Ob dieser kulturkritische Moralismus die wahren Ursachen und Triebkräfte des Kriegsgeschehens verkennt, ist selbst unter marxistischen Kraus-Kritikern umstritten. Ernst Fischer urteilt: „Das wahrhaft Problematische an Karl Kraus ist die, ihrem Wesen nach kleinbürgerliche, Verneinung der Politik, der gesellschaftlichen, der geschichtlichen Entwicklungsprozesse."[6] Kurt Krolop dagegen: „Es ist keineswegs so, daß der (...) Autor der ‚Letzten Tage der Menschheit' die gesellschaftlichen Hintergründe und ökonomischen Voraussetzungen des imperialistischen Krieges nicht erfaßt hätte. Er hat vielmehr früher und klarer als die meisten seiner Zeitgenossen nicht nur gewußt, sondern auch öffentlich gesagt, daß dieser Krieg eine ‚Auseinandersetzung moderner Mordindustrien' sei, Ausdruck einer systemimmanenten Notwendigkeit, ‚Absatzgebiete in Schlachtfelder zu verwandeln, damit aus diesen wieder Absatzgebiete werden.'"[7]

Elias Canetti verweist den heutigen Leser auf die unverminderte Aktualität dieses aus konservativer Weltsicht erwachsenen revolutionären Stückes: „Es gibt zwei Arten, die ‚Letzten Tage der Menschheit' zu lesen: einmal als die peinigende Einleitung zu den wirklich letzten Tagen, die uns bevorstehen; dann aber auch als ein Gesamtbild dessen, was wir von uns abtun müssen, wenn es nicht zu diesen wirklich letzten Tagen kommen soll. Am besten wäre es, man fände die Kraft, dieses Werk zu verschiedenen Gelegenheiten verschieden, nämlich auf beide Weisen zu erleben."[8]

Anmerkungen

1 Walter Dietze: ,Die letzten Tage der Menschheit' von Karl Kraus — Dramaturgische Besonderheiten eines Antikriegs-Schauspiels, in: W. D.: Erbe und Gegenwart. Aufsätze zur vergleichenden Literaturwissenschaft, Berlin und Weimar 1972, S. 229.
2 Franz H. Mautner: Die letzten Tage der Menschheit, in: Das deutsche Drama. Vom Barock bis zur Gegenwart, hrsg. von Benno von Wiese, Bd. 2, Düsseldorf 1962, S. 367.
3 Vgl. zum folgenden Eduard Haueis: Karl Kraus und der Expressionismus, Diss. Erlangen-Nürnberg 1968, S. 128 ff.
4 Eine sorgsame Differenzierung des Ursprungs-Begriffs findet sich bei Jens Malte Fischer: Karl Kraus. Studien zum ,Theater der Dichtung' und Kulturkonservatismus, Kronberg 1973, S. 153 ff.
5 Karl Kraus: Worte in Versen (Werke Bd. 7), München 1959, S. 59.
6 Ernst Fischer: Karl Kraus, in: E. F.: Von Grillparzer zu Kafka. Sechs Essays, Frankfurt/M. 1975, S. 254.
7 Kurt Krolop: Dichtung und Satire bei Karl Kraus, in: Karl Kraus: Ausgewählte Werke, hrsg. von Dietrich Simon, München 1971, Bd. 3, S. 676.
8 Elias Canetti: Der Neue Karl Kraus, in: Die Neue Rundschau 86 (1975) H. 1, S. 5.

Literaturhinweise

Karl Kraus: Die letzten Tage der Menschheit (1919), 2 Bde., München 1964 (= dtv Sonderreihe 5323/4).
Karl Kraus: Sprüche und Widersprüche, Frankfurt/M. 1965 (= Bibliothek Suhrkamp 141).
Karl Kraus: Werke, hrsg. von Heinrich Fischer, 14 Bde., München 1954 ff.
Karl Kraus: Die Fackel 1899—1936 (Reprint in 12 Bänden), Frankfurt/M. 1977 (Vertrieb 2001).

Paul Schick: Karl Kraus in Selbstzeugnissen und Dokumenten, Reinbek 1965 (= Rowohlts Monographien 111).
Hans Weigel: Karl Kraus oder die Macht der Ohnmacht, München 1972 (= dtv 816).
Jens Malte Fischer: Karl Kraus, Stuttgart 1974 (= Sammlung Metzler 131).
Heinz Ludwig Arnold (Hrsg.): Karl Kraus, München 1975 (= Sonderband Text + Kritik).

6. Franz Kafka

Zwischen Literatur und ‚Leben'

Anders als bei den bislang genannten Autoren in all ihrer Verschiedenheit werden die gesellschaftlichen Erschütterungen durch Krieg und Vorkrieg im Erzählwerk Franz Kafkas, das sich doch der gleichen Zeitspanne verdankt, nirgendwo thematisch. Aber darum ist dieses Werk nicht etwa leichter zugänglich — im Gegenteil. Denn das historisch Neue einer durch Schock und Monotonie gleichermaßen geprägten Wahrnehmungs- und Erfahrungsweise läßt sich diesen Texten sehr wohl ablesen; freilich muß es aus dem Zusammenhang scheinbar nur privater oder psychischer Bedingtheit dechiffrierend gelöst werden. In „hermetischen Protokollen", so Theodor W. Adorno, hat Kafka die gegenwärtigen, gar die künftigen Schreckbilder der Realität chiffriert. Dieser Zusammenhang lenkt das Interesse des Lesers notwendig auf die *Biographie* als konkrete Vermittlung von historischer Erfahrung und privatem Ausdruck.

Franz Kafka wurde am 3. Juli 1883 in Prag geboren; seine Eltern waren dort im Begriff, eine bürgerliche Existenz als Kaufleute aufzubauen. Kurz nach ihm wurden zwei weitere Brüder geboren, die jedoch im Alter von einem und drei Jahren starben. Die Mutter scheint schwer unter dem Verlust der beiden Kinder gelitten zu haben, auch die spätere Geburt dreier Töchter hat daran nichts verändert. Sie hat sich nach der Interpretation von Margarethe Mitscherlich-Nielsen[1] während dieser Zeit von allen engeren emotionalen Bindungen zurückgezogen. Der Vater war während der Jugend Kafkas völlig von seinem Geschäft in Anspruch genommen und wird als rücksichtsloser Aufsteiger bezeichnet. Von 1889 bis 1893 besuchte Kafka die Volksschule, wechselte dann in das Altstädter Gymnasium über, eine Anstalt, die durch ihre Orientierung am zeitgenössischen deutschen Geistesleben in der deutschen Kolonie Prags eine sichere Integrationschance bot. 1901 begann Kafka, nachdem er unter großen Ängsten das Abitur erreicht hatte, zunächst Germanistik zu studieren, brach jedoch auf Intervention des Vaters nach dem zweiten Semester ab und widmete sich der Jurisprudenz. Sein Studium beendete er mit der Promotion zum Dr. jur.

Er selbst beschreibt seine Schulerfahrungen in dem berühmt gewordenen *Brief an den Vater:* „Niemals würde ich durch die erste Volksschulklasse kommen, dachte ich, aber es gelang, ich bekam sogar eine Prämie; aber die Aufnahmeprüfung ins Gymnasium würde ich gewiß nicht bestehen, aber es gelang (. . .). Es ging dann weiter bis in die Matura, durch die ich wirklich schon zum Teil nur durch Schwindel kam (. . .)." Seine gesamte Ausbildung war durchzogen von dem Gefühl, „daß, je mehr mir gelingt, desto schlimmer es schließlich wird ausgehn müssen." Über sein Studium äußert er sich an gleicher Stelle: „Ich studierte also Jus. Das bedeutet, daß ich mich in den paar Monaten vor den Prüfungen unter reichlicher Mitnahme der Nerven geistig förmlich von Holzmehl nährte, das mir überdies schon von tausenden Mäulern vorgekaut war."[2]

Während dieser Zeit lernte er Max Brod kennen, der später Redakteur am *Prager Tagblatt* wurde und dort einer der eifrigsten Entdecker und Förderer junger Literaten war. In dieser Zeit entstand Kafkas erstes Manuskript, die *Beschreibung eines Kampfes,* das noch stark von den expressionistischen Vorbildern seiner literarischen Prager Umwelt geprägt ist. Im Jahr 1908 wurde Kafka Versicherungsangestellter bei der halbstaatlichen „Arbeiter-Unfall-Versicherungs-Anstalt", 1910 begann er regelmäßig Tagebuch zu schreiben. Das *Tagebuch* ist für den Autor mehr als ein Diarium, ist Ort seiner zweiten Existenz als Schriftsteller. Es ist Dokument seiner Versuche, seine Literateneinsamkeit gegen eine ‚normale' bürgerliche Existenz zu vertauschen. Dort schreibt er: „Alles, was nicht Literatur ist, langweilt mich und ich hasse es, denn es stört mich oder hält mich auf, wenn auch nur vermeintlich. Für Familienleben fehlt mir dabei jeder Sinn, außer der des Beobachters im besten Fall. Verwandtengefühl habe ich keines, in Besuchen sehe ich förmlich gegen mich gerichtete Bosheit. Eine Ehe könnte mich nicht verändern, ebenso, wie mich mein Posten nicht verändern kann."[3] Auf Drängen Brods stellte er 1912 sein erstes Buch zusammen; bei einer Besprechung des Manuskriptes traf er bei seinem Freund auf Felice Bauer, und nach kurzer Bekanntschaft entwickelt sich zwischen Felice und Kafka ein intensiver Briefwechsel. Elias Canetti hat die Korrespondenz in seinem Buch *Der andere Prozeß* genau beschrieben.[4] Diese Briefe sind in erster Linie ein Medium des Schriftstellers Kafka, in dem er mit sich selbst in Dialog treten kann. Sein Gegenüber ist nahezu bedeutungslos; wesentlich daran ist, daß es eine Frau ist. In seinen Briefen kann er sich ihr nähern, ohne ihre direkte Nähe ertragen zu müssen, nach der er sich im Grunde doch sehnt.[5] Am 1. Juni 1914 verlobt er sich in Berlin mit Felice Bauer und beginnt zugleich, die Verbindung zu seiner Braut systematisch zu hintertreiben. Die privaten Auseinandersetzungen beschäftigen den Autor so sehr, daß er, wegen körperlicher Untauglichkeit vom Militärdienst verschont, den Ausbruch des Ersten Weltkrieges kaum wahrnimmt. Sein Tagebuch aus dieser Zeit ist gefüllt mit selbstzerstörerischen Anklagen gegen sich selbst, um sich von dem Verdacht des Nicht-Heiraten-Wollens zu befreien. Nach einer Aussprache in Berlin löst er das Verlöbnis, erneuert es im Juli 1917, um es im Dezember des gleichen Jahres mit der Begründung der diagnostizierten Lungentuberkulose endgültig zu beenden.

Die Reflexion über den Einfluß seines Vaters auf seine Entscheidungen und sein Scheitern finden sich in dem *Brief an den Vater;* hinter der Auseinandersetzung mit dem scheinbar alles Überragenden zeichnet Kafka ein Bild seiner Schwäche, die im Konflikt mit dem Vater immer schon gescheitert ist und daher die Auseinandersetzung mit der restlichen Umwelt überhaupt nicht beginnen kann: „Nur eben als Vater warst Du zu stark für mich, besonders da meine Brüder klein starben und die Schwestern erst lange nachher kamen, ich also den ersten Stoß ganz allein aushalten mußte, dazu war ich viel zu schwach." Seine Kleinheit unterstreicht er: „Ich hatte vor Dir das Selbstvertrauen verloren, dafür ein grenzenloses Schuldbewußtsein eingetauscht." Dieses zu kompensieren blieb statt der ersehnten Heirat nur die Literatur: „Mein Schreiben handelte ja nur von Dir, ich klagte dort ja nur, was ich an Deiner Brust nicht klagen konnte." Die Zusammenfassung seines Scheiterns findet sich einige Seiten weiter: „In Wirklichkeit wurden die Heiratsversuche der großartigste und hoffnungsreichste Rettungsversuch, entsprechend großartig war dann allerdings auch das Mißlingen."[6] Dieser Brief, auch er ein Dokument der Selbstanalyse, ist nie abgeschickt worden, hat den Vater nie erreicht.

Im September 1923 vollzieht Kafka endlich einen alten Plan; er verläßt zusammen mit Dora Dymant Prag und übersiedelt nach Berlin, 1924 reist er über Prag in das Sanatorium nach Kierling, wo er am 3. Juni 1924 stirbt. Seinem testamentarischen Wunsch, den gesamten Nachlaß zu vernichten, ist sein lebenslanger Freund Max Brod nicht nachgekommen, sondern hat vielmehr der von Kafka in Berlin begonnenen Vernichtung ein Ende bereitet.

In der Biographie sind zwei scheinbar widerstreitende Pole festgelegt, zwischen denen Kafka sich bewegte: *bier Literatur, da ,normale Existenz '.* Dabei ist die ,normale Existenz' offenbar vom Vorbild der Eltern und seiner Prager Umwelt schwer belastet und als Lebensmöglichkeit von vornherein zum Scheitern verurteilt. Ausweg aus dem verhängnisvollen Kreis sollte die Heirat sein. Dazu merkt Klaus

Wagenbach an: Der „erste ‚Bruch' mit Felice im September 1913 gibt bereits das Schema ab für viele ganz ähnliche Entschlüsse in Kafkas späterer Lebenszeit: Bei der Wahl zwischen ‚Leben' und Literatur — und war sie auch nur eine vorgebliche — entschied er sich stets für die Literatur, ohne sich allerdings gegen das Leben entscheiden zu wollen, wodurch dieselbe Konstellation immer wieder auftrat."[7]

„Die Verwandlung" und ihre Logik

Die Verwandlung ist in der Anfangsphase der Verlobung mit Felice Bauer entstanden, in einer Pause der Arbeit am Roman *Amerika;* diese Erzählung birgt den gesamten Themenkomplex von Kafkas Werk: sein Verhältnis zur Familie (Autorität), die Unmöglichkeit der ‚normalen Existenz', die aus diesem Verdacht resultierenden Verschiebungen zwischen Subjekt und Umwelt (Objekten), sein verzerrendes Bild von Frauen und sein gespanntes Verhältnis zur Kunst. Insofern darf sie im exemplarischen Sinn näher analysiert werden.

Gregor Samsa, ein von Terminen in Pflicht genommener Handlungsreisender, erwacht aus „unruhigen Träumen" (S. 56) und stellt fest, daß er sich in ein Ungeziefer verwandelt hat. Um diese Tatsache zu unterdrücken faßt er den Entschluß, so schnell wie möglich das Bett zu verlassen; er habe sich nur verspätet. Er kann sich zwar noch mit einiger Leichtigkeit bewegen, doch die Koordination seiner unzähligen kleinen Beinchen bereitet Schwierigkeiten. Nachdem ihn bereits seine Familie ermahnt hat, erscheint der Prokurist der Firma (S. 60), um das Ausbleiben des Angestellten nachzuprüfen. Grund des Mißtrauens ist das noch nicht lange zurückliegende Inkasso des Handlungsreisenden. Enger als üblich ist Gregor Samsa an seine Firma gebunden, denn seine Eltern haben von seinem Chef vor längerer Zeit Geld geliehen; der Sohn ist nicht nur Ernährer der Familie, sondern gleichsam auch Pfand. Im Prokuristen erscheint somit das Geschäftsprinzip, dem nicht nur Gregor, sondern über die Schulden auch seine Eltern unterliegen. Das ‚Ungeziefer' öffnet unter großen Anstrengungen die Tür seines Zimmers; vom Schrecken über den entsetzlichen Anblick gejagt, verschwindet der Prokurist (S. 66 f.). Gregors Stimme hat sich verändert, seine Erklärungen werden nicht verstanden, die Hoffnung auf Vermittlung der Schwester zerschlägt sich. Gregor, für das Erwerbsleben untauglich geworden, wird von seinem Vater in seinen Raum zurückgedrängt. Gregors Plan, nachdem durch seine Arbeit die Schulden der Familie getilgt sein würden, die anstrengende Arbeit aufzugeben (S. 57), hat sich mit der Verwandlung erfüllt, allerdings nicht im positiven Sinn, sondern *gegen ihn gerichtet.*

Gregor hat sich dem Vertreter des Geschäftes als ‚Verwandelter' in seiner privaten Gestalt gezeigt, und damit gegen eine gesellschaftlich vorgegebene Norm verstoßen. Das Privatleben hat in der strengen Geschäftshierarchie keinen Platz. Die oberste Instanz der Firma, der Chef, ist ein in der Höhe über seinen Angestellten thronender Herr (S. 57), durch diese Höhe und seine Schwerhörigkeit von seinen Untergebenen fast völlig abgetrennt. Gregors Verwandlung ist nicht geknüpft an den geplanten Abschied von der Firma, als Abwehr der Unterdrückung, sondern im Gegenteil: die Verwandlung geschieht ohne sein Wissen und Wollen, sie wendet sich gegen ihn, indem sie seine geheimen Pläne feindliche Wirklichkeit werden läßt. — Hier zeigt sich ein Grundmuster von Kafkas Konflikt: die *Unvereinbarkeit von subjektivem Erleben und den ‚öffentlichen' Ansprüchen gesellschaftlicher Standards.* Für Kafka sind diese Normen so mächtig, daß der Einzelne sich ihnen nie entziehen kann, sondern immer schon durch deren Nichterfüllung schuldig geworden ist, — eine Schuld, vor der es kein Entrinnen gibt. Eine derart theologisierte Welt wird dann auch konsequent den ‚Helden' Kafkas zum meist tödlichen Verhängnis, sei es Karl Roßmann in *Amerika* oder den K.s im *Prozeß* oder *Schloß;* kaum anders ergeht es den Figuren der Erzählungen.

Gregor kann seinen Raum nicht mehr verlassen, er ist der Gefangene der Familie und zugleich ihr Ballast geworden. (S. 70) Er erfährt, daß aus seiner Arbeit so viel Geld übrig geblieben ist, daß die Familie mit einigen Einschränkungen weiter existieren kann. Wesentlich schwieriger erweisen sich die Existenzbedingungen für ihn selbst: durch seine Verwandlung ist er nicht mehr fähig, menschliche Nahrung zu sich zu nehmen. Er hält sich in seinem Zimmer verborgen, sein Raum wird zum exterritorialen Gebiet. Allein die Schwester fungiert als Vermittlungsinstanz zur Umwelt. Die Funktion der kleinbürgerlichen Familie bleibt erhalten: diese rückt enger zusammen, und das ‚Ungeziefer' Gregor wird dabei zunehmend aus der Familie ausgesondert, — *entmenschlicht.*

Gewiß, der Verwandelte ist *kein* Tier; Kafka wehrte sich dagegen, den Verwandelten darzustellen und war entsetzt über einen Bucheinband, der realistisch einen Käfer zeigte. Stattdessen sollte man nur die Türöffnung sehen zu dem Raum, in dem der Verwandelte sich im Dunkeln verborgen hält.[8] — Im Fortgang der Erzählung verdunkelt sich denn auch der Aufenthaltsraum Gregors zunehmend.

Seine Schwester entschließt sich, um dem über Wände und Plafond kriechenden ‚Käfer' den Weg zu erleichtern (S. 79), das Zimmer auszuräumen. Gregor mißversteht die Absicht der Schwester als Angriff auf seine ehemalige menschliche Existenz, die er noch nicht aufgegeben hat, seine ganze Aufmerksamkeit gilt der Erhaltung seiner Einrichtungsgegenstände und besonders dem Bild einer Frau. Als seine Schwester dies Bild von der Wand nehmen will, erscheint Gregor aus seinem Versteck, die Mutter sieht sich dem Verwandelten zum ersten Mal gegenüber und fällt in Ohnmacht — eine Reaktion, in der eingestandene Hilflosigkeit zum Gewaltmittel werden soll.

In die Szene hinein tritt der Vater (S. 83); er beginnt mit gezielten Apfelwürfen Gregor für dessen vermeintlichen Ausbruch zu bestrafen. Ein Wurfgeschoß trifft Gregor in den Rückenpanzer, bleibt dort stecken und verletzt ihn schwer. Der Vater wird — in dem Maße, wie Gregor die Handlungsfähigkeit einbüßt — wieder zur obersten Familieninstanz und macht von seinem Strafrecht Gebrauch, indem er die Vernichtung Gregors einleitet. Die Mutter, aus ihrer Ohnmacht erwacht, versucht erfolglos als Vermittlerin in die Verfolgung einzugreifen. Das ‚Untier' wird damit endgültig aus der Gemeinschaft *ausgeschlossen*, ist ihr damit zugleich völlig *ausgesetzt*. Seine Verurteilung zur Tierexistenz, seine Entmenschlichung beginnt tödlich zu werden.

Betrachtet man Gregor in seiner Verwandlung als den disparaten Teil kleinbürgerlicher Doppelmoral, als das *personifizierte Chaos* hinter der ordentlichen Fassade der Wirklichkeit, so kann zwar zugestanden werden, daß diese Unordnung von Zeit zu Zeit die Fassade durchbrechen darf; sie muß aber um der Erhaltung dieser Fassade willen wieder verdrängt, wirkungslos gemacht werden, darf sich nicht in dauernder Verwandlung manifestieren. Die tödlichen Apfelwürfe symbolisieren somit den Zugriff und den Geltungsanspruch der ‚zivilisierten' Welt auf den Verwandelten, dessen Verwandlung Ausdruck und Reaktion ist für „die Wunden, welche die Gesellschaft dem Einzelnen einbrennt". Sie „werden von diesem als Chiffren der gesellschaftlichen Unwahrheit, als Negativ der Wahrheit gelesen."[9] Und von Kafka akzeptiert, möchte man hinzufügen.

Der Vater, vorher als krank beschrieben, ist wieder lebenstüchtig, er arbeitet, die Schwester hat eine Bürotätigkeit angenommen und die Mutter betreibt Heimarbeit für ein Bekleidungsgeschäft. Die Integration der vorher ausschließlich von der Arbeit Gregors lebenden Familie in die Erwerbswelt nimmt dem Schicksal Gregors die Tragik für die Beteiligten. Seine Verwandlung erweist sich scheinbar als nur *privat*, als bloß hinderlich für die Familie. Als Ausgestoßener kann er abends den Gesprächen der Familie lauschen. Sein Aufenthaltsraum ist zunehmend von der übrigen Wohnung abgesondert, er wird als Rumpelkammer benutzt.

Ein Teil der Wohnung ist an Zimmerherren vermietet worden, deren Auftreten die Unterordnung der Familie verlangt. Ihr übersteigerter Anspruch auf Ordnung, Sauberkeit und Pünktlichkeit verdeutlicht erneut die völlige Einbindung der Familie in die Hierarchie der bürgerlichen Welt, die keinerlei Unregelmäßigkeit zuläßt. Zum pünktlich servierten Abendessen wird die Tochter geigespielend als Unterhaltungsinstrument angeboten. Die Zimmerherren hören dem Spiel kurze Zeit zu und geben zu erkennen, daß sie, in ihrer Strenge völlig amusisch, nach kurzem Konsum kein Gefallen mehr an dem Geigenspiel finden. Ganz anders dagegen der Verwandelte, der von der Musik angezogen wird. Er erkennt in einer seltsamen Begierde *Musik als seine eigentliche Nahrung*. „War er ein Tier, da Musik ihn so ergriff? Ihm war, als zeige sich ihm der Weg zu der ersehnten unbekannten Nahrung." (S. 92) Mit dieser Frage besiegelt der Verwandelte ahnend die durch die Verwandlung eingetretene Andersartigkeit. Die selbstauferlegte Disziplin völlig vergessend, schiebt sich Gregor immer näher an die Geigespielerin heran, mitten in die peinliche Sauberkeit. Sein einziger Wunsch: die Schwester mit ihrer Musik auf sich aufmerksam zu machen und aus dem Kreis der Unverständigen heraus ganz alleine für sich zu haben. Sein einziger Gedanke: seine alte, ungeliebte Tätigkeit wieder aufzunehmen, um seiner Schwester den Besuch des Konservatoriums zu ermöglichen. Im *Kunstgenuß* gelingt es dem Verwandelten für einen Augenblick, ein *neues Leben* zu planen, seine aussichtslose Lage zu vergessen. (S. 92) Die Erniedrigung, das völlige Scheitern folgt sofort. Kaum nehmen die Untermieter den Verwandelten wahr, erklären sie empört die Kündigung mit der Drohung, auch für die vorherige Zeit keinen Mietzins zu zahlen. Der Vater treibt Gregor aus der Wohnung in die Zelle. Den Weg zurück kann er nur unter Aufbietung aller Kräfte bewältigen, bemerkt erst jetzt, welche Strecke er zurückgelegt hatte. Kaum hat er seinen Raum erreicht, wird die Tür hinter ihm zugeschlagen und verriegelt. „Und jetzt?" (S. 96) Mit dieser letzten Frage stellt Gregor trotz völliger Bewegungsunfähigkeit eine gewisse Befriedigung fest. Sie resultiert aus der völligen Anerkennung seiner Lage (‚Geschäftsuntüchtigkeit', Familienuntauglichkeit, eigene Nichtigkeit), der ins Endstadium getretenen Agonie. In Erinnerung an seine ehemalige menschliche Existenz pendeln seine letzten Gedanken in vagen Gefühlen zwischen Liebe und Rührung. In stiller Anerkennung seines Schicksals stirbt Gregor Samsa.

Mit seinem Tod ist für die Familie die Krise überwunden: konsequenterweise überstürzen sich jetzt nahezu die Akte der Befreiung von dem ,Alptraum'. Die Zimmerherren werden des Hauses verwiesen, die derbe Haushilfe, die den Tod des ,Mistkäfers' verkündete: „es ist krepiert; da liegt es, ganz und gar krepiert!" (S. 96), wird am Abend entlassen. Die Familie, eng zusammengeschlossen, will die alte Wohnung verlassen. Die Erzählung schließt mit einem ,wohlverdienten' Ferientag (S. 98), in dessen Sonnenschein die Tochter Samsa sich als ein schönes junges Mädchen erweist.

In den drei Teilen der Erzählung zeigt sich eine verhängnisvolle Logik: Alle Vorstellungen Gregors werden Wirklichkeit, allerdings *gegen* ihn gerichtet; alle Versuche, sich aus seinen Lagen zu befreien, scheitern. Seine Handlungen verändern sich unter der Verwandlungslogik zu unüberwindlichen Hindernissen. Jede Aktion schlägt um in eine für ihn verhängnisvolle Konsequenz. In der Aneinanderreihung der einzelnen Schritte ergibt sich der vernichtende Kreis, in den alle Figuren Kafkas gebannt sind. *Verwandlungslogik herrscht in allen Romanen und späteren Erzählungen.*

Der Roman *Amerika* (1912—1914) hat seinen Ausgangspunkt noch in der Familie: Karl Roßmann ist von einer Hausangestellten verführt worden, und wird, um die Familienehre zu schützen, alleine nach Amerika zu seinem Onkel geschickt. Amerika soll einen Neubeginn ermöglichen — aber unter Bedingungen auf die Karl keinen Einfluß hat, gleicht sein unaufhaltsamer Abstieg einer Verwandlung, die über ihn hereinbricht, ohne daß der einsame ,Held' die Ursachen erkennen kann. Die Verwandlungsstationen sind das Kontor des Onkels, sowie Jobs als Liftboy und als Diener einer Sängerin. Das angehängte Schlußkapitel *Naturtheater von Oklahoma* nimmt den Gescheiterten in ein unwirkliches Unternehmen auf; im Theater scheint eine Alternative zum Scheitern in und an der Gesellschaft möglich. 1914 beginnt Kafka mit der Niederschrift des *Prozeß*-Romans, an dessen Ausgangspunkt nicht mehr die Familie steht, sondern ein großes unbekanntes Gesetz, gegen das K.verstoßen hat. Er unterliegt einem „großen, verfluchten Prozeß", dem er sich nicht entziehen kann, unter dessen Fortgang er verwandelt wird: vom Bankangestellten in einen Schuldigen, der nach seinem Prozeß, der geheim und geheimnisvoll geführt worden ist, hingerichtet wird. Das Geheimnisvolle des Gesetzes, das K.zur Verwandlung zwingt, findet sich kondensiert in der *Türhüterlegende:* daß der Prozeß *im Inneren* des Beschuldigten und ohne sein Wissen vonstatten geht und daß die Gesetzesmacht für jeden einen Zugang scheinbar offenhält, aber gleichzeitig versperrt und mit dem Ende des einsamen Schuldigen wieder verschließt.

Einer ähnlich gelagerten Verwandlung ist K. im *Schloß* (1922) ausgesetzt; als Landvermesser kommt er nach vielen Umwegen in ein Dorf am Fuße eines Schlosses, von dessen Herrn er angeblich angestellt worden ist. Doch den Herrn, eine allmächtige Person für die Einwohner des Dorfes, hat nie jemand gesehen; die Behörde, die ihn vertritt, bestreitet die Anstellung und das Recht zum Aufenthalt. Die ausgefeilte Bürokratie verfolgt mit äußerster Strenge den geringsten Verstoß gegen die Schloßgesetze, die aber niemand kennt. Dieser geheimnisvollen Behörde ist K. mit seiner Ankunft im Dorf ausgeliefert. Durch Verweigerung und Verhöre wird er zunehmend verunsichert, vom Landvermesser schließlich in einen Bittsteller verwandelt, in einen Gefangenen; sein Kampf ist lang, zäh, undurchsichtig und privat. Seine Gehilfen erweisen sich als Gegner, wie auch alle anderen Personen Vertreter der Hierarchie sind und gleichzeitig von ihr gezüchtigt werden. Der Fragment gebliebene Roman sollte nach Kafkas Plan mit dem Tode K.s enden, kurz bevor ihm vom Schloß der Aufenthalt im Dorf gestattet wird. Er hätte zwar nicht als Landvermesser dort leben können, sondern nur gebrochen: integriert um den Preis der Verwandlung.

Ein Negativbild des Glücks

Wenn oben versucht worden ist, die Erzählung *Verwandlung* im Verlauf einer dechiffrierenden Beschreibung mit der Biographie Kafkas zu konfrontieren, dann wird damit gleichzeitig die These aufgestellt, daß sich in der Biographie und der Erzählung *Gemeinsames* findet. Es ist deutlich geworden, daß in der *Verwandlung* eine Logik angelegt ist, die sich gegen den Helden kehrt und sich mit Begriffen wie Erniedrigung, Vernichtung und Phantasien des Verschwindens kennzeichnen läßt.

Bemerkenswert ist, wie schon erwähnt, daß die *Verwandlung* in einer ‚Pause‘ des *Amerika*-Romans geschrieben ist, in der ersten Zeit der Verlobung mit Felice Bauer, und damit in einer Epoche, in der Kafka vor der Entscheidung für einen der zum äußersten Gegensatz getriebenen Begriffe ‚Leben‘ (Ehe) oder ‚Literatur‘ steht. Die Befürchtung, vom normalen Leben aufgesogen zu werden, also nicht mehr schreiben und damit nicht mehr der eigentlichen Bestimmung folgen zu können, also die Einschränkung des eigenen Selbst hinnehmen zu müssen, vollzieht sich in der *Verwandlung* körperlich an Gregor Samsa. In der Gestalt des käferähnlichen Wesens offenbart sich die innere ‚Nichtnormalität‘; die Existenz scheitert an der Gemeinschaft als nicht lebensfähig. Damit antizipiert Kafka die Befürchtung, daß seine eigene, innere Verwandlung ans Tageslicht treten könne, und spielt durch, was ihm geschehen könnte. Sein gespanntes Verhältnis zu seinem Schreiben, den ‚Kritzeleien‘ (Kafka), ist darin offensichtlich geworden (Musik als Nahrung), zumal seine Verlobte auf sein erstes Erzählbändchen nicht reagierte; schlimmer noch, sie las stattdessen andere Autoren.[10]

Dennoch kann das Werk Kafkas nicht ausschließlich autobiographisch reduziert werden; es weist über sich hinaus, die ‚halluzinatorischen Phantasien‘, die der zurückhaltende, als freundlich und höflich beschriebene Kafka besitzt, *verarbeiten kollektive Geschehnisse, wenn auch in zugespitzt privater Form.*

Margarethe Mitscherlich-Nielsen hat in ihrer genannten Studie den Versuch unternommen, eine Begründung für Kafkas psychischen Konflikt zu suchen. Sie schreibt, daß mit dem Tod der Brüder die Mutter Kafkas in eine für sie psychisch prekäre Situation geraten war, die ihr den emotionalen Zugang zu Franz versperrte. Aufgrund dieses Umstandes gelingt es Franz nicht, die Objekttrennung von seiner Mutter vollständig zu vollziehen. Übertragen auf die kindliche Psyche erzeugt dies Schuldgefühle, die zeitlebens nicht mehr überwunden werden können. Seine Aufzeichnungen und Selbstinterpretationen, sowie seine beschriebenen Heiratsversuche und deren Scheitern können Belege dafür sein. Todessehnsucht, überempfindliche Reaktionen auf Krankheitssymptome, Lärm, Schmerz und Ansprüche von außen werden unter diesen Bedingungen nicht wieder, auch nicht teilweise, an die Verursacher zurückgegeben, sondern in zerstörerischer Weise *gegen das eigene Ich* gewendet.

Die Angst vor Objektverlust und die daraus resultierenden Beschädigungen ergeben damit ein beständig variiertes Thema der literarischen Arbeiten Kafkas, in der *Verwandlung* deutlich präformiert. Auf die Selbstzentrierung weist auch die — zumindest imaginierte — Möglichkeit der Flucht mittels der von der Schwester gespielten Musik hin. Hier deutet sich die Möglichkeit an, ein andere, im Grunde unmögliche *Kunstexistenz* zu planen; die alte schlechte Realität utopisch zu überwinden. Unter der absoluten Herrschaft der Verwandlungslogik muß dieses Unterfangen jedoch scheitern. Und selbst die in der Kunst verborgene Möglichkeit, wieder in die Gemeinschaft aufgenommen zu werden, kehrt sich mit der Vertreibung gegen den Helden. „Das Schreiben" — heißt es in einem Brief an Max Brod — „ist ein süßer wunderbarer Lohn, aber wofür? In der Nacht war es mir mit der Deutlichkeit kindlichen Anschauungsunterrichtes klar, daß es Lohn für Teufeldienst ist. Dieses Hinabgehen zu den dunklen

Mächten, diese Entfesselung von Natur aus gebundener Geister, fragwürdige Umarmung und was alles noch unten vor sich gehen mag, von dem man oben nichts mehr weiß (. . .)."[11]

Andererseits aber hält Kafka selbst — unter dem unerträglichen Druck ‚normaler' Existenz — an der Suggestion fest, sich in literarischen Arbeiten die benötigte Befreiung zu schaffen. „Oft dachte ich schon daran, daß es die beste Lebensweise für mich wäre, mit Schreibzeug und einer Lampe im innersten Raum eines ausgedehnten, abgesperrten Kellers zu sein. Das Essen brächte man mir, stellte es immer weit von meinem Raum entfernt hinter der äußersten Tür des Kellers nieder. Der Weg um das Essen im Schlafrock, durch alle Kellergewölbe hindurch wäre mein einziger Spaziergang. Dann kehrte ich zu meinem Tisch zurück, würde langsam und mit Bedacht essen und wieder gleich zu schreiben anfangen. Was ich dann schreiben würde! Aus welchen Tiefen ich es hervorreißen würde! Ohne Anstrengung! Denn äußerste Koncentration kennt keine Anstrengung. Nur, daß ich es vielleicht nicht lange treiben würde und beim ersten, vielleicht selbst in solchem Zustand nicht zu vermeidendem Mißlingen in einen großartigen Wahnsinn ausbrechen müßte."[12] Das höchst paradoxe Bild, das *Befreiung in Form von Gefangenschaft* suggeriert, verweist auf eine Entlastung, die ihm die Verlobung nicht geben kann, weil er sich im Augenblick, in dem er die Verlobung mit einer Frau plant, sich in einen ängstlichen Selbstverleugner verwandelt. In der Angst vor der engen Verbindung, die ihn vermeintlich von seiner eigentlichen Aufgabe, der noch wartenden „ungeheuerlichen" Arbeit abhält[13], zerstört er die literarische Bearbeitung seines Konfliktes selbst. Bis auf wenige Ausnahmen bleiben seine nach der *Verwandlung* entstehenden Arbeiten *Fragment,* vor allem die Romane.

„Zeitweilige Befriedigung kann ich von Arbeiten wie ‚Landarzt' noch haben, vorausgesetzt, daß mir etwa Derartiges noch gelingt (sehr unwahrscheinlich). Glück nur, falls ich die Welt ins Reine, Wahre, Unveränderliche heben kann."[14] Unter diesem Druck bleibt es nicht verwunderlich, wenn dem Lösungsversuch aus der Krisis auch die Literatur zum Opfer fällt; die Vermutung Kafkas, auch der aus der Tiefe hervorgeholten Welt nicht mehr trauen zu können, führt zur qualvollen Lust am Schreiben und dem beschriebenen Postulat, die Literatur schreibend aufzulösen. „Die Flucht durch den Menschen hindurch ins Nichtmenschliche ist Kafkas epische Bahn." (Theodor W. Adorno)[15] Aus dieser Grundanordnung literarischer Bearbeitung können folgerichtig nur deformierte Figuren entstehen, die sich in einer aus der Tiefe hervorgeholten Welt bewegen, in einer Art *Negativanordnung von Glück.* Kafka hat als erster die Grausamkeit einer inneren Welt in *Bildern unbegreiflicher Alltäglichkeit* in die Literatur eingefügt und kommende, allzu reale Schreckensbilder vorweggenommen. Kein Wunder, daß seine Zeitgenossen ihn mißverstanden haben. Eine Bemerkung Kafkas wirft Licht auf das Spezifische seiner Literatur: „Er hat den archimedischen Punkt gefunden, hat ihn aber gegen sich ausgenützt, offenbar hat er ihn nur unter dieser Bedingung finden dürfen."[16]

Anmerkungen

1 Margarethe Mitscherlich-Nielsen: Psychoanalytische Bemerkungen zu Franz Kafka, S. 60 ff.
2 Franz Kafka: Brief an den Vater, in: F. K.: Hochzeitsvorbereitungen auf dem Lande, Frankfurt/M. 1953, S. 206 f.
3 Franz Kafka: Tagebücher, hrsg. von Max Brod, Frankfurt/M. 1967, S. 229.
4 Elias Canetti: Der andere Prozeß, 4. Aufl. München 1973.
5 „(. . .) geht es darum, durch Briefe die spezifische Nähe zu vermeiden, die charakteristische Nähe des Eheverhältnisses, wo man einander sieht und gesehen wird." (Gilles Deleuze/Félix Guattari: Kafka. Für eine kleine Literatur, S. 48).
6 Kafka: Brief an den Vater, S. 164, 196, 203, 208.
7 Klaus Wagenbach: Franz Kafka, S. 92.
8 Heinz Politzer: Kafka der Künstler, Frankfurt 1965, S. 128.
9 Theodor W. Adorno: Aufzeichnungen zu Kafka, S. 312.
10 „(. . .) ich bin eifersüchtig wegen des Werfel, des Sophokles, der Ricarda Huch, der Lagerlöf, des Jacobson." (Franz Kafka: Briefe an Felice, Frankfurt/M. 1976, S. 214).
11 5. Juli 1922 an Max Brod (Franz Kafka: Briefe, Frankfurt/M. 1966, S. 384).
13 Kafka: Tagebücher, S. 385.
14 Ebda., S. 382.
15 Adorno, S. 312 f.
16 Franz Kafka: Paralipomena, in: F. K.: Hochzeitsvorbereitungen auf dem Lande, S. 418.

Literaturhinweise

Franz Kafka: Sämtliche Erzählungen, hrsg. von Paul Raabe, Frankfurt/M. 1970 (= Fischer Taschenbücher 1078).
Franz Kafka: Gesammelte Werke, hrsg. von Max Brod, 9 Bde., Frankfurt/M. 1951–1958.

Klaus Wagenbach: Franz Kafka in Selbstdarstellungen und Bilddokumenten, 8. Aufl. Reinbek 1970 (= Rowohlts Monographien 91).

Peter U. Beicken: Franz Kafka. Eine kritische Einführung in die Forschung, Frankfurt 1974 (= Fischer Athenäum Taschenbücher 2014).

Walter Benjamin: Franz Kafka, in: W. B.: Angelus Novus. Ausgewählte Schriften 2, Frankfurt/M. 1966, S. 248 ff.

Theodor W. Adorno: Aufzeichnungen zu Kafka, in: Th. W. A.: Prismen. Kulturkritik und Gesellschaft, Berlin und Frankfurt 1955, S. 302 ff.

Gilles Deleuze/Félix Guattari: Kafka. Für eine kleine Literatur, Frankfurt/M. 1976 (= edition suhrkamp 807).

Margarethe Mitscherlich-Nielsen: Psychoanalytische Bemerkungen zu Franz Kafka, in: Psyche 31 (1977) H. 1, S. 60 ff.

Hartmut Binder: Kafka in neuer Sicht. Mimik, Gestik und Personengefüge als Darstellungsformen des Autobiographischen, Stuttgart 1976.

7. Kabarettkultur

Die Anfänge in Berlin und München

Im Jahr 1900 erschien erstmals ein Sammelband *Deutsche Chansons* mit dem Untertitel *Brettl-Lieder;* die Einleitung verfaßte Otto Julius Bierbaum (1865–1910). Darin heißt es: „Wir haben nun einmal die fixe Idee, es müßte jetzt das ganze Leben mit Kunst durchsetzt werden. Maler bauen heute Stühle, und ihr Ehrgeiz ist, daß das Stühle seien, die man nicht bloß in Museen bewundern kann, sondern mit denen sich die vier Buchstaben ohne Einbußen an ihrem Wohlbefinden wirklich in Berührung setzen können. So wollen wir Gedichte schreiben, die nicht bloß im stillen Kämmerlein gelesen, sondern vor einer erheiterungslustigen Menge gesungen werden mögen. Angewandte Kunst – da haben Sie unser Schlagwort".[1]

Bierbaum hat auf seine schnoddrig-improvisierende Weise ein Manifest des Jugendstils formuliert. Aber was kann diese Analogie, diese Anleihe bei Malern und industriellen oder handwerklichen Formgestaltern für das theoretische Fundament einer neuen Literatur bringen? Bierbaums Ironie läßt zwischen den Zeilen deutlich werden, wie gering auch er unbewußt die Chancen einschätzt, das elitäre Ghetto zu verlassen: Eine fixe Idee und ein Schlagwort nennt er selbst, was von ihm und seinen Schriftstellerkollegen intendiert wird. Bierbaum gehörte selbst zu den Hauptautoren des von Ernst von Wolzogen (1855–1935) gegründeten ersten Kabaretts in Deutschland, des „Überbrettl". Am 18. Januar 1901 hatte dieses aus Pariser Vorbildern erwachsene Unternehmen seine Premiere. Man ist also durchaus im Recht, wenn man die zitierte Einleitung der Anthologie *Deutsche Chansons* auch als Programmerklärung des Kabaretts „Überbrettl" versteht.

Drei Gesichtspunkte spielen dabei eine Rolle: Der Zuhörerschaft wird erstens wie selbstverständlich das Recht auf unproblematisches Amüsement eingeräumt. Von Kritik und Provokation ist nicht ausdrücklich die Rede, vielmehr soll das Wohlbefinden der „erheiterungslustigen Menge" keine Einbuße erleiden. Die Kurzweil soll, zweitens, dennoch die qualitativen Ansprüche eines kunstverständigen Publikums erfüllen. Das Schlagwort „angewandte Kunst" verspricht immer noch Kunst. Das Kabarett soll schließlich — und darin liegt die Analogie zu anderen Formen angewandter Kunst — dazu dienen, einen Wunsch, eine Hoffnung, eine Forderung, vielleicht auch nur einen Traum der bürgerlichen Literaten jener Zeit zu erfüllen: nämlich die *Verbindung zwischen Literatur und Leben*, zwischen dem geschriebenen Wort und der erfahrenen Wirklichkeit so eng wie nur möglich werden zu lassen, ja möglichst die bloße Literatur in einem ästhetischen Leben verschwinden zu lassen.

Derartige Gewaltstreiche und hochfliegende Projektionen wachsen sich jedoch meist ins bloß Rhetorische aus. Weder die Funktion der Kunst noch die der Kleinkunst läßt sich so erfassen. Was Theodor W. Adorno übers Ornament schrieb, gilt auch dafür: „Kunstfremde Verkunstung der praktischen Dinge war so abscheulich wie die Orientierung der zweckfreien Kunst an einer Praxis, die sie schließlich doch der Allherrschaft des Profits eingeordnet hatte, gegen welche die kunstgewerblichen Bestrebungen zumindest in ihrem Anfang sich aufgelehnt hatten".[2]

Die sogenannte Verkunstung der praktischen Dinge als „kunstfremd" zu bezeichnen, war solange berechtigt, wie diesen Gegenständen bloße Ornamentik, schmückendes Beiwerk aufgepappt, aufgepfropft wurde, die Substanz, das Material darunter aber unverändert blieb. In der Literatur aber veränderte der auf öffentlichen Vortrag und öffentliche Wirkung angewiesene Kabarettext das sprachliche Material selber. Heute ist es selbstverständlich, daß grundsätzlich jeder Stoff und jedes Vokabular poetisch verwendbar sind. Um die Jahrhundertwende war aber die aus der modernen Großstadtwelt mit ihren grellen Klassengegensätzen stammende Thematik in der Wortkunst nicht voll durchgesetzt. Die Kabarettkultur beschleunigte diesen Prozeß der stofflichen Auffüllung und bot damit bessere Voraussetzungen für realistische Gestaltung. Damit war — auf der Seite der gesellschaftlichen Rezeption — notwendig eine Kette von Skandalen verbunden, da sowohl die Vertreter des Hehren auf der Produzentenseite, ‚die Herren Dichter‘, wie auch ein auf sittliche Erbauung drängendes Publikum sich durch die frechen Obszönitäten provoziert fühlten und — oft mit Hilfe der Gerichte — zurückschlugen.

Immerhin weist die notwendigerweise zur Kabarettkultur gehörende Öffentlichkeit trotz der Einschränkungen durch die monarchistische Zensur und trotz der häufig willfährigen Selbstzensur schon bei den Versuchen um die Jahrhundertwende auf ein Moment von *Lebens- und Praxisnähe*. Das Ungenügen vieler Autoren am stillen Kämmerlein, das mehr und mehr als Isolationszelle mit Schreibpult empfunden wurde, zeigt sich darin, daß sich dem literarischen Kabarett schon in seinen Anfängen Autoren widmeten wie Frank Wedekind, Richard Dehmel, Arno Holz, Detlev von Liliencron oder auch Rudolf Alexander Schröder, dessen Brettlvergangenheit hinter dem abgeklärten Spätwerk verschwunden ist.

Hinter diesen Eigenheiten der Kabarettentwicklung haben von Anfang an *unterschiedliche politische Konzeptionen* gestanden. Was an potentiellen Möglichkeiten sogar in der vorsichtigen Konzeption Bierbaums enthalten war, wurde von dem Brettlbaron Ernst von Wolzogen ins Reaktionär-Unverbindliche abgebogen. Der Name seines „Überbrettl" formulierte — abgesehen von der Anspielung auf Nietzsches Übermenschen — einen mittleren ästhetischen Anspruch: man gab zu, weniger als ein Theater zu sein, wollte aber mehr als Varieté darstellen. Das „Überbrettl" scheute unter den Augen der Zensur jedes finanzielle wie geistige Risiko — es ergab sich der unverbindlichen Unterhaltung und erfüllte dadurch eine regressive Funktion, daß man den Herrschenden von Anfang an anbot, als Ventil für Unzufriedenheit wirksam zu werden. Der Gründer Wolzogen hielt nichts von der in den Pariser Kabaretts praktizierten politischen Satire, die er verletzend und verhetzend nannte. Aus seiner Autobiographie geht hervor, daß seine Konzeption wesentlich dadurch bestimmt war, keine Zugeständnisse an den „Geschmack der Proleten" zu machen: „Die Hemdsärmligkeit widerstrebte zu sehr meinem Geschmack, und mein aristrokratisches Gewissen hatte mich von Kindesbeinen an verpflichtet, der Masse gegenüber Distanz zu bewahren."[3]

Wolzogen gab den Behörden staats- und ordnungserhaltende Tips, gute psychologische Ratschläge: „Ein unterdrücktes Gelächter treibt allemal Galle ins Blut, während umgekehrt ein aufgestauter Galleüberschuß durch kein Mittel leichter entfernt wird als durch eine kräftige Erschütterung des Zwerchfells. Die weitgeöffnete Tatze, die sich lachend auf die Schenkel schlägt, ist weit harmloser als die in der Tasche geballte Faust."[4] Gern lieferte er freiwillig sein Soll an Regierungs- und Herrschertreue; die Entschuldigung, er habe sich ohnmächtig einer brutalen Zensur zähneknirschend gebeugt, kann er nicht für sich geltend machen.

Kein Wunder, daß die Zusammenarbeit Wolzogens mit dem satirisch scharfen, in München erfolgreich gewesenen Ludwig Thoma aufhörte, ehe sie richtig angefangen hatte. Thomas Texte für das „Überbrettl" mußten wie eine Kritik an diesem wirken, etwa das Wiegenlied, in dem es heißt:

> Untertanen sind wie Kinder,
> Brauchen eine starke Hand,
> Manchmal strenger! Manchmal linder,
> So gedeiht das Vaterland . . .[5]

Das war nun, im Gegensatz zu Wolzogens Texten, wirklich ironisch gemeint und folglich unbrauchbar. Als Wolzogens Etablissement einging, formulierte die Kritik von damals durchaus schon die wahren Gründe für das Scheitern Wolzogens, nämlich dessen Verzicht auf die „soziale Satire", die geeignet gewesen wäre, „nicht nur die Sinne, sondern auch den trägen Verstand und das Gewissen des Publikums oder der Gesellschaft" aufzurütteln.[6]

Die *Münchner Kabarettautoren* der Jahrhundertwende versuchten literarische Unterhaltung und soziale Satire zu verbinden, wie es dieser Berliner Rezensent gefordert hatte. Wenige Monate später als das Überbrettl hatten in München „Die Elf Scharfrichter" Premiere. Während die Künstler in Berlin bieder im Frack auftraten, hatten die Elf blutigrote Scharfrichtermäntel angezogen — äußeres Zeichen für kritische Intentionen bei allem darin natürlich auch enthaltenen werbewirksamen Show- und Schauereffekt. Frank Wedekind (1864—1918) gehörte von Juni 1901 bis April 1903 diesem Ensemble an. Hier auf der Bühne und in der Zeitschrift *Simplizissimus* verlautbarte er seine Lieder und Balladen. Nachdem er im Frühjahr 1900 eine siebenmonatige Festungshaft wegen Majestätsbeleidigung verbüßt hatte[7], verhöhnte er die servile Klassenjustiz des Reichs in dem Lied vom *Zoologen von Berlin*. Tagesprobleme und Zeitereignisse, auch Zeitungsnachrichten verstand er, in seinen Liedern und Bänkelversen zu verarbeiten, etwa in *Brigitte B.* und *Der Tantenmörder*. Die etablierte Staatsmacht, die preußische Monarchie, warf ihm neben fortgesetzter Majestätsbeleidigung Aufwiegelung der Untertanen und Freigeistigkeit vor. Wedekind antwortete mit einer Persiflage auf das Deutschlandlied, in der es heißt:

> Maulkorb, Maulkorb über alles;
> Wenn der Maulkorb richtig sitzt,
> Wird man immer schlimmstenfalles
> Noch als Hofpoet benützt.[8]

Aus den gleichen Gründen geriet ein anderer Autor der „Scharfrichter" und des *Simplizissimus*, Ludwig Thoma (1867—1921), mehrfach in Konflikt mit der wilhelminischen Zensur und den Gerichten.

Im kaiserlichen Deutschland ist risikoloses Amüsement, das auf soziale Satire ausdrücklich verzichtet und sich freiwillig zum Exponenten kaisertreuer Ideologie macht, auf der einen Seite — und ein die Obrigkeit sowie Teile des Publikums provozierendes angriffslustiges Engagement auf der anderen Seite fein säuberlich auf verschiedene Kabaretts verteilt. Die Berliner und die Münchner Kabarettszene sind völlig verschieden beleuchtet; die Tatsache, daß eine Zensur bestand, forderte vor 1918 eine prinzipielle Entscheidung der Kabaretts heraus, ob man diese Zensur hinnehmen, billigen, ja sogar befürworten wollte, oder ob man sie im Gegenteil bewußt brüskieren und mißachten wollte. Keineswegs aber hätten sich die Wedekind und Thoma die fatale Alternative aufdrängen lassen: Unterhaltung oder Engagement. Angriffslustig zu sein, schloß selbstverständlich ein, auch lustig zu sein.

Die zwanziger Jahre

Das nach dem Ersten Weltkrieg wiedererstandene Kabarett unterschied sich prinzipiell von den Brettlbühnen vor dem Krieg. Mit dem Wegfall der Zensur, genauer gesagt, der Abschaffung der polizeilichen Vorzensur, die politisch-oppositionelle Äußerungen ebenso unterbinden wollte wie die ‚Gefährdung der Sittlichkeit‘, blühten sowohl erotische Amüsierkabaretts wie politisch-literarische Kabaretts auf. Nach wie vor biederten sich viele Conferenciers besonders in den ersten Nachkriegsjahren bei ihrem reaktionären Publikum durch hurrapatriotische Reden an.

Die bedeutenden politisch-literarischen Kabaretts der Weimarer Republik hingegen verteidigten Grundrechte, attackierten den Nationalismus, den reaktionären Staatsapparat, die schwarzweißrote Klassenjustiz. Die neue Autorengeneration ist zu vielfältig, um hier differenziert und sorgfältig vorgestellt zu werden. Ein paar Namen seien aber doch genannt: Walter Mehring, geboren 1896, schrieb ironisch-aggressive Songs über seine *Heimat Berlin,* oft in hektisch-atemlosen Stakkato vorgetragen: „Die Linden lang! Galopp! Galopp! . . . Mach Kasse! Mensch! die Großstadt schreit: Keine Zeit! Keine Zeit! Keine Zeit!" Die Musik zu diesem von Paul Graetz vorgetragenen Song schrieb Friedrich Holländer (geboren 1896), einer der vielseitigsten Kabarettisten, hervorragender Textautor wie Komponist. Er verfertigte Texte für andere Komponisten, etwa für Rudolf Nelson *Das Nachtgespenst,* er vertonte die Texte anderer Autoren, etwa Tucholskys scharfe politische Songs, wie die ironisch Erich Ludendorff gewidmete *Rote Melodie,* die Rosa Valetti sang, mit dem Refrain „General, General, wag es nur nicht noch einmal" und den pazifistischen Song *Der Graben.* Friedrich Holländer vertonte eigene Texte, Chansons, Schlager, Parodien, Filmmusiken; für Marlene Dietrich schrieb er die Lieder aus dem *Blauen Engel* und gleich noch die Parodien dazu, für Blandine Ebinger die Lieder eines armen Mädchens, sozial eingefärbte, im Dialektjargon gehaltene Berliner Chansons aus dem Zille-Milieu, verwandt den sozialkritischen Balladen Klabunds (1890–

1928), etwa *Ick baumle mit de Beene* aus der Sammlung *Die Harfenjule*.

Dann Erich Mühsam (Jahrgang 1878, im KZ Oranienburg 1934 ermordet), der eigentlich von seinen Anfängen her eher in die Münchner Bohème der Jahrhundertwende gehört. Von ihm stammt das skeptische Wort, in Deutschland Kabaretts zu gründen, bedeute soviel wie Palmen in Schneefelder zu pflanzen. Er selber hat schon 1907 einen der klassischen deutschen Kabarettexte geschrieben, der aber in der Weimarer Republik angesichts der Haltung der deutschen Sozialdemokratie vor allem durch die Interpretation von Ernst Busch aktuell und populär blieb, nämlich den *Lampenputzer,* „der deutschen Sozialdemokratie gewidmet". Mühsam hat in seinen Erinnerungen interessante sozialgeschichtliche Details über das Verhältnis Bohemien—Bürger mitgeteilt. Das liberale Bürgertum liebte zu seinen geselligen Hausabenden nicht nur die legendären Liedsängerinnen oder Heldentenöre in den Salon zu bitten, sondern auch saloppe Literaten vorzuführen. Zur Rolle gehörte auffälliges Benehmen, es gab sogar Vermittler, die derartige Gästetrupps zusammenstellten, und Mühsam mußte sich von einem solchen Vermittler nach einem Souper sagen lassen: „Mensch, du bist nich ordinär genug, dir kann man ja nirjends mitnehmen".

Erich Kästner wäre zu nennen, dessen Gedichte und Chansons (erste Sammlung: *Herz auf Taille,* 1928) am ehesten die Intentionen der ‚Neuen Sachlichkeit' in der poetischen Kleinform realisieren (wenn sie andererseits auch von einem sehr individuellen, resignativ-sentimentalen Unterton geprägt sind) — und der von dem marxistisch orientierten Walter Benjamin wegen solch „linker Melancholie" aufs schärfste getadelt wurde.[9] Von Werner Finck müßte die Rede sein und seiner „Katakombe", dem 1929 gegründeten Kabarett, das bis in die ersten Nazijahre weiterexistierte, während derer Finck eine besondere Art stotternd assoziativer Stichel-Conference entwickelte.

Unterhaltung, Kunstanspruch und Aufklärungsfunktion: Die Beispiele Weinert und Tucholsky

Nach diesem eiligen Aufstellen einiger Namensschilder zurück zu der Frage, wie Unterhaltungsfunktion, künstlerischer Anspruch und moralische Intention miteinander im Kabarett vereinbar sein oder vereinbar gemacht werden können. Statt moralischer Intention könnte man auch aufklärerische Absicht oder Tendenz auf Weltveränderung einsetzen. Welche Antworten sind in der Weimarer Zeit zu dem Problem gegeben worden, wie das Mischungsverhältnis zwischen den genannten Bedingungen kabarettistischer Wirkungen und Erfolgen auszusehen habe? Praktische Beispiele finden sich bei Erich Weinert, dem kommunistischen, heute in der Bundesrepublik so sehr unterschätzten Kabarettautor und bei Kurt Tucholsky, dessen politische Gedichte und Chansons (deren Texte er für jeweils ganz bestimmte Künstler schrieb) und dessen Reflexionen über das Produzieren und Rezipieren von satirischen Texten ihn zu einer *Schlüsselfigur für das Kabarett der zwanziger Jahre* werden lassen.

Erich Weinert (1890—1935) rezitierte auf über 2 000 Vortragsabenden, die die KPD und ihr nahestehende Organisationen veranstalteten, seine satirischen Gedichte, etwa den *Gesang der Edellatscher* oder *Bei Dichters*, um zwei der bekanntesten zu nennen. Er bemühte sich seiner politischen Überzeugung gemäß um eine besonders treffsichere, militant-operative Schreib- und Sprechweise.[10] Viele seiner Texte könnten aber freilich auch von linksbürgerlichen Verfassern stammen. Von ihnen unterschied er sich hauptsächlich durch die Tatsache, daß er bei seinen Weinert-Abenden sich als Kommunist bekannte, für die KPD Mitglieder warb usw. Erst in zweiter Linie kommt hinzu, daß Weinerts Texte der bei linksbürgerlichen Autoren, etwa bei Erich Kästner, oft durchbrechenden melancholischen Resignation ermangeln. „Ich war mit einer Arbeit nie zufrieden, wenn sie im Kontemplativen, also Unleidenschaftlichen (...) befangen blieb und nicht zur politischen Sprengpatrone geworden war."[11] Aber Weinerts weitreichende Wirkung beruhte dennoch eher darauf, daß er auf den agitatorischen Holzhammer verzichtete und die Grundfarbe Humor gleichberechtigt neben die Grundfarbe Haß rückte. Damit hängt zusammen, daß er sich nicht einschränken und mißbrauchen lassen wollte für die Emotionalisierung der Gleichgesinnten, die ohnehin schon alles wußten. Er schrieb: „Was die Hörerschaft betrifft, so wünschte ich mir immer am liebsten ein Auditorium, das nicht aus klassenbewußten Genossen besteht. Denn es lag mir nicht daran, den Starken das Evangelium der Kraft zu predigen; ich sah eine viel wichtigere Aufgabe darin, tief in alle diejenigen Schichten zu dringen, die von unserer Propaganda sonst nicht erreicht wurden."[12] Deswegen trat er gern und häufig in bürgerlichen Kabaretts auf, und es gibt viele Programmzettel, auf denen Weinerts Name neben denen prominenter nichtkommunistischer Künstler steht.

Weinert hat seine Haltung gegenüber sektiererischen Agitationsansprüchen in der anekdotischen Geschichte *Der Schrei aus der Tiefe* offensiv erläutert. Da wollte ihm eines Tages einer zeigen, wie man es machen muß, denn ein Publikum lachen zu machen, sei ja leicht. Dieser Herr Ziebe schleuderte in der Absicht, aufzurütteln, Verse wie diese ins Parkett: „Da sitzt ihr nun und praßt und schlemmt! Wir haben kein Obdach, wir haben kein Hemd!" Danach regte sich keine Hand. Weinert schließt den Bericht so: „Stolz trat er zu mir und sagte: ,Sehen Sie! *Das* saß! Die *wagen* gar nicht zu klatschen! Und das nenne ich revolutionäre Vortragskunst!' Dies sagend, schritt er trutziglich von dannen."[13] Zu falschen Alternativen (mehr Heiterkeit oder mehr Engagement, mehr Vergnügen oder mehr Schockieren, mehr Gesinnung oder mehr Pointen) ließ Weinert sich nicht verleiten. Vielmehr sollten zugunsten einer Wirkung, die Größeres erreichen wollte als nur die Selbstverständigung unter Gleichgesinnten, alle diese Komponenten so weit wie möglich verschmolzen werden. Selbstverständlich bezog sich diese Forderung nicht auf jeden Einzelvortrag. Satirische und pathetische Töne paßten nicht in ein und dasselbe Gedicht. Die angestrebte höchste Wirkung ergab sich erst im vielfältigen Gesamtwerk, vielleicht auch schon in der geschickt kombinierten und komponierten Programmfolge eines Vortragsabends.

Der vielseitige Kurt Tucholsky wehrte sich immer wieder gegen die Fehlmeinung, weil er für das Kabarett, *auch* für das Kabarett schreibe, seien alle seine Texte für den öffentlichen Vortrag geeignet, und jedermann könne dies dann auch bei jeder Gelegenheit tun. Immer wieder trommelte er den Zeitgenossen in die Köpfe, daß eine Schreibe nicht identisch sei mit einer Rede. Umgekehrt sprach er auch von der Mühe, die es mache, der deutschen Sprache ein Chanson — „und nun gar noch eins für den Vortrag" abzuringen. „Ich habe nie geglaubt, daß soviel Arbeit dahintersteckt, um zu erreichen, daß Leute abends zwei Stunden lachen, ohne daß sie und die Autoren sich hinterher zu schämen haben. (. . .) Der Tragöde hats gut. Wenn er noch so mittelmäßig ist: er rollt doch mit den Augen, und das verfehlt hierzulande seine Wirkung nie. Bei uns wollen sie sich scheckig lachen (drei Poängten pro Zeile) und hinterher verachten sie das."[14]

Es ist bekannt, daß Tucholsky sich vier Pseudonyme wählte, Peter Panter, Theobald Tiger (zur Erinnerung an einen stabreimenden juristischen Repetitor, der statt A. und B. bei den vorgelegten Fällen Tiernamen und Vornamen mit den gleichen Initialen koppelte), dann Ignaz Wrobel (nach dem Verfasser eines lästigen Lehrbuchs aus der Schulzeit, dem er den nach seiner Meinung häßlichsten Vornamen Ignaz beigab) und schließlich noch Kaspar Hauser. Ursprünglich erklärt sich das daher, daß Siegfried Jacobsohn ein wenig zu verschleiern suchte, daß Tucholsky in jeder Nummer der *Weltbühne* mit sehr vielen Beiträgen vertreten war. Aber die Arbeitsteilung ging weiter, Tucholsky ordnete bestimmte Themen und Schreibweisen den verschiedenen Pseudonymen zu. Manches veröffentlichte Tucholsky dann auch unter seinem richtigen Namen. Es sei nützlich, fünfmal vorhanden zu sein, mit ziemlich genauer Aufteilung der Schreibweisen bis hin zur Erfindung einer jeweils unterschiedlichen Körperlichkeit: Ignaz Wrobel häßlich und bebrillt, Peter Panter, der die heiteren Feuilletons verfaßte, ein beweglicher, kugelrunder, kleiner Mann, Theobald Tiger, Verächter der Prosa, Verfasser leidenschaftlicher politischer Verse usw. Um Widersprüche in der Figur des fünffach gespaltenen Autors sichtbar zu machen, läßt Tucholsky seine Pseudonym-Figuren gelegentlich untereinander in polemischen Streit geraten. Der Text *An Peter Panter von Theobald Tiger*, geschrieben im Juli 1918, ist dafür ein Beispiel. Tiger fordert (in Versen) von Panter im Namen der Aktualität den Verzicht auf beschauliche, heitere, einfach bloß literarische Gegenstände:

> Laß die Liebe, laß die Damen
> mit den freundlich blonden Namen;
> laß die bunten Busentücher —
> und vor allem: laß die Bücher! [15]

Tiger wird hier freilich von Tucholsky selbst gleich ein wenig ins Unrecht gesetzt. In der Schlußstrophe ergeht die Aufforderung, aktueller zu schwätzen und das Hurraschrei'n zu vervollkommnen, beides sind nicht gerade die treffenden Lobesworte für ein fundiertes Engagement. Peter Panter hatte es, da Tucholsky wie ein Puppenspieler die Fäden zog, dann auch leicht, (in Prosa) zu antworten und das letzte Wort zu behalten, jedenfalls im Juli 1918, wo der Verzicht auf bestimmte Themen und Tonlagen eben auch gleichbedeutend war mit einer eindeutigen Absage an den Hurrapatriotismus des Ersten Weltkriegs.

Tucholsky konnte diese innere Arbeitsteilung durchhalten, ohne den Vorwurf auf sich zu ziehen, ein Opportunist zu sein. (Sein Buchtitel *Mit 5 PS* suchte eine eingebürgerte Abkürzung zweckentfremdet für Pseudonyme zu benutzen.) Politische Entschiedenheit ist, wie das Beispiel des linksbürgerlichen Tucholsky beweist, auch eine solide Basis dafür, Unterhaltungstexte von Niveau zu schreiben, deren Qualität unter anderem dadurch bestimmt wird, daß sie im Umfeld dieser Parteinahme entstehen, sich von ihr abheben oder auf ihr gründen. Tiger und Panter beglaubigen sich gegenseitig, im spielerischen Streit. Ähnliches gilt für das Kabarett der zwanziger Jahre insgesamt: Weil es politisch kämpferisch sein wollte und dieses Ziel auch erreichte, gewann zugleich ‚die Sparte Unterhaltung' innerhalb des weiten kabarettistischen Felds an Qualität und Kraft, bis hin zum Schlager, der sich damals stärker der ironischen Zeitkritik und der wortspielerischen Albernheit öffnete und weniger als heutzutage triviale Lebenshilfen für angepaßtes Verhalten vermittelte.

Die kämpferischen politischen Autoren wußten, daß sie den *Bereich der Unterhaltung* nicht preisgeben durften, sie selber mußten dieses Feld in Besitz nehmen. Holländer, Tucholsky u. a. haben dies versucht. Holländer vermißte in vielen Kabarettprogrammen den roten Faden. Er schrieb, das Kabarett ‚streune'. „Schön und wild, zugegeben. Aber eben doch wild. Statt einer Sicht, eines Blickpunkts, eines Scheinwerfers hat es zu viele. Wie unbeaufsichtigte Kinder lärmen die Themen über die Bretter (. . .) Könnte man sie einfangen! Unter einen Betrachtungswinkel stellen". Aus solchen Gedanken entwickelte er seine großen Kabarettrevuen, deren eine dann durchaus wieder doppelsinnig *Der rote Faden* hieß. Er formulierte die Zielsetzung: „Nimm die große Metropoltheater-Revue und mach sie klein. Nimm die tausend süßen Beinchen und laß sie weg (. . .) Ausstattung und Bauchnabel, Orchester und Straußenfedern, die vier Rauschmittel brauchst du nicht. Aus fünf und sechs gesellschaftskritischen Seitenhieben, (. . .) mach sieben und acht. Erweitern, verkleinern. Hier aufpumpen, dort Luft auslassen."[16]

Also nicht Verachtung des Unterhaltungsbedürfnisses – sondern dessen intelligente Befriedigung war das Ziel und auch der einzige Weg, den Typus des geschäftemacherischen Kabarettunternehmers aus der Programmgestaltung zu verdrängen, der ja seinerseits auf die Künstler und Autoren angewiesen war. Nur dann war es möglich, auch in der Revue die notwendige Identität von ‚angriffslustig' und ‚lustig' herzustellen, anstatt glatte Sommerunterhaltung für gut angezogene Menschen anzubieten.

So ist die *Politisierung des Kabaretts* Voraussetzung dafür, daß alle literarischen Formen der Gattung sich entwickeln, während umgekehrt die Reduzierung der kabarettistischen Vielfalt auf das jeweils Allerwichtigste in den jeweils schwersten Zeiten gerade diesem Ziel der Mobilisierung von gesellschaftlichen Energien für die Veränderung der Verhältnisse im Wege steht, weil kabarettistische Möglichkeiten austrocknen. Ein Resolutionstext mit Gitarrenuntermalung ist kein Kabarett mehr. Die in der jungen Geschichte kabarettistischer Literatur gemachten Erfahrungen sollten stärker aufgenommen werden. Dazu gehört auch das Nachdenken darüber, was Kabarett erreichen kann. Der an die Brettlkünstler und -autoren der Weimarer Republik nachträglich ergangene Bescheid, sie seien Teil des Milieus gewesen, das sie bekämpften, mag als Oberflächenwahrheit unstrittig sein. Eine andere Öffentlichkeit als die von Widersprüchen zerrissene der bürgerlichen Gesellschaft konnte das Kabarett nicht haben. Den Kabarettisten vorzuwerfen, was der organisierten Arbeiterbewegung auch nicht gelang, nämlich den Faschismus nicht verhindert zu haben, läßt Augenmaß vermissen. Die meisten Autoren wußten, daß sie (bestenfalls) Erfolg, aber kaum Wirkung hatten.

Die geschliffene Pointe durch ungeschliffene Direktheit zu ersetzen, kann nicht die Antwort darauf sein. Die Umwandlung des Brettls in eine publizistische Tribüne garantiert momentane Verblüffung, aber keinen Dauererfolg. Die beständige Reflexion über das Verhältnis zwischen Unterhaltungserwartung, Qualitätsanspruch und politischem Wirkungswillen wäre auch heutzutage nötig, damit das Kabarett seinen Weg zwischen dem provozierenden Ärgernis und dem gutgemachten Vergnügen findet. Der nachdenkliche Kabarettist muß immer unzufrieden sein, sowohl wenn er auf einen Widerstand trifft, der der Tendenz nach auf die Beschränkung seiner Äußerungsmöglichkeiten hinzielt, wie auch, wenn jegliches beifällig-amüsiert aufgenommen wird, weil man dem Narren doch nie bös sein kann.

Der sehnsüchtige Blick in die ,goldenen' zwanziger Jahre scheint auch hierbei gelegentlich zu nostalgischen Idealisierungen zu führen, als sei der Kabarettist seinerzeit grundsätzlich hocherfreut gewesen, wenn die politische Rechte durch ihn wütend und wild gestimmt werden konnte. Holländer erinnert an die Wirkung der von ihm (Musik) und von Tucholsky (Text) verfaßten *Roten Melodie,* wenn er in seinen Memoiren über dieses ,,aufrührerische Lied" schreibt, es sei rot genug gewesen, ,,um den Müttern und Witwen, die kriegsspielenden Generälen den Todesmarsch blasen, voranzuwehen". Holländer vergleicht die Reaktionen auf ein solches Lied damals und heute: ,,Die schlürfenden Kriegsgewinnler verschluckten sich an ihrem Knallkümmel, und das war eben noch Cabaret. Heute verschlucken sich die ,Gemeinten' nicht mehr, sie schlagen sich auf die Schenkel vor Vergnügen. Sie sind's ja nicht. Sie sind's ja nie, sie werden's ja nie sein: Die Gemeinten."[17] So mag es in der Rückschau aussehen — aber bedenkenswert ist auch, ob es nicht gesellschaftliche Umstände gibt, in der wütende Reaktionen eher lähmen als mobilisieren. Tucholsky jedenfalls ärgerte sich über die übelnehmerisch-beleidigte Haltung ,,halb Deutschlands" über gute politische Witze und schrieb in seinem berühmten Aufsatz *Was darf die Satire?:* ,,Der deutsche Satiriker tanzt zwischen Berufsständen, Klassen, Konfessionen und Lokaleinrichtungen einen ständigen Eiertanz. Das ist gewiß recht graziös, aber auf die Dauer etwas ermüdend." (S. 178)

Aber mit Wirkungsforschung auf diesem Gebiet ist es schlecht bestellt, so daß die Kabarettisten, Autoren wie Schauspieler, nur zu gern der Versuchung erliegen, auf bequeme Weise diesem Problem auszuweichen. Denn gleichgültig, wie das Publikum sich verhält — es sieht ja doch (fast) immer nach einem Erfolg aus, jedenfalls wenn Leo Greiner, einer der Autoren der „Elf Scharfrichter", mit den folgenden Zeilen recht hat:

> Wenn uns die Leute loben,
> So fühln wir uns erhoben.
> Doch wenn die Leute pfeifen
> So thut uns das ergreifen.[18]

Anmerkungen

1 Zitiert nach Klaus Budzinski: Die Muse mit der scharfen Zunge, S. 35.
2 Theodor W. Adorno: Funktionalismus heute, in: Die Neue Rundschau 77 (1966), S. 587.
3 Ernst von Wolzogen: Wie ich mich ums Leben brachte. Erinnerungen und Erfahrungen, Braunschweig und Hamburg 1922, S. 196.
4 Zitiert nach Rudolf Hösch: Kabarett von gestern, Berlin/DDR 1969, S. 62.
5 Ebda.
6 Ebda., S. 67.
7 Vgl. hierzu das Kapitel über Frank Wedekind in Band 1 dieser Einführung.
8 Zitiert nach Hösch, S. 102.
9 Walter Benjamin: Linke Melancholie, besonders S. 458 f. — Vgl. dazu, Benjamins ‚zu hartes' Urteil relativierend, Alfred Andersch: Der Seesack. Aus einer Autobiographie, in: Nicolas Born/Jürgen Manthey (Hrsg.): Nachkriegsliteratur, Reinbek 1977 (= Literaturmagazin 7), S. 130.
10 Vgl. dazu in diesem Band das Kapitel über die Lyrik der Arbeiterbewegung.
11 Mitgelacht — dabeigewesen. Erinnerungen aus sechs Jahrzehnten Kabarett, Berlin/DDR 1967, S. 189.
12 Ebda.
13 Ebda., S. 297.
14 Kurt Tucholsky: Aus dem Ärmel geschüttelt, in: Gesammelte Werke, Bd. 1, Hamburg 1960, S. 830.
15 Kurt Tucholsky: An Peter Panter von Theobald Tiger, ebda., S. 285.
16 Friedrich Holländer: Von Kopf bis Fuß. Mein Leben mit Text und Musik, München 1965, S. 139.
17 Ebda., S. 130.
18 Klaus Budzinski (Hrsg.): So weit die scharfe Zunge reicht, S. 51.

Literaturhinweise

Erich Kästner: Herz auf Taille (1928), in: E. K.: Gesammelte Schriften für Erwachsene, Bd. 1, München und Zürich 1969.

Erich Weinert: Das Lied von der roten Fahne. Ausgewählte Gedichte, Leipzig 1976 (= Insel-Bücherei 959).

Kurt Tucholsky: Panter, Tiger & Co. Eine neue Auswahl aus seinen Schriften und Gedichten, Reinbek 1954 (= rororo 131).

Klaus Budzinski (Hrsg.): So weit die scharfe Zunge reicht. Die Anthologie des deutschsprachigen Cabarets, München und Bern 1964.

Klaus Budzinski: Die Muse mit der scharfen Zunge, München 1961.

Heinz Greul: Bretter, die die Zeit bedeuten. Die Kulturgeschichte des Kabaretts, Köln und Berlin 1967.

Luiselotte Enderle: Erich Kästner in Selbstzeugnissen und Bilddokumenten, Reinbek 1960 (= Rowohlts Monographien 120).

Walter Benjamin: Linke Melancholie. Zur Erich Kästners neuem Gedichtbuch, in: W. B.: Angelus Novus. Ausgewählte Schriften 2, Frankfurt/M. 1966, S. 457 ff.

Fritz J. Raddatz: Tucholsky. Eine Bildbiographie, München 1961.

8. Gottfried Benn

Weg und Geltung eines Artisten

Gottfried Benns Bedeutung für die Literatur der Weimarer Republik liegt in der Bundesrepublik. Hier ist er zum Klassiker avanciert, während er in den zwanziger Jahren zwar ernst genommen wurde, aber nicht sehr einflußreich war. Ein DDR-Kritiker schreibt, Benn sei „eine jener wenigen Zentralgestalten spätbürgerlicher deutscher Dichtung, die in den 50er Jahren an der Wegscheide zweier Literaturen gestanden und die Weichen gestellt haben für die inhumane Entwicklung eines erheblichen Teils bundesrepublikanischer Dichtung."[1] Das ist nicht gerade marxistisch gedacht: Benn als Bahnhofsvorsteher der Literatur, nach dessen Kommando die Züge fahren . . . Benn selbst, der den Marxismus als „animalistische Gesellschaftsdoktrin" verachtete, ist genauer, wenn er in einem Gedicht über die Nachkriegszeit schreibt: „Verteidigen will sich das Abendland nicht mehr — / Angst will es haben, geworfen will es sein."[2] Allein diese beiden Zeilen lassen etwas davon ahnen, wie genau der Benn-Ton den damaligen resignativen Vergeblichkeitsgestus traf. Seine suggestive Melancholie paßte sehr gut in die allgemeine Ideologie von ‚Geworfenheit', Skepsis und Ideologielosigkeit.

Zudem kam Benns Eigenart, in seinen Gedichten Begriffe aus den unterschiedlichsten semantischen Bereichen, besonders gern aus dem riesigen Fundus der Naturwissenschaften und der Antike, montierend zu häufen, damit Kulturgeladenheit und zugleich deren Belanglosigkeit zu suggerieren, sehr den Bedingungen der Zeit entgegen. Benn produzierte ‚Werbelyrik für kulturelle Luxusgüter' in einer Zeit breiter — wenn auch vorübergehender — Armut. Nicht zufällig, daß Benns Wirkung mit dem Allgemeinwerden der Fernsehkultur abnahm: nicht zuletzt schon, weil die meisten das alles gar nicht mehr kennen, wovon Benn redet. Aber Peter Rühmkorf fragt 1975 anläßlich der Taschenbuchausgabe von Benns *Gesammelten Werken* besorgt, ob „jetzt, wo unsere konservativen Kirchenglocken gerade die ‚Tendenzwende' einläuten und das Bild des literarischen Gegenkönigs Brecht (. . .) zu verblassen beginnt, der Name Benn (wieder — E. S.) zu einer brauchbaren Beschwörungsformel wird?"[3] Was also könnte Benn dazu prädestinieren – und wie bezieht sich das auf die zwanziger Jahre?

Michael Hamburger hat darauf hingewiesen, daß „von Anfang an (. . .) Benns dichterische Verfahrensweise grundsätzlich von der aller seiner Zeitgenossen" unterschieden war.[4] Wenn also Benns Lyrik als Paradigma der Lyrik vorgestellt wird, dann impliziert das, daß Benns Andersartigkeit gegenüber dem zeitgenössisch Geläufigen dessen Probleme in sich aufhebt, daß von Benns Lyrik andere miterklärt zu werden vermag.

Gottfried Benn gehört zu jenen ‚Auserwählten' – wie er selbst gern betont hat –, die die deutsche Kultur dem protestantischen Pfarrhaus verdankt: Er wurde am 2. Mai 1886 als Sohn eines Pastors und einer französischen Gouvernante im Dorf Mansfeld, heute in Polen gelegen, geboren. Er wuchs östlich der Oder, in Sellin, auf und ging, zusammen mit den Sprößlingen des preußischen Junkertums, in Frankfurt an der Oder zum Gymnasium. Danach studierte er wider Willen in Marburg zwei Semester Theologie, zum Trost dafür auch etwas Germanistik, und ging, als endlich der Vater einwilligte, nach Berlin, um an der ‚Kaiser-Wilhelm-Akademie für das militär-ärztliche Bildungswesen' wunschgemäß Medizin zu studieren. Nach der Promotion – über das Vorkommen der Zuckerkrankheit im Heer – wurde er Militärarzt, aber dann bald aus Krankheitsgründen aus dem Militärdienst entlassen. Zur selben Zeit, 1912, erschien sein erster Gedichtband unter dem Titel *Morgue*. Die darin versammelten Gedichte brachten Benn sofort den Ruf eines zynischen Provokateurs ein, insbesondere wegen seiner krassen Bildlichkeit und der Einführung von Medizinerjargon in die Lyrik.

> *Schöne Jugend*
>
> Der Mund des Mädchens, das lange im Schilf gelegen hatte,
> sah so angeknabbert aus.
> Als man die Brust aufbrach, war die Speiseröhre so löcherig.
> Schließlich in einer Laube unter dem Zwerchfell
> fand man ein Nest von jungen Ratten.
> Ein kleines Schwesterchen lag tot.
> Die andern lebten von Leber und Niere,
> tranken das kalte Blut und hatten
> hier eine schöne Jugend verlebt.
> Und schön und schnell kam auch ihr Tod:
> Man warf sie allesamt ins Wasser.
> Ach, wie die kleinen Schnauzen quietschten! (S. 10)

Damals, es stand der Erste Weltkrieg noch aus, war das sehr schockierend. Heute kaum noch, zu sehr sind wir brutalisiert durch das, was täglich das Fernsehen bietet – das läßt Benns Provokation von damals verblassen. Aber dieser Beitrag zur Ästhetik des Häßlichen – die in Deutschland oft mit der Ästhetik des Barbarischen verwechselt wird –, prägte das Benn-Bild der Öffentlichkeit, darunter auch das – typisch deutsche – Mißverständnis, daß einer, der schockiert, ein Linker sein muß.

In der Folgezeit schlug Benn sich auf Assistenzarztposten durch, fuhr einmal sogar als Schiffsarzt nach Amerika, lebte dann aber bis zu seinem Tode fast ununterbrochen in Berlin und verstand sich, was im Blick auf das Gefälle zwischen Berlin und dem übrigen Reich wichtig ist, als ‚Berliner‘. Mit Kriegsbeginn ging Benn als Militärarzt nach Belgien; in der Brüsseler Etappe bekam er auch näheren Kontakt zu anderen Autoren, die wie er im Kriegsdienst standen. So zu dem genialen, vielleicht einzigen – leider noch immer unbekannten – deutschen Surrealisten Carl Einstein. Einstein hat Benn mit seiner Theorie der ‚absoluten Prosa‘ stark beeinflußt. Dann zu Otto Flake, dem Romancier und elitären kulturphilosophischen Essayisten, den man jetzt gerade wieder zu entdecken beginnt, schließlich zu dem konservativ bildungsbürgerlichen Rudolf Alexander Schröder. Auch Carl Sternheim lernte er dort kennen. Gegen Kriegsende eröffnete Benn eine eigene Praxis als Spezialarzt für Haut- und Geschlechtskrankheiten in Berlin. Er hat zeitlebens, wenn auch gegen Ende sehr spärlich, den Arztberuf ausgeübt. Der Beruf und die damit verbundene naturwissenschaftliche Ausbildung haben Benns Positon entscheidend geprägt.

Entscheidung für die Form

Er selbst sagte, er verdanke seiner Ausbildung „Härte des Gedankens, Verantwortung im Urteil, Sicherheit im Unterscheiden von Zufälligem und Gesetzlichem, vor allem aber die tiefe Skepsis, die Stil schafft."[5] Die ersteren Qualitäten muß man zwar oftmals bei ihm bezweifeln, aber sicherlich trifft das Charakteristikum der Skepsis zu. Bertolt Brecht gibt im *Me-ti* zu bedenken: „Die Ärzte bekommen den Kranken so in ihre Häuser geliefert, wie er sonst nicht ist: als einen nackten, beschäftigungslosen Körper ohne bestimmte Vergangenheit und Zukunft."[6] Tatsächlich finden sich nicht nur unter Benns früherer Lyrik Gedichte, in denen die Menschen auf anatomisch-klinische Details reduziert werden – „Junger Kropf ist Sattelnase gut. / Er bezahlt für sie drei Biere." (S. 13) Sondern Benns Lyrik und Prosa, wie auch seine Haltung insgesamt, sind von einem extremen Pessimismus und Zynismus, von aggressiver Realitätsunsicherheit und fast monomanischer Ich-Zentrierung geprägt. Er preist den Rausch in jeder Form, von Kokain bis Alkohol, verkündet, was er Nihilismus nennt und leugnet strikt den Vorgang der Geschichte. Zunehmend finden sich dann aber neben den mit äußerster verbaler Aggressivität vorgebrachten Verhöhnungen von Zeiterscheinungen Passagen, in denen sich Sehnsucht nach Geborgenheit und Aufgehobenheit jenseits der komplexen Gegenwart und dem Anspruch der Geschichte ausdrücken.

Am bekanntesten die frühen Zeilen „O daß wir unsere Ururahnen wären. / Ein Klümpchen Schleim in einem warmen Moor." (S. 17) Bertolt Brecht haben sie zu der Polemik veranlaßt: „Dieser Schleim legt Wert darauf, mindestens eine halbe Million Jahre alt zu sein. Während dieser Zeit ist er immer von neuem geworden. Ein Schleim von höchstem Adel."[7] Robert Neumann parodiert die widersprüchlichen Tendenzen Benns in einem Gedicht unter dem Titel *Schleim*, darunter die Zeilen „Ruchlos vom Kopf zu den Zehen / lachhaft und sodomit − / aber bei Lichte besehen / bleibt es das alte Lied. / (. . .) Impotente Zersprenger / mittels Gehirnprinzip − / Heimlich bleiben sie Sänger / über die Lerchen lieb." Die Parodie endet mit dem Vers „Schleim bleibt Schleim!"[8]

Zur Verdeutlichung der Bennschen Widersprüchlichkeit hier zwei Gedichte, die etwa um dieselbe Zeit entstanden sind. Das eine trägt einen ausgesprochen satirischen Charakter und wurde 1926 im *Simplicissimus* veröffentlicht: *Fürst Kraft*. Es nähert sich dem, was wir aus der Kabarettkultur der Zeit kennen, etwa von Erich Kästner.

> Fürst Kraft ist − liest man − gestorben.
> Latifundien weit,
> ererbte, hat er erworben,
> eine Nachrufpersönlichkeit:
> „übte unerschrocken Kontrolle,
> ob jeder rechtens tat,
> Aktiengesellschaft Wolle,
> Aufsichtsrat."
>
> So starb er in den Sielen.
> Doch wandt' er in Stunde der Ruh
> höchsten sportlichen Zielen
> sein Interesse zu;
> immer wird man ihn nennen,
> den delikaten Greis,
> Schöpfer des Stutenrennen:
> Kiscazonypreis.

Und niemals müde zu reisen!
Genug ist nicht genug!
Oft hörte man ihn preisen
den Rast-ich-so-rost-ich-Zug,
er stieg mit festen Schritten
in seinen Sleeping-car
und schon war er inmitten
von Rom und Sansibar.

So schuf er für das Ganze
und hat noch hochbetagt
im Bergrevier der Tatra
die flinke Gemse gejagt,
drum ruft ihm über die Bahre
neben der Industrie
alles Schöne, Gute, Wahre
ein letztes Halali. (S. 32 f.)

Während *Fürst Kraft* die edle Idiotie der „schönen Welt" karikiert,
Hohn ergießt über ein Vorausbild heutiger Managerkultur, ist das
andere Gedicht — 1927 erstmals publiziert — in Intention, Duktus
und Gegenstand völlig entgegengesetzt: geprägt vom Vokabular
des 'Antikischen', gezeichnet von Schwermut und großer Einsamkeit.

Sieh die Sterne, die Fänge

Sieh die Sterne, die Fänge
Lichts und Himmel und Meer,
welche Hirtengesänge,
dämmernde, treiben sie her,
du auch, die Stimmen gerufen
und deinen Kreis durchdacht,
folge die schweigenden Stufen
abwärts dem Boten der Nacht.

Wenn du die Mythen und Worte
entleert hast, sollst du gehn,
eine neue Götterkohorte
wirst du nicht mehr sehn,
nicht ihre Euphratthrone,
nicht ihre Schrift und Wand —
gieße, Myrmidone,
den dunklen Wein ins Land.

111

Wie dann die Stunden auch hießen,
Qual und Tränen des Seins,
alles blüht im Verfließen
dieses nächtigen Weins,
schweigend strömt die Äone,
kaum noch von Ufern ein Stück —
gib nun dem Boten die Krone,
Traum und Götter zurück. (S. 39)

Beide Seiten, höhnende Aggression auf die Albernheit der Gegenwart und die Wehmut ferner Vergangenheit, ja Todessehnsucht, gehören zusammen. Wo Gegenwart und Geschichte zum immer bloß wieder Gleichen und zum je beliebig anderen zerfallen, da bedarf es lyrischer Suggestion der Geborgenheit im Augenblick. Bestärkt durch seine biologisch-naturwissenschaftlichen Kenntnisse verstand Benn den Menschen nicht als *zoon politikon*, nicht als historisch-gesellschaftlich bestimmt, sondern erbmäßig programmiert, als Wesen, „das alle früheren Entwicklungsstufen der Erdgeschichte im kollektiven Unbewußten besitzt" und diese vererbten Eindrücke „auf dem Wege der imaginativen Introversion", durch die ichzentrierte Einbildungskraft wieder ins Bewußtsein holen und dann in dichterischen Bildern und Symbolen festhalten könne.[9] Was abstrus erscheinen mag, die Amalgamierung aus naturwissenschaftlichen, tiefenpsychologischen und philosophischen Theorien, gibt dem künstlerischen Schaffen eine ganz außerordentliche Gewichtung: *das künstlerische Formvermögen wird zum einzigen Moment der Dauer im stetigen Vergehen.*

Es wäre unzulässig, diese Auffassung aus einem privaten Unvermögen Benns zu erklären, für das etwa Symptom wäre — wie immer wieder berichtet wird —, daß Benn seinen Tagesablauf minutiös geplant und strikt eingehalten hat. Immerhin hat, wie in seinem Alltag, Dichtung dann überhaupt die Funktion, entlastende Komplementärveranstaltung zur bedrohlichen Chaotik der Umwelt, des Lebens überhaupt zu sein. Kunst aber, Gedichte, die sich mit der Darstellung von Chaos und Ungeschichtlichkeit der Lebenswelt befassen, sind darin doch Bewältigungsversuche dieses Chaos und Sinngebung der Sinnlosigkeit: weil gestaltet und geformt. Die Entscheidung für die Form (auch: „Haltung", „Stil", „Zucht") gilt dieser Theorie in einer Welt heteronomer Anarchie beliebiger Versatzstücke als einzig möglicher autonomer Akt des Individuums, als einzige Chance von Selbstbestimmung.

Diese scheinbar so realitätsferne Entscheidung für die Form und den ästhetischen Artismus ist aber noch Abglanz der Realität der Gesellschaft, in der sie getroffen wird. In einem Gedicht, das den programmatischen Titel trägt *Leben — niederer Wahn* und in dem Leben als „Traum für Knaben und Knechte" bezeichnet wird, gibt Benn Form als einzige Möglichkeit aus. In der Gestaltung selbst aber kommen noch die historischen Gründe für solche Vorstellung zum Ausdruck. Die Passage lautet: „Form nur ist Glaube und Tat, / die erst von Händen berührten, / doch dann den Händen entführten / Statuen bergen die Saat."[10] In diesen Versen drückt sich nichts anderes aus als die Zwanghaftigkeit der Selbstentäußerung des Menschen, so wie sie als naturgegeben erscheint: *die Trennung vom eigenen Produkt als Entfremdung.* Schon im 19. Jahrhundert war ja erkannt, daß die Menschen in der Äußerung ihres Lebens ihre Fähigkeiten vergegenständlichen, sprich: produzieren müssen, daß aber im Kapitalismus „diese völlige Herausarbeitung des menschlichen Inneren als völlige Entleerung, diese völlige Vergegenständlichung als totale Entfremdung" erscheint.[11]

Bertolt Brecht, der vom Verkauf seiner Literatur gelebt und daher das Problem auch schärfer erfahren hat, bringt auf den Begriff, was Benn mystifizierend genießt: „Ein Kunstwerk ist eine Erfindung, welche, erfunden, sofort Warenform annimmt, das heißt vom Erfinder getrennt in einer von der Verkaufsmöglichkeit her bestimmten Form auf dem Markt erscheint."[12] Man kann von dieser Einsicht ausgehen — gerade bei Benn. Sein Beharren auf Form hat Wahrheit darin, daß nicht das Vorfindliche und das bloße Wünschen und Meinen schon Menschsein ausmachen, sondern: wie und wozu *produziert* wird, wie und wozu die Menschen ihr Leben produzieren. Allerdings erscheint bei Benn Produktion nur noch als *künstlerische* Produktion, in der bewußte Gestaltung einzig noch möglich sein soll angesichts des naturwüchsigen Chaos ringsum.

Wenn man Benns Formkonsequenz nachspürt, so stößt man auf ein Dilemma: daß er nämlich — wo er bedingungslos zu gestalten meint — sich zahlloser Realitätsfetzen bedient, die in ihrer Verdinglichung und unbegriffen bleiben. Wir finden das in der für ihn typischen Weise der Montage.

Montage — Benns Formkonsequenz

Als Montage wird bekanntlich das Zusammenfügen vorgefertigter Einzelteile bezeichnet, so etwa: die Montage eines Autos. In der Filmtechnik meint Kontrastmontage dann das Aneinanderfügen inhaltlich kontrastierender Bildsequenzen. Benn bedient sich, um die sinnlos scheinende Widersprüchlichkeit und Beliebigkeit der Gegenwart darzustellen, in seinen Gedichten zumeist der *Kontrastmontage*. Nehmen wir ein Beispiel: „Aber der Mensch wird trauern – / Masse, muskelstark, / Cowboy und Zentauern, / Nurmi als Jeanne d'Arc –: / Stadionsakrale / mit Khasanaspray, / Züchtungspastorale, / wozu, qui sait?" (S. 36) – Hier wird gleich mehrfach montiert: Elemente unterschiedlichster Kulturbereiche, Vergangenheit und Gegenwart, griechische Mythologie und Warenwerbung, selbst ein neues Wort: Züchtungspastorale, und in der rhetorischen Frage „qui sait" noch Elemente des Französischen – die sich (aphonetisch) auf „spray" reimen müssen! Noch deutlicher vielleicht, weil zusammen mit weltanschaulichen Konsequenzen, in dem Oratorium von 1931 unter dem Titel *Das Unaufhörliche* (von Paul Hindemith vertont); darin singt der Bariton u. a. „Aber die Fortschritte / der modernen Technik! (...) / (...) / Minen, / Öltürme, Rubberplantagen, / Grab der mythenlosen weißen Rasse." Und der Finalchor gibt die Antwort: „Die Welten sinken und die Welten steigen / (...) / ewig im Wandel und im Wandel groß."[13] Benn hat später einmal gescherzt: „Schreiben Sie auf meinen Grabstein: Der Freund der Substantive." Tatsächlich ist es gerade ein ausgeprägt substantivischer Stil, der den Charakter der Montage unterstreicht, denn drücken Adjektive noch eine veränderbare Qualität der Objekte aus, so erscheinen sie, nurmehr in Substantiven vorgeführt, als in sich verschlossene und unwandelbare Einheiten.

Diese Passagen genügen, um den Schluß zu ziehen: Benn *reproduziert* in der Montage die allgemeine Verdinglichung. Er zitiert beliebige Elemente, baut sie ein und gegeneinander, aber er nimmt sie als in sich fertige und verschlossene. Er geht ihnen nicht nach und bricht nicht auf, was in ihnen historisch sedimentiert, was in sie an gesellschaftlichen Bestimmungen eingegangen ist: Nurmi, Khasanaspray, Öltürme und Gummiplantagen, alles wird ihm zum bloßen „Ausdruckswert". Aber nicht nur in Benns Lyrik, auch in seiner Prosa, insbesondere der journalistisch geprägten, findet sich in dieser Zeit jenes montierende Verfahren. Dort enthüllt es vollends seine Fundierung in einer unbegriffenen Wirklichkeit.

Als im Zuge einer Auseinandersetzung um Benns *Urgesicht* 1929 der sogenannte ‚rasende Reporter' Egon Erwin Kisch Benn attackiert und ihm vorgeworfen hatte, er wehklage, daß Fürsten im Rinnstein lägen, aber Landstreicher sich derweil zu Diktatoren aufschwängen, da antwortete Benn[14], er habe keineswegs gewehklagt, keineswegs Stellung bezogen, sondern lediglich eine Zustandsbeschreibung gegeben, *geschildert*. „Das Mittel der Schilderung", so Benn weiter, „ist das der Kontrastierung", und er wiederholt zur Verdeutlichung einen anderen Kontrast aus dem nämlichen Text: „daß Arbeiter für eine Erhöhung ihres Stundenlohnes um zwei Pfennige kämpfen müssen im gleichen Augenblick wo ein Golf-Match im Carlton-Club im blütendurchfluteten Cannes die kapitalistische Welt in Atem hält." Gerade hieran, an der verteidigenden Wiederholung, wird besonders deutlich, daß es Benn nur auf den *Kontrast* ankommt, daß er es beim Kontrast beläßt und keineswegs den *Kausalverhältnissen* zwischen diesen Phänomenen nachgeht (die auch gar nicht so einfach wären und nicht einfach an der Oberfläche lägen). Ihm wird alles zu Daten der angeblich höheren Einsicht: „Soziale Bewegungen gab es von jeher. Die Armen wollten immer hoch und die Reichen nicht herunter. (...) nach drei Jahrtausenden Vorgang darf man sich wohl dem Gedanken nähern, dies sei alles weder gut noch böse, sondern rein fänomenal." Und konsequent behauptet er, daß daher alles erlaubt sei, „was zum Erlebnis führt". Die kontrastierten Elemente der Wirklichkeit dienen nur mehr der Genußerzeugung. Damit macht sich aber Benn selbst zu dem, was er von Kisch sagt, zum „Typ des (...) wichtigtuerischen Meinungsäußerers, des feuilletonistischen Stoffsprengers" und „des Verschleuderers des Worts"; denn er, der von sich sagt, daß er aus der „unheimlichen Gebundenheit des Ichs" arbeite, tut mit solch genußerzeugender Kontrastmontage nichts anderes als die attackierten Reporter: im Oberflächengenuß die Wirklichkeit zu verschleiern. Sein Verhalten zur Realität ist rein magisch. So wie die Primitiven sich durch Fetischs der Realität zu versichern suchen, so Benn durch das magische Herbeibeschwören von Reiz- und Schlüsselworten. Auch die zeitbefaßten Gedichte dienen letztlich nur dem, was die Gedichte über die antikische Welt des mediterranen Südens und archaische südliche See als Sehnsucht formulieren: dem Wunsch nach Flucht aus der Komplexität in Entlastung.

Ist Benn regressiv?

So zum Beispiel das Gedicht mit dem schlüsselhaften Titel:

> *Regressiv*
>
> Ach, nicht in dir, nicht in Gestalten
> der Liebe, in des Kindes Blut,
> in keinem Wort, in keinem Walten
> ist etwas, wo dein Dunkel ruht.

Götter und Tiere — alles Faxen.
Schöpfer und Schieber, ich und du —
Bruch, Katafalk, von Muscheln wachsen
die Augen zu.

Nur manchmal dämmert's: in Gerüchen
vom Strand, Korallenkolorit,
in Spaltungen, in Niederbrüchen
hebst du der Nacht das schwere Lid:

am Horizont die Schleierfähre,
stygische Blüten, Schlaf und Mohn,
die Träne wühlt sich in die Meere —
dir: thalassale Regression.[15]

Peter Rühmkorf sagt zu dem Verhalten, das sich darin ausdrückt, sehr treffend: „Wo ein Ich sein Bewußtsein nur noch als Entfremdungsschauder erlebt, ohne daß das Vertrauen auf dialektische Bewegungsprinzipien ihm einen gewissen Hoffnungsspielraum nach vorn eröffnete, dort flüchtet sich das gesteigerte Verlangen nach Anteilnahme und Zusammenhang gern in archaische und mythische, vielleicht sogar protozooische Einheitsvorstellungen." Eben in das also, was Benn die „thalassale Regression" nennt. Aber Rühmkorf will aus gutem Grund das nicht einfach Regression nennen: „Es ist ja schon die Dichtkunst selbst ein Rückfall — in magische Bindungs- und Gesellungspraktiken."[16]

Vor jener Regression ins Völkisch-Rassistische, in Phantasien von Ständestaat oder schlichter Agrargesellschaft, vor jener Heimatkunst also, die im Blut-und-Boden-Kultus endete, hatte Benn immerhin voraus, daß die Topologie seiner Sehnsucht nicht einfach in triebhafter Irrationalität aufging. In der Beschwörung der mediterran-antiken Landschaft schwingt mit, was die Antike bis heute für die Menschen so vollkommen erscheinen läßt: die relativ hochorganisierte Vollendung auf einfacher Stufe. Wären indes Benns Beschwörungen ein Versuch wie der des Klassizismus, jene Welt einfach fortzusetzen oder doch wiederaufstehen zu lassen, dann wären sie einfach Kitsch. Da sie aber immer, in Form und Gestus, die Unwiederbringlichkeit dieser Welt einbegreifen, erhalten sie sich auf höherem Rang. Auch dort, wo Benn geradewegs Natur beschwört, bleibt er doch der Entlastungsfunktion solcher Beschwörung bewußt. Er anerkennt das Illusionäre jedes Regressionswunsches. „Es gibt kein Zurück in eine vielleicht sehr schön gewesene deutsche Innerlichkeit, zu blauen Blumen und Idyll."[17]

Statt jedoch die Dialektik von unerträglicher Realität und Regressionssehnsucht als historisch bestimmte zu fassen, glaubt Benn, daß allein die gekonnte Herstellung solcher Illusion der menschlichen Existenz Sinn gebe. Aber er beharrt immerhin darauf, daß Intellektualismus und Großstädtischkeit der einzig legitime Boden solcher Kunst sein könne: „Wir sind aus Riesenstädten, in der City, nur in ihr, schwärmen und klagen die Musen."[18]

Benns Weg in den Faschismus

Dennoch hat er versucht, diese Position auf den Nationalsozialismus zu verpflichten. Das ist durchaus erklärbar, ja, konsequent für jemanden, der so im Innersten von der Irrationalität der Welt überzeugt ist, daß er vom Faschismus glauben konnte, der stelle eine neue Ordnung der Welt her, in der es die Gesellschaft auf ihren brutalen Kern und die Kunst zu deren höchster Feier bringen könne. „Es wird nie wieder Kunst geben im Sinne der jüngsten fünfhundert Jahre (. . .) Nicht Kunst, Ritual wird um die Fackeln, um die Feuer stehen."[19]

Benn hat sehr genau die Verunsicherungen des gängigen Weltbildes durch die sprunghafte Entwicklung der Naturwissenschaften in jener Zeit erkannt. Für ihn war ausgemacht, daß durch Ergebnisse der Quantenphysik die Gewißheit über die sinnliche Erfahrbarkeit der Welt zutiefst erschüttert wurde. „Diese monströse Wissenschaft, in der es nichts gibt als unanschauliche Begriffe, künstliche, abstrahierte Formeln, das Ganze eine (. . .) völlig sinnlose konstruierte Welt." Auf dieses akute Problem gibt Benn die (regressive) Antwort der *Kunst als Ritual*. Sie soll die verlorengegangene Hoffnung auf sinnhafte Einheit der Welt surrogieren und über das Chaos hinwegtrösten. Benn hält das für ein durchaus massenwirksames Problem.

Schon zu Zeiten der Weimarer Republik hatte sich Benn ernsthaft, wie er in *Kunst und Staat* (1927) darlegt, um staatliche Einsicht in die Förderungswürdigkeit solcher Kunst bemüht. Dabei ist weniger wichtig, wie realitätsfern er es anfing und wie unangemessen seine Forderungen waren (ihm schien eine staatliche Anstellung als Arzt unzumutbar, weil Arbeits- und Anreisezeit 8,5 Stunden in Anspruch nahmen; man vergleiche das mit der Arbeitszeit eines Industriearbeiters damals!). Wichtiger — und problematisch genug — ist, daß Benn aus der richtigen Einsicht in die ökonomische Tendenz des Staatsinterventionismus geradewegs folgerte, der Staat müsse die Förderungswürdigkeit der Kunstproduktion schon im eigenen Interesse erkennen. Was Benn indessen anvisiert, ist im Grunde *Freizeitkunst*, Organisierung des Bedürfnisses nach Entspannung. Wenn er dabei aber auf die Surrogate der Unterhaltungskunst schimpft, wird deutlich, daß er nicht erkennt, wie die Produkte der Kulturindustrie viel besser leisten, was er der eigenen artistischen Kunst zuschreibt. Von den Nazis nun erwartete Benn mehr Einsicht als sie der liberaldemokratische Staat zeigen konnte. Er nimmt dafür in Kauf, daß Juden und Demokraten vertrieben werden, daß der deutsche Kulturfaschismus eine unsägliche dritte Besetzung emporspült. Von den Nazigrößen erhofft er, daß sie „wissen, daß die Kunst eine spezialistische Seite hat, daß diese spezialistische Seite in gewissen kritischen Zeiten ganz besonders in Erscheinung treten muß und daß der Weg der Kunst zum Volk nicht immer der direkte (. . .) sein kann."

Benn beharrt — gegen eine platte ‚Volkstümlichkeit' — auf der erreichten Qualität von Kunst, aber ihm entgeht, daß es den Nazis nicht um diesen Weg der Kunst zum Volk, sondern um Bindung der Massen an ihre Politik zu tun ist, darin hat für sie das Ritual seine Funktion. Ihre Mixtur aus Aufmärschen, Uniformierung, Thingspiel, Propagandafilm und gefördertem Blut-und-Boden-Schund entsprach dem aber viel besser als Benns Artismus. Während der Isolation im ‚Dritten Reich' wie auch in den ersten Nachkriegsjahren sind Gedichte entstanden, die von außerordentlicher Suggestivkraft, verführerischer Schönheit und bisweilen gar sprachlicher Schlichtheit sind: *Ein Wort, Nur zwei Dinge, Reisen,* oder *März. Brief nach Meran* sind einige der — zu Recht — berühmtesten überschrieben. „Aber", so wendet Walter Muschg ein, „Schönheit allein ist nichts mehr, es kommt darauf an, wer sie schafft und warum er sie erzeugt."[20] Man kann hinzusetzen: und für wen . . . Anders freilich urteilt Johannes R. Becher, einer der bedeutendsten Expressionisten, dann aber, nachdem er sich zum Kommunismus bekannte, Gegner Benns. Er schrieb zu Benns Tod 1956 einige Verse, die selbst nicht ohne Schönheit sind:

> Er ist geschieden, wie er lebte: streng,
> Und diese Größe einte uns, die Strenge.
> Uns beiden war vormals die Welt zu eng.
> Wir blieben beide einsam im Gedränge.

> Unwürdig wär ein: nihil nisi bene.
> Der Juli summt ein Lied dir: ‚Muß i denn . . .'
> Mein Vers weint eine harte, strenge Träne,
> Denn er nahm Abschied von uns: Gottfried Benn.

Anmerkungen

1 Peter Reichel: Künstlermoral. Das Formalismus-Programm spätbürgerlicher Dichtung in Gottfried Benns ‚gereimter Weltanschauung‘, Frankfurt/M. 1974, S. 11.
2 Gottfried Benn: Kleiner Kulturspiegel, in: G. B.: Gedichte/Anhang (Gesammelte Werke Bd. 2), S. 491; zum Marxismus in Benns Sicht vgl.: Über den amerikanischen Geist, in: G. B.: Vermischte Schriften (Gesammelte Werke Bd. 7), S. 1658.
3 Peter Rühmkorf: Und aller Fluch der ganzen Kreatur. Gottfried Benn 1976, in: Frankfurter Allgemeine Zeitung vom 19. 6. 1976, Beilage.
4 Michael Hamburger: Gottfried Benn, in: M. H.: Vernunft und Rebellion. Aufsätze zur Gesellschaftskritik in der deutschen Literatur, München 1969, S. 195.
5 Gottfried Benn: Lebensweg eines Intellektualisten, in: G. B.: Autobiographische Schriften (Gesammelte Werke Bd. 8), S. 1894.
6 Bertolt Brecht: Me-ti/Buch der Wendungen, in: B. B.: Prosa 2 (Gesammelte Werke 12), Frankfurt/M. 1967, S. 445.
7 Bertolt Brecht: Benn, in: B. B.: Schriften zur Literatur und Kunst 1 (Gesammelte Werke 18), S. 62.
8 Robert Neumann: Mit fremden Federn, Stuttgart 1927, S. 67; vgl. R. N.: Unter falscher Flagge, Leipzig 1932, S. 64.
9 Friedrich Wilhelm Wodtke: Gottfried Benn, S. 41.
10 Gottfried Benn: Gedichte (Gesammelte Werke Bd. 1), S. 134.
11 Karl Marx: Grundrisse der Kritik der politischen Ökonomie (1857/58), Frankfurt/M. 1970, S. 387.
12 Bertolt Brecht: Der Dreigroschenprozeß. Ein soziologisches Experiment, in: B. B.: Schriften zur Literatur und Kunst 1, S. 181.
13 Benn: Gedichte/Anhang, S. 499 f. und 515.
14 Die folgenden Zitate aus Gottfried Benn: Über die Rolle des Schriftstellers in dieser Zeit, in: G. B.: Vermischte Schriften, S. 1662 ff.
15 Benn: Gedichte, S. 131.
16 Rühmkorf, vgl. Anm. 4.
17 Gottfried Benn: Rede auf Stefan George, in: G. B.: Reden und Vorträge (Gesammelte Werke Bd. 4), S. 1041.
18 Gottfried Benn: Doppelleben, in: G. B.: Autobiographische Schriften, S. 2021.
19 Gottfried Benn: Expressionismus, in: G. B. Essays und Aufsätze (Gesammelte Werke Bd. 3), S. 816 f.; die folgenden Zitate S. 811 f. und S. 812.
20 Walter Muschg: Der Ptolemäer. Abschied von Gottfried Benn, in: W. M.: Die Zerstörung der deutschen Literatur, 3. Aufl. Bern 1958, S. 198.

Literaturhinweise

Gottfried Benn: Ausgewählte Gedichte, Zürich 1973 (= detebe 56).
Gottfried Benn: Gesammelte Werke in 8 Bänden, hrsg. von Dieter Wellershoff, München 1975 (= dtv 5954).

Walter Lennig: Gottfried Benn in Selbstzeugnissen und Bilddokumenten, Reinbek 1962 (= Rowohlts Monographien 71).

Peter Schünemann: Gottfried Benn, München 1977 (= Autorenbücher 6).

Edgar Lohner (Hrsg.): Dichter über ihre Dichtungen. Gottfried Benn, München 1976 (= dtv 6068).

Friedrich Wilhelm Wodtke: Gottfried Benn, 2. Aufl. Stuttgart 1970 (= Sammlung Metzler 26).

9. Bertolt Brecht I: Lyrik

Möglichkeiten der Lyrik

Vom „literarischen Gegenkönig Brecht" hat Rühmkorf im Blick auf
Benn gesprochen. Und Hans Mayers Behauptung, Benn habe „seit jeher die folgerichtigste Gegenposition zu Brecht bezogen", wird von
dem Literaturwissenschaftler Theo Buck zu der skeptischen Frage
verschärft, ob es überhaupt „sinnvoll (sei), so grundverschiedene
Positionen einander gegenüberzustellen?"[1] Allerdings versucht er
selbst eine solche Gegenüberstellung, die jedoch „nicht etwa ‚verbinden' (soll), was offensichtlich divergiert", sondern eine „antipodische Konstellation" ausmessen soll, in der typische (um nicht zu sagen: extreme) Möglichkeiten von Geschichts- und Weltauffassung
wie auch, spezieller, von lyrischer Produktion deutlich werden.

Die „antipodische Konstellation" dieser beiden wichtigsten Lyriker der Generation nach Rilke wird über ihren Tod (beide starben
1956) hinaus noch in ihrer Wirkungsgeschichte deutlich. Die Orientierung der jüngeren Lyriker in der Bundesrepublik am Vorbild Benn
während der fünfziger Jahre, eine gegen Widerstände erst einsetzende
Brecht-Rezeption in den sechziger Jahren sind bezeichnende — und
historisch aufschlußreiche Phänomene.[2] Die Kontraststellung von
Benn und Brecht wird nicht mehr näher expliziert werden; es soll
vielmehr in erster Linie auf den Entwicklungsprozeß geachtet werden, der sich innerhalb der Brechtschen Lyrik selbst erkennen läßt.
Denn Brecht, dessen Weltruhm ja zweifellos durch sein dramatisches
Werk begründet wurde, hat zwischen 1913 (damals war er sechzehn
Jahre alt) und seinem Tode mehr oder weniger kontinuierlich auch
Gedichte verfaßt; sie füllen in der *Werkausgabe* annähernd 1300 Seiten. Ein breites lyrisches Oeuvre also, das im Wandel der lyrischen
Verarbeitungsweise Brechts individuelle Entwicklung — und die historische der ersten Jahrhunderthälfte — widerspiegelt. Um diesen
Entwicklungsprozeß sichtbar zu konturieren, muß freilich stark
exemplarisch vorgegangen werden. Außer Betracht bleibt also das lyrische Spätwerk, das Brecht in der DDR verfaßt hat (z. B. die *Bucko-
wer Elegien*); unerwähnt bleibt auch die ganz frühe, die ‚Primaner-
lyrik', die teilweise noch nationalistisch geprägt ist. Hingegen soll

ausführlicher auf zwei Gedichtsammlungen eingegangen werden, welche die frühe und mittlere Phase seiner lyrischen Produktion, aber auch zwei unterschiedliche historische Konstellationen zum Ausdruck bringen. Die eine ist die *Hauspostille*, erschienen 1927, die andere die *Svendborger Gedichte*, erschienen 1939.

„Bertolt Brechts Hauspostille": „kraftlos ist das nicht"

Konstitutiv für das lyrische Frühwerk, und damit auch noch für die *Hauspostille* ist eine dezidierte *Opposition zu bürgerlichen Normen* und Wertvorstellungen im allgemeinen, zur spätbürgerlichen Lyrik im besonderen. Von einer Literaturzeitschrift um die Beurteilung eingesandter Gedichte gebeten, konstatiert Brecht „Sentimentalität, Unechtheit und Weltfremdheit" und echauffiert sich: „Da sind ja wieder diese stillen, feinen, verträumten Menschen, empfindsamer Teil einer verbrauchten Bourgeoisie, mit der ich nichts zu tun haben will." Und programmatisch will er bei der Beurteilung „von über 500 lyrischen Erzeugnissen (. . .) einen Nützlichkeitsstandpunkt"[3] vertreten. Das war 1927 — und im gleichen Jahr erschien, nach einigen Verzögerungen, sein erster Gedichtband mit dem Titel *Bertolt Brechts Hauspostille. Mit Anleitungen, Gesangsnoten und einem Anhange.* Um Mißverständnisse zu vermeiden, muß sogleich festgehalten werden, daß die meisten der dort enthaltenen Texte bereits um 1920 entstanden waren und damit, trotz Überarbeitung, im Kern noch eine politische und literarisch-technische Stufe repräsentieren, die Brecht selber 1927 schon — in Richtung des Marxismus bzw. einer dialektischen Lyrik — verlassen hatte.

Das Stichwort *Nützlichkeitsstandpunkt* kann weiterführen. Apodiktisch heißt es in den ‚Anleitungen': „Diese Hauspostille ist für den Gebrauch der Leser bestimmt. Sie soll nicht sinnlos hineingefressen werden." Aber dies bleibt, wie auch die folgenden detaillierten ‚Gebrauchsanweisungen', doch in erster Linie provokatorisch: „Die dritte Lektion (Chroniken) durchblättere man in den Zeiten der rohen Naturgewalten. In den Zeiten der rohen Naturgewalten (Regengüsse, Schneefälle, Bankerotte usw.) halte man sich an die Abenteuer kühner Männer und Frauen in fremden Erdteilen, solche eben bieten die Chroniken, welche so einfach gehalten sind, daß sie auch für Volksschulelesebücher in Betracht kommen. Bei einem Vortrag der Chroniken empfiehlt sich das Rauchen, zur Unterstützung kann er mit einem Saiteninstrument akkordiert werden." (Bd. 1, S. 169 f.) Dies ist gewiß provokativ gegen eine quasi-religiöse Lyrik, etwa im Sinne des späten Rilke, gemeint: provokativ ist auch, daß schon die Wahl der lyrischen *Themen* zurückgreift auf Grobstoffliches, Vorkünstlerisches, auf Kolportage: „die Abenteuer kühner Männer und Frauen in fremden Erdteilen". Der Autor der *Hauspostille* hängt offensichtlich an der Vielfalt und der Drastik der äußeren Welt, wie schon an den Titeln der Gedichte ablesbar ist. Bedichtet werden u. a. der Elternmörder Jakob Apfelböck, die Kindsmörderin Marie Farrar, der Vagant François Villon, das „verliebte Schwein Malchus", diverse Soldaten, mehrere verführte sowie ein ertrunkenes Mädchen und schließlich der „arme B. B." höchstselber. Lauter anrüchige, wenig ‚poetische‘ Gestalten also − und ein ähnliches Resultat ergibt bereits der erste Blick auf die *Formen,* die in dieser Gedichtsammlung dominieren.

Denn auch auf der formalen, technischen Ebene versucht Brecht, die Lyrik durch Aufnahme von kolportagehaften, volkstümlichen Traditionen zu revitalisieren, sie aus der Sackgasse des Subjektivismus, des *l'art pour l'art* herauszuführen. Deshalb greift er einerseits die Form der *Ballade* auf, die freilich als anspruchsvolle Dichtungsgattung gegen Ende des 19. Jahrhunderts ziemlich „ausgeleiert" (Brecht) war und am vitalsten noch in ihren älteren trivialen Spielarten, in *Bänkelsang* und *Moritat* erschien.[4] Eine Form also, die sich zur Verherrlichung von asozial-unheroischen Helden, wie es die Brechtschen Außenseiter sind, bestens eignet. Als zweite Formtradition für die frühe Lyrik sind die Sprache der *Bibel* und der Formen- und Bilderschatz des *Kirchenliedes* von Bedeutung. In der Titelgebung der *Hauspostille,* der Einteilung in ‚Lektionen‘ (z. B. ‚Bittgänge‘, ‚Exerzitien‘) bezieht Brecht sich auf traditionelle Gattungsformen des religiösen Erbauungsschrifttums. Dies gilt ebenso für einzelne Texte.

Der *Große Dankchoral* etwa weist sich nicht nur durch diesen Titel aus, er folgt bei nur geringen Abweichungen dem lyrischen Strukturschema des Kirchenlieds *Lobet den Herren* aus dem 17. Jahrhundert. Die Schlußstrophe bei Brecht lautet:

> Lobet die Kälte, die Finsternis und das Verderben!
> Schauet hinan:
> Es kommt nicht auf euch an
> Und ihr könnt unbesorgt sterben. (Bd. 1, S. 216)

Daran wird deutlich: auch die Aussage ist eng auf das christliche Vorbild bezogen, wenn auch in Form der inhaltlichen Negation. Die imitativ aufgenommene lyrische Struktur, das Verfahren der *Kontrafaktur* wird offensichtlich nur benutzt, um die traditionelle zu ihr gehörenden Gehalte um so schärfer zu verleugnen. Denn die von

Brecht entworfene Welt bestimmt sich durchweg aus der *Negation christlicher Leitbegriffe:* Finsternis (statt Licht), Verderben (statt Erlösung). Sie befindet sich nicht im Stande der Heilserwartung, sondern im Zustand der Entfremdung (wie später der Marxist Brecht formulieren würde). Für diesen eher intuitiv erfaßten als theoretisch begriffenen Zustand steht deshalb, hier wie auch in anderen Texten der Frühzeit, die zentrale Chiffre der *Kälte;* vgl. etwa *Von der Freundlichkeit der Welt.* (Bd. 1, S. 205)

Das menschliche Leben wird so einerseits radikal als diesseitig aufgefaßt, andererseits wird es als immergleich, als ahistorisch verstanden. Es wird „ontologisiert", wie der Brecht-Forscher Carl Pietzcker in seiner bemerkenswerten Arbeit zur *Lyrik des jungen Brecht* sagt. Es gibt für dies Leben weder eine transzendentale Tröstung wie im Christentum, noch eine diesseitige Perspektive wie im Marxismus.

Aber diese ontologisierende Sicht markiert in Brechts Entwicklung nur eine Phase; auch die christlichen Traditionsbezüge, die später dann sparsamer eingesetzt werden, dienen hier Brechts individualgeschichtlicher Ablösung von seiner religiösen Erziehung. Pietzcker hat generell dies Herauslösen aus den Normsystemen und Über-Ich-Zwängen bürgerlicher Erziehung als die Triebfeder der frühen Lyrik Brechts gedeutet und näher analysiert. In diesem Zusammenhang versucht er, die frühe Lyrik, wie sie in der *Hauspostille* exemplarisch zusammengestellt ist, durch die Schlagworte „anarchischer Nihilismus" und „Vitalismus" zu charakterisieren. Beide Begriffe bezeichnen antibürgerliche Protesthaltungen: der *anarchische Nihilismus* negiert die Normen, Gesetze, die Moral der bürgerlichen Gesellschaft und setzt dagegen den Immoralismus von gesellschaftlichen Außenseitern, Verbrechern. Pietzcker hat dies als Ausdruck einer „Ablösung vom Bürgertum" interpretiert, in der Brecht „die verinnerlichten bürgerlichen Werte, an die er unbewußt noch gebunden ist, abbaut."[5] Dies wiederum ist typisch für eine Generation, die durch den Weltkrieg verunsichert, an der alten Gesellschaft verzweifelnd — noch keine historische Neuorientierung wahrnehmen bzw. vollziehen konnte und sich deshalb nihilistisch artikulierte. Was Pietzcker nun *Vitalismus* nennt, hängt damit unmittelbar zusammen. Gemeint ist die Verherrlichung des vital-triebhaften Prinzips im Menschen angesichts einer fehlenden sozialen Integration und der ‚leeren Transzendenz'. So feiert Brecht auch hier die amoralische Lebens- und Genußkraft von Übermenschen wie Baal oder von Abenteuern aller Art. Dennoch ist dies Prinzip nicht an die jeweiligen Individuen gebunden: es ist als Naturkraft zu verstehen, die in ihnen wirksam ist und bis über ihr Ende hinaus wirksam bleibt. So erscheint in der berühmten Ballade *Vom ertrunkenen Mädchen* noch die Auflösung, Verwesung der Leiche als ,vitaler' Vorgang, insofern hier die ohnedies fragwürdige Individuation aufgehoben und der Leib der organischen Natur wieder anverwandelt ist: ,,Dann ward sie Aas in Flüssen mit vielem Aas." (Bd. 1, S. 252)

Die *Hauspostille* markiert also in mancherlei Hinsicht: formal, thematisch, ideologisch, eine bald überwundene Entwicklungsstufe. Aber — sie legt zugleich auch den Grundstein für diese Entwicklung, für eine werkgeschichtliche Kontinuität der Brecht-Lyrik; und zwar vor allem durch die poetische Erfassung von Zusammenhängen, die begrifflich auch für Brecht noch nicht faßbar waren. Er selbst hat das so gesehen; 1939 schreibt er rückblickend: ,,Mein politisches Wissen war damals beschämend gering; jedoch war ich mir großer Unstimmigkeiten im gesellschaftlichen Leben der Menschen bewußt, und ich hielt es nicht für meine Aufgabe, all die Disharmonien und Interferenzen, die ich stark empfand, formal zu neutralisieren. Ich fing sie mehr oder weniger naiv in die Vorgänge meiner Dramen und in die Verse meiner Gedichte ein. Und das, lange bevor ich ihren eigentlichen Charakter und ihre Ursachen erkannte. Es handelt sich, wie man aus den Texten sehen kann, nicht nur um ein ,Gegen-den-Strom-Schwimmen' in formaler Hinsicht, einen Protest gegen die Glätte und Harmonie des konventionellen Verses, sondern immer doch schon um den Versuch, die Vorgänge zwischen den Menschen als widerspruchsvolle, kampfdurchtobte, gewalttätige zu zeigen."[7]

Und ein Jahr später (20. August 1940) notiert er in sein *arbeitsjournal:* ,,abends bekomme ich die HAUSPOSTILLE wieder in die hand. hier erreicht die literatur jenen grad der entmenschtheit, den MARX beim proletariat sieht, und zugleich die ausweglosigkeit, die ihm hoffnung einflößt. der großteil der gedichte handelt vom untergang, und die poesie folgt der zugrunde gehenden gesellschaft auf den grund. die schönheit etabliert sich auf wracks, die fetzen werden delikat. das erhabene wälzt sich im staub, die sinnlosigkeit wird als befreierin begrüßt. der dichter solidarisiert nicht einmal mehr mit sich selber. risus mortis. aber kraftlos ist das nicht."[8]

,,Svendborger Gedichte": Aufstieg oder Abstieg?

Ebenfalls im *arbeitsjournal* versucht Brecht (10. September 1938) die noch nicht gedruckten *Svendborger Gedichte* in ihrem Verhältnis zur *Hauspostille* zu bestimmen: ,,diesem werk gegenüber bedeuten die späteren SVENDBORGER GEDICHTE ebensogut einen abstieg wie einen aufstieg. vom bürgerlichen standpunkt aus ist eine erstaunliche verarmung eingetreten. ist nicht alles auch einseitiger, weniger ,organisch‘, kühler, ,bewußter‘ (in dem verpönten sinn)? meine mitkämpfer werden das, hoffe ich, nicht einfach gelten lassen. sie werden die HAUSPOSTILLE dekadenter nennen als die SVENDBORGER GEDICHTE. aber mir scheint es wichtig, daß sie erkennen, was der aufstieg, sofern er zu konstatieren ist, gekostet hat.“[9] Auch Walter Benjamin, gelegentlicher Gast im dänischen Exil des Dichters, hat in seinen *Brecht-Kommentaren* über Differenz und Zusammenhang von dessen früher und mittlerer Lyrik nachgedacht. Er sieht die beiden Sammlungen, bei allem Unterschied, als zwei Momente eines Entwicklungsprozesses: ,,Die asoziale Haltung der ,Hauspostille‘ wird in den ,Svendborger Gedichten‘ zu einer sozialen Haltung. Aber das ist nicht gerade eine Bekehrung. Es wird da nicht verbrannt, was zuerst angebetet wurde. Eher ist auf das den Gedichtsammlungen Gemeinsame zu verweisen. Unter ihren mannigfaltigen Haltungen wird man eine vergebens suchen, das ist die unpolitische, nicht soziale.“[10]

In dieser Entwicklung von der anarchischen Protesthaltung zum zielgerichteten, geschichtstheoretisch reflektierten, zum *eingreifenden Denken*, das sich lyrisch in der Svendborger Sammlung artikuliert, sind vor allem zwei Faktoren von Belang. Der erste ist die *Rezeption marxistischer Theorie*, die etwa zu der Zeit einsetzt, als die *Hauspostille* erscheint. Bei Studien für ein geplantes Stück geriet Brecht auf nationalökonomische Fragen. ,,Ich stecke acht Schuh tief im ,Kapital‘“, schreibt er Oktober 1926 in einem Brief: ,,Ich muß das jetzt genau wissen . . .“ Kontakte mit dem Soziologen Fritz Sternberg und (anfangs der dreißiger Jahre) mit dem Philosophen Karl Korsch vertieften Brechts Marxismus-Studien. Gerade auch für Brechts Lyrik wird seine neue, maßgeblich von Korsch angeregte ,,materialistische Geschichtsauffassung“ folgenreich werden.

Zunächst jedoch stellte sich die unmittelbare Gegenwart als ein geschichtliches Problem: 1933, am Tage nach dem Reichstagsbrand, fährt Brecht mit Helene Weigel und seinem Sohn Stefan nach Prag. Im Dezember bezieht er nach allerlei Umwegen ein Haus in Skovbostrand bei Svendborg, Dänemark. Das *Exil* wird so zum zweiten prägenden Faktor von Brechts Weiterentwicklung. Sechs Jahre später, 1939, werden in Kopenhagen die *Svendborger Gedichte*, eine lyrische Summe der Exil-Erfahrungen, gedruckt.

Daß die Situation des Emigranten nicht nur als zufälliger Entstehungsort den Titel der Sammlung bestimmt, daß sie Themen, Intention, Zielrichtung des Bandes bestimmt, machen die vorangestellten Widmungszeilen deutlich:

Geflüchtet unter das dänische Strohdach, Freunde
Verfolg ich euren Kampf. Hier schick ich euch
Wie hin und wieder schon die Verse, aufgescheucht
Durch blutige Gesichte über Sund und Laubwerk.
Verwendet, was euch erreicht davon, mit Vorsicht!
Vergilbte Bücher, brüchige Berichte
Sind meine Unterlage. Sehen wir uns wieder
Will ich gern wieder in die Lehre gehn. (Bd. 2, S. 631)

Die nachfolgenden Verse sind „für den Gebrauch der Leser bestimmt" wie ehedem die der *Hauspostille*. Aber die Kategorie des
Gebrauchs ist nun bestimmter gefaßt: als Verwendung im Kampf gegen den Faschismus. Doch ist gerade dieser Kampfwert ungewiß,
fraglich, ob die Verse ihre Adressaten in Deutschland oder im Exil
überhaupt erreichen werden; fraglich ob der isolierte Schriftsteller,
abgeschnitten vom organisierten Widerstand wie von authentischen
Informationen, die Vorgänge richtig zu analysieren oder gar strategi-
sche Ratschläge zu erteilen weiß. So rät er, skeptisch seine Situation
bedenkend, zur ‚Vorsicht' beim Gebrauch der Texte.

Tatsächlich dürfte die unmittelbare Wirkung dieser Gedichte eher
gering gewesen sein. Aus der historischen Distanz aber stellen sich
die *Svendborger Gedichte* nicht nur als Beispiel für die antifaschistische Exilliteratur, sondern als ein Gipfelpunkt in der Geschichte der
neueren deutschen Lyrik dar. Angesichts der faschistischen Weltge-
fahr, die die katastrophale Aufhebung bürgerlicher Gesellschaft zu
signalisieren scheint, und theoretisch geleitet vom historischen Materialismus, reflektieren diese Gedichte die Konfrontation von alter
und neuer Gesellschaft. Im Blick auf die ‚Unterdrückten' als neues
historisches Subjekt markieren sie zugleich den Punkt, an dem das
traditionelle lyrische Subjekt: das vereinzelte Individuum, von einem
neuen, kollektiven Subjekt abgelöst werden kann.[11]

Nicht unähnlich der *Hauspostille* sind auch die *Svendborger Gedichte* in sechs ‚Lektionen' eingeteilt, Gedichtfolgen, die jeweils einen thematischen Schwerpunkt haben und jeweils einem anderen
Formtypus folgen. So ist Teil I, die *Deutsche Kriegsfibel* epigrammatisch geprägt. Spruchgedichte nehmen die Lage des Volkes unter der
Nazi-Herrschaft und den *kommenden* (!) Krieg zum Thema. „Die
‚Kriegsfibel' ist in ‚lapidarem' Stil geschrieben. Das Wort kommt von
lateinisch lapis, der Stein, und bezeichnet den Stil, der sich für Inschriften herausgebildet hatte. Sein wichtigstes Merkmal war die
Kürze." Aber diese Inschriften sind nicht, wie Benjamin treffend
bemerkt, in den Marmor von Prunkbauten gegraben, sondern, „dem
Regen und den Agenten der Gestapo preisgegeben, (von einem) Pro-

letarier mit Kreide an eine Mauer (geworfen)."[12] Die repräsentative Funktion des Epigramms wird dabei subversiv umgewendet – vor allem durch die Technik der *Kontrastmontage*: aber nicht, wie bei Benn, als beliebige Collage von Realitäts- und Sprachpartikeln diverser Herkunft. Vielmehr werden von Brecht unterschiedliche Zeit- oder Klassenperspektiven aufs genaueste konfrontiert – und diese Konfrontation wirkt *verfremdend*, d. h. sie deckt Herrschaftsstrukturen, Ideologien und Klassenwidersprüche auf:

> DIE OBEREN SAGEN:
> Es geht in den Ruhm
> Die Unteren sagen:
> Es geht ins Grab. (Bd. 2, S. 637)

Der gleichen Absicht dient die (künstlich) naive Perspektive in den *Kinderliedern* des II. Teils: faschistische Propagandaphrasen werden als Lügen durchschaubar, wenn sie nach Kinderart ‚beim Wort genommen werden' (*Mein Bruder war ein Flieger*, Bd. 2, S. 648).

Der IV. Teil formuliert Ermutigungen, Appelle an antifaschistische Mitkämpfer und gedenkt revolutionärer Vorbilder; der V. Teil, *Deutsche Satiren*, spricht die Realitäten Nazi-Deutschlands: Bücherverbrennung, Propaganda und Aufrüstung, an. Der abschließende VI. Teil schließlich thematisiert die persönliche Situation des Verfassers, der sich mit seinem Status als ‚Emigrant' nur schwer abfindet (vgl. Bd. 2, S. 718), aber in der individuellen Lage wird die historische mitreflektiert.

Die „Chroniken": Musterstücke des Weltlaufs

Der bislang ausgesparte III. Teil ist zweifellos das Kernstück des Bandes. Er trägt, an die *Hauspostille* erinnernd, die Überschrift *Chroniken*. Damit ist Bezug genommen auf eine Art der Aufzeichnung von Geschehenem, der es nicht um Ordnung und Verknüpfung historischer Ereignisse geht wie der neueren Geschichtsschreibung, die vielmehr große und geringfügige Ereignisse festzuhalten und „sie als Musterstücke des Weltlaufs herzuzeigen"[13] sucht. Allerdings wendet Brecht diese mittelalterlich-naive Form historisch-dialektisch und geht damit über die reine Aufzeichnung hinaus. Auch er zeigt mehr oder weniger spektakuläre Ereignisse als „Musterstücke des Weltlaufs" vor: getreu einem Begriff von gesellschaftlicher Totalität, der die Widersprüche des Ganzen noch in den geringsten Teilen wiedererkennt. Der Weltlauf, wie Brecht ihn illustriert, ist nicht mehr in der Heilsgeschichte fundiert wie für die mittelalterlichen Chronikschreiber, sondern im realen Geschichtsprozeß, der nach Marx die Menschwerdung des Menschen: seine Emanzipationsgeschichte umfaßt. In Brechts *Chroniken* wird konkret jener Abschnitt illustriert, in welchem sich ein neues welthistorisches Subjekt, das moderne Proletariat, allmählich entwickelt und unter Kämpfen und Mühen durchsetzt. Das kann anhand einzelner Texte verfolgt werden.

Das Eingangsgedicht *Fragen eines lesenden Arbeiters* ist, dem Titel folgend, als Rollengedicht zu verstehen: ein Proletarier liest die Bücher bürgerlicher bzw. vorbürgerlicher Historiographie — und was er da liest bzw. vermißt (insbesondere das Schicksal bzw. die Gesichtspunkte der je unteren Klasse) regt ihn zu seinen skeptischen Nachfragen an. Da sind kolossalen Bauten der Vergangenheit, Produkte gesellschaftlicher Arbeit: ,,Wer baute das siebentorige Theben? / In den Büchern stehen die Namen von Königen. / Haben die Könige die Felsbrocken herbeigeschleppt?"

Da sind Kriege, Siege, Niederlagen als die vermerkten Einschnitte des Geschichtsverlaufs: ,,Philipp von Spanien weinte, als seine Flotte/ Untergegangen war. Weinte sonst niemand? / Friedrich der Zweite siegte im Siebenjährigen Krieg. Wer / Siegte außer ihm?"

Moniert wird also die Aussparung des materiellen gesellschaftlichen Arbeitsprozesses und, damit verbunden, der arbeitenden Massen aus dem offiziell überlieferten Geschichtsbild. Die Reihung der Fragen, jeweils auf solche Fehlstellen weisend, am Rande der gängigen Geschichtsbücher, nimmt die bereits von Karl Marx und Friedrich Engels getroffene Feststellung auf, ,,wie widersinnig die bisherige, die wirklichen Verhältnisse vernachlässigende Geschichtsauffassung mit ihrer Beschränkung auf hochtönende Haupt- und Staatsaktionen ist."[14] So resümiert und fragt Brechts lesender Arbeiter:

> Jede Seite ein Sieg.
> Wer kochte den Siegesschmaus?
> Alle zehn Jahre ein großer Mann.
> Wer bezahlte die Spesen?

Und er schließt, weniger resigniert als in produktiver Skepsis:

> So viele Berichte.
> So viele Fragen. (Bd. 2, S. 656 f.)

Diese Fragehaltung scheint das Gedicht auch dem Leser der *Svendborger Gedichte* nahelegen zu wollen, und die *Chroniken* selbst kann man als Versuche verstehen, modellartig die Geschicke und Interessen der ,,Unteren" in die Betrachtung der Geschichte einzubeziehen.

Exemplarisch ist dies an einem der verbreitetsten, aber auch oft mißverstandenen Brecht-Gedichte überhaupt zu sehen, an der *Legende von der Entstehung des Buches Taoteking auf dem Weg des Laotse in die Emigration*. Auch hier geht es um die Überlieferung von Wissen, und zwar von Wissen mit revolutionärer Kraft. Dem nachfragenden Zöllner, als Vertreter der arbeitenden Klasse, die solches Wissen benötigt und praktisch werden lassen kann, wird eher beiläufig die zentrale Lehre mitgeteilt: „Sprach der Knabe: ‚Daß das weiche Wasser in Bewegung / Mit der Zeit den mächtigen Stein besiegt. / Du verstehst, das Harte unterliegt.'" (Bd. 2, S. 661)

Das Interesse an dieser Lehre (als Fortführung der Fragen des lesenden Arbeiters) läßt nun den Zöllner seinerseits Laotse auffordern, seine gesamte Weisheitslehre abzufassen: „Denn man muß dem Weisen seine Weisheit erst entreißen." — Worin aber liegt nun der revolutionäre Gehalt des zitierten Satzes? Walter Benjamin zumindest behauptet, daß er (jedenfalls zur Zeit seiner Entstehung) „den Menschen als eine Verheißung ans Ohr schlägt, die keiner messianischen etwas nachgibt." Er belehre aber zugleich darüber, „daß es geraten ist, das Unstete und Wandelbare der Dinge nicht aus den Augen zu verlieren und es mit dem zu halten, was unscheinbar und nüchtern, auch unversieglich ist wie das Wasser. Der materialistische Dialektiker wird dabei an die Sache der Unterdrückten denken. (Sie ist eine unscheinbare Sache für die Herrschenden, eine nüchterne für die Unterdrückten, und, was ihre Folgen angeht, die unversieglichste.")[15] In solcher Auslegung gibt sich das Naturbild als Geschichtsmodell, die ‚altchinesische' *Legende* als Gleichnis von der revolutionären Geduld zu erkennen.

Um freilich das revolutionäre Wissen praktisch werden zu lassen, in eine „umwälzende Praxis" (Korsch) einzubringen, ist mehr gefordert als Geduld. In erster Linie Solidarität, insofern die gesellschaftliche Umwälzung nur als kollektives Handeln vorstellbar ist. Die Ballade *Kohlen für Mike* (bereits 1926 konzipiert!) beschreibt die Entstehung proletarischer Solidarität unter dem und durch den Druck hochkapitalistischer Verhältnisse. Auf einer nächsten Ebene werden Beispiele des revolutionären Kampfes selbst gegeben, z. B. *Die unbesiegliche Inschrift* (Bd. 2, S. 668 f.). Schließlich wird der Aufbau einer qualitativ neuen, der sozialistischen Gesellschaft selbst zum Thema, denn mit dem Faktum der politischen (Oktober-)Revolution ist die „umwälzende Praxis" als Erneuerung der gesamten Gesellschaft, also auch der Individuen, ihrer Verhaltensweisen, Verkehrsformen usw. zwar *möglich geworden*, aber bei weitem nicht durchgeführt.

Beispielhaft für diesen Aspekt: *Die Teppichweber von Kujan-Bulak ehren Lenin.*

Anläßlich des fünften Todestages (wie man rekonstruieren kann) soll Lenin geehrt werden auch in „Kujan-Bulak/Kleiner Ortschaft im südlichen Turkestan", die vom Gelbfieber geplagt wird. In der örtlichen Beratung, wo man den Kauf der üblichen „gipsernen Büste" beschließen will, macht der „Rotarmist Stepa Gamalew, der/Sorgsam Zählende und genau Schauende", — d. h. der Angehörige der revolutionären Elite —

> (. . .) plötzlich den Vorschlag
> Mit dem Geld für die Büste Petroleum zu kaufen und
> Es auf den Sumpf zu gießen hinter dem Kamelfriedhof
> Von dem her die Stechmücken kommen, welche
> Das Fieber erzeugen.
> So also das Fieber zu bekämpfen in Kujan-Bulak, und zwar
> Zu Ehren des gestorbenen, aber nicht zu vergessenden
> Genossen Lenin.

Dies geschieht, und der Chronist setzt hinzu:

> So nützten sie sich, indem sie Lenin ehrten und
> Ehrten ihn, indem sie sich nützten, und hatten ihn
> Also verstanden.

Hier könnte das Gedicht mit dem Fazit abbrechen, daß man der auf Praxis zielenden Lehre, wie Lenin sie vertrat, nicht durch Überlieferung allein, sei sie noch so verehrungsvoll, gerecht wird, sondern nur durch die Erprobung ihres Gebrauchswerts, nur in der Praxis selbst. Aber das Gedicht ist noch nicht zu Ende, denn das Verhältnis von revolutionärer Lehre (Theorie, Vorbildfigur) und Praxis ist dialektisch.

> (. . .) Als nun am Abend
> Das Petroleum gekauft und ausgegossen über dem Sumpf war
> Stand ein Mann auf in der Versammlung, und der verlangte
> Daß eine Tafel angebracht würde an der Bahnstation
> Mit dem Bericht dieses Vorgangs, enthaltend
> Auch genau den geänderten Plan und den Eintausch der
> Leninbüste gegen die fiebervernichtende Tonne Petroleum.
> Und dies alles zu Ehren Lenins.
> Und sie machten auch das noch
> Und setzten die Tafel. (Bd. 2, S. 666 ff.)

Eine Praxis, die so vorbildlich Lenins Intentionen verwirklicht, sollte nützlicherweise nun wiederum, als vorbildliche Praxis und damit auch als Weiterführung der revolutionären Lehre, überliefert werden.

Und der dies verlangt, hierin zeichnet sich nun der kollektive Lernprozeß ab, ist eben kein Rotarmist mehr, sondern ein namenlos bleibender „Mann" aus der Mitte der Bevölkerung.

Eine dritte Ebene, nach dem vorrevolutionären Zweifel und dem revolutionären Kampf bzw. Aufbau wird in den *Chroniken* eingeholt. Es ist die Utopie einer entfalteten sozialistischen Gesellschaft, also der Aufhebung bisheriger Klassenwidersprüche. Diese Utopie wird, eher pathetisch, im Schlußgedicht *Der große Oktober* (Bd. 2, S. 675 ff.) entworfen; gelungener, weil konkreter jedoch in dem Text *Inbesitznahme der großen Metro durch die Moskauer Arbeiterschaft am 27. April 1935.* Der ‚chronikalische' Titel mit genauer Datierung deutet schon an, daß hier ein Ereignis festgehalten werden soll, das über die lokale Bedeutung hinaus eine historische Zäsur markiert. Daß die Moskauer Arbeiterschaft die bewußt als Prunkbau angelegte Untergrundbahn in Gebrauch nimmt, ist für Brecht ein Ereignis, das in einer neuen Geschichtsschreibung bzw. einer geschichtsbewußten Literatur zu seinem Recht kommen soll. Im Zusammenhang mit dem Erstdruck des Metro-Gedichts in einer deutschsprachigen Moskauer Zeitung sagte Brecht 1935: „Die Sowjetunion ist ein wunderbares Land für Lyriker. Die historisch berichtende Lyrik tritt noch zuwenig in den Vordergrund. In jeder Metrostation sollte in Stein gemeißelt ein literarischer Bericht über die Geschichte des Baues und über seine Helden zu lesen sein."[16]

Wenn auch Brechts euphorische Einschätzung der Sowjet-Realität angesichts des einsetzenden Stalinismus heute problematisch erscheinen muß, so bleibt doch die grundsätzliche Bedeutung des dichterischen Entwurfs erhalten. Die ‚Inbesitznahme der großen Metro' ist für Brecht konkretes Symbol des Sozialismus, verstanden als „großer Aufbau"[17], als „Produktion der Verkehrsformen selbst", wie Marx sie dem Sozialismus als Aufgabe gestellt hatte. Sie bezeugt die Aufhebung des scheinbar ewigen Gegensatzes von Herrschern und Beherrschten, oder – in der lyrischen Konkretion – von Bauherren und Bauleuten. Die *Fragen eines lesenden Arbeiters:* „In welchen Häusern / Des goldstrahlenden Lima wohnten die Bauleute? / Wohin gingen an dem Abend, wo die chinesische Mauer fertig war / Die Maurer?" – sind jetzt, erst jetzt, historisch erledigt:

> Denn es sah der wunderbare Bau
> Was keiner seiner Vorgänger in vielen Städten vieler Zeiten
> Jemals gesehen hatte: *als Bauherren die Bauleute!*
> Wo wäre dies je vorgekommen, daß die Frucht der Arbeit
> Denen zufiel, die da gearbeitet hatten? Wo jemals
> Wurden die nicht vertrieben aus dem Bau

Die ihn errichtet hatten?
Als wir sie fahren sahen in ihren Wagen
Den Werken ihrer Hände, wußten wir:
Dies ist das große Bild, das die Klassiker einstmals
Erschüttert voraussahen. (Bd. 2, S. 673 ff.)

Anmerkungen

1 Theo Buck: Benn und Brecht, in: Text + Kritik 44 (Gottfried Benn), S. 34.
2 Vgl. die entsprechenden Kapitel in Band 3 dieser Einführung.
3 Bertolt Brecht: Lyrik-Wettbewerb 1927, in: B. B.: Schriften zur Literatur und Kunst 1 (Gesammelte Werke 18), Frankfurt/M. 1967, S. 56 f.
4 Vgl. zu diesen Traditionslinien und ihrer Bedeutung für Brecht: Walter Hinck: Die deutsche Ballade von Bürger bis Brecht, Göttingen 1968; Karl Riha: Moritat, Song, Bänkelsang. Zur Geschichte der modernen Ballade, Göttingen 1965; Leander Petzoldt: Bänkelsang. Vom historischen Bänkelsang zum literarischen Chanson, Stuttgart 1974.
5 Carl Pietzcker: Die Lyrik des jungen Brecht, S. 128.
6 Ebda., S. 155 ff.
7 Bertolt Brecht: Über reimlose Lyrik mit unregelmäßigen Rhythmen, in: B. B.: Schriften zur Kunst und Literatur 2 (Gesammelte Werke 19), S. 397.
8 Bertolt Brecht: Arbeitsjournal 1938–1942, Frankfurt/M. 1973, S. 153.
9 Ebda., S. 28.
10 Walter Benjamin: Kommentare zu Gedichten von Brecht, in: W. B.: Angelus Novus. Ausgewählte Schriften 2, Frankfurt/M. 1966, S. 521.
11 Vgl. hierzu Theodor W. Adorno: Rede über Lyrik und Gesellschaft, in: Th. W. A.: Noten zur Literatur I, Frankfurt/M. 1968, bes. S. 88 ff.
12 Benjamin, S. 539.
13 Walter Benjamin: Der Erzähler. Betrachtungen zum Werk Nikolai Lesskows, in: W. B.: Illuminationen. Ausgewählte Schriften, Frankfurt/M. 1955, S. 422.
14 Karl Marx/Friedrich Engels: Die deutsche Ideologie, in: MEW, Bd. 3, Berlin/DDR 1969, S. 39.
15 Benjamin: Kommentare zu Gedichten von Brecht, S. 537.
16 Bertolt Brecht: Die Wirklichkeit übertrifft alles (Moskau 1935), in: Werner Hecht (Hrsg.): Brecht im Gespräch, Frankfurt/M. 1975, S. 197.
17 Vgl. Marx/Engels, S. 70 ff.

Literaturhinweise

Bertolt Brecht: Gesammelte Gedichte, Bd. 1 und 2, Frankfurt/M. 1976 (= edition suhrkamp 835/6).
Bertolt Brecht: Gesammelte Werke in 20 Bänden, Frankfurt/M. 1967.

Edgar Marsch: Brecht-Kommentar zum lyrischen Werk, München 1974.
Klaus Schuhmann: Der Lyriker Bertolt Brecht 1931–1933, München 1971 (= dtv WR 4075).

Carl Pietzcker: Die Lyrik des jungen Brecht. Vom anarchischen Nihilismus zum Marxismus, Frankfurt/M. 1974.

Jan Knopf: Geschichten zur Geschichte. Kritische Tradition des ,Volkstümlichen' in den Kalendergeschichten Hebels und Brechts, Stuttgart 1973, bes. S. 1 ff. und 230 ff.

Heinz Ludwig Arnold (Hrsg.): Bertolt Brecht II (Sonderband Text + Kritik), München 1973 (bes. die Beiträge von Regine Wagenknecht, Karl Riha, Paul Kersten).

10. Volksstück: Zuckmayer, Fleißer, Horváth

„Revitalisierung" des Theaters oder „hanebüchene Moral"?

Zwei Jahre nach der Uraufführung seines ersten Stückes *Kreuzweg* (1920), das noch ganz dem Expressionismus verpflichtet ist, schreibt Carl Zuckmayer (1896–1977) als Dramaturg und Regisseur am Stadttheater Kiel: „der ganze ‚Expressionismus' kotzt mich dermaßen an!" Die Stücke der Expressionisten erscheinen ihm nun – laut Autobiographie – „immer verkrampfter, lebensfremder"[1]. Er reagiert darauf mit einer Inszenierung des drastischen antiken Lustspiels *Der Eunuch* von Terenz und mit einer Matinee aus deftigen selbstverfaßten „Volks-Texten" im Rahmen einer programmatischen Vortragsfolge „Vorstufen des Theaters, die Quellen seiner Revitalisierung"[2]. Im Zuge dieser Neuorientierung und als Beitrag zu einer solchen *Revitalisierung des Theaters* entstand auch sein dreiaktiges Lustspiel *Der fröhliche Weinberg* (1925), das dem Autor als Dramatiker mit einem Schlage zum Durchbruch verhalf, ihm den Kleistpreis und in einer Laufzeit von zweieinhalb Jahren 63 Theaterskandale einbrachte. Das Stück signalisierte den Zeitgenossen den Beginn eines neuen, angeblich wieder wirklichkeitsgesättigten Dramas im Zeichen eines erneuerten Volksstücks.

So suspekt der Terminus Volksstück auch klingen mag, die Stücke von Zuckmayer, Fleißer und Horváth wurden von der zeitgenössischen Theaterkritik gemeinhin mit diesem Etikett versehen. Explizit wurde die Bezeichnung „Volksstück" nur von Ödön von Horváth für seine vor dem Exil entstandenen Stücke benutzt. Immerhin knüpfen die Autoren – explizit oder implizit – an die Tradition des Volksstücks an. Zu fragen bleibt allerdings, ob und inwieweit sie damit der *Trivialität* des volkstümlichen Theaters verhaftet sind[3] oder zur Entwicklung und Erneuerung eines volkstümlichen und *zugleich kritischen* Theaters beitragen.

Zur Beantwortung dieser Frage wären Bertolt Brechts Definitionen von *Volkstümlichkeit und Realismus* aus dem gleichlautenden Aufsatz von 1938 heranzuziehen; auch der Blick auf sein Volksstück *Herr Puntila und sein Knecht Matti* (1940) könnte zur Klärung dieses Verhältnisses beitragen. Wir begnügen uns hier mit den im Anhang zum *Puntila* stehenden *Anmerkungen zum Volksstück* (1940), die eine Charakterisierung des konventionellen Volksstücks enthalten, die ihrerseits als Ausgangspunkt für Analyse und Einschätzung eines erneuerten und kritisch gemeinten Volksstücks dienen kann. Brecht schreibt: „Das Volksstück ist für gewöhnlich krudes und anspruchsloses Theater und die gelehrte Ästhetik schweigt es tot oder behandelt es herablassend. Im letzteren Fall wünscht sie es sich nicht anders, als es ist, so wie gewisse Regimes sich ihr Volk wünschen: krud und anspruchslos. Da gibt es derbe Späße, gemischt mit Rührseligkeiten, da ist hanebüchene Moral und billige Sexualität. Die Bösen werden bestraft, und die Guten werden geheiratet, die Fleißigen machen eine Erbschaft, und die Faulen haben das Nachsehen."[4]

Betrachten wir vor dieser Folie Zuckmayers Stück *Der fröhliche Weinberg*, das in der rheinhessischen Heimat und Mundart des Autors angesiedelt ist. (Ländliches Milieu und Personal sowie der Dialekt sind nach landläufiger Auffassung typische äußere Kennzeichen des Volksstücks.) Die Handlung ist kurz folgende: Der verwitwete Weingutsbesitzer Gunderloch, der sich zur Ruhe setzen möchte, will die Hälfte seines Besitzes veräußern, die andere Hälfte seiner Tochter Klärchen vermachen. Bedingung: der zukünftige Schwiegersohn soll den Fortbestand der Familie noch vor der Heirat garantieren. Um die Erfüllung dieser Bedingung und damit um die Gunst wie das Erbe Klärchens bemüht sich der dünkelhafte Corpsstudent und jetzige Assessor Knuzius. Mit Hilfe Annemaries, der Wirtschafterin Gunderlochs, durchkreuzt Klärchen jedoch die Pläne von Knuzius, sie schenkt ihre Zuneigung stattdessen dem Rheinschiffer Jochen Most, Annemaries Bruder. Als Gunderloch zufällig erfährt, daß Annemarie eine uneingestandene Liebe zu ihm hegt, macht er den geplanten Verkauf rückgängig. Der überlistete Knuzius hingegen tröstet sich mit Klärchens Freundin, der begüterten Wirtstochter Babettchen Eismayer. Mit diesem Zusammenfinden dreier Liebespaare klingt das Geschehen in einem allgemeinen Wein- und Versöhnungsfest aus.

Ein Vergleich mit Brechts Charakterisierung des Volksstücks macht deutlich, daß in Zuckmayers Handlungskonstruktion das überlieferte Volksstückschema mit leichten Abwandlungen durchaus wieder auftaucht: „Die Guten werden geheiratet" (Brecht) – d. h. hier bei Zuckmayer: Treue und Bescheidenheit werden belohnt, indem die Haushälterin den Hausherrn zum Mann bekommt; Natürlichkeit, Aufrichtigkeit und Vitalität setzen sich durch, der moralisch und physisch Überlegene heiratet die Tochter. – „Die Bösen werden bestraft" und „die Faulen haben das Nachsehen" (Brecht) – allerdings hier, im *Fröhlichen Weinberg*, nur halb: der Mitgiftjäger wird zwar um die begehrte Tochter und deren Erbteil geprellt und der allgemeinen Lächerlichkeit preisgegeben, jedoch geht er nicht leer aus — womit Zuckmayer den obligatorisch versöhnlichen Schluß des „kruden, anspruchslosen" Volksstücks noch überbietet. Eine „hanebüchene Moral" also — laut Handlungsverlauf. Doch damit läßt sich das skandalumwitterte Stück, das damals Proteste von allen Seiten hervorrief, nicht einfach abtun: getroffen fühlten sich vor allem Studentenverbindungen, aber auch Kriegervereine, Beamtenschaft, Gastwirte und Weinhändler, sogar die Juden[5].

Es scheint nötig, einen genaueren Blick auf die im *Fröhlichen Weinberg* vermittelten *Wertvorstellungen* und auf die darin für die Zeitgenossen offensichtlich vorhandene *Gesellschaftskritik* zu werfen. Beide Momente erschließen sich am besten über die Betrachtung der Figurenkonstellation des Stückes. Denn es stehen sich hier jeweils Negativ- und Positivfiguren gegenüber, die eine der beiden Seiten vertreten, so z. B.: Knuzius gegen Jochen Most und Gunderloch; Babettchen gegen Klärchen und Annemarie. Zuckmayer vermittelt bereits durch die spezifische Charakterisierung der Figuren in ihrem Verhalten und ihrer Sprache dem Zuschauer oder Leser bestimmte Positiv- und Negativbilder. Die Negativfiguren repräsentieren die Komponente von *Zeit- und Gesellschaftskritik* im Stück. Durch sie werden — allerdings nur ansatzweise — Antisemitismus, Korruption, nationales Pathos und falsche Volkstümlichkeit satirisch angesprochen. Dafür ein Beispiel: Knuzius, der sich von seiner Niederlage erholt hat: „Sie, Fräulein Gunderloch, sollten sich an der Charakterstärke des Fräulein Eismayer ein Beispiel nehmen, die sie mir im Gegensatz zur leichtfertigen Moral gewisser anderer hier anwesender weiblicher Personen aufs kräftigste bewiesen hat! Indem ich ohne Ansicht von Stand, Rang und Name um ihre Hand anhalte, gedenke ich nicht nur die Erfüllung persönlicher Wünsche, sondern auch die Gesundung unseres Volkes im Hinblick auf seine Tugend, Wehrhaftigkeit, Sauberkeit, Pflichttreue und Rassenreinheit zu erstreben!!" (S. 56)

Stellvertretend für die Aufnahme solcher satirischen Seitenhiebe Zuckmayers sei hier die Reaktion der nationalsozialistischen Fraktion in München angeführt. Nach einem Bericht der München-Augsburger *Abendzeitung* vom 24. Februar 1926 protestierte die NSDAP im Stadtrat gegen den *Fröhlichen Weinberg* Zuckmayers, da „ es sich bei dem Stück um eine ganz unglaubliche Schweinerei handele, die die christliche Weltanschauung, die deutschen Sitten, die deutsche Frau, die deutschen Kriegsverletzten, das deutsche Beamtentum in der gemeinsten Weise verhöhne".[6] Zuckmayer hingegen hat erklärt, es sei lediglich seine Absicht gewesen, „das einfache, starke Lebens-gefühl, die Lust an primitiven, natürlichen Empfindungen, auch an der Spielfreude im Sinne des Theaters, an der unbeschwerten, unsentimentalen, sachlichen Menschendarstellung zu wecken und zu beleben. Ich habe mein Stück nicht geschrieben, um irgendwelche Leute zu ärgern." Und weiter: „Zumal es sich für mein Gefühl (. . .) in dem Stück durchwegs um sympathische, gesunde Gestalten handelt . . ."[7].

Damit bestätigt Zuckmayer selbst, daß Zeitkritik für ihn nur eine untergeordnete Rolle gespielt hat. Die Ansätze dazu gehen faktisch in dem „volkstümlich-drastische(n) Lebens- und Naturkult"[8] des Stückes unter und werden auch durch die Integration des Knuzius in die allgemeine Versöhnungsfeier am Stückende indirekt wieder aufgehoben. Fraglich bleiben neben diesen halbherzigen Ansätzen einer Zeitkritik aber auch die durch Positivfiguren bewußt oder unbewußt *vermittelten Wertvorstellungen.* Betont und der ‚völkischen' Ideologie von Knuzius entgegengesetzt wird etwa eine fragwürdige Natur-Ideologie, die sich in naivem Naturvertrauen und in einer rauschhaften Bejahung der puren Vitalität äußert — im Stück als direkte ‚Botschaft' von Gunderloch an die Mitagierenden und damit zugleich an die Zuschauer gerichtet: „Beinah hätt ich mir en böse Streich gespielt un meiner Tochter dazu! Merkt's euch, ihr Leut, da habt ihr was fürs Lebe! Bild sich keiner ein, er könnt die herrgottsgeschaffe Natur kommandiere! Bedingunge läßt sich die nit stelle, un ausrechne kann ma's auch nit, aber eins muß ma könne: Das Gras wachse höre, un wär's in der Weinherbstnacht!" (S. 55)

Wohin diese Betonung von elementarer Lebens- und Naturverbundenheit (als vermeintlicher Ausdruck von ‚Natürlichkeit', Ursprünglichkeit und damit echter Volkstümlichkeit) Zuckmayer führt, mag die Charakterisierung von Gunderlochs Vitalität durch seine Haushälterin Annemarie demonstrieren: „Herr Gunderloch! Wie er herabsteigt, so flott! Wie ein Hirsch im Wald! Und seine Stimme, die ist so schwer und rauh und holprig, wie wenn man im Obstkarren übers Land fährt, das rüttelt durchs ganze Blut". (S. 11) Die triviale, dem animalisch-vegetativen Bereich entnommene Metaphorik sowie die zitierte Natur-‚Botschaft' Gunderlochs rücken das Stück fast schon wieder in bedenkliche Nähe zur ansonsten kritisierten völkischen ‚Blut-und-Boden'-Ideologie.

Auf eher unbewußter Ebene vermittelt das Stück ‚falsches Bewußtsein', wenn es etwa Sexualität gleich Natürlichkeit setzt und damit einen vermeintlichen Protest gegen Normen der bürgerlichen Sexualmoral artikuliert: wird dabei doch nicht reflektiert, daß selbst dieser Protest, die Emanzipation der Triebsphäre, gesellschaftlichen

Bedingungen und älteren Normen verhaftet bleibt, da Gunderlochs Bedingung, die ‚Liebesprobe‘, aus der bürgerlichen Besitzideologie ableitbar und damit ökonomisch bedingt ist, denn der Wunsch nach Erhaltung der Familie, nach einem Enkel und Erben entspricht strukturell dem Interesse an Erhaltung und Vermehrung des Besitzes. Daß Gunderloch sich über alle Konventionen der Moral hinwegsetzen kann, verdankt er andererseits einzig seiner ökonomischen Unabhängigkeit als reichster Weingutsbesitzer am Ort. Er ist also bestenfalls Vertreter eines bodenständigen, besitzstolzen Bürgertums, das sich für ‚Volk‘ hält.

Das sind nur einige der Ungereimtheiten dieses Volksstücks, die bei einer kritischen Einschätzung wohl schwerer wiegen, weil sie unbewußt wirken, als die entschärfte und dann noch in der totalen Harmonisierung des Schlusses zurückgenommene Zeitkritik.

Grundsätzlich zu fragen bleibt mit Rotermund, inwieweit diese „Beschränkung auf einen ländlich-vorindustriellen Teilbereich der Gesellschaft, der dennoch 1925 als repräsentativ für ‚Leben‘ ausgegeben wird‘‘[9], überhaupt noch gültig und tauglich für eine Erneuerung des Volksstücks sein konnte.

Momentaufnahmen aus der Provinz

Bereits in ihrem ersten Stück *Fegefeuer in Ingolstadt* (1924 entstanden, Uraufführung Berlin 1926) gibt Marieluise Fleißer (1901–1974) einen Einblick in die Enge und Zwänge der Provinz bzw. der deutschen Kleinstadt, wobei ihr Geburtsort Ingolstadt lediglich als Modell dient. Eingegangen in dieses Stück sind persönliche Erfahrungen und Beobachtungen, wie Fleißers rückblickende Charakterisierung des Stückes deutlich macht: „Es war um die Verwirrungen der Pubertät herumgeschrieben, mit Kleinstadtdumpfheit und verklemmt-katholischen Vorstellungen geladen‘‘.[10] Dargestellt wird ein System von sozialer Kontrolle und Repression, das zu gegenseitiger Deformation und Unterdrückung der Personen führt. Dieser Zwangszusammenhang ist auch das Thema ihres zweiten Stückes aus der Kleinstadtwelt, *Pioniere in Ingolstadt* (erste Fassung 1928; zweite Fassung 1929, sie lag der von Brecht betreuten Inszenierung am Berliner Schiffbauerdammtheater zugrunde; Neufassung 1968).

Die Unterschiede zu Zuckmayers Volksstück *Der fröhliche Weinberg* sind augenfällig: Fleißers Stück ist nicht mehr in einem heiteren, ländlich-naturregressiven Bereich angesiedelt, sondern spielt in der zeit-repräsentativeren Welt der süddeutschen Kleinstadt. Auch hier erscheint als Personal das ‚Volk', aber nicht in Gestalt eines besitzend-unabhängigen, volkstümlich-urigen Individuums à la Gunderloch, sondern als Mehrheit von Unterprivilegierten. Im Mittelpunkt des Stückes stehen Abhängige und ihre Abhängigkeit, aufgezeigt an der sozialen Lage und dem aus ihr resultierenden Verhalten von Soldaten und Dienstmädchen. Mit solcher Darstellung von sozialen Gruppen ist zwangsläufig der Abbau von Einzelthematik, Hauptgestalt und Individualdrama, die noch Zuckmayers Dramaturgie im *Fröhlichen Weinberg* bestimmen, verbunden. Nur so ist zu verstehen, wenn Fleißer im Jahre 1929, in dem die *Pioniere* in Berlin uraufgeführt werden, auf eine Umfrage des *Berliner Börsen Couriers* nach der Bedeutung neuer Stoffe für das künftige Drama antwortet: „Sitten und Gebräuche an Hand von Anlässen" − und dies kommentiert: „Sitten und Gebräuche dürfen nicht natürlich, das hieße verkleinernd, gespielt werden, sondern in einer höheren Art aufzeigend, so daß sie typisch gemacht, wesentlich auffallend, erstmalig sind. Nicht Milieu, sondern bereits Tacitus."[11]

Neben Brecht, auf dessen Anregung das Stück entstand, erkannte nur Walter Benjamin als einer der hellsichtigsten Literaturkritiker der Zeit das Neue an diesem Stück und an seiner Dramaturgie: „Wir haben die ersten Versuche vor uns, die kollektiven Kräfte zu zeigen, die in der uniformierten Masse erzeugt werden und mit denen die Auftraggeber der Heeresmacht rechnen."[12] Konsequent wird denn auch das Verhalten der Figuren aus ihrer konkreten sozialen Lage abgeleitet. Abhängigkeit, Unterordnung, Ausbeutung kennzeichnen die Situation der Soldaten und Dienstmädchen und bestimmen auch ihre Beziehungen untereinander. Die Dienstmädchen werden von ihren Dienstherren schikaniert. Sie sind billige Arbeitskräfte und zugleich kostenlose Sexualobjekte für die erste Liebeserfahrung der Söhne: „Das Dienstmädchen hat man im Haus, das ist doch das bequemste, das ist doch nicht wie bei 'ner Fremden" (S. 191). Verweigerung wird mit massiver Drohung beantwortet: „Sie bringe ich noch auf die Knie, Sie Person. Ich werd Sie schon sekieren. Sie sollen spüren, daß man Sie in der Gewalt hat." (S. 201) Die Reaktion auf die Unterdrückung ist verschieden, in jedem Fall ist sie aber Versuch, die Rolle der totalen Abhängigkeit zu überwinden, − ein Versuch, der sich jedoch als aussichtslos erweist. Alma versucht der finanziellen Abhängigkeit von einem Dienstherrn zu entkommen, indem sie sich ‚selbständig' macht, *ihre Sexualität bewußt einsetzt,* um sich ökonomischer Ausnutzung und Bevormundung zu entziehen, damit aber im Grunde nur ihre Rolle als Ausbeutungsobjekt bestätigt und akzeptiert. Berta hingegen sucht ihren unterdrückenden Arbeitsbedingungen zu entgehen, indem sie einen Ausgleich in der *idealen Liebe* sucht. In ihrer Begegnung mit dem Soldaten Karl erweist sich dies jedoch als sentimentale Illusion. Die Soldaten, die von ihrem Vorgesetzten ebenfalls schikaniert werden, sehen in der Sexualität lediglich ein Mittel der Aggressionsabfuhr. Und wenn Karl auch in der Liebe eine Möglichkeit der Kompensation erfahrener Repressionen wahrnimmt, so praktiziert er sie doch zugleich als Unterdrückung und Ausbeutung: „Einen Fetzen muß man aus dir machen." (S. 206) In der Neufassung von 1968 liefert Karl bzw. die Autorin die explizite Erklärung solchen Verhaltens nach: „Den ganzen Tag muß ich mich schikanieren lassen, bei den Weibern lasse ich mich aus. Das muß eine einsehn." (S. 167) Der Druck, die Erniedrigung wird also von oben nach unten weitergegeben.

Die sozialen Bedingungen werden bis in die Brutalisierung der Sprache hinein sichtbar gemacht. Franz Xaver Kroetz, gegenwärtig die Tradition des Volksstücks wohl am erfolgreichsten fortsetzend, hat daher zurecht auf den Ausstellungscharakter dieser Sprache hingewiesen, der weniger zur Denunzierung der unterdrückten Figuren als zur Entlarvung der Gesellschaft, in der sie leben, führt.[13] Die Figuren werden sich, wie die Artikulation ihres Unbehagens zeigt, weitgehend ihrer sozialen Lage und partiell sogar ihres daraus resultierenden Verhaltens bewußt (vgl. Karls Äußerungen), doch bleibt diese Einsicht perspektiven- und folgenlos, da sie die gesellschaftlichen Zusammenhänge letztlich nicht durchschauen, wodurch für sie auch individuell keine Möglichkeit der Änderung ins Blickfeld kommt.

„Heutige Menschen aus dem Volke"

Als einziger der drei Volksstückautoren hat Ödön von Horváth (1901—1938) fast alle vor seiner Emigration entstandenen Stücke auch begrifflich in die Tradition gestellt: indem er sie im Untertitel als Volksstücke bezeichnet. Es sind darunter seine bedeutendsten, seit der Horváth-Renaissance der frühen sechziger Jahre immer wieder gespielten dramatischen Werke: *Italienische Nacht* (1931), *Geschichten aus dem Wiener Wald* (1931) und *Kasimir und Karoline* (1932). In der literaturwissenschaftlichen Forschung wird das Werk des Autors bis heute im Widerstreit „Horváth realistisch, Horváth metaphysisch"[14] diskutiert. Wenn beide Momente auch teilweise als durchgehend für das ganze Werk angesehen werden, so besteht doch weitgehend Einigkeit darüber, daß in seinen in der Weimarer Republik entstandenen Stücken die gesellschaftskritische Dimension überwiegt und eine konkrete Auseinandersetzung mit den Zeitereignissen stattfindet, während in den späteren Stücken, bedingt vor allem durch die Exilsituation, eine zunehmende Abkehr von einer gegenwartsbezogenen Dramatik und ein Rückzug ins Metaphysische zu registrieren ist. Die angedeutete Ambivalenz in Horváths literarischer Produktion manifestiert sich auch in seinen theoretischen Äußerungen. Zu nennen sind hier das *Interview* und die *Gebrauchsanweisung,* die seine Theater- und Volksstücktheorie enthalten, sowie die Texte *Der Mittelstand* und *Randbemerkung* (Vorwort zum Stück *Glaube Liebe Hoffnung*), die einerseits eine soziologische bzw. sozialpsychologische Position Horváths, andererseits eine individualpsychologische, existentiell-metaphysische Sicht belegen.[15]

Es bleibt somit festzuhalten, daß Horváth nicht nur bestimmte Stücke ausdrücklich als Volksstücke deklariert, sondern sich auch theoretisch dazu äußert. Aus dem *Interview* und der *Gebrauchsanweisung* ist zu entnehmen, daß er am alten Volksstück anknüpft, es aufgreift, um es umzufunktionieren für seine Zwecke als „dramatischer Chronist" seiner Zeit: „Nun besteht aber Deutschland, wie alle übrigen europäischen Staaten zu neunzig Prozent aus vollendeten oder verhinderten Kleinbürgern, auf alle Fälle aus Kleinbürgern. Will ich also das Volk schildern, darf ich natürlich nicht nur die zehn Prozent schildern, sondern als treuer Chronist meiner Zeit, die große Masse. Das ganze Deutschland muß es sein!

Es hat sich nun durch das Kleinbürgertum eine Zersetzung der eigentlichen Dialekte gebildet, nämlich durch den Bildungsjargon. Um einen heutigen Menschen realistisch schildern zu können, muß ich also den Bildungsjargon sprechen lassen. Der Bildungsjargon (und seine Ursachen) fordern aber natürlich zur Kritik heraus — und so entsteht der Dialog des neuen Volksstückes, und damit der Mensch, und damit erst die dramatische Handlung — eine Synthese aus Ernst und Ironie.

Mit vollem Bewußtsein zerstöre ich nun das alte Volksstück, formal und ethisch — und versuche die neue Form des Volksstückes zu finden."[16]

Anknüpfend an dramaturgische Orientierungsmuster und damit vermittelte Wertvorstellungen des Publikums, und zwar eines kleinbürgerlichen, macht Horváth dieses selbst mit seinen Stereotypen und Klischees zum Gegenstand der Darstellung. Der Begriff „Volk" ist bei ihm mithin historisch exakt fixiert: „Will man also das alte Volksstück heute fortsetzen, so wird man natürlich heutige Menschen aus dem Volke — und zwar *aus den maßgebenden, für unsere Zeit bezeichnenden Schichten des Volkes* auf die Bühne bringen."[17]

Konkret gemeint ist mit dieser Umschreibung der Mittelstand, den Horváth in seinem Roman-Entwurf *Der Mittelstand* genauer charakterisiert und differenziert. Es ist die breite „Schicht von gesunkenem Mittelstand oder Kleinbürgertum, die sich finanziell kaum noch vom Proletariat unterscheidet, aber ideell an ihrer Mittelstandsmentalität festhält."[18] Dieses Auseinanderklaffen von sozioökonomischer Lage und − falschem − Bewußtsein wird in *Italienische Nacht, Geschichten aus dem Wiener Wald* und *Kasimir und Karoline* verdeutlicht. Die drei Stücke, deren zentrale Thematik die Situation des Kleinbürgertums ist, lassen sich dabei nach jeweils dominierenden Aspekten und Problemfeldern ordnen.

Horváths Erkenntnis „Der Mittelstand ist fast gleich mit der *Familienkultur*"[19] wird in *Geschichten aus dem Wiener Wald* szenisch umgesetzt am Beispiel der von sozialer Deklassierung bedrohten *mittelständischen Kleinfamilie*[20]. In ihr ist die ökonomische Grundlage noch ans *patriarchalische Prinzip* gebunden, was eine spezifische Sozialisation zur Folge hat. Symptomatisch dafür ist etwa die Äußerung des Vaters: „Nicht einmal einen Dienstbot kann man sich halten. Wenn ich meine Tochter nicht hätt" (S. 35), oder sein Ausruf: „Wo stecken denn meine Sockenhalter?" (S. 33) Die leitmotivische Wiederholung dieser Frage durch Alfred, den Geliebten der Tochter Marianne, verweist auf die Reproduktion männlich-autoritären Verhaltens. Die Frau wird hier zum Ausbeutungsobjekt im sexuellen und ökonomischen Bereich. Die egoistischen Interessen werden dabei jeweils mit sentimentalen und moralischen Phrasen kaschiert. So entrüstet sich Mariannes Vater, der wegen seiner geschäftlichen Misere an der Verbindung seiner Tochter mit dem Fleischhauernachbarn Oskar interessiert ist, über deren Absprung zu Alfred: „Diese Verlobung darf nicht platzen, auch aus moralischen Gründen nicht!" (S. 56) Der zweite Teil des Satzes betreibt, was Horváth „Demaskierung des Bewußtseins" nennt; in dem verräterischen „auch" entlarvt sich die ideologische Verbrämung der wahren, nämlich ökonomischen Motive.

In *Kasimir und Karoline* steht dann die *Beziehung zwischen Mann und Frau* unter zwar äußerlich verschiedenen, strukturell allerdings durchaus gleichen ökonomischen Bedingungen im Vordergrund. In der Konfrontation von unterschiedlichem sozialem Status und Bewußtsein in Kasimir und Karoline wird die Aufstiegsmentalität und die Angst vor Proletarisierung am Typus des *neuen Mittelstandes*, an den Angestellten (Karoline und Schürzinger) vorgeführt. Kasimirs und Karolines Beziehung zerbricht nicht zuletzt an dem Mittelstandsbewußtsein Karolines, obgleich sie ökonomisch ebenso abhängig ist wie der in der Wirtschaftskrise arbeitslos gewordene Chauffeur Kasimir.

In *Italienische Nacht* wird das Kleinbürgertum in der Perspektive der Parteienpolitik dargestellt. Die zeithistorische politische Konfrontation zwischen Gegnern und Anhängern der Republik wird hier von Horváth im ‚politischen‘ Leben einer süddeutschen Kleinstadt gespiegelt. Während die „Faschisten“ (so Horváth) ihren „deutschen Tag“ veranstalten und mit Marschieren und Nachtübung ihren militanten Nationalismus demonstrieren, sind die „Republikaner“ mit der Vorbereitung ihres abendlichen Gartenfestes, der „italienischen Nacht“, beschäftigt und lediglich um eventuelle Störung durch die Faschisten besorgt. Die politische Position des Kleinbürgertums äußert sich in diesem Stück auf Seiten der dargestellten Faschisten in einer völkisch-nationalen Ideologie und einem autoritären Syndrom, auf Seiten der Republikaner in politischer Naivität und Spießbürgerlichkeit, besonders in dem tonangebenden Stadtrat. In ihm und anderen Figuren zeigt sich eine andere, von Horváth charakterisierte Form des neuen Mittelstandes: der — nur vermeintliche — ‚Aufstieg aus dem Proletariat‘. Oder anders ausgedrückt: es erscheint ein *ideell verbürgerlichtes Proletariat.* Zum Bild dieser Verbürgerlichung oder Mittelstandsorientierung wird das über alle politische Bedrohung der Republik durch die Faschisten so wichtig genommene Gartenfest, das Horváth als Imitation bildungsbürgerlicher Attitüden — vom Balladenvortrag bis zur Balletteinlage ‚republikanischer‘ Zwillingstöchter — gestaltet.

Aus Horváths Dramaturgie der „Demaskierung des Bewußtseins“ resultiert, daß er die Bereiche von Politik und Ökonomie also nicht direkt darzustellen unternimmt, sondern nur insoweit sie sich in Sprache und Bewußtsein spiegeln. Horváth stellt so gesellschaftliche Realität weitgehend vermittelt dar. Daraus ergibt sich die Tatsache, daß die drei behandelten Stücke weitgehend im Freizeitsektor[21] angesiedelt sind: Heurigen-Szene in *Geschichten aus dem Wiener Wald,* Oktoberfest in *Kasimir und Karoline,* ‚republikanisches Fest‘ in *Italienische Nacht.* Zu problematisieren wäre dabei, wie weit eine Kritik der gesellschaftlichen Zustände reicht, die primär im Reproduktionsbereich und aus ihm entfaltet wird. Als spezifische Leistung bleibt jedenfalls zu verbuchen, daß Horváth, wenn auch nicht die gesellschaftliche Wirklichkeit in ihrer ganzen Komplexität, so doch Entscheidendes, nämlich die Realität des von der gesellschaftlichen Wirklichkeit geprägten Bewußtseins in seinen Stücken dargestellt hat.

Anmerkungen

1 Carl Zuckmayer: Als wärs ein Stück von mir. Horen der Freundschaft, Frankfurt 1969, S. 308 (= Fischer Taschenbücher 1049).

2 Ebda., S. 310 f.

3 Vgl. Pit Schlechter: ... (ab nach rechts) ... Zur Trivialität des volkstümlichen Theaters, in: Helmut Kreuzer (Hrsg.): Literatur für viele 2, Göttingen 1976 (= Beiheft zu LiLi).

4 Bertolt Brecht: Anmerkungen zum Volksstück, in: B. B.: Schriften zum Theater 3 (Gesammelte Werke 17), Frankfurt 1967, S. 1162.

5 Vgl. Zuckmayer, S. 349 f.

6 Zitiert nach Günther Rühle: Zeit und Theater. Von der Republik zur Diktatur 1925–1933, Bd. 2, Berlin 1972, S. 773.

7 So Zuckmayer in einem Brief an den Intendanten des Mainzer Theaters, der sich zu einer Aufführung lange nicht entschließen konnte (zitiert bei Rühle, S. 775).

8 Erwin Rotermund: Zur Erneuerung des Volksstückes in der Weimarer Republik: Zuckmayer und Horváth, in: Dieter Hildebrandt/Traugott Krischke (Hrsg.): Über Ödön von Horváth, S. 21.

9 Ebda., S. 43.

10 Günther Rühle (Hrsg.): Materialien zum Leben und Schreiben der Marieluise Fleißer, S. 197.

11 Ebda., S. 170. Vgl. Wend Kässens/Michael Töteberg: ,... fast schon ein Auftrag von Brecht'. Marieluise Fleißers Drama ,Pioniere in Ingolstadt', in: Brecht-Jahrbuch 1976, Frankfurt 1976, S. 108.

12 Vgl. ebda., S. 106.

13 Franz Xaver Kroetz: Liegt die Dummheit auf der Hand? In: Rühle (Hrsg.): Materialien zum Leben und Schreiben der Marieluise Fleißer, S. 382 f.

14 So der Titel eines Aufsatzes von Urs Jenny in: Akzente 18 (1971), S. 289 ff. Vgl. auch Kurt Bartsch/Uwe Bauer/Dietmar Goltschnigg (Hrsg.): Horváth-Diskussion, S. 158 f.

15 Vgl. Rolf-Peter Carl: Theatertheorie und Volksstück bei Ödön von Horváth, in: Jürgen Hein (Hrsg.): Theater und Gesellschaft, S. 175 ff.; Martin Walder: Die Uneigentlichkeit des Bewußtseins. Zur Dramaturgie Ödön von Horváths, Bonn 1974, S. 57 ff.; Franz Norbert Mennemeier: Modernes Deutsches Drama. Kritiken und Charakteristiken, Bd. 2: 1933 bis zur Gegenwart, München 1975, S. 12 ff.

16 Ödön von Horváth: Gebrauchsanweisung, in: Ö. v. H.: Gesammelte Werke Bd. IV, Frankfurt 1970, S. 662 ff.

17 Ödön von Horváth: Interview, in: Ö. v. H.: Gesammelte Werke Bd. I, Frankfurt 1970, S. 11.

18 Axel Fritz: Ödön von Horváth als Kritiker seiner Zeit, S. 119 f.

19 Ödön von Horváth: Der Mittelstand, in: Ö. v. H.: Gesammelte Werke Bd. IV, S. 646.

20 Vgl. Günther Erken: Ödön von Horváth: ,Geschichten aus dem Wiener Wald', in: Jan Berg, G. E., Uta Ganschow u. a.: Von Lessing bis Kroetz. Einführung in die Dramenanalyse, Kronberg 1975, S. 138 ff.

21 Zur Einschätzung vgl. Erken, S. 145; weiterhin Friedhelm Roth: Volkstümlichkeit und Realismus? Zur Wirkungsgeschichte der Theaterstücke von Marieluise Fleißer und Ödön von Horváth, in: Diskurs 6/7 (1973) H. 3/4, S. 77 ff.

Literaturhinweise

Carl Zuckmayer: Der fröhliche Weinberg/Schinderhannes, Frankfurt 1968 (= Fischer Taschenbücher 7007).

Marieluise Fleißer: Dramen (Gesammelte Werke Bd. I), Frankfurt 1972.

Ödön von Horváth: Geschichten aus dem Wiener Wald, Frankfurt 1977 (= Bibliothek Suhrkamp 247).

Jürgen Hein (Hrsg.): Theater und Gesellschaft. Das Volksstück im 19. und 20. Jahrhundert, Düsseldorf 1973 (= Literatur in der Gesellschaft 12).

Thomas Ayck: Carl Zuckmayer in Selbstzeugnissen und Bilddokumenten, Reinbek 1977 (= Rowohlts Monographien 256).

Günther Rühle (Hrsg.): Materialien zum Leben und Schreiben der Marieluise Fleißer, Frankfurt 1973 (= edition suhrkamp 594).

Dieter Hildebrandt: Ödön von Horváth in Selbstzeugnissen und Bilddokumenten, Reinbek 1975 (= Rowohlts Monographien 231).

Dieter Hildebrandt/Traugott Krischke (Hrsg.): Über Ödön von Horváth, Frankfurt 1972 (= edition suhrkamp 584).

Traugott Krischke (Hrsg.): Materialien zu ‚Geschichten aus dem Wiener Wald‘, Frankfurt 1972 (= edition suhrkamp 533).

Axel Fritz: Ödön von Horváth als Kritiker seiner Zeit. Studien zum Werk in seinem Verhältnis zum politischen, sozialen und kulturellen Zeitgeschehen, München 1973 (= List Taschenbücher der Wissenschaft 1446).

Kurt Bartsch, Uwe Bauer, Dietmar Goltschnigg (Hrsg.): Horváth-Diskussion, Kronberg 1976.

11. Piscator-Bühne

Theater im Dienst der revolutionären Klasse?

In der neueren Theatergeschichte steht der Name Erwin Piscators — noch vor dem Brechts — für eine künstlerische Praxis, die den angeblich unüberbrückbaren Widerspruch von Kunst und Politik zu lösen sucht. Die *Fundierung der Kunst auf Politik,* wie sie später von Walter Benjamin theoretisch entwickelt wird[1], hat allerdings auch Einspruch provoziert: Theodor W. Adorno etwa sieht in diesem Konzept die der Kunst innewohnende Widerstandskraft gegen den schlechten Lauf der Welt geopfert, der ohnehin alles und jedes zu unterjochen trachte. Denn gerade die Autonomie, die Esoterik von Kunst verwehre solche Vereinnahmung; einzig autonome Kunst entwerfe ein Gegenbild zur schlechten Gesellschaft (und impliziere insofern die Forderung nach Veränderung).[2]

Demgegenüber postuliert das Konzept einer auf Politik fundierten Kunstpraxis den konkreten Bezug auf Gesellschaft, auch und gerade die deformierte und deformierende spätbürgerliche Gesellschaft. Erst dieser Bezug ermöglicht den besseren Gegenentwurf zum schlechten Bestehenden — ohne daß dabei Kunst und Realität ohne weiteres schon identisch würden. Die Distanz (oder ,Autonomie‘?) von Kunst und Theater bleibt gesichert durch deren *kritische Reflexion* des Gegenstandes: eben der historisch-sozialen Realität. Erste Voraussetzung dafür ist ein Verständnis des Theaters als eines integralen Bestandteils dieser Realität und ein Bewußtsein von Gesellschaft, das diese als *Prozeß* begreift. Dieser Prozeßcharakter zerstört den Schein von Endgültigkeit, mit dem gerade die bürgerliche Gesellschaft sich umgibt. Ist die historische Gesellschaftsformation Resultat einer Bewegung, präziser: der Entwicklung ihres Produktionsverhältnisses, so liegt in dieser Erkenntnis zugleich die Möglichkeit bzw. Notwendigkeit der *Veränderung* begründet. Diesem Zusammenhang hat *politisches Theater* Rechnung zu tragen. „Wenn die Besucher unseres Theaters das Haus betreten", — sagt Piscator — „so soll die Welt nicht hinter ihnen versinken, sondern sich auftun. (. . .) Auf die stärkste Wirkung in das reale Leben hinein kommt es uns an." (Bd. 2, S. 23)

147

Erwin Piscator war 21 Jahre alt, als er Anfang 1915 zum Kriegsdienst an der Westfront eingezogen wurde. „Alles um mich her kriegsfreiwillig. Ich nicht. Aus Gefühl. Nicht aus Überzeugung. Neutral." (Bd. 1, S. 11) So charakterisiert er später seine Haltung. Doch der Krieg „machte jeden anderen Lehrmeister überflüssig". (Bd. 1, S. 9) Noch während des Krieges trifft Piscator, der sich 1917 zum Fronttheater abmeldet, Wieland Herzfelde. Es entwickelt sich eine Freundschaft, die für Piscator folgenreich sein wird. Als er nämlich nach Berlin geht, führt ihn Herzfelde in einen größeren Kreis von Dadaisten ein, von denen die bekanntesten John Heartfield und George Grosz sind. Mit ihnen wird Piscator eine fruchtbare Zusammenarbeit beginnen.

„Lange Zeit bis in das Jahr 1919 hinein waren Kunst und Politik zwei Wege, die nebeneinander herliefen. Im Gefühl war zwar ein Umschwung erfolgt. Kunst war nicht mehr imstande, mich zu befriedigen. Andererseits sah ich immer noch nicht den Schnittpunkt beider Wege, an dem ein neuer Begriff der Kunst entstehen mußte, aktiv, kämpferisch, politisch. Zu diesem Umschwung im Gefühl mußte noch eine theoretische Erkenntnis hinzutreten, die alles das, was ich ahnte, klar formulierte. Diese Erkenntnis brachte für mich die *Revolution.*" (Bd. 1, S. 18) Damit ist von Piscator selbst der zweite relevante Einschnitt in seinem Leben benannt. Durchaus kann man bei ihm — ähnlich wie bei Brecht — die Lebensgeschichte zusammen mit der Entwicklungsgeschichte des politischen Theaters lesen. Die russische Oktoberrevolution, die auch in Deutschland den revolutionären Elan stärkt, eröffnet über utopische Hoffnungen hinaus eine realhistorische Perspektive. Die Bildung von Arbeiter- und Soldatenräten, die Novemberrevolution sind konkrete Schritte der deutschen Arbeiterschaft auf dem Wege ihrer Emanzipation als Klasse. Selbst das Scheitern der Aktionen kann die dabei gemachten Erfahrungen nicht rückgängig machen. Im Sog dieser politischen Kämpfe wird unter den sympathisierenden Künstlern „viel über Kunst und dabei nur im Hinblick auf die Politik diskutiert. Wobei wir feststellten, daß diese Kunst nur Mittel im Klassenkampf sein könne, wenn sie überhaupt einen Wert haben solle." (Bd. 1, S. 22) Piscator radikalisiert die Beziehung von Kunst und Politik vorerst eindeutig zugunsten der Politik. Er fordert die „Unterordnung jeder künstlerischen Absicht dem revolutionären Ziel: bewußte Betonung und Propagierung des Klassenkampfgedankens" (Bd. 2, S. 9); so eine programmatische Formulierung aus dem Jahre 1920, als er zusammen mit Hermann Schüller das Proletarische Theater in Berlin gründet. In Absetzung von der bürgerlichen Theaterkunst sieht Piscator in der engen Bindung an die revolutionäre Arbeiterschaft die einzige Berechtigung für ein Theater. Dies erfüllt nun allerdings neue Aufgaben: es stellt sich in den Dienst „der gemeinsamen Menschenfreiheit". (Bd. 2, S. 12) Der Errichtung einer sozialistischen Gesellschaft gilt der an allen Fronten zu führende Kampf. Theater soll dabei mit seinen Mitteln helfen, „die revolutionäre Einsicht in die historischen Notwendigkeiten zu vertiefen." (Bd. 2, S. 9) In der Hinwendung zu einem potentiellen Arbeiterpublikum versteht sich das politische Theater als Plattform eines politischen Willens: der *Überwindung der kulturellen Bevormundung durch bürgerliches Theater.* Die Erziehungsfunktion des neuen Theaters wird hier besonders sinnfällig. „Der Selbsterhaltungstrieb der Arbeiter bedingt, daß sie sich im selben Maße künstlerisch und kulturell befreien wie politisch und ökonomisch. Und auch die Tendenz dieser geistigen Befreiung muß mit der materiellen übereinstimmend kommunistisch sein." (Bd. 2, S. 11) Dies einmal als Ziel der Arbeiterbewegung anerkannt, wird die große *pädagogische* Anstrengung deutlich, den kapitalistischen Verhältnissen zum Trotz den revolutionären Kampf vorwärtszutreiben. Denn der Standpunkt des Proletariats bedeutet noch nicht Einsicht in die notwendigen, auch taktischen Schritte zur Emanzipation der Klasse. Es bedarf mithin eines Lernprozesses, der am konkreten Bewußtseinsstand anknüpft, um den zu lösenden Aufgaben entsprechend Klassenbewußtsein zu entwickeln. Piscator sieht für das Proletarische Theater die Möglichkeit, sich in diesem Prozeß einzuschalten, klassenspezifisches Medium gesellschaftlicher Erfahrung zu werden. Wenn bei diesem ersten Versuch das Hauptgewicht noch auf der propagandistischen (im Gegensatz zur ‚künstlerischen') Seite des Theaters liegt, so belegt dies die noch schwache Tradition eines eigenständigen proletarischen Theaters.

Anders als das aufsteigende Bürgertum im 18. Jahrhundert führt das Proletariat seinen Kampf unter schlechten Bedingungen. Denn sein Kampf um die politische Herrschaft gründet sich nicht – wie beim Aufstieg des Bürgertums – auf ökonomische Macht. Es kämpft so einen doppelten Kampf: um die ökonomische und die politische Befreiung. Insofern ist es auch besonders schwer, eine kontinuierlich bedeutsame Wirkungsstätte revolutionären Theaters aufzubauen. Um so positiver müssen deshalb die Experimente Erwin Piscators bewertet werden; auch wenn sie an den Verhältnissen der Weimarer Republik scheitern, bleiben sie von hohem Erfahrungswert für die kulturelle Selbstbestimmung der Arbeiterbewegung. Dabei wird dem Proletarischen Theater nicht einmal von der kommunistischen Bewegung volle Zustimmung zuteil. Gertrud Alexander, maßgebliche

Feuilletonredakteurin der *Roten Fahne,* beklagt den offensichtlichen Mangel an Kunst beim Proletarischen Theater. „Der Name Theater aber verpflichtet zu Kunst, zu künstlerischer Leistung!"[3] Diese Vorstellung — kennzeichnend für die Fixierung zahlreicher Repräsentanten der deutschen Arbeiterbewegung auf einen bildungsbürgerlichen Kulturbegriff[4] — kann und will das Proletarische Theater nicht erfüllen, ist es doch gerade unter der Losung „Einfachheit im Ausdruck und Aufbau, klare eindeutige Wirkung auf das Empfinden des Arbeiterpublikums" (Bd. 2, S. 9) angetreten. Dagegen Gertrud Alexander: „Dazu ist zu sagen: dann wähle man nicht den Namen *Theater,* sondern nenne das Kind bei seinem rechten Namen: *Propaganda."*[5] Kunst und Politik werden wieder einmal zu unvereinbaren Gegensätzen deklariert. Wenngleich auch das Proletarische Theater deren Synthese noch nicht leisten kann, so markiert es doch den Anfang auf dem Wege zu einem revolutionären Theater. „Man kann nicht erwarten, daß das Proletariat von vornherein eine fertige hochentwickelte Bühne ins Leben ruft."[6]

Piscator sieht darüber hinaus die Versuche mit diesem frühen proletarischen Theater auch im Hinblick auf die *Entwicklung einer neuen Theatertheorie und -praxis.* So berichtet er in einer Anmerkung zu seinem Buch *Das Politische Theater:* „Wie es bei diesen Aufführungen zuging, kann man aus folgendem Vorfall ersehen: John Heartfield, der die Herstellung des Prospektes zu *Der Krüppel* (von Karl August Wittfogel — H. H.) übernommen hatte, lieferte, wie üblich, seine Arbeit zu spät und erschien, den zusammengerollten Prospekt unter dem Arm, an der Eingangstür des Saales, als wir bereits mitten im 1. Akt waren. Was nun folgte, hätte als ein Regie-Einfall von mir erscheinen können, war aber durchaus ungewollt. Heartfield: ‚Halt, Erwin, halt! Ich bin da!' Erstaunt drehten sich alle nach dem kleinen Mann um, der da mit hochrotem Kopf hereingeplatzt war. Weiterspielen war nicht möglich, und so stand ich, meine Rolle als Krüppel einen Augenblick beiseite lassend, auf und rief hinunter: ‚Wo hast du denn gesteckt? Wir haben beinahe eine halbe Stunde auf dich gewartet (zustimmendes Gemurmel im Publikum) und schließlich ohne deinen Prospekt angefangen.' Heartfield: ‚Du hast den Wagen nicht geschickt! Es ist deine Schuld! Ich bin durch die Straßen gerannt, keine Elektrische wollte mich mitnehmen, weil die Kulisse zu groß war. Schließlich erwischte ich doch eine und mußte mich hinten auf den Perron stellen, wo ich beinahe heruntergefallen wäre!' (Zunehmende Heiterkeit im Publikum.) — Ich unterbrach ihn: ‚Sei ruhig Johnny, wir müssen jetzt weiterspielen.' — Heartfield (in äußerster Erregung): ‚Nein, erst muß die Kulisse aufgehängt werden!' Und da er keine Ruhe gab, wandte ich mich ans Publikum mit der Frage, was geschehen soll: ob wir weiterspielen oder erst den Prospekt aufhängen sollen. Die überwältigende Mehrheit entschied sich für das Aufhängen. Darauf ließen wir den Vorhang fallen, hängten den Prospekt auf und begannen zur allgemeinen Zufriedenheit das Stück von neuem. (Heute bezeichne ich John Heartfield als den Begründer des ‚Epischen Theaters‘.)" (Bd. 1, S. 272)

Noch in dieser verhältnismäßig späten Passage (zuerst 1963 in einer Neuauflage des Buchs erschienen) wird ein zu eindimensionales Verständnis des *epischen Theaters* deutlich. Piscator reduziert dessen Theorie und Praxis mehr oder weniger auf die *formale* Änderung des Theaterapparats, hier am Beispiel der Dekorationen. Wiewohl solch technischer Umbau für die Entwicklung des epischen Theaters wichtig ist, so ist der Funktionswechsel, den diese Form des Theaters anstrebt, wesentlich umfassender und deshalb *inhaltlich* begründet. Episches Theater will ein kritisch-produktives Verhältnis von Publikum und Theater, das sich aber nur über einen konkreten Inhalt herstellen läßt. Erst dessen Präzisierung zum *sozialen* Tatbestand zieht den technischen Ausbau des Theaters im weitesten Sinne nach sich.

Die „Bühne der revolutionären Arbeiter Groß-Berlins" (so die Bezeichnung im Programmzettel) wird am 14. Oktober 1920 mit dem Programm *Gegen den weißen Schrecken — für Sowjet-Rußland* eröffnet. Neben dem schon erwähnten Stück *Der Krüppel* werden aus Anlaß des dritten Jahrestages der Oktoberrevolution zwei weitere Stücke, *Vor dem Tore* von L. Saß und die Kollektivarbeit *Rußlands Tag,* gezeigt. Mit *Rußlands Tag* nimmt das Proletarische Theater unmittelbar Stellung zur aktuellen internationalen Bedrohung Sowjetrußlands durch die imperialistischen Staaten. In Form einer dramatischen Montage wird zur Solidarität mit dem ersten Arbeiter- und Bauernstaat aufgerufen. „Typisierung und Symbolisierung, ideologische und szenische Vereinfachung der politischen Erscheinungen, rascher Szenenwechsel und knappe Demonstration der Vorgänge, agitatorisch-abstrahierende Dialogführung — diese dramaturgischen Eigenarten verbinden ‚Rußlands Tag‘ mit dem Theater der revolutionären Arbeiter zur Zeit der Weimarer Republik."[7] Im November 1920 wird Gorkis *Die Feinde* herausgebracht, im Dezember *Prinz Hagen* von Upton Sinclair. Die Bühne ist wirtschaftlich sehr schwach, hinzu kommen polizeiliche Schikanen. Eine reguläre Konzession wird vom Berliner Polizeipräsidenten verweigert. Die letzte Aufführung findet im April 1921 mit dem Stück *Die Kanaker* von Franz Jung statt. Hatte sich die kommunistische Kritik dem Unternehmen ‚Proletarisches Theater‘ gegenüber anfänglich sehr reserviert gezeigt, so veröffentlicht *Die Rote Fahne* vom 12. April folgenden Text: „Das Publikum fühlt, daß es hier einen Blick in das *wirkliche* Leben getan hat, daß es Zuschauer nicht eines Theaterstücks, sondern eines Stückes wirklichen Lebens ist ... Daß der Zuschauer mit einbezogen wird in das Spiel, daß alles ihm gilt, was sich auf der Bühne abspielt." (Bd. 1, S. 45)

Stationen des politischen Theaters

Für Piscator sind die nächsten Jahre Übergangsphase. Mit Hans José Rehfisch übernimmt er das Central-Theater in Berlin. Dort inszeniert er Gorkis *Die Kleinbürger*, Rollands *Die Zeit wird kommen* und Tolstois *Macht der Finsternis*. Dazu merkt Piscator später an: „In allen drei Arbeiten holte ich sozusagen ein Entwicklungsstadium nach, das ich durch das Proletarische Theater übersprungen hatte. Es waren stark naturalistische Inszenierungen." (Bd. 1, S. 47)

1924 führt er seine erste Regie an der Berliner *Volksbühne*. Diese Institution mit sozialdemokratisch-kämpferischer Vergangenheit war längst zu einem quasi-bürgerlichen Kulturbetrieb verflacht, dem und in dem — nach Piscators Bemerkung — ein „ungestörter Dauerschlaf" garantiert war.[8] Hier also führt Piscator sich mit der Inszenierung von Alfons Paquets Stück *Fahnen* ein. Das Stück zeigt den Kampf der Arbeiter von Chicago in den 80er Jahren des vorigen Jahrhunderts um den Achtstundentag. Von der Polizei wird ein Attentat auf sich selbst inszeniert; die Führer der Streikenden werden zum Tode verurteilt. Piscator verzichtet auf jede Psychologisierung dieses ,dramatischen Romans' (wie der Untertitel zu *Fahnen* lautet). Für die Aufführung sind bereits Filmprojektionen vorgesehen, zum Einsatz kommen jedoch lediglich Bild- und Texteinblendungen. Doch schon dieses Mittel erlaubt, die *Aktualität* des vorgeführten *historischen Falls* zu verdeutlichen. Die beiden „Tafeln rechts und links von der Bühne, auf denen der begleitende Text die Lehre der Handlung zog, bedeuteten ein Prinzip des Pädagogischen (...)." (Leo Lania, Bd. 1, S. 58) Die Kommentierung bietet die Möglichkeit, über das Stück hinauszugehen. Die erzieherische Funktion der Bühne deutet Piscator in zunehmendem Maße als unmittelbare Einflußnahme auf das wirkliche Geschehen außerhalb des Theaters. Der Einsatz solch technischer Mittel wie Text-, Bild- und dann Filmprojektionen dient der Verstärkung der Wirkung von Theater auf das Publikum. Hier ist jedoch nicht die ästhetische Vervollkommnung des Theaters angestrebt, sondern seine *Erweiterung zu einem Erkenntnisinstrument*.

So verstehen sich Piscators Versuche, Filmszenen in seine Inszenierungen funktional einzubauen, immer auch als klärende Hinweise auf den allgemeinen politischen Zusammenhang. Individualhandlungen werden folglich eingebettet in ein historisch-konkretes Umfeld, das eine Beschränkung auf den Handlungsablauf als bloß fiktiven verhindern soll. Piscator hat dieses Ziel seiner Theaterarbeit einmal mit dem Terminus von der *soziologischen Dramaturgie* umschrieben. Auf dem Hintergrund von Zusatzinformation über die historische Vergangenheit und Gegenwart verbinden sich dramatische und gesellschaftliche Wirklichkeit. In der *Fahnen*-Aufführung „trafen zwei Begriffe aufeinander, Dokument und Kunst, die man bisher nicht nur getrennt, sondern zugunsten des letzteren ineinander aufgelöst hatte. (. . .) Die Synthese von Kunst und Politik bedeutet letzte Verantwortung, bedeutet, alle Mittel und also auch die Kunst höchsten Menschheitszielen dienstbar zu machen." (Bd. 1, S. 52)

Zweimal hat Piscator in dieser Zeit Gelegenheit, seine Intention unabhängig von einer vorgegebenen Stückvorlage in den Revuen zu erproben, die er im Auftrage der KPD in Szene setzt: in der *Revue Roter Rummel* anläßlich der Reichstagswahlen 1924 und der Chronik *Trotz alledem!* zur Eröffnung des KPD-Parteitages im Juli 1925. Die Form der Revue, bislang Paradebeispiel des bürgerlichen Amüsiertheaters, bietet sich nachgerade an, das Publikum mit historischen Fakten, Spielszenen, Chansoneinlagen usw. in politischer Absicht zu unterhalten. Gespielt wird in Sälen und Versammlungsräumen. Hauptprotagonisten der *Revue Roter Rummel* sind der Herr im Zylinder, der Bourgeois, und die Proleten; diese ‚Typen' werden als *Kommentatoren* eingesetzt, die den ideologisch-politischen Gehalt der Revue erklären und vertiefen sollen. „Das Pädagogische erfuhr in der ‚Roten Revue' eine neue Abwandlung ins Szenische. Nichts durfte unklar, zweideutig und somit wirkungslos bleiben, überall mußte die politische Beziehung zum Tage hergestellt werden. Die ‚politische Diskussion', zur Zeit der Wahlen Werkstatt, Fabrik und Straße beherrschend, mußte selbst zum szenischen Element werden." (Bd. 1, S. 61 f.) Der Erfolg ist groß, „Zehntausende von Proletariern und Proletarierinnen haben während der letzten 14 Tage diese Revue in ihren Bezirken gesehen", schreibt die *Rote Fahne* im Dezember 1924. *Trotz alledem!* geht hingegen im Schauspielhaus über die Bühne. Die „historische Revue aus den Jahren 1914 bis 1919" (Programmzettel) setzt sich aus 24 Szenen mit Zwischenfilmen zusammen. „Die ganze Aufführung war eine einzige ungeheure Montage von authentischen Reden, Aufsätzen, Zeitungsausschnitten, Aufrufen, Flugblättern, Fotografien und Filmen des Krieges, der Revolution, von historischen Personen und Szenen." (Bd. 1, S. 67) Wieder gelingt es Piscator, einen historischen Prozeß nicht nur szenisch umzusetzen, sondern diesen in Beziehung zu bringen mit der aktuellen Situation außerhalb des Theaters. In diesem Sinne ist die von Piscator übernommene und veränderte Form der Revue Ausdruck des *politischen Zeittheaters*.[9]

Im März 1927 findet in der Volksbühne die Uraufführung von Ehm Welks *Gewitter über Gottland* statt. Das Stück führt zurück ins Mittelalter um 1400. Gezeigt wird der Kampf zwischen der Hanse und dem Vitalianer Bund, ein Kampf der sozial Entrechteten gegen die Macht der Hanse. Ehm Welk verteidigt seinen Griff in die Vergangenheit mit dem Satz: „Das Drama spielt nicht nur um 1400." Dieser Zusatz, der sich auf dem Titelblatt des Dramas findet, bestärkt verständlicherweise Piscator bei seinem Vorhaben, hier Probleme der sozialen Revolution zu inszenieren. Ein Film mit Grundsatzinformationen über die politischen, religiösen und sozialen Verhältnisse im Mittelalter prädisponiert die Anlage der Inszenierung und führt das Publikum zugleich in das Geschehen ein. Weiter berichtet Piscator: „Dann hob ich die einzelnen Figuren des Dramas ins Typische, indem ich die verschiedenen Helden in ihrer sozialen Funktion deutlich machte, dem Gefühlsrevolutionär Störtebecker, der heute Nationalsozialist sein dürfte, den nüchternen Tatsachenmenschen Asmus entgegenstellte, den Typ des Verstandesrevolutionärs, wie er am reinsten durch Lenin verkörpert wird. Und ich ließ auch Asmus in der Maske Lenin auftreten, ich ließ Störtebecker und seine Mitkämpfer im Film auf die Zuschauer losschreiten, während gleichzeitig sich ihr Kostüm wandelt und so der Zuschauer die Gesetzmäßigkeit der Revolutionen und ihrer Exponenten in wenigen Sekunden durch den Ablauf der Jahrhunderte verfolgen kann bis auf den heutigen Tag." (Bd. 1, S. 100 f.)

Die erste Piscator-Bühne

Die bürgerliche Presse nahm zur *Gewitter über Gottland*-Aufführung — wie zu erwarten — eindeutig Stellung: „An diesem Abend war von Kunst wirklich ganz und gar nicht mehr die Rede. Die Politik hatte sie völlig bis auf Haut und Haare aufgefressen. Man war ahnungslos in eine kommunistische Wahl- und Agitationsversammlung hineingeraten, stand mitten im Jubel einer Lenin-Feier. Der Sowjetstern stieg zum Schluß strahlend auf über der Bühne." (Bd. 1, S. 101) Der Volksbühnenvorstand, seit langem bemüht, „*seelische*

Bedürfnisse, die aus der Masse des Volkes kommen"[10] zu befriedigen, greift ein, verstümmelt die Inszenierung, streicht Filmpassagen. Solidaritätsadressen für Piscator, für den Vorstand folgen. Ehm Welk stellt sich gegen Piscator, beklagt die „Verschlampung und Verhudelung" seines Textes, dem antwortet eine Gegendarstellung Piscators (Bd. 1, S. 106 f.). *Gewitter über Gottland* ist Piscators letzte Inszenierung an der Volksbühne.

Am 3. September eröffnet er sein eigenes Haus am Nollendorfplatz mit dem Stück *Hoppla, wir leben* von Ernst Toller. Inzwischen ist der Besuch einer Piscator-Inszenierung ein gesellschaftliches Ereignis. Die ‚feinen Leute im Frack und Smoking, die Damen mit den Pelzjäckchen' goutieren den auf der Bühne vorgeführten — und daher ungefährlich scheinenden — Abgesang ihrer Klasse. Als sich der Vorhang über die Schlußworte „Es gibt nur eins — sich aufhängen oder die Welt verändern" senkt, stimmt die proletarische, auf die billigen Plätze verwiesene Jugend „spontan die ‚Internationale' an, die stehend von uns allen bis zum Schluß mitgesungen wurde. Sehr zum Befremden der ‚feinen Leute', die zwar wissentlich bis 100 M. für einen Sitzplatz der ‚kommunistischen Hetzbühne' bezahlt, aber nicht geglaubt hatten, daß der Abend wirklich mit einer politischen Demonstration enden würde. Ein merkbares Befremden, teils peinlich, teils gezwungen amüsiert, ging durch die Reihen im Parkett" (Bd. 1, S. 157), erinnert sich Piscator später.

Hoppla, wir leben erzählt die Geschichte von Thomas, einem ‚anarchistisch sentimentalen Typus', der 1919 verhaftet, zum Tode verurteilt, begnadigt, ins Irrenhaus gesperrt, entlassen wird und an der inzwischen veränderten gesellschaftlichen Wirklichkeit zerbricht. Ihm wird ein von der extremen Rechten durchgeführtes Attentat angelastet, noch vor der Gerichtsverhandlung begeht er Selbstmord. „Was an ihm bewiesen wird, ist der *Irrsinn der bürgerlichen Weltordnung*. Seine Gegenspieler, die die positive Seite der Revolution verkörpern, sind Eva, Mutter Meller und vor allem Kroll, der den hundertprozentigen Parteimann darstellt." (Bd. 1, S. 148) Piscator schätzt das Stück nicht sehr hoch ein, ihm mißfällt der expressionistische Grundgestus von Tollers Figuren. Piscator verändert, führt „lange und hartnäckige Auseinandersetzungen mit Toller". Wieder beabsichtigt Piscator eine historische Präzisierung der Figuren im Sinne seiner soziologischen Dramaturgie. Das Bühnenbild zum Beispiel stellt ein mehrstöckiges Gebäude dar, das der sozialen Hierarchie entsprechend mehrere Aktionflächen bietet, die simultan bespielt werden: die Bühne als gesellschaftlicher Querschnitt. Die Rückwand dieses Spielgerüstes dient als Projektionswand. Damit ist einmal mehr Film- und Bildmaterial funktional ins dramatische Geschehen eingebracht. Dazu Piscator: „Alle Mittel, die ich angewandt hatte und noch anzuwenden im Begriff stand, sollten nicht der technischen Bereicherung der Bühnenapparatur dienen, sondern der *Steigerung des Szenischen ins Historische.* Diese Steigerung, die untrennbar verbunden ist mit der Anwendung der Marxschen Dialektik auf das Theater, war von der Dramatik nicht geleistet worden. Meine technischen Mittel hatten sich entwickelt, um ein Manko auf der Seite der dramatischen Produktion auszugleichen." (Bd. 1, S. 132 f.)

Piscators erklärter Anspruch, das „Szenische ins Historische" steigern zu wollen, markiert einen wichtigen Punkt im Bemühen um eine revolutionäre Bühne. Brecht wird später dem Begriff des *Historisierens* eine zentrale Stelle im System des epischen Theaters einräumen. Doch im Gegensatz zu ihm versucht Piscator, sein Ziel vorerst auf dem Wege der technischen Erweiterung zu erreichen. In dem Maße aber, wie eine entsprechende Entwicklung auf Seiten der Dramatik ausbleibt, stößt Piscators Experiment an seine Grenzen. Denn *allein* mittels technischer Neuerungen ist die offensichtliche Schwäche fortschrittlicher Dramatik nicht auszugleichen. Auch das politische Theater braucht szenische Vorlagen, die einem ästhetischen Urteil standhalten können. „Die bürgerliche Kultur vermag keine Inhalte mehr zu geben. Das ganze Kunstleben wird zur formalen Angelegenheit. Die ‚Form' ist alles: die Form allein kann aber niemals revolutionär sein. Der Inhalt macht sie dazu." (Bd. 2, S. 11) Dieser Satz von Piscator gilt für sein Theater ebenso. Zwar bearbeitet er mit seinem Kollektiv, das so illustre Namen wie Grosz, Heartfield, Lania, auch Brecht umfaßt, die Stückvorlagen im Sinne des politischen Theaters, gleichwohl verstärkt sich in der Bühnenrealisation der formale Aspekt zunehmend. Piscator ist so auf der einen Seite die Entwicklung des technischen Apparats zu danken, die über Bild/Schrift- und Filmprojektionen, Drehbühnen, Spielgerüste bis hin zu laufenden Bändern (siehe die *Schwejk*-Inszenierung) führt. Diese Weiterung des Mediums Theater in pädagogisch-politischer Absicht stößt aber dann ins Leere, wenn sich Theater mit seinem bühnentechnischen Umbau begnügen muß.

Bertolt Brecht, der sich in diesen Jahren verstärkt um eine sozialistische *Dramen*produktion kümmert und bekanntermaßen dabei die Theorie und Praxis des *epischen Theaters* zu erarbeiten beginnt, hat die Verdienste Piscators um ein revolutionäres Theater nie geleugnet; ausdrücklich gesteht er ihm die Mit-Ahnenschaft zu. So faßt er etwa 1939 in einem Vortrag *Über experimentelles Theater* zusammen: „Der radikalste Versuch, dem Theater einen belehrenden Charakter zu verleihen, wurde von Piscator unternommen. Ich habe an allen seinen Experimenten teilgenommen, und es wurde kein einziges gemacht, das nicht den Zweck gehabt hätte, den Lehrwert der Bühne zu erhöhen. Es handelte sich direkt darum, die großen, zeitgenössischen Stoffkomplexe auf der Bühne zu bewältigen, die Kämpfe um das Petroleum, den Krieg, die Revolutionen, die Justiz, das Rassenproblem und so weiter. Es stellte sich als notwendig heraus, die Bühne vollständig umzubauen. (...) Die Bühne Piscators verzichtete nicht auf Beifall, wünschte aber noch mehr eine Diskussion. Sie wollte ihrem Zuschauer nicht nur ein Erlebnis verschaffen, sondern ihm noch dazu einen praktischen Entschluß abringen, in das Leben tätig einzugreifen."[11]

Anmerkungen

1 Walter Benjamin: Der Autor als Produzent (1934), in: Fritz J. Raddatz (Hrsg.): Marxismus und Literatur. Eine Dokumentation, Reinbek 1969, Bd. 2, S. 263 ff.
2 Theodor W. Adorno: Engagement (1962), in: Th. W. A.: Noten zur Literatur III, Frankfurt/M. 1969, S. 109 ff.
3 Gertrud Alexander: Proletarisches Theater, in: Walter Fähnders/Martin Rector (Hrsg.): Literatur im Klassenkampf, S. 196.
4 Vgl. dazu bereits das Kapitel über proletarisches Theater im Kaiserreich in Band 1 dieser Einführung.
5 Alexander, S. 196.
6 Jan Gumperz: Brief an die ,Rote Fahne', ebda., S. 200.
7 Ludwig Hoffmann/Daniel Hoffmann-Ostwald (Hrsg.): Deutsches Arbeitertheater 1918–1933, Bd. 1, S. 53.
8 Zur Entwicklung der Volksbühne vgl. die Kapitel über proletarisches Theater in diesem Band sowie in Band 1 der Einführung.
9 Vgl. Klaus Kändler: Drama und Klassenkampf, S. 201.
10 Julius Bab, zitiert nach Heinrich Goertz: Erwin Piscator, S. 53.
11 Bertolt Brecht: Über experimentelles Theater, in: B. B.: Schriften zum Theater 1 (Gesammelte Werke 15), Frankfurt/M. 1967, S. 289 ff.

Literaturhinweise

Erwin Piscator: Schriften, hrsg. von Ludwig Hoffmann, Berlin/DDR 1968 (Bd. 1: Das Politische Theater, 1929; Bd. 2: Aufsätze, Reden, Gespräche).

Heinrich Goertz: Erwin Piscator in Selbstzeugnissen und Bilddokumenten, Reinbek 1974 (= Rowohlts Monographien 221).

Akademie der Künste Berlin (Hrsg.): Erwin Piscator. Ausstellungskatalog, Berlin 1971.

Ludwig Hoffmann/Daniel Hoffmann-Ostwald (Hrsg.): Deutsches Arbeitertheater 1918—1933, 2 Bde., 2. Aufl. München 1973.

Joachim Fiebach: Von Craig bis Brecht. Studien zu Künstlertheorien in der ersten Hälfte des 20. Jahrhunderts, Berlin/DDR 1975.

Klaus Kändler: Drama und Klassenkampf. Beziehungen zwischen Epochenproblematik und dramatischem Konflikt in der sozialistischen Dramatik der Weimarer Republik, Berlin und Weimar 1970.

Asja Lacis: Revolutionär im Beruf. Berichte über proletarisches Theater, München 1971.

Walter Fähnders/Martin Rector (Hrsg.): Literatur im Klassenkampf. Zur proletarisch-revolutionären Literaturtheorie 1919—1923, München 1971.

12. Bertolt Brecht II: Lehrstück-Konzept

Aneignung der „Großen Methode": Brechts Marxismus-Rezeption

Bereits 1925 notierte Bertolt Brecht in seinen *Autobiographischen Aufzeichnungen:* „Ich habe kein Bedürfnis danach, daß ein Gedanke von mir bleibt. Ich möchte aber, daß alles aufgegesssen wird, umgesetzt, aufgebraucht." Kaum fünfzig Jahre später scheint das Werk des marxistischen Stückeschreibers — im Jargon gesprochen — tatsächlich ‚gegessen': zahlreiche Stücke, wie etwa *Die Dreigroschenoper* oder *Mutter Courage und ihre Kinder* gehören zum Erfolgsrepertoire fast aller Theater, es gibt kaum eine Gymnasialklasse, die nicht spätestens in der Oberstufe den *Galilei* oder den *Guten Menschen* hat lesen müssen, Lehrstücke wie *Der Jasager und Der Neinsager* oder selbst *Die Maßnahme* werden von Schulklassen aufgeführt — allerdings meist gegen den Strich. Kurz: Bertolt Brecht gehört zum Bildungskanon, er ist aufgenommen in den höchsten Kreis der ‚Klassiker' — und scheint damit, wie Max Frisch sagt, wirkungslos geworden zu sein.

Allerdings gibt es neben dem offiziellen Kultur- und Bildungsbetrieb in der Bundesrepublik, aber auch in anderen Ländern, seit ein paar Jahren ernsthafte Bemühungen, die theoretischen und praktischen Vorschläge des ‚Klassikers' produktiv aufzugreifen, zu prüfen und fortzuentwickeln, vor allem seine Versuche mit dem *Lehrstück-Konzept*.[1] Von diesem *aktuellen Interesse* her ist die folgende Darstellung der theoretischen und praktischen Arbeit Brechts auf dem Feld des Theaters im Zeitraum der Weimarer Republik wesentlich bestimmt. Gegenüber bildungsbürgerlicher Vereinnahmung, aber auch gegenüber der ‚sozialistischen Erbpacht' einiger Kulturtheoretiker in der DDR soll der revolutionäre und kritische Gehalt der Brechtschen Vorschläge, ihr Gebrauchswert für die Produzenten, in den Mittelpunkt gestellt werden. Die methodische Konzentration auf den Zeitraum 1918 bis 1933 will dabei nicht im Sinne einer starren Phasenlehre einen Teilabschnitt aus der Gesamtentwicklung der Brechtschen Arbeit herauslösen. Brechts theoretische und praktische künstlerische Arbeit muß als *dialektischer Prozeß* verstanden werden; in die literaturgeschichtliche Rekonstruktion seines Lehrstück-Kon-

zeptes geht also die Kenntnis der Entwicklung von 1933 bis zu
Brechts Tod immer schon mit ein. Gleichwohl ist zu betonen, daß
gegen Ende der Weimarer Republik die Kernpunkte seines Ansatzes
schon entfaltet waren, die Beschränkung auf den Zeitraum daher
nicht willkürlich erfolgt.

In einem Vortragsmanuskript, aufgeschrieben während des Svendborger Exils, versucht Brecht die Anfänge seiner marxistischen Studien zu erklären: „Als ich schon jahrelang ein namhafter Schriftsteller war, wußte ich noch nichts von Politik und hatte ich noch kein
Buch und keinen Aufsatz von Marx oder über Marx zu Gesicht bekommen. Ich hatte schon vier Dramen und eine Oper (gemeint sind
Baal, Trommeln in der Nacht, Im Dickicht der Städte und *Mann ist
Mann* sowie *Aufstieg und Fall der Stadt Mahagonny* — K. W. B.) geschrieben, die an vielen Theatern aufgeführt wurden, ich hatte Lite-
raturpreise erhalten, und bei Rundfragen nach der Meinung fortschrittlicher Geister konnte man häufig auch meine Meinung lesen.
Aber ich verstand noch nicht das Abc der Politik und hatte von der
Regelung öffentlicher Angelegenheiten in meinem Lande nicht mehr
Ahnung als irgendein kleiner Bauer auf einem Einödshof. (. . .) 1918
war ich Soldatenrat und in der USPD gewesen. Aber dann, in die Literatur eintretend, kam ich über eine ziemlich nihilistische Kritik der
bürgerlichen Gesellschaft nicht hinaus. Nicht einmal die großen Filme Eisensteins, die eine ungeheure Wirkung ausübten, und die ersten
theatralischen Veranstaltungen Piscators, die ich nicht weniger be-
wunderte, veranlaßten mich zum Studium des Marxismus. Vielleicht
lag das an meiner naturwissenschaftlichen Vorbildung (ich hatte
mehrere Jahre Medizin studiert), die mich gegen eine Beeinflussung
von der emotionellen Seite sehr stark immunisierte. Dann half mir
eine Art Betriebsunfall weiter. Für ein bestimmtes Theaterstück
brauchte ich als Hintergrund die Weizenbörse Chicagos. Ich dachte,
durch einige Umfragen bei Spezialisten und Praktikern mir rasch die
nötigen Kenntnisse verschaffen zu können. Die Sache kam anders.
Niemand, weder einige bekannte Wirtschaftsschriftsteller noch Ge-
schäftsleute — einem Makler, der an der Chicagoer Börse sein Leben
lang gearbeitet hatte, reiste ich von Berlin bis nach Wien nach —, niemand konnte mir die Vorgänge an der Weizenbörse hinreichend erklären. Ich gewann den Eindruck, daß diese Vorgänge schlechthin
unerklärlich, das heißt von der Vernunft nicht erfaßbar, und das
heißt wieder einfach unvernünftig waren. Die Art, wie das Getreide
der Welt verteilt wurde, war schlechthin unbegreiflich. Von jedem
Standpunkt aus außer demjenigen einer Handvoll Spekulanten war
dieser Getreidemarkt ein einziger Sumpf. Das geplante Drama (es

stand noch unter dem Titel *Weizen* auf dem Spielplan 1927/28 der Piscator-Bühne im Theater am Nollendorfplatz − K. W. B.) wurde nicht geschrieben, statt dessen begann ich Marx zu lesen, und da, jetzt erst, las ich Marx. Jetzt erst wurden meine eigenen zerstreuten praktischen Erfahrungen und Eindrücke richtig lebendig."[2]

Brecht studiert also das *Kapital*, beschafft sich weitere historische und theoretische Schriften, setzt sich intensiv mit Lenin auseinander. Es kommt zu ausführlichen Diskussionsprozessen mit marxistisch geschulten Intellektuellen, etwa mit dem Soziologen Fritz Sternberg, dem Philosophen Karl Korsch, dem Leiter der Marxistischen-Arbeiter-Schule (MASCH) Hermann Duncker, aber vor allem auch mit klassenbewußten kommunistischen Arbeitern. − Vor allem an der Verbindung Brechts mit Karl Korsch, der öfter von ihm als sein „Lehrer" bezeichnet wurde, hat sich in der jüngeren Forschung eine heftige Diskussion entfacht. Korsch war Mitglied der KPD, Landtagsabgeordneter in Thüringen, dort eine kurze Zeit Justizminister, schließlich Chefredakteur der theoretischen KP-Zeitschrift *Die Internationale*, bis er am 3. Mai 1926 auf Betreiben des Moskauer Exekutiv-Komitees der Kommunistischen Internationale (EKKI) zusammen mit anderen Genossen wegen linksoppositioneller Positionen aus der KPD ausgeschlossen wurde. Nach seinem Ausschluß versuchte er die verschiedenen Strömungen der Links-Oppositionellen in der Gruppe der „Entschiedenen Linken" zusammenzubringen, jedoch ohne dauernden Erfolg. Als Diskussionsblatt der Linken gab er bis Ende 1927 die Zeitschrift *Kommunistische Politik* heraus. Seit 1928 war er mit Brecht bekannt, der später häufig an seinen Seminaren zur Kritik der politischen Ökonomie und am „Studienzirkel kritischer Marxismus" teilnahm. Über lange Zeit bildeten Brecht und Korsch mit anderen Künstlern und Intellektuellen eine Arbeitsgruppe zum dialektischen Materialismus, die in Brechts Wohnung tagte. In seiner wissenschaftlichen Arbeit versuchte Korsch immer wieder der Frage nachzugehen, wie auf marxistischer Grundlage die Verhärtung und Dogmatisierung der offiziellen Parteidoktrin (bestimmt durch das Moskauer EKKI) und ihre Konsequenzen für die Praxis des Klassenkampfes zu erklären sei. Er kämpfte gegen die Festlegung des Marxismus als einmal fertige ‚Weltanschauung' und forderte das Prinzip der ständig notwendigen historischen Überprüfung marxistisch begründeter Theorie und Praxis − vom Standpunkt eben des Historischen Materialismus aus. Inwieweit er dabei selbst in theoretische und politisch-praktische Schwierigkeiten geriet, muß hier ausgeklammert bleiben.[3]

Die Debatte um Korschs Einfluß auf Brecht verläuft grob gefaßt so, daß die eine (von bürgerlichen Wissenschaftlern vertretene) Position Korsch als *einzigen* Lehrer Brechts herausstellt, um die *Verbindung* des Stückeschreibers zur KPD als unwesentlich beiseite schieben zu können, während die andere (von DDR-Forschern vertretene) Position die Beziehung Korsch — Brecht zum unwesentlichen Plauderverhältnis herunterspielt, gar von einer *Korsch-Legende* spricht, um die *Differenzen* Brechts zur KPD vernachlässigen zu können. Dazu ist kurz folgendes anzumerken: Daß Brecht nicht nur von Karl Korsch gelernt hat, ist selbstverständlich, daß er aber in wichtigen literaturtheoretischen und kulturpolitischen Fragen, auch Grundproblemen wie der Dialektik von Basis und Überbau, von der offiziellen KPD-Linie abweichende Auffassungen vertreten hat, ist ebenfalls nicht zu bestreiten; ob diese Auffassungen letztlich vom direkten Einfluß Korschs herrühren oder ob Brecht durch sein eigenes Verständnis von Marx, Engels und Lenin dazu gelangt ist, ist ein Spezialproblem, daß hier nicht weiter verfolgt zu werden braucht.[4]

Es bleibt also festzuhalten: Brechts Aneignung wichtiger Erkenntnisse der marxistischen Wissenschaft (vor allem der dialektischen Methode), ist motiviert durch die selbstgestellten Anforderungen seiner künstlerischen Praxis. Der antibürgerliche Gestus der frühen Stücke, in denen das Problem der kapitalistisch deformierten Individuen bereits sich hinterrücks (d. h. theoretisch noch unbegriffen) thematisch entfaltet, wird aufgehoben in einer Theaterkonzeption, die jetzt bewußt politisch-praktisch Partei nimmt in den Klassenauseinandersetzungen für die Seite des Proletariats. Am radikalsten formuliert und erprobt Brecht diese Konzeption in seinen theoretischen und praktischen Versuchen zum Lehrstück.

Pädagogik der „Ideologiezertrümmerung"

In einem Text zur *Theorie der Pädagogien* schreibt Brecht: „Die bürgerlichen Philosophen machen einen großen Unterschied zwischen den Tätigen und den Betrachtenden. Diesen Unterschied macht der Denkende nicht. Wenn man diesen Unterschied macht, dann überläßt man die Politik dem Tätigen und die Philosophie dem Betrachtenden, während doch in Wirklichkeit die Politiker Philosophen und die Philosophen Politiker sein müssen. Zwischen den wahren Philosophen und der wahren Politik ist kein Unterschied. Auf diese Erkenntnis folgt der Vorschlag des Denkenden, die jungen Leute durch Theaterspielen zu erziehen, das heißt, sie zugleich zu Tätigen und zu Betrachtenden zu machen, wie es in den Vorschriften für die Pädagogien vorgeschlagen ist."[5] Diese „Vorschriften" sind – wie Reiner Steinweg ausführt – nur bruchstückhaft geblieben. Als wesentlicher Bestandteil können jedoch die verschiedenen Ausführungen Brechts „zur Theorie des Lehrstücks" angesehen werden.[6] Ausgangspunkt dieser Theorie ist die Annahme, „daß der Spielende durch die Durchführung bestimmter Handlungsweisen, Einnahme bestimmter Haltungen, Wiedergabe bestimmter Reden und so weiter gesellschaftlich beeinflußt werden kann."[7] Der hierbei global skizzierte Zusammenhang von *Lernziel* (gesellschaftliche Beeinflussung) und *Lernmethode* (Theaterspielen) ist näher zu bestimmen:

Lehrstücke wollen (und können) *nicht* eine fixierte „Lehre" vermitteln, sie liefern keine „Rezepte" für „politisches Handeln"[8], keine bloße „Vermehrung" von „Wissen", sie zielen vielmehr auf das *Einüben permanenten „politischen" bzw. „eingreifenden Verhaltens"*, haben also primär die Funktion von „Lehrmitteln". Was allerdings mit Hilfe von Lehrstücken vermittelt werden soll und worauf „politisches Verhalten" sich gründet, ist die *„proletarische Dialektik"* als eine Methode, „die Bestimmungen für die Möglichkeit des Subjekts liefert, in die Entwicklung der gesellschaftlichen Wirklichkeit *einzugreifen* und sie zu *verändern"*. Damit zielen Lehrstücke zugleich darauf ab, *kollektive Denkprozesse* einzuleiten, haben also weniger die Reaktionen des Einzelnen als die des Kollektivs, in dem er sich befindet, zum Gegenstand.

Die ‚Basisregel' des Lehrstück-Konzeptes lautet: „Das Lehrstück lehrt dadurch, daß es gespielt, nicht dadurch, daß es gesehen wird."[9] Die vom Schautheater her bestimmte Trennung von Spielern und Zuschauern ist aufzuheben oder doch zumindest soweit zu beseitigen, daß die Zuschauer aktiv am Verlauf des Spiels beteiligt werden können. Der zugrundeliegende Text ist nicht in erster Linie ein zu realisierendes dichterisches „Kunstwerk", sondern er enthält „Muster" von *„Handlungsweisen, Haltungen und Reden"*, die zur Diskussion gestellt und von allen Beteiligten geändert werden können. Diese „Muster" sollen zunächst von den Spielern zum Zwecke des Verstehens nachgeahmt werden, wobei Nachahmung einmal durch Verfertigen ähnlicher Textteile, zum anderen durch imitierendes Spiel erreicht werden kann. Die Spieler müssen sich „bei der Darstellung an dem orientieren, was sie in ihrem sozialen Umfeld gesehen und auf sich selbst bezogen erfahren haben. Text und Musik des Lehrstücks zwingen lediglich zu einer Auswahl aus der Vielfalt des Beobachteten. Sie grenzen aus und ermöglichen einen Anfang. *Sie fixieren die Objekte zum Zwecke ihrer Untersuchung."*[10]

Die Methode der ‚Einfühlung', welcher Brecht ansonsten ablehnend gegenübersteht, ist hier zunächst angebracht, denn es handelt sich dabei nicht um die möglichst vollständige Identifikation mit einer bestimmten Person, sondern nur um das kurzzeitige Nachahmen von Verhaltensmustern, „die von einer Vielzahl verschiedener Persönlichkeiten benutzt werden könnten". Mit der Kopie von Mustern untrennbar verbunden ist das Moment der Kritik, welches in der Diskussion aller am Lehrstückprozeß Beteiligten ständig gefordert ist, zu Veränderungen oder gar zur vollständigen Negation vorgegebener Muster und schließlich zur Konzeption neuer Vorlagen führen kann. In dieser dialektischen Folge von Kopie und Kritik ist die Entwicklung von Bewußtwerdung und Bewußtseinsveränderung der Spieler angelegt, auf die es Brecht ankommt.

Besonderen Wert für die Bewußtseinsveränderung mißt er der „Darstellung des Asozialen" zu, bezogen auf die jeweils konkrete gesellschaftliche Situation. Dabei steht der Gedanke im Vordergrund, daß gerade die durch bürgerliche Ideologie verschleierten, dem Interesse der Massen entgegenstehenden Verhältnisse besonders sorgfältig offenzulegen und durch einfühlende Nachahmung und kritische Diskussion bewußt zu machen seien, weil dadurch am ehesten starke, auch über den Bereich des Spiels hinausgehende und auf reale politische Veränderungen gerichtete Einstellungen erzielt werden könnten. Bei der Realisation von Lehrstücken haben die „Apparate" (Rundfunk, Film, Tonträger etc.) wichtige Aufgaben zu erfüllen. Steinweg, der vor allem den von Brecht in seinem Lehrstück-Konzept intendierten wissenschaftlichen Versuchscharakter („Soziologisches Experiment") betont, zeigt fünf Funktionen auf: *Erstens* haben die Apparate die Funktion von „Meßgeräten", durch die der „Ablauf des Spiels (. . .) bis zu einem gewissen Grade objektiviert" werden kann. „Sie ermöglichen eine (annähernd identische) Wiederholung und damit Überprüfung des Versuchs." Aufgrund der Reproduktionsfähigkeit dienen sie *zweitens* zur „Erleichterung von Diskussion und Entscheidung" im Verlauf des Änderungsprozesses. Die *dritte* Funktion der Apparate ist die der Unterbrechung des für das Verstehen zunächst notwendigen Einfühlungsprozesses, damit dieser „nicht doch in Personengestaltung übergeht" und so den „Sinn der Übung" gefährdet. *Viertens* kann die „Konfrontation der Spieler mit von ihnen unabhängig das Spiel unterbrechenden technischen Apparaten" zur Reflexion über die Herrschaft der verselbständigten Technik innerhalb der fortgeschrittenen industriellen Produktion und der gesellschaftlichen Massenkommunikation führen und damit anregen zu politischer Aktivität, die der Befreiung aus dieser Abhängigkeit dienen könnte. Damit sind die Apparate schließlich *fünftens* in der Lage, eine konkrete „Verknüpfung der Lehrstückübung mit der gesellschaftlichen Wirklichkeit" herzustellen, denn: „bei dem Versuch, technische und gesellschaftliche Apparate für die Zwecke des Lehrstücks zu organisieren, werden Schulklassen, Chöre, Spiel- und Agitpropgruppen, Lehrlings-Kollektive und andere bald auf Schranken stoßen, die die bestehende (kapitalistische) Gesellschaftsordnung setzt."

Im Lehrstück-Versuch werden also „innerhalb eines Modells der Wirklichkeit (das wie alle Modelle nur bestimmte Merkmale der Wirklichkeit repräsentiert und zum Zwecke der Erkenntnis notwendig stark vereinfacht ist) *Experimente* zur Untersuchung dieser Modellwelt eingesetzt (. . .). Allerdings ist die Modellwelt des Lehrstücks so konstruiert, daß sie nicht nur als Abbildung, sondern als Teil der Wirklichkeit funktioniert, so daß die Wirklichkeit bereits verändert wird, indem die Experimente ausgeführt werden".[11]

Nach dieser systematischen Skizze des Lehrstück-Ansatzes sollen einige *historische Zusammenhänge* dargestellt werden, ohne die die Entstehung des Konzeptes nicht hinreichend erklärt werden kann.

Entstehungszusammenhänge am Beispiel Rundfunk und Kindertheater

Durch den Einfluß der USA kam es nach 1923 in Deutschland zu einem relativen Aufschwung der industriellen Produktion. Dieser Aufschwung war in erster Linie das Resultat umwälzender Modernisierung: einer rigorosen Rationalisierung der Betriebe durch Mechanisierung der Arbeitsvorgänge (Fließbandsystem). Das hatte eine zunehmende Entfremdung der Industriearbeit zur Folge, darüber hinaus wurde die Arbeitslosigkeit zunehmend erhöht. Dieser für das Proletariat gravierende Faktor der zunehmenden Entfremdung durch die Übermacht der Technik wird von Brecht bewußt als gewichtiges Moment in seine ästhetische Theorie und Praxis eingebracht. Gerade im Lehrstück-Konzept wird an der Funktion der „Apparate" die Dialektik von Form und Inhalt deutlich. Der Realisationsprozeß der Lehrstücke (im *Ozeanflug* und im *Badener Lehrstück* ist das Problem Mensch/Naturbeherrschung/Technik direkt thematisiert) wird als teilweise „mechanisierter" Ablauf konstruiert und zugleich soll gerade durch diese „Mechanisierung" des „Kunstaktes" Erkenntnis über die Funktion der industriellen Mechanisierung für die fortgeschrittene Ausbeutung und Entfremdung des Proletariats erzielt werden, als Anstoß zur Veränderung. Der Lehrstück-Ansatz versucht also zwischen Entwicklungsprozessen der industriellen Produktion und den davon betroffenen Menschen zu vermitteln. In relativer Autonomie versucht er im Kunstakt, freilich nicht als abbildend-geschlossenes Werk, die — wie Walter Benjamin es genannt hat — „künstlerischen Produktionsverhältnisse" zu revolutionieren, um auf diese Weise ebenfalls zur „Ideologiezertrümmerung" beizutragen. Brecht — so Benjamin — „hat als Erster an den Intellektuellen die weittragende Forderung erhoben: den Produktionsapparat (v. a. die neuen Massenmedien Film und Rundfunk — K. W. B.) nicht zu beliefern, ohne ihn zugleich, nach Maßgabe des Möglichen, im Sinne des Sozialismus zu verändern."[12]

Von der umwälzenden Technisierung profitierten nicht zuletzt die Konzerne der elektronischen Industrie, wodurch wiederum die sprunghafte Entwicklung des Rundfunks zu erklären ist. Peter Groth und Manfred Voigts notieren dazu: „Der Rundfunk in Deutschland hat keine demokratische Tradition; er entstand unter Ausschluß der Öffentlichkeit zunächst als Militärfunk (1904), dann als Wirtschaftsfunk (1920). Das Zwischenspiel der Revolutionstage 1918, mit der Besetzung des Wolffschen Telegrafenbureaus und dem berühmten, an einen Ausspruch Lenins anknüpfenden Funkspruch ‚An alle!‘, konnte die Entwicklung zum Staatsrundfunk mit privater Beteiligung ebensowenig aufhalten, wie dies die 1924 gegründeten Bastler-, Amateurfunker-, Hörer- und Arbeiterradioclubs vermochten, die vergeblich die Erlaubnis zur Einrichtung eigener Sender forderten."[13]

Die Einführung des Unterhaltungsrundfunks 1923 mit der Berliner „Funkstunde" hatte also zum einen ökonomische, d. h. Kapitalverwertungs-Ursachen, zum anderen dienten die Programme zur Loyalisierung der Bevölkerung und vor allem als Instrument gegen die Arbeiterbewegung. Diese Funktion wurde selbst von marxistischen Künstlern und Intellektuellen erst später, gegen Ende der Weimarer Republik, in aller Schärfe erkannt. Bei Beginn des Unterhaltungsrundfunks gingen die Einschätzungen von totaler Ablehnung des neuen Mediums auf konservativer Seite bis zu begeisterter Aufnahme auf liberaler bis marxistischer Seite. Auf Seiten der Befürworter stand zunächst die formalästhetische Frage nach der Besonderheit einer rundfunkspezifischen literarischen Gattung, des Hörspiels, im Mittelpunkt. Brecht knüpfte in der ersten Phase seiner *Radiotheorie* an dieses Problem an, forderte aber darüber hinaus die kritische Berücksichtigung der institutionellen Faktoren bei der Beschäftigung mit dem Rundfunk. Seine Vorschläge zielten auf eine demokratische Verwendung des neuen Apparates. Sein erster Lehrstück-Versuch mit dem Stück *Flug der Lindberghs*, später umbenannt in

Der Ozeanflug. Radiolehrstück für Knaben und Mädchen, war noch auf die Herstellung einer solchen „demokratischen" Verwendung ausgerichtet. Die praktische Erfahrung mit dem Rundfunk führte Brecht dann zu der Einsicht, daß eine Demokratisierung des neuen Mediums erst in einer demokratisierten, d. h. nachrevolutionären, nicht mehr kapitalistischen Gesellschaft möglich ist, zu deren Verwirklichung das Lehrstück-Konzept einen, wenn auch begrenzten Beitrag leisten sollte.

Neben diesen allgemeineren Erklärungsfaktoren läßt sich mit Steinweg vermuten, „daß die Anregung zum Lehrstück von Walter Benjamin bzw. Asja Lacis kam".[14] In der nachrevolutionären Phase der Sowjetunion hatte die lettische Schauspielerin und Regisseurin Asja Lacis Theaterspielen vornehmlich als Mittel zur Erziehung und Resozialisierung der von ihren Familien infolge der Revolutionswirren getrennten und verwahrlosten Kinder, der ‚Besprisornye' angewandt. In Deutschland waren in anderem Zusammenhang von Edwin Hoernle Elemente des darstellenden Spiels ins Programm für die kommunistischen Kindergruppen aufgenommen worden. Als Johannes R. Becher und Gerhart Eisler Asja Lacis, die gerade als Pressechefin der sowjetischen Gesandtschaft in Berlin arbeitete, aufforderten, für die KPD ein Programm proletarischen Kindertheaters zusammenzustellen, bat sie Walter Benjamin, der ihre Arbeit kannte, dieses für sie zu formulieren. So entstand 1928 Benjamins *Programm eines proletarischen Kindertheaters.*

In seiner Vorbemerkung schreibt Benjamin: „Jede proletarische Bewegung, die einmal dem Schema der parlamentarischen Diskussion entronnen ist, sieht unter den vielen Kräften, denen sie plötzlich unvorbereitet gegenübersteht, als die allerstärkste aber auch allergefährlichste vor sich die neue Generation." Damit ist die Frage nach proletarischer Erziehung aufgeworfen, die nach Benjamin „vom Parteiprogramm, genauer: aus dem Klassenbewußtsein, aufgebaut sein" muß. Bei der Beantwortung dieser Frage sieht er vom „wissenschaftlichen Unterricht" ab, „weil viel früher als Kinder (in Technik, Klassengeschichte, Beredsamkeit etc.) proletarisch gelehrt werden können, sie proletarisch erzogen werden müssen". Als systematischen Rahmen für die proletarische Erziehung vom vierten bis zum vierzehnten Lebensjahr schlägt Benjamin das Kindertheater vor, „weil (...) das ganze Leben in seiner unabsehbaren Fülle gerahmt und als Gebiet einzig und allein auf dem Theater erscheint (...)." Nach dem Vorbild der Asja Lacis geht er von kollektiver Beschäftigung der Kinder innerhalb verschiedener „Sektionen" (Anfertigung von Requisiten, Malerei, Rezitation, Musik, Tanz, Improvisation) aus, die dann auch in Aufführungen — als „schöpferische Pause im Erziehungswerk" ihren Niederschlag finden kann. Zentral verlangt Benjamin: „Das Proletariat darf sein Klasseninteresse an den Nachwuchs nicht mit den unsauberen Mitteln einer Ideologie heranbringen, die bestimmt ist, die kindliche Suggestibilität zu unterjochen. (. . .) Das Proletariat diszipliniert erst die herangewachsenen Proletarier, seine ideologische Klassenerziehung setzt mit der Pubertät ein. Die proletarische Pädagogik erweist ihre Überlegenheit, indem sie Kindern die Erfüllung ihrer Kindheit garantiert. Der Bezirk, in dem dies geschieht, braucht darum nicht vom Raum der Klassenkämpfe isoliert zu sein. Spielweise können — ja müssen vielleicht — seine Inhalt und Symbole sehr wohl in ihm Platz finden."[15]

Von Brecht, der über Asja Lacis mit Walter Benjamin bekannt wurde, läßt sich nur vermuten, daß er das Programm oder zumindest Erfahrungen der Lacis mit Kindertheater gekannt hat; eindeutige Belege sind allerdings nicht verfügbar. Festzustellen ist, daß Lehrstück-Konzept und Kindertheater gemeinsame Bezugspunkte haben. Das wird schon an der Bestimmung der Zielgruppe deutlich: Ist diese bei Brechts Ansatz zwar nicht auf Kinder beschränkt, so sind die meisten seiner Lehrstücke doch ausdrücklich für Schulen etc. entwikkelt. Beide Ansätze sind Programme einer politisch-ästhetischen Erziehung, bei Benjamin noch stark an einem enger gefaßten Theatermodell orientiert, bei Brecht schon allein durch den Stellenwert der technischen Medien weit darüber hinaus reichend.

Ein Unterschied zwischen beiden scheint vor allem darin zu bestehen, daß Benjamin (auch da noch, wo er Inhalte der Klassenkämpfe ins Kindertheater einbringen will) sein Erziehungsprogramm für einen spielerischen Freiraum konzipiert, der zudem organisatorisch durch Schaffung besonderer Institutionen erst hergestellt werden müßte, während Brecht, an vorhandene Institutionen (Schulen, proletarische Kulturorganisationen) anknüpfend, mit dem Lehrstück-Konzept gerade auf die Verbindung von Kunstakt und ‚außerkünstlerischem' gesellschaftlichen Handeln abzielt. Benjamins *Programm* konnte denn auch praktisch nicht erprobt werden. Es handelte sich dabei um einen emphatischen Übertragungsversuch von Erfahrungen, die in einer konkret unterschiedlichen gesellschaftlichen Situation (nämlich der nachrevolutionären Sowjetunion) gewonnen waren, auf deutsche Verhältnisse, ohne deren Bedingungszusammenhänge historisch zu analysieren.

Wie steht es demgegenüber mit der Verwirklichung bzw. Erprobung des Brechtschen Lehrstück-Konzeptes? Die ersten beiden Lehrstücke *Der Ozeanflug* und *Das Badener Lehrstück vom Einverständ-*

nis konnten 1929 noch im Rahmen der Baden-Badener Festwochen uraufgeführt werden. Der zweifelhafte Erfolg (wobei Empörung über einige Szenen das Ansehen noch steigerte) beim bildungsbürgerlichen Publikum, über den Brecht sich ärgerte, veranlaßten den Stückeschreiber, das folgende Lehrstück *Der Jasager* in zwei Berliner Schulen zu erproben. Er sammelte dabei die Einwände der Schüler und wertete sie bei der Änderung des *Jasager*-Textes aus, stellte diesem noch den *Neinsager* als dialektische Ergänzung gegenüber. 1930 wurde unter Beteiligung von ca. 2 000 Arbeitersängern das umstrittenste der Lehrstücke, *Die Maßnahme*, uraufgeführt. *Die Ausnahme und die Regel, Die Horatier und die Kuriatier* sowie Entwürfe zu weiteren Lehrstücken entstanden später, größtenteils im Exil.

Eine Erprobung des Lehrstück-Konzeptes war gegen Ende der Weimarer Republik nur begrenzt möglich. Gleichwohl läßt sich festhalten, daß Brecht seine eigenen Lehrstück-Versuche nicht bereits als Verwirklichung seines weitreichenden Modells verstanden hat, sondern mit den Inszenierungen lediglich Teile seiner Vorstellungen demonstrieren wollte. Sein Konzept blieb angesichts der offenen Herrschaft des Faschismus konkrete Utopie. Inwieweit es allerdings später für die Theaterarbeit in der DDR von Bedeutung war (etwa bei Heiner Müller), wäre zu untersuchen.

Es bleibt am Ende zu erwähnen, daß Brecht während der Beschäftigung mit den Lehrstücken auch zugleich Stücke fürs Schautheater entwickelt hat: *Aufstieg und Fall der Stadt Mahagonny, Die Dreigroschenoper, Die Heilige Johanna der Schlachthöfe, Die Mutter.* Das Stück *Die Mutter,* nach Brechts Worten „im Stil der Lehrstücke geschrieben, aber Schauspieler erfordernd"[16], ist eine Mischform, die Elemente von Lehrstück und Schaustück vereinigt. Seine Konzeption ist nicht zuletzt aus den widersprüchlichen Erfahrungen mit den Lehrstückinszenierungen hervorgegangen, aus der Einsicht in den utopischen Charakter des Modells, das aber nicht aufgegeben wurde.

Lehrstück wie Schaustück — beide sind Modelle des epischen Theaters. Für den hier skizzierten Zeitabschnitt bildete das Lehrstück-Konzept den Schwerpunkt der vielfältigen künstlerischen Versuche Brechts. Alle diese Versuche folgen dem Postulat, das er 1932 am Ende seiner Rede *Der Rundfunk als Kommunikationsapparat* so formuliert hat: „Durch immer fortgesetzte, nie aufhörende Vorschläge zur besseren Verwendung der Apparate im Interesse der Allgemeinheit haben wir die gesellschaftliche Basis dieser Apparate zu erschüttern, ihre Verwendung im Interesse der wenigen zu diskutieren. Undurchführbar in dieser Gesellschaftsordnung, durchführbar in einer anderen, dienen die Vorschläge, welche doch nur eine natürliche

Konsequenz der technischen Entwicklung bilden, der Propagierung und Formung dieser anderen Ordnung."[17]

Anmerkungen

1 Vgl. dazu Reiner Steinweg (Hrsg.): Brechts Modell der Lehrstücke; daneben: Erprobung des Brechtschen Lehrstücks. Politisches Seminar in Terni, in: alternative 19 (1976) H. 107.
2 Bertolt Brecht: Marxistische Studien, in: B. B.: Schriften zur Politik und Gesellschaft (Gesammelte Werke 20), Frankfurt/M. 1967, S. 46.
3 Vgl. Claudio Pozzoli (Hrsg.): Jahrbuch Arbeiterbewegung, Bd. 1: Über Karl Korsch, Frankfurt/M. 1973.
4 Vgl. Heinz Brüggemann: Literarische Technik und soziale Revolution, bes. Kap. 4 ff.
5 Bertolt Brecht: Theorie der Pädagogien, in: B. B.: Schriften zum Theater 3 (Gesammelte Werke 17), S. 1022 f.
6 Es handelt sich dabei nicht um ‚Theorie' im strengen Sinne. Die Bezeichnung ‚Lehrstück-Konzept' scheint daher sinnvoller.
7 Bertolt Brecht: Zur Theorie des Lehrstücks, in: B. B.: Schriften zum Theater 3, S. 1024.
8 Im folgenden zitiert nach Reiner Steinweg: Das Lehrstück, S. 99 ff.
9 Brecht: Zur Theorie des Lehrstücks, S. 1024.
10 Hier und im folgenden nach Reiner Steinweg: Das Lehrstück − ein Modell des sozialistischen Theaters, in: alternative 14 (1971) H. 78/79, S. 106 ff.
11 Steinweg: Das Lehrstück, S. 183.
12 Walter Benjamin: Der Autor als Produzent, in: W. B.: Versuche über Brecht, 3. Aufl. Frankfurt/M. 1971, S. 104.
13 Peter Groth/Manfred Voigts: Die Entwicklung der Brechtschen Radiotheorie 1927−1932, in: Brecht-Jahrbuch 1976, S. 10 f.
14 Steinweg: Das Lehrstück, S. 138. − Vgl. auch Asja Lacis: Revolutionär im Beruf, München 1971.
15 Walter Benjamin: Programm eines proletarischen Kindertheaters, S. 79 ff.
16 Bertolt Brecht: Anmerkungen zur ‚Mutter', in: B. B.: Schriften zum Theater 3, S. 1036.
17 Bertolt Brecht: Der Rundfunk als Kommunikationsapparat, in: B. B.: Schriften zur Literatur und Kunst 1 (Gesammelte Werke 18), S. 133 f.

Literaturhinweise

Bertolt Brecht: Drei Lehrstücke. Das Badener Lehrstück vom Einverständnis, Die Rundköpfe und die Spitzköpfe, Die Ausnahme und die Regel, Frankfurt/M. 1975 (= edition suhrkamp 817).
Bertolt Brecht: Gesammelte Werke in 20 Bänden, Frankfurt/M. 1967.
Walter Benjamin: Programm eines proletarischen Kindertheaters, in: W. B.: Über Kinder, Jugend und Erziehung, Frankfurt/M. 1969 (= edition suhrkamp 391).

Reiner Steinweg: Das Lehrstück. Brechts Theorie einer politisch-ästhetischen Erziehung, Stuttgart 1972.

Reiner Steinweg (Hrsg.): Brechts Modell der Lehrstücke. Zeugnisse, Diskussion, Erfahrungen, Frankfurt/M. 1976 (= edition suhrkamp 751).

Heinz Brüggemann: Literarische Technik und soziale Revolution. Versuche über das Verhältnis von Kunstproduktion, Marxismus und literarischer Tradition in den theoretischen Schriften Bertolt Brechts, Reinbek 1973 (= das neue buch 33).

13. Alfred Döblin

Die Geschichte vom Franz Biberkopf

1929 erscheint Döblins Roman *Berlin Alexanderplatz* mit dem Untertitel *Die Geschichte vom Franz Biberkopf*, 1930 wird das Hörspiel gesendet, 1931 läuft der Film mit Heinrich George in der Hauptrolle. Viel Aufmerksamkeit im In- und Ausland für Buch und Film, endlich auch ein finanzieller Erfolg für den bis zu diesem Zeitpunkt wenig begünstigten Kassenarzt und Schriftsteller. Er ist 1929 sogar als Kandidat für den Nobelpreis im Gespräch, den dann Thomas Mann erhält.

Der Roman umfaßt neun Bücher, die jeweils moritatenhaft mit Ankündigungen, rückverweisend und vorausdeutend, überschrieben sind. Die einzelnen Kapitel wiederum erinnern mit ihren resümierenden Überschriften an die Kalendermacher Grimmelshausen und Hebel: Vorsprüche und Überschriften deuten auf die Anwesenheit eines souveränen, alles wissenden Erzählers hin. Im Vorwort erfährt der Leser bereits die Grundstruktur der Fabel: „Dies Buch berichtet von einem ehemaligen Zement- und Transportarbeiter Franz Biberkopf in Berlin. Er ist aus dem Gefängnis, wo er wegen älterer Vorfälle saß, entlassen und steht nun wieder in Berlin und will anständig sein (. . .). Dreimal fährt dies (Schicksal) gegen den Mann (. . .). Es ist eine Gewaltkur mit Franz Biberkopf vollzogen. Wir sehen am Schluß den Mann am Alexanderplatz stehen, sehr verändert, ramponiert, aber doch zurechtgebogen." Und Döblin liefert auch gleichzeitig die *didaktische Intention:* „Dies zu betrachten und zu hören, wird sich für viele lohnen, die wie Franz Biberkopf in einer Menschenhaut wohnen und denen es passiert wie diesem Franz Biberkopf, nämlich vom Leben mehr zu verlangen als das Butterbrot." (S. 7)

Der Didaktiker Döblin verspricht F. B. und dem Leser eine schonungslose Enthüllung. Was und wie er enthüllt, wird uns im folgenden beschäftigen.

Franz hat 1927 den Totschlag an seiner Freundin Ida, einer Prostituierten, in Tegel abgesessen. Nach vier Jahren Haft heißt es am Entlassungstag: „Die Strafe beginnt." In der neuen Umgebung tut er sich schwer, anständig zu bleiben. Als Zeitungsverkäufer bringt er Pornographisches an den Mann, später auch Nazi-Gedrucktes. Dann versucht er es mit Kurzwaren. Seinen Erfolg bei einer jungen Witwe, mit dem er prahlt, muß er schließlich mit dem Betrüger Lüders teilen. Franz ist getroffen, deprimiert, er zieht um zum Alexanderplatz. Schnell macht er Bekanntschaft mit den Pums-Leuten, die seiner Ansicht nach mit Obst handeln. Hier stößt er auf Reinhold, seinen Gegenspieler, der ihn für seine Mädchengeschäfte einspannt. Franz übernimmt die von Reinhold nach einigen Wochen abgelegten Mädchen, sobald dieser ein neues angemustert hat. Mit dem, was Franz Moral nennt, wehrt er sich gegen diese Praxis und beendet den Reigen. Inzwischen bemerkt er als Schmieresteher bei der nächtlichen Obsternte, daß diese lediglich eine Tarnung für florierende Einbrüche und dunklen Absatzhandel ist. Seine Versuche, sich abzusetzen, straft die Bande. Bei der übereilten Sicherung der nächtlichen Beute werden sie von einem Auto verfolgt; Franz verrät Schadenfreude, Reinhold stößt ihn dabei kurzerhand aus dem Wagen. Das Verfolgerauto überrollt ihn, dabei verliert Franz seinen Arm. Alte Freunde helfen ihm und täuschen in der Öffentlichkeit einen Verkehrsunfall vor. Über Reinholds Täterschaft schweigt sich Franz aus. Er bleibt jedoch im Geschäft, lernt Mieze, eine Prostituierte, kennen und tut sich als Hehler und Zuhälter um; er setzt erneut auf die Verbindung mit der Pums-Bande und gewinnt auch wieder deren Vertrauen. Reinhold bereitet inzwischen den dritten Schlag gegen Franz vor: Er will ihm Mieze ausspannen. Devot, masochistisch, dabei nach außen überlegen, offeriert Franz ihm seine Mieze. Diese, an der Aufklärung des Unfalls aus Liebe zu Franz interessiert, läßt sich auf Reinholds Pläne ein. Da ihre Recherchen nicht weiterführen, widersetzt sie sich auf einem Spaziergang Reinholds Zudringlichkeiten. Er erwürgt sie und verscharrt ihre Leiche im Wald. Beide, Reinhold und Franz, geraten in Tatverdacht. Bei einer Razzia in einem einschlägigen Lokal, getarnt mit Perücke und Kunstarm, schießt Franz auf einen Polizisten; er wird abgeführt, identifiziert und in die Irrenanstalt Berlin-Buch eingeliefert. Reinhold bekommt zehn Jahre. Franz, in ein psychisches Trauma verkrampft, will sterben und gewinnt nur mühsam seinen Lebenswillen zurück. Nach seinem Freispruch nimmt er eine Stelle als Hilfsportier in einer Fabrik an.

Kriminalgeschichte – Großstadtroman?

Dies ist die *Fabel* von *Berlin Alexanderplatz*, 200 Seiten von 400, ein Ausschnitt von knapp drei Jahren, mit drei Schlägen gegen den ängstlichen, sich mit der Ordnung und Macht identifizierenden

Kleinbürger und mit seiner Zurechtbiegung: „Wir wissen, was wir wissen, wir habens teuer bezahlen müssen" (S. 410), heißt es zum Schluß von F. B., über ihn und seinesgleichen. Die Fabel ist jedoch nur ein Teil, der so diskursiv im Roman nicht bestimmt wird. Sie wird *durchbrochen, angehalten, begleitet und ständig kommentiert von unzähligen Stimmen und Nebenerzählungen*, die hier nur nach Herkunft und Form addiert werden können: Soldatenlieder, Kinderreime, Heilsarmeegesänge, Schlager, Telefonbücher, Witze, Wettervorhersagen, Volkslieder, Reisebeilagen, sexualwissenschaftliche Literatur, Brehms Tierleben, Wahlreden, Gefängnisordnung, Marktberichte, Reklametexte, Moritaten, Bevölkerungsstatistiken, Gerichtsakten usw. Sie durchziehen die Fabel horizontal und vertikal, spielen auf einer geographisch allumfassenden Bühne zu jeder Zeit. Ihre Ordnung und Anordnung erfolgt als *Assoziation* und *Montage*. Sie vermitteln die Simultaneität von Schauplätzen, vergangenem, gegenwärtigem wie zukünftigem Geschehen. Döblin erzwingt durch sie den Zusammenhang, eine, wenn auch für den ‚Normalleser' nicht einfache, Zusammenschau, in der substantiell der Teil das Ganze repräsentiert.

Die nach dem Erscheinen des Romans häufig zu beobachtende Fixierung der Fabel auf das Genre der *Kriminalgeschichte* (eine englische Rezension ist überschrieben *Berlin — Underworld*) oder des *Großstadtromans* tritt zu kurz, denn sie unterschlägt, daß sich neue Romanfiguren, neue Schauplätze und neue Themen nicht um ihrer Präsentation willen arrangieren, sondern in bewußter Abkehr vom bürgerlichen Roman eine neue ‚Totalität' des Lebens in dem hier ausgegrenzten empirischen Ausschnitt vermitteln wollen, zu einer Zeit, die sich gerade durch ihre „transzendentale Obdachlosigkeit" (Georg Lukács) ausweist.[1] Monopolkapitalismus und Imperialismus bestimmen unmaskiert den Alltag, der Untertan der Monarchie und der sich mit dem ‚Schicksal' arrangierende Bürger der Weimarer Republik ist für den Faschismus bestens gerüstet.

Entgegen den Einschätzungen, man müsse den Roman schon marxistisch umbiegen, um in ihm eine *Warnung vor dem Faschismus* zu lesen, kann hier bereits festgehalten werden, daß Döblin seinen F. B. in die Auseinandersetzung mit dem Faschismus geschickt hat und ihn mit einem Kunstgriff aus den Fängen des Faschismus herausgeschrieben hat. Zu untersuchen bleibt freilich, an welchem Gegenstand Döblin eine Faschismus-Analyse betreibt, und was aus dieser Analyse an Konsequenzen für das politische Tagesprogramm entspringt.

Über ferne Schauplätze und entrückte Epochen — *Die drei Sprün-*

ge des Wang-lun (1915), Wallenstein (1920), Berge, Meere und Giganten (1924) und Manas (1927) — kehrte der Romancier Döblin mit Berlin Alexanderplatz in Gegenwart und heimische Umgebung zurück. „Mich beschäftigt das soziale Problem der Menschen, die aus irgendeinem Grunde aus der eigenen Sphäre herausgerissen, sich nicht ohne weiteres einer anderen Klasse anschließen können, das Problem der Menschen, die ‚zwischen den Klassen' stehen." Und etwas weiter nennt Döblin das Programm für seinen Mann F. B. und seinesgleichen, wonach es nicht darauf ankommt, „ein sogenannter anständiger Mensch zu sein, sondern darauf, den richtigen Nebenmenschen zu finden."[2]

Mehr als ein Butterbrot vom Leben zu erwarten, macht den Leser auf dieses Mehr gespannt, denn es ist ja nicht die Erwartung eines Einzelnen, des traditionellen Romanhelden, sondern verrät exemplarisch kollektive Bedürfnisse. Auf die Kritik eines Berliner Literaturseminars 1931, der Schluß, also auch der Entschluß und die Perspektive des nun korrigierten F. B. sei angeklebt, antwortet Döblin mit dem Eingeständnis eigenen Unvermögens: die Felle seien ihm davongeschwommen, der Schluß hätte eigentlich im Himmel spielen müssen. Versprochen wurde auf diese Kritik hin ein zweiter Band, der im Gegensatz zum ersten, in dem der passive Mann F. B. tragisch zur Erkenntnis bzw. Wiedergeburt gebracht wird, den aktiven Mann mit optimistischer Ausrichtung in Szene setzen soll, den Handelnden. Beim Versprechen ist es geblieben.

Anmerkenswert erscheinen Döblins Angaben zur Entstehung des Romans. Da benennt er zuerst die Kriminellen. Sie gesellschaftlich zu sondieren oder etwa gar zu diskriminieren, vermag er nicht. Für das Interesse an den Kriminellen bürgt sein Beruf als Neurologe und Psychiater in der Irrenanstalt Berlin-Buch, die F. B. zum Schluß als Patienten aufnimmt, in der er geläutert wird, das Opfer vollzieht. Der alte F. B. stirbt, der neue Franz Karl Biberkopf wird —, wiedergeboren in einem religiös-mystischen Prozeß, der die Bewußtwerdung und das Bewußtsein aus der gesellschaftlichen Wirklichkeit eliminiert und das Individuum in den „Himmel der Romanfiguren" (Walter Benjamin) versetzt.

Eng verknüpft mit dem Arztberuf und den inhaltlichen Parallelen im Roman ist der Wohn- und Arbeitsplatz Berlin. Vierzig Jahre hat Döblin dort gelebt, im Osten der Stadt, dem Schauplatz des Romans. Überall sonstwo, ausgelöst durch den Zwang zur Emigration, hat er es schwer gehabt, sich einzuwohnen und einzuarbeiten. Diese äußere Seßhaftigkeit und Fixierung findet ihre Entsprechungen in späterhin ideologisch skurrilen Fixierungen und politisch-utopischen Appellen.

Einer euphorischen Würdigung der Russischen Revolution folgt bald die Abrechnung mit ihr. Er spricht der russischen Entwicklung das Prädikat ‚Sozialismus' ab. Die deutsche November-Revolution verspottet er: „Wie wir morgens runterkamen, war die Revolution schon vorbei. Wir hatten extra gebeten, uns zu wecken, wenn Revolution ist."[3] Und F. B. läßt er höhnen: „Eure Republik — ein Betriebsunfall", obwohl Döblin sich anfangs dem Rätegedanken als konkret-politischer Möglichkeit nicht verschlossen hatte. Sowohl der Arzt Döblin als auch der politische Journalist Döblin unter dem Pseudonym „Linke Poot" stellen sich unmißverständlich auf die Seite der Arbeiterschaft und geißeln die Weimarer Republik, propagieren jedoch Forderungen wie die Auflösung aller Parteien, vornehmlich der linken, die Entlassung des Sozialismus aus dem Klassenkampf, die Adaption des Sozialismus als Utopie, elementarhaft in den Individuen. Damit vollzieht Döblin eine Wendung zum privaten Ich, erhebt Heimat, Familie, Freund und Stamm und die Gefühle für sie und die Liebe zu ihnen in den Rang politisch-praktischer Kategorien. Neben den Interessen des Arztes an den an der Gesellschaft Erkrankten, neben den Interessen des unmittelbar betroffenen Einwohners und Beobachters Berlins und seines Menschenschlages, seiner Geschichte im Spartakus-Aufstand, in der Inflation, Massenarbeitslosigkeit, seiner immensen technisch-zivilisatorischen Umrüstung, nennt Döblin als dritten Antrieb für seinen Roman seine *naturphilosophischen Betrachtungen* (in der Schrift *Das Ich über der Natur*), die die Philosophie wohl nicht weitergebracht, Döblin jedoch zunehmend mehr isoliert haben.

Klassenversöhnungspoet — Epigone — Radikalepiker: Positionen der Kritik

Döblin zählte sich zur „progressiven Gruppe" der Autoren, als er rückblickend auf das Jahr der Bücherverbrennung 1933 — neben anderen seiner Romane zählte auch *Berlin Alexanderplatz* zur „Asphaltliteratur" — die Werke durchmusterte. Die Progressiven bilden „eine große Gruppe, welche rabiat entschlossen ist, ihre eigene Sprache zu reden und zu eigenen Formen zu gelangen. Sie versucht. Sie experimentiert. Sie meidet alle vorbereiteten Themen, aber wenn sie welche anfaßt, nähert sie sich ihnen mit rigoros moderner Fragestellung. Sie vermeidet oder persifliert den Schreibstil. Sie imitiert in keinem Fall. Geistige Revolution steckt ihr im Leib. (. . .) So ist die progressive Gruppe stadt-, ja großstadtgeboren. Sie ist der Technik und Industrie verbunden und leidenschaftlich an sozialen Fragen interessiert."[4]

Auf dieses Programm reagieren die zeitgenössischen Kritiker von *Berlin Alexanderplatz* unterschiedlich. Einigen macht die Lektüre zu schaffen, sie bescheinigen Döblin Unterbrechungs-Fanatismus, sehen die Form gesprengt, den Sinn durch die philosophisch-mystischen Abschweifungen verschüttet. Andere entdecken die Reportage als Dichtung und setzen sofort die Großstadt in Beziehung, zu deren „Megaphon" Berlin Alexanderplatz werde. Reflexe wie „zuckender Bildstreifen" und „Wortfilm" verraten die stilistisch-technischen Gemeinsamkeiten des Romans mit dem neuen Massenmedium Film und sehen die kompositorische Einheit von Fabel, Montage und Assoziationen. Wie politisch verletzt und verletzend, wie vordergründig normativ und wie literaturtheoretisch ausgewogen die Kritiker damals reagierten, sollen drei Positionen im folgenden belegen.

Kommunistische Autoren der *Gruppe 25*, der auch Döblin als Linksliberaler angehört, attackieren ihn auf das Schärfste und verreißen den Roman. Besonders Becher und Biha rechnen mit Döblin ab. Sie werfen ihm Atomisierung vor, der Stil sei nichts anderes als „Konjunktureffekte eines geschickten verantwortungslosen Plauderers", der als „waschechter Proletarier" zurechtgeschriebene F. B. nurmehr „das ramponierte Ich eines komplizierten Kleinbürgers aufs Proletarische verkleidet."[5] In Wirklichkeit ist *Berlin Alexanderplatz* wohl lediglich der Anlaß, nicht aber der Gegenstand der Kontroverse zwischen Döblin und den Kommunisten der Gruppe 25 gewesen, die sich unter anderem auch wegen der Berufung Döblins in die Preußische Akademie der Künste verraten fühlen und sich von der „Linkeleuteliteratur", den „religiösen und pazifistischen Klassenversöhnungspoeten" abgrenzen wollen.

Andere Kritiken bezichtigen ihn des Plagiats, man schimpft ihn „Normaleinheits-Joyce". Mögen nachträgliche Eintragungen und Zusätze im Manuskript gerade des ersten Viertels solcherart sein, daß sie Zweifel an der Autorenschaft Döblins aufkommen lassen könnten, seine Arbeiten vorher zeigen schon die „Szenenanordnung" und das „Überschneiden", das er an der Filmmontage gelernt hat. Der innere Monolog ist altes Literaturgut. Die Assoziationstechnik kenne er „genauer als Joyce, nämlich vom lebenden Objekt, von der Psychoanalyse". Döblin betont das Kino, die Massenkommunikationsmittel, besonders die Zeitungen, den wachsenden Verkehr, die Hektik der Geschäfte als Einbrüche in die Festung der Literatur. In dieses „Flatternde, Rastlose" dringt der „Fabuliersinn und seine Konstruktionen" nicht mehr ein: „Dies ist der Kernpunkt der sogenannten Krisis des heutigen Romans."[6] Was die Kritiken ihm einerseits als Epigonentum anlasten, wird ihm von anderer Seite als Stoffhuberei, enzyklopädistisches Aufschichten, ausgelegt.[7]

Lediglich Walter Benjamin durchbricht die vordergründige Polemik und rühmt das „Radikal-Epische" an *Berlin Alexanderplatz* als die gelungene Auseinandersetzung mit dem bürgerlichen Roman. Die Montage sprenge den Roman, indem sie das Dokument benutze und damit die Vorherrschaft des Authentischen ankündige. Bibeltext, Schlagertext und Statistiken gäben dem epischen Vorgang Autorität und entsprächen den formelhaften Versen der alten Epik.[8] Was unvermittelt geschieht, hat der Erzähler von langer Hand vorbereitet, mehrfach in alttestamentlichen Mythen angedeutet, aktualisiert, kommentiert, wieder verknüpft in Rückblenden, Querverweisen, dabei im Jargon leicht plaudernd, assoziierend im schnell dahergesungenen Soldatenlied, im entlarvenden Kinderreim, im hektisch einblendenden Reklametext, distanzierend und die Zeit einholend im Bibelspruch. Fragen gibt nach Benjamin aber die Döblinsche Esoterik auf, der mythisch-mystische Wiedergeburtsakt Franz Biberkopfs als Franz Karl Biberkopf — eingeleitet durch einen epischen Kunstgriff nach jüdischer Tradition, die dem Jüngling mit 13 Jahren den bis dahin geheim gehaltenen zweiten Namen gibt, ihn *mündig* macht, oder „schicksallos helle, wie die Berliner sagen". Ebenda hat für Benjamin F. B. aufgehört, exemplarisch zu sein, er ist „in den Himmel der Romanfiguren" entrückt.

Im Epischen die Zwangsmaske des Berichts fallen lassen

Oben wurde bereits die *Montage* erwähnt, die hervorragende Stellung des *Dokuments* und der authentischen Sprache von Benjamin herausgestellt. Was von manchen als verantwortungslose Plauderei und Pseudo-Exaktheit abgetan wird, ihrer Meinung nach die Fabel unkenntlich mache, ist gerade das Ergebnis des Stilprinzips der Montage, die den Anschluß an das antike Epos sucht, bemüht, im empirischen Ausschnitt, subjektiv ausgewählt, die Totalität eines längst nicht mehr geschlossenen Weltbildes zu epischer Objektivität zu erheben. Benjamin spricht treffend vom „Megaphon Berlin". Auch Piscators Einfluß, die vielfältigen Impulse der Neuen Sachlichkeit gehen mit ein in Döblins Versuch, „größte Lebensnähe" zu erreichen, erzählend die konventionelle „Zwangsmaske des Berichts" fallen zu lassen.

Die *Nähe zum Film* ist unverkennbar. Eine Kritik der Romanverfilmung bescheinigt sogar eher dem Roman, ein ‚Film' zu sein und in der Sprache die Techniken des neuen Mediums perfekter demonstriert zu haben; — wenn auch durch die Art und Häufigkeit der Montagen die Gefahr eines formalistischen Eskapismus drohe, die Montierung von einzelnen Erlebnis- und Gedankenfetzen zum Aufweis des Chaos dieses als unveränderbar fixiere. In der Tat fehlt mitunter die *organisierende Funktion' der Montage* (von Brecht oder John Heartfield souverän eingesetzt), die nicht zusammenhängende Einzelteile im Zusammenprall einen Zusammenhang, eine Perspektive konstituieren läßt. Freilich hat Döblin ähnliches zumindest intendiert: Geht es zunächst um das *Miterleben* der Großstadt, ihres Tempos, ihrer Reizmechanismen — hier treffen unzählige Sinnesreize in Form von authentischen Texten und Stimmen auf den Leser/Seher, mimetisch angelegt in einem beschleunigten Sprachrhythmus — so soll das Einschieben symbolischer Schicksalsberichte aus biblischen und historischen Parabeln und Allegorien (Schnitter Tod, Hiob, Hure Babylon, Isaak usw.) die *Erklärung* der aktuellen Gegenwart besorgen. An die Stelle der Identifikation, des Mitfühlens, tritt das Reflektieren. Die Dichte der Montierung behindert allerdings eher die didaktische Absicht Döblins. Mechthild Curtius und Peter Schütze sehen den Mangel nicht nur in einer falschen didaktischen Position Döblins, vielmehr bedeute das angebliche Dokumentieren auch, daß der Autor sich den Kommentar spare, weil er die Wirklichkeit nicht zu deuten wisse.[9]

Nun ist es aber nicht so, daß *der Erzähler* gegen Sprachfetzen, Dokumente und Zitate, in dieser Polyphonie von Dialekt, Fachsprachen, Politjargon, Zeitungsdeutsch, Knittelversen nicht zu Wort käme. Das Gegenteil beweisen die *moritatenhaften Kommentare.* Sie belegen einen Erzähler, der „verspricht, obwohl es nicht üblich ist, zu dieser Geschichte nicht stille zu sein." (S. 191) Er vertritt seine Moral wie der Kalendererzähler, ist jedoch immer bereit, zurückzuweichen zugunsten der Kollektivstimme. Ebenso stellvertretend wie die Großstadt steht auch F. B., aufgehoben in der Dialektik von Kommunion und Individuation: „Ich bin der Feind des Persönlichen. Es ist nichts als Schwindel und Lyrik damit. Zum epischen taugen Einzelpersonen und ihre sogenannten Schicksale nicht. Hier werden sie Stimmen der Masse, die die eigentliche wie natürliche so epische Person ist."[10] Der vom Verleger erzwungene personalisierende Untertitel *Die Geschichte vom Franz Biberkopf* ändert nichts an der Konzeption Döblins: Eine montierte Graphik visualisiert zuerst *Berlin,* eine Piktogrammfolge institutionalisierter Kommunikation der Hochfinanz, des Handels, der Müllabfuhr usw. (S. 38 f.), dann erst betritt F. B. den Platz. Erlebte Rede und innere Monologe dienen weniger der individualisierenden und psychologisierenden Darstellung wie etwa bei James Joyce, sie stellen wiederum die *Summe kollektiven Sprechens und Denkens* dar. Das unterstreichen die Zitate, die teilweise noch die Gebrauchsspuren zeigen. Selbst die Sprache des Erzählers ist anfällig für die Umgebung, er redet mitunter — die Souveränität seiner Diktion wird abgedrängt — den Jargon der Luden und Dirnen. Wo der Erzähler Autorität einbüßt, weiß ihm der Autor Döblin zu helfen: Er hält die Zügel der Enthüllung schulmeisterlich in der Hand, die Zurechtbiegung seines Patienten ist das Ergebnis versteckter, aber gründlicher erzähltechnischer Diagnose und Therapie. Welche ‚Medizin' und welche ‚Kur' verordnet der Autor und Arzt Döblin?

„Dem Mensch ist gegeben die Vernunft ..."

„Die Frage, die mir der ‚Manas' zuwarf, lautete, wie geht es einem guten Menschen in unserer Gesellschaft? Laß sehen, wie er sich verhält und wie von ihm aus unsere Existenz aussieht." So entwirft Döblin 1948 rückblickend das Thema von *Berlin Alexanderplatz*. Roland Links bescheinigt bei allem ideologischen Vorbehalt, daß Döblin habe warnen und kritisieren wollen: warnen vor dem Faschismus, kritisieren den sich schickenden, schicksalsgläubigen, auf Macht und Ordnung setzenden Typ F. B.[11]

Dazu wählt er die Großstadt als Schauplatz der Entfremdungserscheinungen und den ‚Deklassierten', den er zur Hauptfigur macht. In dieser Gesellschaft wird der Mensch zum Verbrecher. Damit wird die Lesart, F. B. sei Proletarier und Döblin mache sich über ihn lustig, unmöglich. „Vom Standpunkt der proletarischen Revolution aus wird ihm etwas vorgeworfen, was zum eigentlichen Wert des Buches gehört, ‚das ramponierte Ich eines komplizierten Kleinbürgers!"[11] wehrt Links die Angriffe der *Linkskurve* 1965 ab und stellt statt dessen Döblins revisionistische Theorien zur Rede. Ähnlich bemerkt schon Benjamin: „F. B.s Weg vom Zuhälter bis zum Kleinbürger beschreibt nur eine heroische Metamorphose des bürgerlichen Bewußtseins."[13] Damit angesprochen ist das *epische Thema des Wettlaufs* des Angeschlagenen um den Preis seiner Selbstbehauptung. Mit der Feststellung „Die Strafe beginnt" (S. 8) setzt die Enthüllung dieses Wettlaufs ein, konzipiert vom Ende her, ständig begleitet vom Erzähler: „O Franz, was willst du tun, du wirst es nicht tun können." (S. 86)

Die *verschiedenen Schlußfassungen* dokumentieren einerseits die Unentschiedenheit Döblins darüber, was nun mit dem Mann zu tun sei, der zurechtgebogen ist, zum anderen auch die mangelnde Stringenz der ersten Schritte, die Franz Karl tut. Er weiß nun um seine Fehler, die Ordnung um ihn ist keine, eine Erkenntnis, die an die Stelle der bewußtlosen und blinden Anpassung an Ordnung und Macht tritt. Schicksal ist, wenn es hagelt und schneit, weiß F. K. B. jetzt gewiß, aber „wenn Krieg ist, und sie ziehen mich ein, und ich weiß nicht warum, und der Krieg ist auch ohne mich da, so bin ich schuld, und mir geschieht recht. Wach sein, wach sein, man ist nicht allein . . . Das muß man nicht als Schicksal verehren . . .“ (S. 410) Das klingt verheißungsvoll und verlangt die Tat. Vernünftig, notwendig ist nicht das abstrakte Kollektiv der Großstadt, sondern das konkrete Kollektiv wachsam-kämpferischer Verbundenheit: „Viel Unglück kommt davon, wenn man allein geht. Wenn mehrere sind, ist es schon anders. Man muß sich gewöhnen, auf andere zu hören, denn was andere sagen, geht mich auch an.“ (S. 409) Aber bereits wenig später in seiner Portiersloge macht er sich seinen Reim auf die von Döblin behauptete *Identität von Erkennen und Verändern:* An seinem Fenster ziehen sie vorbei mit Fahnen und Musik, er blickt ihnen kühl zu und bleibt für sich: „Halt das Maul und fasse Schritt, marschiere mit uns andern mit“, heißt die verlockende Einladung an ihn, aber Franz Karl kalkuliert: „Wenn ich marschieren soll, muß ich das nachher mit dem Kopf bezahlen, was andere sich ausgedacht haben. Darum rechne ich erst alles nach, und wenn es so weit ist und mir paßt, werde ich mich danach richten.“ (S. 410) Wer nun marschiert, ob braun oder rot, erfährt der Leser nicht; eins ist jedoch gewiß, F. K. rechnet *sich* aus, was *ihm* paßt, und danach richtet er *sich,* denn „dem Mensch ist gegeben die Vernunft, die Ochsen bilden statt dessen eine Zunft.“ (S. 410) Hellhörig vermerkt Leo Kreutzer diesen Rückzug Döblins auf den einzig für sich wachen F. K. B.: „Mit einem anderen Wort, denn ‚Zunft‘ steht hier um des Reimes willen: die Ochsen bilden statt dessen eine — Partei.“[14]

Der Widerspruch Biberkopfs besteht darin, daß er die Notwendigkeit eines Zusammenschlusses einsieht, die Partei jedoch ablehnt. Und so auch sein Autor: Er behauptet die Identität von Erkennen und Verändern, — lediglich das Erkennen, der Schlüssel zur Veränderung, müsse selbst noch verändert werden. Dieses theoretische Konstrukt zielt nun auf F. B. Nicht Erfahrung macht ihn wissend. Bewußtlos, in der Irrenanstalt, tritt die Wende ein: „Gestorben ist in dieser Abendstunde F. B., ehemals Transportarbeiter, Einbrecher, Ludewig, Totschläger. Ein anderer ist in seinem Bett gelegen. Der andere hat die selben Papiere wie Franz, aber in einer anderen Welt trägt er einen neuen Namen." (S. 399) Das fehlende politische Tagesprogramm liegt in dem Widerspruch der Gebote begründet, die den Roman durchziehen: *„Hüte dich vor den Menschen!"* und *„Es kommt auf den Nebenmann an!"* Es überwiegen jedoch die Auskünfte, die eine idealistische Vereinigung der Individuen anstreben; ihr Zielpunkt: „die Wahrheit, Freiheit und Selbstherrlichkeit des Ich, die sich physisch, auch in der Zone der Gesellschaft, durchzusetzen hat."[15] F. B. ist zugegebenermaßen zurechtgebogen, das hat jedoch noch keine weltanschauliche oder politische Basis. Die Biegung bleibt aufs Erzählerwort angewiesen.

Roman, Hörspiel, Film

Als der Roman zum Bestseller wird, folgt eine Umsetzung in, ja Ausschlachtung durch die neuen Medien Rundfunk und Film, die Döblins Postulaten zur Popularisierung der Literatur kaum gerecht werden. Gewiß machen die besonderen Techniken dieser Medien Eingriffe in den Roman nötig, z. B. das Zusammenziehen mehrerer Personen, den Fortfall von Episoden, also Raffung und exemplarische Auswahl. *Wie und was* ausgewählt wird, ist allerdings nicht durch die Technik, sondern ideologisch bestimmt.

Döblin kennt das Medium Radio gut. Brecht empfiehlt den Hörspielproduzenten zur Abfassung akustischer Romane die Adresse Döblins. Das neue Massenpublikum erfordert „Volkstümlichkeit", „Hörbarkeit, Kürze, Prägnanz, Einfachheit".[16] Was jedoch entsteht, ist ein *Worthörspiel*, kein akustischer Film. Der Lebensraum wird unterschlagen, damit auch die durch die Romantechnik nahegelegte akustische Totale. Es mangelt an historischen, medienimmanenten Materialien wie Nachrichten, Reden, Kommentaren zu Berlin von 1927 bis 1929. Die politisch-sozialen Folien des Romans sind im Hörspiel unauffindbar.

Der *Film* seinerseits mißrät zu Genreszenen und Milieuschilderungen, die jeden Maßstab meiden. Er putzt die Nebenerzählungen auf und verkürzt die gesellschaftlichen Verhältnisse aufs Zille-Milljöh; ein Muster jenes Filmtypus der zwanziger Jahre, von dem Siegfried Kracauer sagt: „Die Arbeiter in den nach dem Leben photographierten Filmen sind gediegene Bahnunterbeamte und patriarchalische Werkmeister; oder sie haben, wenn sie schon unzufrieden sein sollen, ein privates Unglück erlitten, damit das öffentliche sich desto leichter vergißt. Als Gegenstand der Rührung wird das Lumpenproletariat bevorzugt, das politisch hilflos ist und anrüchige Elemente enthält, die ihr Schicksal zu verdienen scheinen. Die Gesellschaft umkleidet die Elendsstätten mit Romantik, um sie zu verewigen."[17]

Der Streit zwischen F. B. und den Kommunisten in der Kneipe, in dem F. B. die *Internationale* duldet, weil die Roten, wenn sie singen, nicht rauchen können, denn das würde den Stieglitz des Wirtes arg mitnehmen, dieser Streit entzündet sich nicht wie im Roman an der Hakenkreuzbinde, die Franz trägt, sondern an dem Vögelchen. *Der Roman warnt vor dem Faschismus, der Film hilft ihm auf die Sprünge.* Die faschistoide Tendenz entspringt aus der Situation der kapitalistischen Filmindustrie, die dem Bürger Harmonie versprechen muß. Es wird gedreht, was sich bereits als Bestseller erwiesen hat.[18] Damit läßt sich nun auch die Frage nach dem Gegenstand der Faschismusanalyse beantworten: Es ist ausschließlich die *Konsumtionssphäre*, — der Alexanderplatz ist dafür repräsentativ, nicht die Produktionssphäre; der Feierabend, nicht die tägliche Arbeit; ein Individuum zwischen Kleinbürgertum und Lumpenproletariat, nicht der Proletarier. Der analytische Blick verharrt auf der blendenden Oberfläche des Marktes und auf den Geblendeten, die gesellschaftliche Totalität wird, trotz Figurenvielfalt und Sprachpolyphonie, nicht hinreichend erfaßt.

Anmerkungen

1 Vgl. Georg Lukács: Die Theorie des Romans. Ein geschichtsphilosophischer Versuch über die Formen der großen Epik (1916), Berlin und Neuwied 1971, S. 31 ff.

2 A. Döblin: (Zeitungsausschnitt im Marbacher Döblin-Nachlaß), in: Matthias Prangel (Hrsg.): Materialien zu Alfred Döblin ‚Berlin Alexanderplatz', S. 41.

3 Alfred Döblin: Neue Zeitschriften, in: Die Neue Rundschau 30 (1919), S. 621.

4 Zitiert nach Albrecht Schöne: Döblin — Berlin Alexanderplatz, S. 291.

5 Otto Biha: Herr Döblin verunglückt in einer ‚Linkskurve', in: Prangel (Hrsg.): Materialien, S. 98 f.

6 Alfred Döblin: (Brief an Paul Lüth/Rezension des ‚Ulysses'), ebda., S. 48 ff.

7 Fritz Schulte ten Hoevel: Döblins ‚Biberkopf' oder Die Krise der Literatur, in: Der Scheinwerfer 3 (1929) H. 12, S. 17 ff.

8 Walter Benjamin: Krisis des Romans. Zu Döblins ‚Berlin Alexanderplatz', in: Prangel (Hrsg.): Materialien, S. 109 ff.

9 Vgl. Mechthild Curtius/Peter Schütze: Berlin Alexanderplatz — Roman, Hörspiel und Film, S. 104.

10 Alfred Döblin, zitiert nach Schöne, S. 312.

11 Vgl. Roland Links: Alfred Döblin, S. 86.

12 Ebda., S. 93.
13 Benjamin, S. 112.
14 Leo Kreutzer: Alfred Döblin, S. 119.
15 Alfred Döblin: Unser Dasein, Berlin 1933, S. 474.
16 Alfred Döblin: Literatur und Rundfunk (1929), zitiert nach Curtius/
    Schütze, S. 108.
17 Siegfried Kracauer: Die kleinen Ladenmädchen gehen ins Kino (1927), in:
    S. K.: Das Ornament der Masse. Essays, Frankfurt/M. 1963, S. 283.
18 Vgl. Curtius/Schütze, S. 112 ff.

Literaturhinweise

Alfred Döblin: Berlin Alexanderplatz. Die Geschichte vom Franz Biberkopf
    (1929), München 1975 (= dtv 295).
Alfred Döblin: Ausgewählte Werke in Einzelbänden, hrsg. von Walter Muschg
    und Heinz Graber, 15 Bde., Olten und Freiburg/Brsg. 1960 ff.

Matthias Prangel: Alfred Döblin, Stuttgart 1973 (= Sammlung Metzler 105).
Roland Links: Alfred Döblin. Leben und Werk, Berlin/DDR 1965.
Leo Kreutzer: Alfred Döblin. Sein Werk bis 1933, Stuttgart 1970.
Ingrid Schuster/Ingrid Bode (Hrsg.): Alfred Döblin im Spiegel der zeitgenös-
    sischen Kritik, Bern 1973.
Matthias Prangel (Hrsg.): Materialien zu Alfred Döblin ‚Berlin Alexanderplatz‘,
    Frankfurt/M. 1975 (= suhrkamp taschenbuch 258).
Albrecht Schöne: Döblin — Berlin Alexanderplatz, in: Benno von Wiese
    (Hrsg.): Der deutsche Roman vom Barock bis zur Gegenwart. Struktur und
    Geschichte, Düsseldorf 1963, Bd. 2, S. 291 ff.
Mechthild Curtius/Peter Schütze: Berlin Alexanderplatz — Roman, Hörspiel
    und Film. Ein Drei-Medien-Modell, in: Wulf D. Hund (Hrsg.): Kommunika-
    tionstopologie, Frankfurt/M. 1973, S. 95 ff.

14. Robert Musil

Ein labyrinthisches Werk

Zu Döblins *Berlin Alexanderplatz* steht Robert Musils *Mann ohne Eigenschaften,* ein Romanfragment von 1500 Seiten, in einer gewissen Verwandtschaft, aber auch in deutlichem Kontrast. Verwandtschaft insofern, als beiden Werken der Anspruch immanent ist, die Form und Darstellungsleistung des Romans auf die Höhe ‚gegenwärtiger‘ Erfahrung zu heben. Aber Kontrast, weil nicht nur Standort und Perspektive der Autoren, nicht nur die jeweils präsentierten Figuren und Stoffe, sondern auch die spezifische Erzähltechnik der beiden Romane unterschiedlich — fast gegensätzlich — sind. Gibt Döblin Sittenbilder des Kleinbürgertums und seiner soziologischen Kehrseite, des Ganovenmilieus, so führt Musil dem Leser Hocharistokratie, Großbourgeoisie und ‚freischwebende‘ Intelligenz vor. Ist für den einen, wie Walter Benjamin gesagt hat, „Berlin (ein) Megaphon"[1], das individuelle Erfahrung erst laut werden läßt, so ist für den anderen Wien ein Prisma, das unmittelbare Erfahrung bricht und zerlegt. Ist Döblins Stilprinzip die Montage, so ist es bei Musil (der in seiner Art freilich auch ‚montiert‘) die diskursive Reflexion. Doch der Vergleich soll nicht überzogen werden; Musils Roman, für sich betrachtet, bietet Schwierigkeiten genug.

Walter Boehlich hat dies in einem frühen, lesenswerten Aufsatz betont: „Der *Mann ohne Eigenschaften* ist ein labyrinthisches Werk, ein Irrgarten des Denkens und Fühlens und Erlebens, riesenhaft in seiner Ausdehnung und mehr als verwirrend in seiner Verästelung. Aber er hat mit einem Labyrinth auch die rechnerische Genauigkeit des Aufbaus gemeinsam."[2] Labyrinthisch nicht nur für den Leser, könnte man salopp hinzusetzen: auch der Autor selbst ist mit seinem kolossalen Entwurf nicht ‚fertig geworden‘. Über zwanzig Jahre hat er am *Mann ohne Eigenschaften* gearbeitet, von dem 1930 bzw. 1933 nur Teilbände erschienen sind. 1942, in sehr ärmlichen Verhältnissen in der Schweiz, von der Ausweisung bedroht, aber immer noch um den Abschluß seines Werkes ringend (dies Schlagwort hat hier durchaus sein Recht), ist Musil gestorben. Der große, freilich sehr verspätete und auch stets etwas esoterische Ruhm, der sich an das unvollendete Hauptwerk geheftet hat, läßt leicht vergessen, daß Musil schon vor dem Ersten Weltkrieg und dann wieder in den frühen zwanziger Jahren wichtige Erzählungen und Essays veröffentlicht hat. Einer breiteren Öffentlichkeit ist von diesem Frühwerk allerdings nur der kurze Roman *Die Verwirrungen des Zöglings Törleß* (1906) noch bekannt, der in den Zusammenhang von literarischer Kritik an der bürgerlich-autoritären Erziehung um 1900 und ihren Institutionen (bei Wedekind, Hesse, Heinrich und Thomas Mann u. a.) zu stellen ist.

Erzählen als ob . . .

Die Eigenart von Musils Erzählweise im *Mann ohne Eigenschaften* soll zunächst exemplarisch am *Romananfang* verdeutlicht werden. Von einem solchen Erzählbeginn erwartet der Leser gewöhnlich und mit einigem Recht eine erste Orientierung in der fiktionalen, der erzählten Welt: wer? wo? wann? was? Kennzeichnend für Musil ist nun, daß er diese Erzählkonvention bzw. die entsprechende Lesererwartung nicht einfach negiert, überspringt wie manche anderen modernen Romane. Er greift sie vielmehr betont auf, um sie sodann in Frage zu stellen, zu *ironisieren*.

„Über dem Atlantik befand sich ein barometrisches Minimum; es wanderte ostwärts, einem über Rußland lagernden Maximum zu, und verriet noch nicht die Neigung, diesem nördlich auszuweichen. Die Isothermen und Isotheren taten ihre Schuldigkeit. Die Lufttemperatur stand in einem ordnungsgemäßen Verhältnis zur mittleren Jahrestemperatur, zur Temperatur des kältesten wie des wärmsten Monats und zur aperiodischen monatlichen Temperaturschwankung. Der Auf- und Untergang der Sonne, des Mondes, der Lichtwechsel des Mondes, der Venus, des Saturnringes und viele andere bedeutsame Erscheinungen entsprachen ihrer Voraussage in den astronomischen Jahrbüchern. Der Wasserdampf in der Luft hatte seine höchste Spannkraft, und die Feuchtigkeit der Luft war gering. Mit einem Wort, das das Tatsächliche recht gut bezeichnet, wenn es auch etwas altmodisch ist: Es war ein schöner Augusttag des Jahres 1913.“ (S. 9) Die konventionelle ‚altmodische‘ *Zeitangabe* wird relativiert durch die vorgeblich gleichbedeutende Beschreibung der Großwetterlage, die ja in Wahrheit viel weitgreifender, zugleich aber nichtssagender ist. Zwei Perspektiven werden da konfrontiert: die eines habitualisierten, auf individuelle Erfahrung („schöner Augusttag“) und historische Ordnung („1913“) bezogenen Orientierungssystems, und die einer vorgeblich exakten Weltbeschreibung, in der der Mensch seine zentrale Rolle verloren hat. Das ist eine Grundspannung, die im ganzen Roman unterirdisch wirksam ist: die Spannung von anthropozentrischer und naturwissenschaftlicher Weltsicht. — Zugleich wird an der zitierten Stelle die schließlich vorgenommene Datierung relativiert, ins Ungewisse gerückt. „Die fiktive Wirklichkeit der Dichtung wird von Anfang an in einen Schwebezustand gebracht, der dem Möglichkeitssinn entspricht, also jenem Sinn, der das Vorhandene nicht als fest und unverrückbar, als notwendig in seinem Sosein nimmt, sondern es mit dem Bewußtsein ansieht: ‚es könnte wahrscheinlich auch anders sein‘."[3]

Diese Relativierung, Ironisierung des Faktischen wird noch deutlicher bei der herkömmlichen *Ortsangabe* des erzählten Geschehens. Nach ausführlicher Beschreibung des städtischen Verkehrslärms heißt es: „An diesem Geräusch (...) würde ein Mensch nach jahrelanger Abwesenheit mit geschlossenen Augen erkannt haben, daß er sich in der Reichshaupt- und Residenzstadt Wien befinde." Aber dies konstatiert der Erzähler nicht, ohne sofort einschränkend hinzuzusetzen: „Und wenn er sich, das zu können, nur einbilden sollte, schadet es auch nichts. Die Überschätzung der Frage, wo man sich befinde, stammt aus der Hordenzeit, wo man sich die Futterplätze merken mußte." (...) Es soll also auf den Namen der Stadt kein besonderer Wert gelegt werden." (S. 9 f.)

Kommen wir zu den *Figuren der Handlung*. Die zweite Seite lenkt die Aufmerksamkeit des Lesers auf die „beiden Menschen", die in dieser Stadt „eine breite, belebte Straße hinaufgingen". „Sie gehörten ersichtlich einer bevorzugten Gesellschaftsschicht an, waren vornehm in Kleidung, Haltung und in der Art, wie sie miteinander sprachen, trugen die Anfangsbuchstaben ihrer Namen bedeutsam auf ihre Wäsche gestickt, und ebenso, das heißt nicht nach außen gekehrt, wohl aber in der feinen Unterwäsche ihres Bewußtseins, wußten sie, wer sie seien und daß sie sich in einer Haupt- und Residenzstadt auf ihrem Platze befanden. Angenommen, sie würden Arnheim und Ermelinda Tuzzi heißen, was aber nicht stimmt, denn Frau Tuzzi befand sich im August in Begleitung ihres Gatten in Bad Aussee und Dr. Arnheim noch in Konstantinopel, so steht man vor dem Rätsel, wer sie seien." (S. 10) Auf diese höchst paradoxe Art, eben dadurch, daß sie erklärtermaßen *nicht* auftreten, werden vom Erzähler zwei wichtige Figuren des späteren Geschehens eingeführt, zumindest ‚angemeldet‘.

Zweierlei ist vorläufig festzuhalten: Der Autor entwickelt zum einen eine betont ironische Weise, seine fiktionale Welt aufzubauen, den Leser zugleich dort einzuführen und zu verunsichern. Musil, könnte man sagen, erzählt im Modus des ‚Als-ob'. Das heißt, daß die erzählten Ereignisse, die faktischen Bezüge dieses Erzählens nicht realistischen Eigenwert beanspruchen, sondern nur Haltepunkte, Anlässe oder gar Vorwände sind für ein Erzählen und Reflektieren, das stets geneigt ist, eben das Faktische, Konkrete, Reale skeptisch, ironisch in Frage zu stellen. Diesen *„Möglichkeitssinn"*, den der Erzähler programmatisch gegen die habituelle Realitätswahrnehmung, den „Wirklichkeitssinn" setzt, kann man vorläufig als Ausdruck eines ‚modernen' Bewußtseins und Erkenntnisstandes ansehen, den es aber noch genauer zu bestimmen gilt. — Zweitens aber ist wichtig: Dies In-Frage-Stellen von Realität und Wahrnehmung wird nicht durch spezifisch moderne Erzählverfahren geleistet (so wie etwa bei Döblin durch Textmontage und ‚Bewußtseinsstrom' die Eigenart großstädtisch-moderner Erfahrung getroffen werden soll). In Formfragen, sagte Musil, sei er konservativ: Er beansprucht die (durchaus konventionelle) Instanz des *auktorialen, des ironischen Erzählers*, der die unterschiedlichen Figuren, Ideen, Sprachstile, die in den Roman eingehen, im Medium seines Erzählens und Reflektierens in Beziehung setzt und gerade dadurch gegeneinander relativiert. „Die spezifische Art der Verunsicherung des Stoffes ist strenggenommen nichts anderes als eine Folge dieser Souveränität."[4] Dabei gewinnt das *reflektierende*, erörternde Element (zu dem nicht nur die Erzählerreflexionen, sondern auch die der Romanfiguren und schließlich deren Gespräche zählen) deutlich die Oberhand über das eigentlich erzählerische, das Handlungselement. Und zwar in einem Maße, sagt jedenfalls Boehlich, „daß das Buch schon fast jenseits der erzählenden Literatur zu stehen kommt."[5] Musil selbst hat auf die frühe Kritik an den scheinbar „überflüssigen, langschweifigen Erörterungen" in einer Notiz mit Entschiedenheit festgehalten: „Daß mir diese Erörterungen die Hauptsache sind!" (S. 1597)

Die „geistige Konstitution der Zeit"

Betrachten wir weiter das Verhältnis von Erzählung und Erörterung, die Frage nach dem Stellenwert des Erzählten. Deutlich ist jedenfalls geworden, daß Musil seine Handlung bei allen Einschränkungen ins Wien des Jahres 1913 datiert. Dies Vorkriegsösterreich, die k. und k. Monarchie, dies „Kakanien", wie Musil spöttisch sagt, ist gewiß ein Sonderfall historischer Entwicklung, gekennzeichnet durch das Fortbestehen von Machtverhältnissen, Institutionen, Ordnungsprinzipien und Anschauungen, die längst nicht mehr zeitgemäß und lebenstüchtig, aber auch nicht (wie etwa im Deutschen Reich) von der Dynamik der gesellschaftlichen Entwicklung überholt waren. Ein Staat, „der sich selbst nur noch irgendwie mitmachte" (S. 35), geprägt von zahlreichen inneren Widersprüchen, nationalen Konflikten, sozialgeschichtlichen Ungleichzeitigkeiten. Dennoch — oder deswegen — ein Klima, das der Entwicklung von Skepsis und Ironie günstig war: „Kakanien war von einem in großen historischen Erfahrungen erworbenen Mißtrauen gegen alles Entweder-Oder beseelt und hatte immer eine Ahnung davon, daß es noch viel mehr Gegensätze in der Welt gebe, an denen es schließlich zugrunde gegangen ist. Sein Regierungsgrundsatz war das Sowohl-als-auch oder noch lieber mit weisester Mäßigung das Weder-Noch." (S. 1230)

Etwas von dieser, hier satirisch gezeichneten Distanz und Ironie geht auch in Musils Erzählweise, geht in seine Figuren ein. Sie gewinnen dadurch, obwohl sie meist reine Konstruktionen sind, eine unverwechselbare Lokalfarbe. Wenn auch nur an der Oberfläche: „Dieses groteske Österreich", sagt Musil, „ist nichts anderes als ein besonders deutlicher Fall der modernen Welt."[6] Früher als etwa im Deutschen Reich, das mit hohem Selbstbewußtsein Maschinen und Säbel rasseln läßt, wird hier die Überlebtheit der gesellschaftlichen Ordnung, das Fehlen normativer Prinzipien, kurz gesagt: die *Anomie* der ‚modernen' Gesellschaft deutlich, wie Musil sie sieht. Und in diesem Sinne sind auch die Romanfiguren, die Musil handeln und (vor allem) reden läßt, nur ,besonders deutliche Fälle'. „Mindestens 100 Figuren aufstellen, die Haupttypen des heutigen Menschen", heißt es programmatisch an gleicher Stelle in Musils Tagebuch. Und wenn diese Zahl auch nicht erreicht sein dürfte, zumindest die Hauptfiguren der ausgeführten Romanteile entsprechen diesem Programm. Sie repräsentieren jeweils — soziologisch und ideologisch — verschiedene einflußreiche Machtgruppen, Denkweisen, ,Weltanschauungen'; in ihrer Konfiguration aber enthüllen sie, nach Musils Absicht, die „geistige Konstitution der Zeit". Die einzelnen Figuren sind letzten Endes nur als Träger von ideologischen Äußerungen wichtig. Diese Äußerungen aber bestehen zum überwiegenden Teil aus mehr oder weniger variierten und verdeckten Zitaten aus politischen, philosophischen und schöngeistigen Schriften, in denen Musil eben jene dominierenden geistigen Strömungen der Epoche zu erkennen glaubte.

Da ist, auf der einen Seite des Spektrums, der altösterreichische Hocharistokrat Graf Leinsdorf, der zwar ein kapitalistisches Gebaren bei der Verwaltung seiner Besitzungen zeigt, ansonsten aber in seinem öffentlichen Wirken die rückgewandten Ideale eines monarchischen und klerikalen Ständestaates preist, und zwar mit Formulierungen, die verschiedenen Schriften aus der Tradition der sogenannten „romantischen Staatstheorie" entnommen sind.[7] Ihm steht polar gegenüber der Repräsentant des fortgeschrittensten Kapitalismus, der Industrieführer Arnheim, als Figur und Sprecher der Person bzw. den Schriften Walther Rathenaus nachgebildet. Ihn trifft besonders deutlich die erzählerische Ironie: versteht er es doch, die ökonomische Praxis des Monopolkapitalismus mit modernistisch seelenvoller Philosophie zu bemänteln und wird deshalb auch als ‚Großschriftsteller' ironisiert. Zwischen beiden steht Ermelinda Tuzzi, genannt Diotima, Frau eines hohen Diplomaten. Sie schafft einerseits mit ihrem Salon den Rahmen für Graf Leinsdorfs politische Aktivitäten; steht zum andern mit Arnheim in einem platonischen Liebesverhältnis, das sie meist aus Zitaten des neuromantischen Schriftstellers und Modephilosophen Maurice Maeterlinck[8] speist. Weitere Figuren repräsentieren ein ganzes Spektrum irrationalistischer Philosophie (unter Bezug auf Nietzsche, Klages u. a.) und damit zugleich eine tendenziell zum Faschismus vorausweisende ideologische Entwicklungslinie. (Dagegen kommt, bezeichnenderweise, der Marxismus erst spät und nur am Rande vor.)

Diese Handlungsfiguren als Repräsentanten von Ideologien stehen in einem fiktionalen Handlungszusammenhang, der hinreichend deutlich ist, um sie zueinander in Beziehung zu setzen, und hinreichend unrealistisch, um nicht von Bedeutsamerem: der Ironie und Reflexion abzulenken. Ja dieser Handlungsrahmen erscheint selbst bereits in hochironisierter Form: es geht um die sogenannte *Parallelaktion*, eine vom Grafen Leinsdorf inspirierte nationale Sammlungs- und Besinnungsbewegung zum höheren Ruhme der Habsburgermonarchie. *Parallel*aktion heißt diese Initiative, weil sie aus imperialem Wetteifer entsteht: dem bevorstehenden 30jährigen Regierungsjubiläum des deutschen Kaisers Wilhelm II soll eine Aktion entgegengestellt werden, die geeignet ist, „das volle Gewicht eines 70jährigen, segens- und sorgenreichen Jubiläums", nämlich Kaiser Franz Josefs, „zur Geltung zu bringen". Zu diesem Zweck ist, wie einer der Beteiligten schreibt, „man auf den glücklichen Gedanken verfallen, das ganze Jahr (. . .) zu einem Jubiläumsjahr unseres Friedenskaisers auszugestalten." (S. 79)

Die wahrhaft ‚tödliche' Ironie, unter der solche Bemühungen von Anfang an stehen, wird durch das Datum der beiden jetzt schon vorbereiteten Jubiläen schlaglichtartig beleuchtet: es handelt sich um das Jahr *1918*. So ist die Parallelaktion von Anfang an eine Aktion der historischen Vergeblichkeit; sie ist absurd aber auch in sich selbst. Diotima organisiert Sitzungen und Empfänge, die ihr Haus zu einem gesellschaftlichen Mittelpunkt machen, die aber vor allem das Ziel haben, eine zentrale Idee, das geistige Fundament der Parallelaktion zu ermitteln, deren Ausrichtung vom Grafen Leinsdorf bislang nur durch seine Schlagworte „Friedenskaiser, europäischer Markstein, wahres Österreich und Besitz und Bildung" markiert war. Diese Sitzungen und Empfänge führen nun zu einem wahrhaft babylonischen Phrasen- und Ideengewirr, in dem die Chaotik der Gesellschaft sich wiederspiegelt. Eine der humoristischen Figuren, der General Stumm von Bordwehr, vermag dieses Chaos nur noch mit Hilfe von graphischen „Grundbuchblättern der Hauptideen" zu durchschauen, für deren Herstellung er wochenlang „einen Hauptmann, zwei Leutnants und fünf Unteroffiziere" beschäftigt hat. (S. 372) Gerade das, was die Parallelaktion tragen soll, eine kulturell-normative Idee, ist nicht auffindbar, nicht mehr denkbar: Ideologien aber gibt es in Hülle und Fülle. So wird die Parallelaktion zum Zielpunkt vielfältiger Partialinteresse, wobei die Briefmarkensammler und Großmolkereien noch die harmlosesten artikulieren. Arnheim gelingt es, mittels der hier angeknüpften Kontakte sich die Kontrolle über neuentdeckte Ölfelder in Galizien zu sichern, und der General kann unter pazifistischen Beteuerungen die Modernisierung der österreichischen Artillerie betreiben. Rüstung und Rüstungsindustrie sind so, wiederum ironisch, die einzigen, die von dem geplanten Friedensfest profitieren. Darin aber deutet sich an, daß diese chaotische Gesellschaft zwar keine Haupt- und Staatsidee mehr, wohl aber ein *negativ einigendes Prinzip* finden kann. „Die Parallelaktion", notiert Musil im Jahre 1936, „führt zum Krieg! Krieg als: Wie ein großes Ereignis entsteht. Alle Linien münden in den Krieg. Jeder begrüßt ihn auf seine Weise." (S. 1575) So erweist sich der Roman, und besonders der Handlungsstrang der Parallelaktion, nach Musils Intention als „immanente Schilderung der Zeit, die zur Katastrophe geführt hat". (S. 1575)

Diese Schlußperspektive Krieg erfordert noch eine Anmerkung. Sie betrifft Musils Schaffensproblematik als Zeitproblem. Er selbst hat sein Werk immer als „aus der Vergangenheit entwickelte(n) Gegenwartsroman" angesehen (S. 1601); in weiten Teilen, vor allem in der Kritik geläufiger Ideologien hat er Probleme der *Nachkriegszeit*, besonders der zwanziger Jahre in die Vorkriegshandlung projiziert. Er hält an diesem Prinzip fest, nachdem 1930 ein erster, 1933 ein zweiter Band erschienen ist. Während dieser Arbeit wird freilich die Spannung zwischen Vorkriegshandlung und Nachkriegsproblematik immer größer; zuletzt wird die geplante Handlung von der Realität des

Zweiten Weltkriegs überholt. So ist es nur konsequent, wenn Musil in seinem Todesjahr 1942 den Abschluß des Romans als ein Nachwort gestalten will, in welchem der „gealterte Ulrich von heute, der den zweiten Krieg miterlebt, (. . .) auf Grund dieser Erfahrungen seine Geschichte, und mein Buch, epilogisiert". Diese Idee soll es ermöglichen, „die Geschichte und ihren Wert für die gegenwärtige Wirklichkeit und Zukunft zu betrachten." (S. 1609) Wie bekannt, ist es zu einem solchen Abschluß nicht mehr gekommen.

Mann ohne Eigenschaften? Eigenschaften ohne Mann?

Wenn die Parallelaktion der zerbrechliche Handlungsrahmen ist, der die verschiedenen Figuren und damit Ideologien einbindet, so ist Ulrich, der Mann ohne Eigenschaften, die zentrale Bezugsfigur, an der sie gemessen werden. Gewiß kein Romanheld im traditionellen Sinne, aber doch Zentral- und Perspektivfigur: die Figur gewordene Erzählfunktion, zugleich Stellvertreter des ironischen Erzählers *im* Werk. Als ehrenamtlicher Sekretär der Parallelaktion, an die er nicht im geringsten glaubt, wird er zum *personalen Prinzip der Ironisierung* und Relativierung aller Tendenzen des Zeitalters, die dort zum Ausdruck kommen.

Wer ist Ulrich? Seiner fiktionalen Biographie nach fast ein Bruder des Autors. Als Professorensohn aus geadelter Familie, Naturwissenschaftler, vom ererbten Vermögen lebend, trägt er durchaus Züge Musils (der allerdings nach Krieg und Inflation bitter arm gewesen und bis zu seinem Tode geblieben ist). Ein Angehöriger der großbürgerlichen Intelligenz, der wie Musil selbst verschiedene Berufe erprobt und verworfen hat: „drei Versuche, ein bedeutender Mann zu werden" (S. 35), heißt das im Roman. Aber diese Berufe, die verschiedene Funktionen von (Natur-)Beherrschung offerieren — als Offizier, Ingenieur, Mathematiker —, bieten ihm keine zufriedenstellende Identität. „Er besaß Bruchstücke einer *neuen* Art zu denken wie zu fühlen" (S. 47), die die konventionellen Rollenangebote als unzureichend empfinden muß. Denn es ist für Ulrich sehr deutlich (bzw. der Erzähler macht es durch Ulrich dem Leser deutlich), daß es hier nicht um individuelles Versagen geht; eher um ein Versagen der Wirklichkeit einem Bewußtsein gegenüber, das immer schon mehr: das Mögliche im Blick hat. Ulrichs Problem ist also nicht als Defizit, ‚Mangel' an Eigenschaften zu fassen; allenfalls mangelt es an einem stabilen Bezugsfeld zur sinnvollen Integration von Subjekt, Eigenschaften und gesellschaftlicher Praxis. „In wundervoller Schärfe sah er, mit Ausnahme des Geldverdienens, das er nicht nötig hatte, alle von seiner Zeit begünstigten Fähigkeiten und Eigenschaften in sich, aber die Möglichkeit ihrer Anwendung war ihm abhanden gekommen (. . .)." (S. 47) Dies aber ist die Erfahrung eines gesellschaftlichen Zustandes, für den die marxistische Theorie den Namen der *Entfremdung* oder *Verdinglichung* kennt, ist subjektiver Reflex einer ökonomischen Ordnung, die auch die menschlichen Fähigkeiten und Eigenschaften zu Waren werden läßt. Dieser Prozeß „drückt dem ganzen Bewußtsein des Menschen (seine) Struktur auf: seine Eigenschaften und Fähigkeiten verknüpfen sich nicht mehr zur organischen Einheit der Person, sondern erscheinen als ‚Dinge‘, die der Mensch ebenso ‚besitzt‘ und ‚veräußert‘, wie die verschiedenen Gegenstände der äußeren Welt. Und es gibt naturgemäß keine Form der Beziehung der Menschen zueinander, keine Möglichkeit des Menschen, seine physischen und psychischen ‚Eigenschaften‘ zur Geltung zu bringen, die sich nicht in zunehmendem Maße dieser Gegenständlichkeitsform unterwerfen würde."[9] An diesen Bedingungen zerbricht in letzter Instanz dann auch der Begriff *persönlicher Identität*, wie Ulrich selbst empfindet. „Es ist eine Welt von Eigenschaften ohne Mann entstanden, von Erlebnissen ohne den, der sie erlebt, und es sieht beinahe aus, als ob im Idealfall der Mensch überhaupt nichts mehr privat erleben werde (. . .). Wahrscheinlich ist die Auflösung des anthroprozentrischen Verhaltens, das den Menschen so lange Zeit für den Mittelpunkt des Weltalls gehalten hat, aber nun schon seit Jahrhunderten im Schwinden ist, endlich beim Ich selbst angelangt (. . .)." (S. 150)

Nun ist Ulrichs soziale Situation eine, in der er die gesellschaftliche Entfremdung nicht in primärer Form: als Zwang zum Verkauf seiner Arbeitskraft erlebt; doch „verfeinert, vergeistigt, aber eben darum gesteigert" wiederholt sich, nach Lukács, das Problem auch in der „herrschenden Klasse". Der Intellektuelle wird „nicht nur Zuschauer dem gesellschaftlichen Geschehen gegenüber (. . .), sondern gerät auch in eine kontemplative Attitude zu dem Funktionieren seiner eigenen, objektivierten und versachlichten Fähigkeiten".[10] Allein daß Ulrich das „Geldverdienen nicht nötig" hat, rettet ihn vor der *zynischen* Variante dieser Kontemplation (wie Lukács sie am Journalismus beobachtet) und gibt ihm die Möglichkeit, sie *ethisch* auszurichten. Die Frage nach dem ‚richtigen Leben‘, die Ulrich sich stellt, ist so eine Funktion seiner materiellen Unabhängigkeit. Sie drückt sich handlungsmäßig in Ulrichs Entschluß aus, „sich ein Jahr Urlaub von seinem Leben zu nehmen, um eine angemessene Anwendung seiner Fähigkeiten zu suchen". (S. 47) Dies eine Jahr, historisch die Zeit vom Sommer 1913 bis zum Kriegsausbruch, ist dann die eigentliche Handlungszeit des Romans.

Musil kann oder will, wie Ulrich, den er seinen „Freund" nennt, die gesellschaftlichen Ursachen der Eigenschaftslosigkeit nicht bei ihrem marxistischen Namen nennen. Beide verbleiben in der kontemplativ-kritischen Haltung zum Geschehen. Im Roman wird für diese skeptische, auf Ambivalenzen achtende, dabei aber auch naturwissenschaftliche Exaktheit anstrebende Betrachtungsweise, diese ‚experimentelle' Haltung zur Wirklichkeit, der Begriff des *Essayismus* in Vorschlag gebracht (S. 247 ff.); ein Begriff, der zugleich auch wesentliche formale Merkmale, eben den essayistischen, reflexiven Grundzug von Musil Erzählweise, trifft. Aber diese Haltung, und damit der Typus des Mannes ohne Eigenschaften ist zugleich soziologisch repräsentativ, und zwar in nicht geringem Maße als Leinsdorf oder Arnheim es sind. Ulrich selbst empfindet sich als zeit-typisch mit seiner „Fähigkeit, an jeder Sache zwei Seiten zu entdecken, jene(r) moralische(n) Ambivalenz, die fast alle seiner Zeitgenossen auszeichnete und die Anlage seiner Generation bildete oder auch deren Schicksal." (S. 265) Genauer müßte man den Mann ohne Eigenschaften — und auch Musil selbst — wohl als Repräsentanten der von Soziologen wie Alfred Weber und Karl Mannheim beschriebenen *sozial freischwebenden Intelligenz* bezeichnen, die durch ihre relative Bindungslosigkeiten sich von Partialinteressen und Ideologien freier als andere Bevölkerungsgruppen halten und eine „essayistisch-experimentierende Denkhaltung" (Karl Mannheim) entwickeln kann. „In diesen Konzeptionen reflektiert der Intellektuelle *stellvertretend für die Gesellschaft* — jenseits eines realen Entscheidungszwangs. Allein er kann ‚Möglichkeitssinn' haben."[11]

Die *erzähltechnische* Ausdrucksform solcher Haltung ist die ironische Gestaltung. Sie ist ein konstitutives Element und zugleich „das Rätselhafteste der Erzählung", wie Hartmut Böhme sagt. Seiner Interpretation nach ist diese ironische Gestaltung der letzte Widerstand des Erzählers gegen den historisch-gesellschaftlichen Zwangszusammenhang, den er erzählend reproduziert: „Ironie als Reflex des Fatalismus". Nur diese Ironie sichert für Musil, „daß der Schrecken erzählbar bleibt".[12]

Utopie und Scheitern

Bislang wurde der zweite große Handlungs- und vor allem Ideenkomplex des Romans ausgespart. Während das erste Buch unter dem Ti-

tel *Seinesgleichen geschieht* die absurde Betriebsamkeit der Parallelaktion satirisch zeichnet, trägt das zweite Buch den Titel *Ins tau-
sendjährige Reich.* Dies hat, trotz des Publikationsjahres 1933, nichts
mit dem Faschismus zu tun, sondern bezieht sich auf das ‚Tausend-
jährige Reich‘ als ein traditionelles Begriffsbild für religiöse oder gesellschaftliche Wunschzustände.[13]

Damit wird also im Roman die *utopische Dimension* als Komple-
ment der ironischen geöffnet. Es geht freilich um individuelle
Wunschzustände: die verschiedenen Versuche, ein ‚richtiges Leben‘
zu leben, sind in Ulrichs Sprachgebrauch Utopien. Das zweite Buch
und auch die noch folgenden fragmentarischen Kapitel des geplanten dritten und vierten Teils erörtern, erproben nun die Utopie des
anderen Zustandes als Gegenentwurf zum entfremdeten Gesell-
schaftsleben des „Seinesgleichen geschieht“. Der „andere Zustand“
ist zu denken als eine Utopie der Erlebnisfähigkeit, die alle gewohnten, von gesellschaftlicher Anomie und Selbstentfremdung bestimmten Erfahrungsstrukturen aufhebt. Erzählerisch ist diese Utopie eingebunden in eine *erotische Utopie.* Beim Tode seines Vaters trifft
Ulrich mit seiner Schwester Agathe zusammen, die er seit der Kindheit nicht mehr gesehen hat. Agathe verläßt ihren Mann, den Pädagogen Professor Hagauer (nach dem Vorbild Georg Kerschensteiners
entworfen) und zieht zu Ulrich. Es entwickelt sich, was Musil „die
letzte Liebesgeschichte“ nennt. Im Motiv der Geschwisterliebe werden bürgerliche Moralkonventionen verletzt, aber dies spielt für den
Roman kaum eine Rolle. Ulrich und Agathe betreiben — bewußt —
ein Experiment, das ihnen eine neue Lebensorientierung verschaffen
soll. Sie selbst interpretieren ihre Liebe im Muster von archaischen
Mythologien: als Wiedervereinigung des Getrennten, als Zwillings-
existenz. In ausgedehnten Gesprächen und Meditationen spüren sie
qualitativ neuen Erfahrungsweisen, eben dem „anderen Zustand“
nach. „Formal gesehen, bildet ein unendlicher Dialog zwischen Ulrich und Agathe den Hauptanteil des 2. Buches. Dieser Dialog rankt
sich *kritisch* interpretierend um Erlebnisse, Erzählungen und vor allem ‚prähistorische‘, d. h. unbewußte Details aus dem Leben des
Kindes, des ‚primitiven‘ Menschen und der ‚Vorgeschichte‘ der
Menschheit.“[14]

Und vorzivilisatorische Erfahrungsweisen erreichen die Geschwister zumindest für Augenblicke: Zeitaufhebung, Enträumlichung,
Regression auf mythologische Urbilder, mystische Erfahrungen der
Versenkung, Entgrenzung, Entpersönlichung. Der Raum, in dem
dies geschieht: das Interieur von Ulrichs schloßähnlichem Wohnsitz
oder der weltabgeschiedene Garten verweist auf die *Idylle,* die tra-

ditionell den Fluchtpunkt des an der Gesellschaft leidenden bürgerlichen Individuums abgibt. Insofern sind diese „Bilder der Geschwisterliebe" und die Erfahrungen des anderen Zustandes als ins Extrem gesteigerte „Bilder bürgerlicher Privatsphäre"[15] einer soziologischen Interpretation nicht weniger bedürftig und zugänglich als die Gesellschaftssatire der Parallelaktion. Musil selbst hat den Begriff vom „Abenteuer der Lebensverweigerung" geprägt (S. 1390); Hartmut Böhme interpretiert die erotische Utopie als „Negation einer Gesellschaft, die noch als negierte ihre Macht über Ulrich und Agathe behält."[16] Das läßt sich daran ablesen, daß die idyllische Liebe wie die mystische Erfahrungsweise nur im gesellschaftlichen Hohlraum Bestand hat. Als die Geschwister ihre Utopie im Verlauf einer Reise (ironisch als *Die Reise ins Paradies* überschrieben) befestigen wollen, scheitert sie gerade an der Erfahrung undomestizierter Natur. Die mystischen Erfahrungsweisen verkehren sich von Beglückung zu Bedrohung. Damit läßt Musil auch die Utopie des anderen Zustands deutlich scheitern. Die Figuren sollen nach dem erzählerischen Plan von der Geschichte, konkret: vom Krieg zurückgeholt werden. Böhme faßt zusammen: „Die Ideologien der Privatheit werden bei Musil an ihre Grenzen geführt. Ihr Scheitern rehabilitiert die Gesellschaft, wenn auch nicht eine konkrete-historische. Doch wird die prinzipielle Tatsache anerkannt, die in den Ideologien der Innerlichkeit immer geleugnet wurde: daß nur als gesellschaftliches Wesen im Umweg über andere und aus dem Blickwinkel der anderen der Mensch sich selbst hat."[17]

Es versteht sich, daß Musil aus dem Blickwinkel bürgerlicher Intelligenz nur vage Bilder einer anzuerkennenden Gesellschaftlichkeit und Vergesellschaftung entwickeln kann. Die späten Notizen zu einer „Utopie der induktiven Gesinnung oder des gegebenen sozialen Zustands" zeigen dies an (S. 1578). Die Unabgeschlossenheit (Unabschließbarkeit?) des Romans ist so die adäquate formale Entsprechung von Musils Denken. „Er ist der radikale Kritiker seiner Klasse im Bewußtsein, ihr Anbehöriger zu sein und zu bleiben."[18] Und von seinem Roman kann gelten, was Benjamin, nach der anderen Richtung hin, von dem Döblins sagte: „Die äußerste, schwindelnde, letzte, vorgeschobenste Stufe des alten bürgerlichen Bildungsromans."[19]

Anmerkungen

1 Walter Benjamin: Krisis des Romans. Zu Döblins ‚Berlin Alexanderplatz‘, in: W. B.: Angelus Novus. Ausgewählte Schriften 2, Frankfurt/M. 1966, S. 440.
2 Walter Boehlich: Untergang und Erlösung, S. 35.
3 Wolfdietrich Rasch: Über Robert Musils Roman ‚Der Mann ohne Eigenschaften‘, S. 103.
4 Klaus Günther Just: Von der Gründerzeit bis zur Gegenwart. Die deutsche Literatur der letzten hundert Jahre, Bern und München 1973, S. 483.
5 Boehlich, S. 37.
6 Robert Musil: Tagebücher, Aphorismen, Essays und Reden, Hamburg 1955, S. 226.
7 Vgl. Götz Müller: Ideologiekritik und Metasprache, S. 16 ff.
8 Ebda., S. 12 ff.
9 Georg Lukács: Die Verdinglichung und das Bewußtsein des Proletariats, in: G. L.: Geschichte und Klassenbewußtsein, Studien über marxistische Dialektik (1923), Neuwied und Berlin 1970, S. 914. – Der methodische Hinweis auf Lukács ist Hartmut Böhmes Arbeit zu verdanken.
10 Ebda.
11 Müller, S. 103.
12 Vgl. Hartmut Böhme: Anomie und Entfremdung, S. 172 f.
13 Vgl. Ernst Bloch: Erbschaft dieser Zeit, Frankfurt/M. 1973, S. 128.
14 Müller, S. 56.
15 Böhme, S. 374.
16 Ebda., S. 346.
17 Ebda., S. 374.
18 Ebda., S. 381.
19 Benjamin, S. 443.

Literaturhinweise

Robert Musil: Der Mann ohne Eigenschaften. Roman (Gesammelte Werke in Einzelausgaben, hrsg. von Adolf Frisé), Hamburg 1952.

Wilfried Berghahn: Robert Musil in Selbstzeugnissen und Bilddokumenten, Reinbek 1963 (= Rowohlts Monographien 81).
Walter Boehlich: Untergang und Erlösung. Zu Robert Musils Roman ‚Mann ohne Eigenschaften‘, in: Akzente 1 (1954), S. 35 ff.
Wolfdietrich Rasch: Über Robert Musils Roman ‚Der Mann ohne Eigenschaften‘, Göttingen 1967.
Götz Müller: Ideologiekritik und Metasprache in Robert Musils Roman ‚Der Mann ohne Eigenschaften‘, München und Salzburg 1972 (= Musil-Studien 2).
Hartmut Böhme: Anomie und Entfremdung. Literatursoziologische Untersuchungen zu den Essays Robert Musils und seinem Roman ‚Der Mann ohne Eigenschaften‘, Kronberg 1974.
Robert L. Roseberry: Robert Musil. Ein Forschungsbericht, Frankfurt/M. 1974 (= Fischer Athenäum Taschenbücher 2073).

15. Reportage: Reger, Hauser, Kisch

Die Reportage als Mode

„Seit mehreren Jahren genießt in Deutschland die Reportage die Meistbegünstigung unter allen Darstellungsarten, da nur sie, so meint man, sich des ungestellten Lebens bemächtigen könne. Die Dichter kennen kaum einen höheren Ehrgeiz, als zu berichten, die Reproduktion des Beobachteten ist Trumpf."[1] So schrieb Siegfried Kracauer 1929 im Vorwort zu seinen Berichten unter dem Titel *Die Angestellten. Aus dem neuesten Deutschland.* In der Tat gibt es fast niemanden, der dem nicht zugestimmt hätte. Walter Benjamin präzisiert dazu, daß die *Neue Sachlichkeit* der Reportage Pate gestanden habe. Für ihn ist ausgemacht, daß sie ihre immense Popularität den neuen und expandierenden Publikationstechniken verdankt: „dem Rundfunk und der illustrierten Presse".[2]

Folglich wird die Reportage schnell als Mode betrieben − und verspottet, so von Kurt Tucholsky: „Einmal hieß alles, was da kreucht und fleucht, ‚nervös‘, dann ‚fin de siècle‘, dann hatten sie es mit den ‚Hemmungen‘, und heute haben sie es mit der Reportahsche."[3] In dem Maße wie die Reportage zur allgemeinen literarischen Mode wird, ob als Rundfunkreportageserie *Ein Gang durch Berliner Betriebe* − als besonders langweilig verschrien −, ob als Sportreportage, besonders beliebt als Reportage vom Fußball- und Boxsport, ob als Fotoreportage in den Illustrierten oder Filmreportage in der Wochenschau, in dem Maße wird auch *Kritik* an ihr laut. Sei es, daß man ihrer einfach überdrüssig ist, sei es, daß man ihre Sensationsgier und Katastrophenwollust, ihr Eindringen ins Private und Intime verurteilt.

Aber diese Kritik bleibt selbst an der Oberfläche, solange sie nämlich nicht fragt, ob denn die Form der Reportage überhaupt in der Lage ist, Wirklichkeit darzustellen, also: *was die Reportage aus der beobachteten Wirklichkeit macht.* Siegfried Kracauer wendet denn auch aus dieser Perspektive gegen die Reportage ein: „Aber das Dasein ist nicht dadurch gebannt, daß man es in der Reportage bestenfalls noch einmal hat. (...) Hundert Berichte aus einer Fabrik lassen sich nicht zur Wirklichkeit der Fabrik addieren, sondern bleiben bis in alle Ewigkeit hundert Fabrikansichten. Die Wirklichkeit ist eine Konstruktion."[4] Und Walter Benjamin fügt hinzu, daß die Reportage eine „Umgehungsstrategie politischer Tatbestände" sei, den Kampf gegen das Elend zum Gegenstand des Konsums mache und überhaupt nur zur Zerstreuung und Ablenkung diene.[5]

Von dieser scharfen Kritik aus bleibt zu fragen, wie die Reportage sich selbst — durch ihre Autoren — definiert, was sie will und was sie meint, daß sie könne. Handbüchern kann man entnehmen, daß ‚Reportage' im vagsten Verständnis Tatsachenberichte in den verschiedensten Medien genannt werden. Im engeren Sinne dann, als *literarische Reportage*, ist sie als ein journalistisches Genre definiert, zumeist mit ästhetischen Ansprüchen, das dokumentarisch-authentisch ist, also auf Nachprüfbarkeit der berichteten Fakten festgelegt ist. Von der einfachen Nachricht und dem Bericht unterscheidet sie ihre Aufmerksamkeit aufs Detail, insbesondere aber die Färbung durch die subjektive Perspektive ihres Autors. Der ästhetische Charakter ist dabei jedoch meist sehr bescheiden, funktional auf die Ansprüche der Tagespresse reduziert, also nach Gesichtspunkten der Spannung und Überraschung komponiert, in der einfachsten Form durch einen frappierenden ‚Aufmacher'. Hinzu treten üblicherweise noch die besondere Schlußpointe und breite Metaphorik.

Egon Erwin Kisch, der wohl bekannteste Reporter, postuliert 1918 die „logische Phantasie" des Reporters, die darin bestehe, daß der Reporter die recherchierten Fakten und Details so kombinieren muß, „daß die Linie seiner Darstellung haarscharf durch die ihm bekannten Tatsachen" führt.[6] Bruno Frei, auch ein Autor von Reportagen, präzisiert das später: „Das Wesentliche an der Reportage ist die Erfassung des Objektes in seiner Vielseitigkeit, seine Durchdringung, seine Zerlegung und Wiederzusammensetzung (Analyse und Synthese). Der Bericht ist eine einfache fotografische Aufnahme, *die Reportage ist (. . .) ein Röntgen-Film*." Aber Frei schränkt zugleich ein, daß die meisten Reportagen weit von dieser Forderung entfernt seien. Sie brächten bestenfalls „ein gutes Bild der Seelenverfassung des reportierenden Journalisten" und seien daher objektiv „unwahr".[7]

Für den routinierten, veräußerlichten Reporter-Subjektivismus in der Presse gab es Gründe. Robert Neumann bestimmt in einem Aufsatz 1927 zum *Problem der Reportage:* „unsere heutige, unsere besondere Maßlosigkeit liegt im Stoff, der in seinem Überquellen nicht mehr gefaßt und geformt werden kann. Niemals drang eine solch beklemmende Fülle rein stofflichen Geschehens (. . .) auf den einzelnen ein."[8] Zwar war die Vielzahl des Stoffes schon früher da, nur jetzt trifft in Deutschland zweierlei zusammen, was die Veränderung so radikal erscheinen läßt: Früher war Deutschland im kaiserlichen Imperialismus missionarisch blind für die Umwelt gewesen, jetzt, nach dem verlorenen Krieg, ist es auf *allen* Gebieten zur Rezeption, zur Übernahme gezwungen. Als zweites Moment tritt hinzu, daß parallel zu diesem erzwungenen Perspektivewechsel die sprunghafte *Expandierung der Kommunikationsmittel* tritt, die massive Entfaltung der Massenpresse, die Kommerzialisierung des Rundfunks und die Wochenschau im Film, kurz: das Bedürfnis nach immer neuem Stoff für die Medien, sowie die Techniken, diesen Stoff aus aller Welt heranzuschaffen.

Die Rolle des Reporters als Agent des Stoffes ist indes zwiespältig. Einmal muß er möglichst umfassend und ununterbrochen liefern, denn, so Walter Benjamin, ,,die Information hat ihren Lohn mit dem Augenblick dahin, in dem sie neu war"[9], zum anderen muß er dabei zugleich immer sich selbst als Lieferanten unersetzlich zu machen trachten, dem gelieferten Gegenstand, der Information also seine ,Subjektivität' aufprägen. Er muß sich selbst zum *Markenartikel* machen, indem er seine Ware, die Information, nach dem Vorgang der *Warenästhetik* durch ein zusätzliches Wertversprechen zugleich standardisiert und als stets neu erscheinen läßt: durch seine veräußerlichte Subjektivität, d. h. durch seine Weise der Recherche, durch Pointen und Stil, kurz, durch seine unverwechselbare ,Schreibe'.

Wird so von der Seite des Reporters her das Produkt, die Reportage fragwürdig, so ist sie es vollends im Zusammenhang, in dem sie verwertet erscheint. Kurt Tucholsky merkt das schon früh zu Kischs *Rasendem Reporter* (1924) an: ,,Nicht zu vergessen, wo diese (. . .) Berichte stehen: in einem Wust von Nachrichten, dummem Zeug, Telegrammen und Inserenten."[10]

Neue Sachlichkeit und Tretjakov

Dieser veräußerlichte Subjektivismus des Reporters geht zu jener Zeit aber mit einem Ideal von der *Ausschaltung des Subjekts* in der Darstellung einher, befördert von der Mode der *Neuen Sachlichkeit* und ihrem Anspruch auf radikale Objektivität. Die Neue Sachlichkeit feiert als literarische Mode die technologische Rationalisierung des Kapitalismus, den scheinbar unendlichen Aufschwung durch Expansion der Technik auf allen Gebieten der Produktion. Bertolt Brecht, selbst zu dieser Zeit keineswegs frei von dem rauschhaften Optimismus in die Möglichkeiten der Technik zur Umgestaltung der

Welt, karikiert das in einem Gedicht mit dem Titel *700 Intellektuelle beten einen Öltank an*. Entsprechend sind die Reportagen der Neuen Sachlichkeit in der Mehrzahl Reportagen *über* die Produktion, über neue Werkstoffe, Industrieanlagen, Erfindungen, Produktionszahlen und Arbeitsverfahren. Sie sind jedoch Reportagen von Journalisten, also keine Reportagen *aus* der Produktion oder gar aus der Perspektive der *Produzierenden*. Die industrielle Produktion wird in ihnen vielmehr Gegenstand ästhetischen Konsums.

Dabei ist das Interesse an der Produktion nicht ohne Vorbild. Als sich nach der Russischen Revolution mit Dringlichkeit die Aufgabe stellte, die Industrialisierung voranzutreiben und dazu den allgemeinen Analphabetismus aufzuheben, ist im *Proletkult* eine Richtung aufgekommen, die den rückhaltlosen Einsatz von Schriftstellern und Journalisten im Dienste der Industrialisierung forderte. Am bekanntesten ist Sergej Tretjakov geworden. Er hatte propagiert, die Schriftsteller dürften nicht länger ihrem ‚Privatidiotismus' nachhängen, sondern müßten ihre Fähigkeiten direkt in den Betrieben und Kolchosen organisierend einsetzen. Walter Benjamin hat die Tätigkeit Tretjakovs so beschrieben: Er fuhr „nach der Kommune ‚Kommunistischer Leuchtturm' und nahm dort während zweier längerer Aufenthalte folgende Arbeiten in Angriff: Einberufung von Massenmeetings; Sammlung von Geldern für die Anzahlung auf Traktoren; Überredung von Einzelbauern zum Eintritt in die Kolchose; Inspektion von Lesesälen; Schaffung von Wandzeitungen und Leitung der Kolchos-Zeitung; Berichterstattung an Moskauer Zeitungen; Einführung von Radio und Wanderkino usw."[11]

Tretjakov war Ende 1930 in Deutschland gewesen und hatte einen außerordentlichen — doch sehr fatalen — Einfluß gerade auf die linksradikale literarische Intelligenz gehabt. Seine Darstellungen, die sich stets auf die Sowjetunion und die Planwirtschaft bezogen, wurden von seinen Berliner Adepten mißverstanden und für die deutschen Verhältnisse einfach übernommen. Tretjakov selbst war die Differenz klar, so wollte er zusammen mit Ernst Ottwalt — der übrigens wie Tretjakov im Stalinismus ermordet wurde — eine Reportage über die Funktion eines Direktors in einem sowjetischen und einem kapitalistischen Betrieb machen. Die Linksradikalen jedoch übernahmen unbesehen das Konzept aus der Sowjetunion — so wie sie es verstanden. Tretjakovs Forderung, man müsse aufhören mit den Augen von Konsumenten zu sehen und lernen, die Perspektive von Produzenten einzunehmen, wird etwa vom Schöngeist Bernard von Brentano, der zu dieser Zeit beschlossen hatte, linksradikal zu werden, so verstanden: „Wieviel leichter ist es, mit einem Produzenten zu reden als mit einem Konsumenten: Wer selber Autos herstellt, betrachtet auch einen alten Ford nicht ohne Interesse (. . .) Von diesem Konsumentenstandpunkt, der in Deutschland ganz allgemein ist, müssen wir fort. Dann erst beginnt unsere Literatur."[12] Tretjakov ging es um die Befriedigung und Organisierung elementarer Lebensbedürfnisse, Brentano geht es um *Literatur* — zudem: für ihn schrumpft das zur Frage der Bequemlichkeit.

Als dann die Wirtschaftskrise einsetzte und damit das Elend der Massenarbeitslosigkeit anbrach, kamen diese linksradikalen Schöngeister bestenfalls dahin, Mitleid mit den Betroffenen zu zeigen — Mitleid, das sich ästhetisch konsumieren ließ.

Das Ruhrrevier — exotische Naturgeschichte

Wie solche Perspektive auf die Arbeitswelt aussah, können wir uns anhand von Reportagen übers Ruhrrevier vor Augen führen: Das Ruhrgebiet war, nach dem revolutionären Kampf des Proletariats dort gegen die Kapp-Putschisten und gegen die französische Besatzungsmacht ins breite öffentliche Interesse gerückt, vor allem aber durch die dort ansässige Industrie, schließlich auch durch den Umstand, daß der Presse-Konzernherr Hugenberg vormals Krupp-Manager gewesen war, daß ein Gutteil seiner Journalisten aus der Ruhrpresse kam und über den ‚Giganten im Westen' berichtete, schon weil es die Lobby der Schwerindustrie bezahlte.

Aber wie berichtete man? Wie aus einem fremden Kontinent. Es ist ein durchgängiges Stereotyp damals, daß das Ruhrrevier so unentdeckt sei wie Zentralafrika oder sonst ein weißer Fleck auf der Weltkarte. Entsprechend war das Interesse am Revier *Interesse am Exotischen*. Stahlwerker und Kumpel wurden zu Wilden stilisiert, die in einem Urwald aus Schloten, Essen, Walzstraßen und Schächten einer fremden Lebensform angehörten. An drei Beispielen soll das erläutert werden.

Einmal an einer Reportage Erik Regers, der den Kleist-Preis, den damals bedeutendsten deutschen Literaturpreis, für seinen Reportageroman über Krupp *Union der festen Hand* (1931) bekommen hatte. Aus der Perspektive des intellektuellen Zynikers höhnt Reger unterm Titel *Ruhrprovinz* über die Kultur- und Geschichtslosigkeit des Reviers, über die Konkurrenzangst der Städte, kurz, die Provinzialität: „Das Ruhrgebiet ist", so erläutert er seinen Berliner Lesern, „der in Permanenz erklärte *Stammtisch*." (S. 147) „*Essen* hat noch seinen Krupp, aber es ist nicht mehr die Kanonenstadt, das Ziel aller Artille-

riegeneräle, sondern die Möbelstadt, das Ziel aller Bräute." (S. 142)
Und: „Hier wird ein Film aktuell, wenn niemand sonst ihn mehr se-
hen mag. Hier goutiert man die großen Kanonen, die anderwärts ihr
Pulver verschossen haben." (S. 149 f.)

Geschrieben ist das aus einer Perspektive, die sich *darüber* wähnt,
und die aufgezählten Fakten suggerieren, sie seien schon Analyse.
Was Reger in apodiktischen Urteilen auf knapp 11 Seiten zusammen-
drängt, ist von Heinrich Hauser über 150 Seiten unter dem Titel
Schwarzes Revier ausgebreitet worden. Damit verschärft sich allerdings auch die Problematik. Hauser war Mitarbeiter der *Frankfurter
Zeitung*, von daher kannte er Siegfried Kracauers Kritik an der Reportage, die hier eingangs zitiert wurde. In seinem Vorwort beschwört er folglich gerade diesen Aspekt: „Handelt es sich etwa um
die Beschreibung einer großen Fabrik, so mag der technische Aufbau
vollkommen deutlich und beschreibbar sein. Die soziale Struktur des
gleichen Werkes kann dagegen sehr undurchsichtig, sehr komplex
und objektiv kaum vorstellbar sein." Und er behauptet: „Nichts ist
geschrieben worden, was nicht gesehen oder erlebt ist. Diese Aufzeichnungen sind unpolitisch." (S. 9)

Aber stimmt das? Gibt er die von Kracauer geforderte Konstruktion der Wirklichkeit? Kann er sie geben, wenn er unpolitisch zu sein
behauptet? Und: Ist er überhaupt unpolitisch? Schon die zeitgenössische Kritik hat die Belanglosigkeit, Spekuliertheit, Schiefheit und
Unrichtigkeit seiner Beobachtungen bemerkt. Ein Rezensent wirft
ihm z. B. vor, er verwechsele „das Allgemeine mit dem Besonderen.
Zäune aus Eisenbahnschwellen sieht man in ganz Deutschland. Im
Kohlengebiet sind die Einfriedungen aus Grubenseilen viel charakte-
ristischer".[13] — Das ist ein vernichtendes Urteil über einen *Reporter . . .*

Wichtiger ist jedoch von heute aus ein Moment, das nicht schon
auf der flachen Hand liegt, aber um so nachhaltiger die Tendenz der
Darstellung bestimmt: die *Verklärung des Kapitalismus zur Naturgeschichte*. Es gibt eine Kritik des Kapitalismus, die ihm gerade vor-
wirft, sich naturwüchsig-chaotisch zu entwickeln, rationale Planung
zu verhindern und daher den Menschen als naturgegeben zu erscheinen. Siegfried Kracauer beispielsweise versucht in seinem Buch über
die Angestellten ein solches schicksalhaftes Naturgeschichtsdenken
kritisch zu ergründen. Am prägnantesten kann vielleicht eine Foto-
montage John Heartfields diese Kritik verdeutlichen. Sie trägt den
Titel *Metamorphose* und zeigt Friedrich Ebert als Raupe, Hindenburg als Puppe und Hitler dann als Totenkopfschmetterling davon-
fliegen. Hauser jedoch kritisiert nicht, sondern verklärt gerade die

Naturwüchsigkeit und Undurchschaubarkeit. Er suggeriert, die Zustände seien gerade als unbegreifbare und undurchdringliche aufgehoben in der All-Einheit des Kosmos, ewig und von Anbeginn und immer weiter so.

Darum behauptet er etwa die Identität von Menschen, Industrie und Landschaft: „Im Revier (...) wo Flüsse ihren Lauf verändern, ganze Bezirke festen Bodens sinken, wo sich Städte auf die Wanderschaft begeben (...), da kann man nicht erwarten, daß eine stabile Bevölkerung von feststehendem Typ entwickelt wird." (S. 93) Bis in kleinste Details läßt sich Hausers Ideologie verfolgen, bis hin zur Anthropomorphisierung oder mindest Animalisierung von Maschinen und technischen Vorgängen: Eisen wird „geboren" (S. 149), Zylinderköpfe sehen aus „wie Schädel von Embryonen", Stoßstangen wie „Finger, die Tonleitern spielen" (S. 59), eine Maschine ist anzusehen „wie ein großer Finger, ausgestreckt an einer dicken Faust" (S. 91) − und so fort. Schließlich der Blick auf die Geschichte: „Wie alt ist das Bündnis, das der Mensch mit dem Eisen geschlossen hat (...) Es ist ein langer Weg, der von Wieland dem Schmied zu Krupp in Essen führt. (...) (Aber) wo ist da eigentlich der Unterschied?" (S. 47)

Zu dieser Suggestion von der Ewiggleichheit in der Geschichte paßt, daß diejenigen, die am ehesten den Zustand kapitalistischer Ewigkeit bedrohen könnten, die Arbeitenden, zu *Triebtieren* erklärt werden. Auch das geht wieder bis ins letzte Detail; so endet beispielsweise der Sonntagsausflug mit einem Mädchen folgerichtig im Straßengraben, Hauser behauptet: „Der Straßengraben ist der Endpunkt aller Sonntagsausflügler (...). Schauerlich und automatenhaft ist Liebe, die sich hier vollzieht (...)." (S. 135) Die Menschen werden zu Automaten, die Maschinen zu Lebewesen erklärt − kein Wunder, daß Hauser am Ende ein Programm verkündet, das sich von dem der Nazis nicht mehr unterscheiden läßt: „In dem großen Topf von Klassenhaß und Klassenkampf werden auch Recht und Unrecht zusammengekocht. In dem Erwachen des Kollektivbewußtseins seiner Bewohner liegt die Heilung. Man erfasse Sozialismus nicht als ein System von Dogmen und Theorien, sondern als jede Form, in der der einzelne zum Wohl der Allgemeinheit sich (...) unterordnet." (S. 100)

Die Reportagen Egon Erwin Kischs übers Ruhrrevier, die hier als letzte Beispiele stehen sollen, unterscheiden sich zunächst nur tendenziell von denen Regers und Hausers. Denn Kisch staunt nicht minder vor der Technik. Ein Text wie *Stahlwerk in Bochum, vom Hochofen aus gesehen* zeigt das sinnfällig in der Schlußperspektive:

„Jeder neue Eindruck läßt den vorhergehenden verblassen. Verstört ist man von den vielen Wundern und tut gut daran, nicht gleich in den Alltag hinauszugehen, der das alles verwischt." (S. 179)

Die Reportage über Essen, das *Nest der Kanonenkönige*, ist mit bissigen Bemerkungen über die Provinzialität der Stadt durchsetzt. Sie ist zwar anklägerisch gemeint, will z. B. die profitgierige Kriegstreiberei anprangern, gerät aber allzu leicht auf die billigen Wege der Kolportage, wenn in maliziöser Beiläufigkeit immer wieder Krupps Homosexualität hervorgekehrt wird. Ansonsten bleibt Kisch in staunender Aufzählung von Fakten, die nur benannt, nicht durchdrungen werden, stecken. Der Schluß ist melodramatisch. Kisch läßt Friedrich Alfred Krupp sich mit „einer der gußstählernen Waffen, die er geschmiedet", erschießen (S. 117). — Das stimmt mehrfach nicht: Krupp hat sich nicht mit einer Waffe aus dem Hause Krupp umgebracht — ein Verstoß gegen das Gebot der Faktentreue —, vor allem aber würde Kisch später nicht mehr passieren, was hier noch durchgeht, Krupp habe die Waffe *selbst* geschmiedet . . .

Egon Erwin Kisch

Solche Reportagen begründeten indes Kischs Ruhm in der bürgerlichen Lesewelt als ‚rasender Reporter‘ — doch Kisch ist nicht bei ihnen stehen geblieben. Seine Reportagen werden, zunehmend in dem Maße, in dem er Erfahrungen mit der Realität in Deutschland, in Rußland und in den USA macht, später dann im Exil, präziser, kritischer und wirkungsvoller.

Kischs Reportagen werden in der DDR gern als ‚proletarisch-revolutionär‘ bezeichnet; das verschleift aber den Unterschied zu den Reportagen der Arbeiterkorrespondenten, der schon darin besteht, daß diese als Produzierende berichteten und daß ihre Reportagen zur Selbstverständigung dienten, insofern elementar konstruktiv waren. Kischs Reportagen sind konstruktiv jedoch nur insofern, als sie den Arbeitern Mut machten, daß es nicht mehr lange so bleibe, wie es ist. Ansonsten sind sie, das macht gerade ihre Wirkung aus, *destruktiv*: sie bemühen sich um die Zerstörung von Illusionen, Selbstverständnissen, Überzeugungen und Vorurteilen, kurz um die Destruktion des bürgerlichen Selbstvertrauens. Das setzt ein mit den Reportagen aus der Sowjetunion, die potentiell in der Lage waren, wenigstens die gröbsten Vorurteile auf spielerische Weise abzubauen (wobei sie indes andere züchteten: durch den oft blinden Optimismus). Das setzte sich vertiefend fort in Kischs Reportagen aus dem *Paradies*

Amerika (1927). Kisch unterläuft in diesen Reportagen die Amerika-begeisterung der Zeit, indem er an den positiven Stereotypen und Illusionen über die USA auf allen Sektoren, sei es der Produktion der Ford-Autos, sei es der ‚Wunderwerke' Chicagos, sei es der amerikanischen Warenhäuser oder sei es des Hollywood-Films, anknüpft, um sie dann Schritt für Schritt in wortspielerischen Pointen und bissigen Kommentaren umzukehren, aufzulösen und als Schein zu entlarven.

Ein Beispiel von vielen, das zugleich die kompositorische Freiheit dieser Reportagen zeigt: Kisch läßt, in Form einer Legende, Gott auf die Welt kommen, um zu sehen, was er da geschaffen hat. Gott gerät nach Hollywood, wo seine Welt über sich in Filmen eine Scheinwelt aufbaut. Und dabei nun ‚erlebt' Gott die bittere Wirklichkeit der angeblich so schönen Filmwelt. In einer Agentur kommt es zu folgendem Dialog: „‚Welche Spezialität haben Sie?' — ‚Ich bin der liebe Gott', stellt sich dieser bescheiden vor. ‚Du lieber Gott', lachte Mister Allan, ‚Sie sind wohl nicht ganz recht im Kopf? Erstens ist der liebe Gott ein ganz anderer Typ, und zweitens haben wir hier schon zweiundzwanzig bessere liebe Gotte. Unser Bedarf an lieber Gott ist gedeckt.'"[14]

An solchen Passagen sieht man zugleich, wie Kischs Reportagen sich von der strengen Form der Faktenwiedergabe ablösen und in kompositorischer Eigenständigkeit recherchierte Fakten und Tatsachen in fiktionale Zusammenhänge einkonstruieren. Es zeigt das, wie Kisch sich auf die — antizipierte — Rezeptionshaltung des Publikums zunächst einrichtet, scheinbar dessen Interesse an Zerstreuung umstandslos beliefert, um darin um so präziser seine Kritik vortragen zu können. So hat er später etwa, um dem amerikanischen Publikum die Greuel der Faschisten im Spanischen Bürgerkrieg überhaupt nahebringen zu können, einzig die Qualen der Tiere im Madrider Zoo bei einem Bombenangriff geschildert — davon ausgehend, daß das Leiden der Menschen kaum eine Reaktion, das von Tieren aber (bei der aberwitzigen Tierliebe in einem Lande der pompösen Hundefriedhöfe) Stürme der Entrüstung entfachte.

Kisch hat sich stets als ganze Person eingebracht, ob er illegal durch die USA oder durch China reiste, ob er am Spanischen Bürgerkrieg teilnahm oder ob er, als Delegierter zu einem Antifaschisten-Kongreß nach Melbourne gereist, das Einreiseverbot durchbrechend, an Land sprang — und mit diesem ‚Sprung auf den Kontinent' die australische Regierung in eine schwere Krise stürzte, weil sie sich von den Nazis hatte breitschlagen lassen. Deshalb nennt ihn Sergej Tretjakov die ‚Nase des Proletariats': „Sooft gereizt eine Stimme von kapitalistischem Timbre ertönt: ‚Wiederum steckt das Proletariat seine

Nase in fremde Geschäfte' — frage ich mich: was ist das für eine Nase? Und gebe zur Antwort: die Nase ist Egon Erwin Kisch."[15] Und sogar Georg Lukács, mit der Reportage ansonsten sehr streng, nennt Kisch in einem Gruß zu dessen 50. Geburtstag 1935 einen „Meister der Reportage" und hebt ihn ausdrücklich vom üblichen Journalismus ab, der für ihn den „Gipfelpunkt der kapitalistischen Verdinglichung" darstellt.[16]

Kisch selbst ist da fast bescheidener. Er begründete seine Arbeitsweise mit seiner Neugier. „Ich kann mit keiner Straßenbahn fahren, ohne herauskriegen zu wollen, welches Buch der Herr in der entgegengesetzten Ecke liest. Ich verfolge ein Paar durch mehrere Straßen, um zu erfahren, welche Sprache sie sprechen. Ich gaffe in fremde Fenster, ich lese alle Wohnungsschilder in dem Haus, in dem ich zu Besuch bin, ich durchforsche Friedhöfe nach vertrauten Namen. Gleichgültige Menschen frage ich über ihr Leben aus. Ungewöhnliche Straßenbezeichnungen zwingen mich, zu ergründen, warum sie so lauten. Jede Rumpelkammer und jeden Stoß alter Papiere möchte ich durchsuchen, jedes ‚Eintritt verboten' lockt mich zum Eintritt, jede Geheimhaltung zur Nachforschung."[17] Doch wegen seines Anspruchs, Kommunist zu sein, ist Kisch hierzulande — im Gegensatz zur DDR — weitgehend unbekannt geblieben, wurde nur von ihm aufgelegt, was ins Schema von Unterhaltung und Alltagsexotik paßte.

Zum Schluß die Frage: Wie wird einer so? Egon Erwin Kisch ist 1885 in Prag geboren worden, als Sproß einer reichen und angesehenen Tuchhändlerfamilie. Als Deutschsprachiger, Jude und Angehöriger der Oberschicht stand er von Anfang an im Spannungsfeld unterschiedlicher sozialer Kräfte. Als Deutscher in die nationalistischen Auseinandersetzungen gezogen, als Jude von Pogromen bedroht, konnte er sich doch als Reicher stets daraus retten — und vor der Ermordung durch die Nazis schützte ihn die tschechische Staatsbürgerschaft. Dieses Milieu machte ihn aber besonders sensibel für die Erfahrungen von Außenseitertum und Unterdrückung. Bei ärmeren Angehörigen seines Volkes ist das zum grausamen Schicksal geworden, Kisch konnte daran seine Persönlichkeit entwickeln.

Zu diesem Milieu gehörte später dann das kulturelle der Kaffeehausliteratur. Kisch war z. B. mit Kafka und Rilke bekannt. Den Unterschied zu Rilke macht eine phantasievoll stilisierte Episode deutlich. Während sie im Café sitzen und Rilke mit „taubengleich flatternden Händen" von der Poesie als Liebe und Liebe als Poesie spricht, nimmt Kisch die prosaische Stellung eines lokalen Kriminalreporters an, auf der Fährte des Hasses. „Hinter mir flatterten Rilkes Tauben

mit der Botschaft, daß aus dem Haß niemals Poesie entströmen kann
(. . .) ,Ich könnte den Posten sofort antreten', sagte ich zu dem Redakteur."[18] Die Kunst solcher Zuspitzung in Bildern verdankt Kisch
nicht zuletzt seinem Judentum, der Aufmerksamkeit auf die Bedeu-
tungsschwere jedes Augenblicks, der messianischen Hoffnung und
der Auslegungsaufforderung der Bilder. Anders jedoch als Walter
Benjamin, der das geradewegs zum Programm der Erkenntnis erhoben hat, liefert Kisch keine ,Denkbilder' ernster Versenkung, sondern Bilder zur Zerstreuung — mit Widerhaken versehen, die sich
dem Gedächtnis eingraben. Erkauft werden sie allerdings oft um den
Preis einer Unzahl von Kalauern und Taschenspielertricks mit Sprache. Da ist etwas zum „Verstand- und Galoschenverlieren", Geld
„schließt Türen und Bürgertöchter auf", Landserwitze werden, auf
Wirkung bedacht, genauso eingesetzt wie bürgerliches Bildungsgut,
über das er in sehr hohem Maße verfügte.

Aus dieser Tradition heraus sind darum auch viele seiner Reportagen so gelungen, daß sie der Kritik an der Reportage nicht verfallen,
denn Kisch bewahrt in ihnen stets die historische Dimension und begnügt sich nicht mit der ablenkenden Unterhaltung des Publikums.
Er selbst schreibt dazu: „Nicht um der formalen Wirkung wegen haben wir uns auferlegt, das Erbe der bürgerlichen Kunst zu verwalten
und zu entwickeln (. . .), verabscheuen (wir) all das, was wirklich ba-
nal ist, was wirklich demagogisch ist, was wirklich plebejisch ist, was
wirklich Phantasielosigkeit, was wirklich öder Rationalismus oder
starrer Materialismus ist", sondern weil sie sich „an eilige, noch unge-
schulte, noch unentwickelte Leserschichten" wende, dürfe diese Literatur nicht Ablenkung und bloße Unterhaltung sein. „Uns aber
stehen der Mensch und das Leben am höchsten."[19]

So sind Kischs *Geschichten aus sieben Ghettos* Geschichtsschreibung des Leidenswegs seines Volkes, aber noch darin hält er an der
entscheidenden Differenz fest. Er schreibt vom Leiden der Juden unter dem Faschismus, aber er schreibt auch von den Zehntausenden,
„die wissen, daß im faschistischen Reich nicht ihre Glaubensgenos-
sen, sondern ihre Klassengenossen gemordet und gemartert werden,
die wissen, daß es kein Bündnis gibt zwischen Arm und Reich, daß
Solidarität auf Grund von Religion und Rasse utopisch ist. (. . .) diese Anderen kämpfen geschlossen gegen Dumpfheit und Reaktion
und für eine Welt ohne Ghetto und ohne Klassen".[20]

Den Kampf gegen die Dummheit hat Kisch bis zu seinem Tode
fortgesetzt, der ihn 1948 in Prag unter Umständen, die bis heute
nicht genau geklärt sind, ereilte.

Jüngst schrieb ein Reporter im *Spiegel:* „Der Kommentar beschreibt die Grenzen des Möglichen, der Reporter rückt gegen sie vor." Egon Erwin Kisch hat die Grenzen damals schon so weit hinausverlegt, daß die gegenwärtigen Reporter immer noch dabei sind, das Terrain zu besetzen.

Anmerkungen

1 Siegfried Kracauer: Die Angestellten. Aus dem neuesten Deutschland (1929), in: S. K.: Schriften 1, Frankfurt/M. 1971, S. 216.
2 Walter Benjamin: Der Autor als Produzent (1934), in: W. B.: Versuche über Brecht, Frankfurt/M. 1966, S. 106.
3 Kurt Tucholsky: Die Reportahsche (1931), in: K. T.: Panter, Tiger & Co., Reinbek 1954, S. 98.
4 Kracauer, S. 216.
5 Walter Benjamin: Politisierung der Intelligenz (1930), in: W. B.: Gesammelte Schriften III, Frankfurt/M. 1972, S. 226.
6 Egon Erwin Kisch: Wesen des Reporters (1918), in: Erhard Schütz (Hrsg.): Reporter und Reportagen, S. 41.
7 Bruno Frei: Von Reportagen und Reportern (1934), ebda., S. 36 f.
8 Robert Neumann: Zum Problem der Reportage, in: Die Literatur 30 (1927/28) Nr. 8, S. 3.
9 Walter Benjamin: Kunst zu erzählen, in: W. B.: Gesammelte Schriften IV/1, Frankfurt/M. 1972, S. 436 f.
10 Kurt Tucholsky: Der rasende Reporter, in: K. T.: Literaturkritik, Reinbek 1972, S. 175.
11 Benjamin: Der Autor als Produzent, S. 99.
12 Bernard von Brentano: Kapitalismus und schöne Literatur, Berlin 1930, S. 31 f.
13 Fritz Schulte ten Hoevel: Das dritte Auge des Reporters, in: Der Scheinwerfer 3 (1930/31) H. 8/9, S. 30.
14 Egon Erwin Kisch: Paradies Amerika (Gesammelte Werke Bd. IV), S. 128.
15 Sergej Tretjakov, in: Internationale Literatur 5 (1935) H. 4, S. 5.
16 Georg Lukács: Meister der Reportage (1935), in: Schütz (Hrsg.): Reporter und Reportagen, S. 49 f.
17 Egon Erwin Kisch: Marktplatz der Sensationen/Entdeckungen in Mexiko (Gesammelte Werke Bd. 7), Berlin und Weimar 1967, S. 76.
18 Ebda.
19 Egon Erwin Kisch: Reportage als Kunstform und Kampfform (1935), in: Schütz (Hrsg.): Reporter und Reportagen, S. 48.
20 Egon Erwin Kisch: Geschichten aus sieben Ghettos/Eintritt verboten/Nachlese (Gesammelte Werke Bd. 6), Berlin und Weimar 1973, S. 122.

Literaturhinweise

Erik Reger: Ruhrprovinz (1929), in: Ernst Glaeser (Hrsg.): Fazit. Ein Querschnitt durch die deutsche Publizistik, Hamburg 1929, S. 141 ff.

Heinrich Hauser: Schwarzes Revier, Berlin 1930.

Egon Erwin Kisch: Der rasende Reporter/Hetzjagd durch die Zeit/Wagnisse in aller Welt/Kriminalistisches Reisebuch (Gesammelte Werke Bd. V), 2. Aufl. Berlin und Weimar 1974.

Erhard Schütz (Hrsg.): Reporter und Reportagen. Texte zur Theorie und Praxis der Reportage in den zwanziger Jahren, Gießen 1974.

Helmut Lethen: Neue Sachlichkeit 1924—1932. Studien zur Literatur des ,Weißen Sozialismus', Stuttgart 1970.

Erhard Schütz: Kritik der literarischen Reportage. Reportagen und Reiseberichte aus der Weimarer Republik über die USA und die Sowjetunion, München 1977.

Dieter Schlenstedt: Egon Erwin Kisch. Leben und Werk, 2. Aufl. Berlin/DDR 1970.

Christian Ernst Siegel: Egon Erwin Kisch. Reportage und politischer Journalismus, Bremen 1973.

16. Literatur der Arbeiterbewegung I: Prosa

Tradition und Experiment in der Literatur nach der Novemberrevolution von 1918

In der literarischen Produktion der deutschen Arbeiterbewegung spielte die Epik im Vergleich zur Lyrik und Dramatik seit je eine untergeordnete Rolle und innerhalb der großen Prosaform dominierte nicht der Roman, sondern die proletarische Autobiographie, die eingegrenzte proletarische Lebenserfahrung als Klassenschicksal artikulierte. Diese Tendenz setzte sich — durch mehrere neue Faktoren modifiziert — auch nach der Novemberrevolution von 1918 fort. Die neugegründete KPD, die sich zunächst ganz auf den politischen Kampf konzentrierte, schenkte bis in die zwanziger Jahre Fragen der Kulturpolitik und Literaturproduktion so gut wie keine Aufmerksamkeit bzw. verharrte in den von Franz Mehring vorgezeichneten, auf das bürgerliche Erbe fixierten Bahnen. Dagegen bemühten sich junge linksradikale und anarchistische Schriftsteller und Theoretiker entsprechend ihrer politischen Theorie intensiv um *Literatur als Instrument des Klassenkampfs.* Geprägt vom Expressionismus und Dadaismus brachen sie mit der bürgerlichen wie mit der durch ihre Politik und Literatur im Ersten Weltkrieg kompromittierten sozialdemokratischen Tradition. Georg Grosz, John Heartfield, Wieland Herzfelde, Franz Jung, Franz Pfempfert, Erwin Piscator und Erich Mühsam suchten unter dem Einfluß des russischen Proletkult in ihren literarischen Experimenten neue Wege.[1]

Als einziger aus dieser Gruppe schrieb Franz Jung (1888–1963) zwar Romane wie *Die Rote Woche* (1921), *Arbeitsfriede* (1922) und vor allem *Die Eroberung der Maschinen* (1923), worin er von seinem linksradikalen Standpunkt aus Spontaneität und Selbstbewußtwerdung des Proletariats propagiert und auf der Folie der Märzkämpfe von 1921 objektive und subjektive Aspekte des Klassenkampfs modellhaft zu verbinden versucht. Seine experimentelle Erzähltechnik sprengt jedoch die traditionelle Form; Montage, lehrhafte Passagen, Reflexionen und eingefügte Traktate lösen den geschlossenen Roman auf, Identifikationsfiguren und positiver Held werden durch das proletarische Kollektiv ersetzt.

Neben Jungs Romanen erschienen in der *Roten Romanserie* (1921–1924) des Malik-Verlages nur noch zwei Bücher deutscher Autoren: nicht zufällig die beiden Autobiographien *Von Stufe zu Stufe* (1922) von Anna Meyenberg und *Frühzeit* (1922) von Oskar Maria Graf. Ansonsten dominierten ausländische Romanautoren wie Upton Sinclair oder John Dos Passos, was auf den grundsätzlichen Mangel an sozialkritischer deutscher Prosaliteratur hinweist. Sinclair, Jack London (*Die eiserne Ferse*, 1922 übersetzt), Emile Zola (und nicht etwa Heinrich Mann) galten bei den sozialkritischen Autoren als die großen Vorbilder.

Obwohl auch in der deutschen Sozialdemokratie zunächst die Tradition der Arbeiterautobiographie fortgesetzt wurde (Ottilie Baader, Nikolaus Osteroth u. a.), spielte sie „für die kritische Selbstverständigung (...) über die politische Rolle ihrer Partei"[2] keine Rolle mehr und wurde zunehmend von Memoiren sozialdemokratischer Staatsmänner und autobiographischen Werken der ‚Arbeiterdichter' Karl Bröger, Max Barthel und Heinrich Lersch verdrängt, die statt proletarischer Lernprozesse vor allem ihr individuelles Streben nach gesellschaftlichem Aufstieg artikulierten.

Arbeiterkorrespondenz und proletarische Autobiographie in der Stabilisierungsphase (1924–1928)

Als mit der ökonomischen Stabilisierung 1923 die revolutionäre Phase der Weimarer Republik endete, zog auch die KPD in Form einer grundlegenden Umorganisierung (X. Parteitag 1925, Bolschewisierung, Zellenaufbau) ihre Konsequenzen aus den politischen Veränderungen. Angeregt durch die Veröffentlichung von Lenins Aufsatz *Parteiorganisation und Parteiliteratur* (1924), löste sie sich von der traditionellen Mehringschen Position und versuchte ihre Kulturpolitik neu zu organisieren. Literatur wurde jetzt als Teil des politischen Kampfes und als Medium der politischen Agitation gegen die bürgerliche Ideologie eingesetzt. Besondere Bedeutung bekam dabei die intensiv propagierte Form der *Arbeiterkorrespondenz*, die mit ihrer Operationalität gerade in Fabrik, Verwaltung und Wohnvierteln Ansätze einer proletarischen Öffentlichkeit zu schaffen vermochte, in Bereichen also, in denen das Kapital jegliche Art von Öffentlichkeit reduzierte und tendenziell zerstörte. In den Arbeiterkorrespondenzen berichteten Arbeiter über aktuelle Vorfälle und Ereignisse ihres Alltags in und außerhalb der Betriebe und erörterten, ausgehend von ihren exemplarischen Einzelerfahrungen, Widerstandsmöglichkeiten gegen die kapitalistische Ausbeutung und Unterdrückung. Die KPD förderte die Arbeiterkorrespondentenbewegung besonders wegen ihrer wichtigen Funktion als Verbindungsglied zwischen Partei und Arbeiterklasse; 1930 gab es ca. 2 700 Arbeiterkorrespondenten und im selben Zeitraum wurden ca. 2 000 Korrespondenzen in der *Roten Fahne* abgedruckt. Dabei entstand jedoch Ende der 20er Jahre die ambivalente Situation, daß die Arbeiterkorrespondenzen einerseits als Teil einer proletarisch-revolutionären Massenkultur angesehen wurden, vergleichbar etwa mit Tretjakovs Bemühungen in der UdSSR um eine operative Literatur, sie andererseits den Ausgangspunkt, sozusagen die ‚unterste‘ und damit zu überwindende Stufe von ‚höher‘ entwickelten literarischen Gattungen wie Erzählung und Roman bilden sollte.

Auch in der Zeit von 1924 bis 1928 erschienen als große Prosaformen vor allem autobiographisch geprägte Werke wie der Roman *Das Opfer* (1925), in dem Albert Daudistel seine persönlichen Erfahrungen in der Revolution verarbeitet, und Kurt Kläbers *Passagiere III. Klasse* (1927), eine „beinahe stenogrammartige Niederschrift ihrer Gespräche und Handlungen", wie es in der vorangestellten Notiz heißt.

Der BPRS und der Rote Eine-Mark-Roman

Vor dem Hintergrund der sich zuspitzenden ökonomischen Krise und des sich verschärfenden Klassenkampfes Ende der zwanziger Jahre bemühte sich die KPD, ihre Kulturpolitik weiter zu intensivieren. Nach dem XI. Parteitag leitete Becher die *Proletarische Feuilleton-Korrespondenz* (1927–1929), deren Ziel es war, „die Feuilletonseiten der Arbeiterpresse von den Erzeugnissen bürgerlicher Ideologie (zu) befreien und sie dafür mit der Ideologie des proletarischen Klassenkampfes (zu) füllen."[3] 1928 wurde der Bund proletarisch-revolutionärer Schriftsteller (BPRS) gegründet, der von 1929 bis 1932 die Zeitschrift *Die Linkskurve* herausgab. Bis 1930 konzentrierte er sich entsprechend der russischen Situation weitgehend auf die Förderung der Arbeiterkorrespondenten, betonte den proletarischen Standpunkt und zog einen klaren Trennungsstrich zu oppositionellen Schriftstellern wie Ernst Toller, Kurt Tucholsky, Carl von Ossietzky. Selbst kommunistische Intellektuelle hatten nach Andor Gabors ‚Geburtshelferthese‘ lediglich die Funktion, dem revolutionären Arbeiter literarische Techniken zu vermitteln sowie andere Hilfestellungen zu leisten. Seit 1930 läßt sich jedoch eine Umorientierung feststellen: die Theorie, daß nur Arbeiter revolutionäre Literatur schreiben könnten, der ‚Ökonomismus' in der Literatur, wie es damals hieß, wurde überwunden. Arbeiterschriftsteller und Intellektuelle sollten jetzt gemeinsam literarische Werke produzieren, um breitere Schichten anzusprechen, d. h. Massenwirksamkeit zu erreichen, ein Ziel, das Münzenbergs *Neuer Deutscher Verlag* sowie der *Malik-Verlag* schon seit längerem, vor allem wiederum mit autobiographischen Werken, verfolgten.[4]

Den eigentlichen Höhepunkt der proletarischen Autobiographie markiert Ludwig Tureks (1898—1975) Buch mit dem programmatischen Titel *Ein Prolet erzählt*, 1929 im Malik-Verlag erschienen. Ausgehend von eigenen Erfahrungen, nicht von abstrakten Postulaten, betont Turek seine individuelle Entwicklung; indem er sie jedoch mit der objektiven Klassenlage verbindet, vermeidet er die Gefahr individualistischer Isolierung. Über den Arbeitsvorgang seines Schreibens und seine Intentionen berichtet er: „Vorliegendes Buch ist nicht das Produkt eines Schriftstellers, sondern die Arbeit eines werktätigen Proleten. Von den wenigen Mußestunden und Energien, die das tägliche Schuften für den Unternehmer im Zeitalter der Rationalisierung dem Arbeiter noch übrig ließ, wurde mühevoll Zeit und Kraft gestohlen, um das Vorhaben auszuführen. Über ein Jahr, auf Schritt und Tritt Bleistift und Briefblock in dauernder Bereitschaft (. . .) Warum ich schreibe? Erinnerungen gibt es doch schon mehr als Pfennige in der Mark. Aber ihre Verfasser sind Generale, Könige, Kapitalgewaltige, Staatsmänner oder Abenteurer. Sie reden nicht von den Dingen, die den Arbeiter bewegen. (. . .) Um mitzuhelfen, die Duldsamkeit zu brechen — darum habe ich geschrieben. Nicht für Literaten und Schwärmer, sondern für meine Klasse."[5] Die literarische Qualität dieses Buches liegt in seiner lakonisch-prägnanten, bitter sarkastischen Ausdrucksweise, die sich mitunter als Parodie auf Goethes Memoiren verstehen ließe: „Am 28. August 1898, an einem Sonntagabend, erblickte ich zum erstenmal das Licht. Es war das Licht einer alten Petroleumlampe. Ich glaube, meine Mutter hatte zu dieser Geburt an einem Werktage keine Zeit. Auch der Umstand, daß ich nicht, wie die meisten Menschen unserer Zone, in einem Bett, sondern auf kahlen Dielenbrettern neben einer uralten Kommode geboren wurde, spricht dafür, daß meine Mutter auf das Ereignis keinen großen Wert legte. (. . .) Fünf Monate früher, am 31. März, war mein Vater gestorben, und das einzige, was er meiner Mutter hinterlassen hatte, war — ich." (S. 5)

Das Schwergewicht der Prosaproduktion Anfang der dreißiger Jahre lag jedoch nicht in der proletarischen Autobiographie, sondern im *proletarisch-revolutionären Roman;* nicht gesellschaftliche Auseinandersetzungen im Verlauf des Lebens eines Arbeiters, sondern Position der Arbeiter in den Klassenkämpfen hieß die Problemstellung. 1930 gab Kurt Kläber im Internationalen Arbeiterverlag den ersten Band der *Roten Eine-Mark-Romanreihe* heraus. Auf Hans Marchwitzas *Sturm auf Essen* folgten Willi Bredels *Maschinenfabrik N&K* (1930), Boris Orschanskys *Zwischen den Fronten* (1930), Klaus Neukrantz' *Barrikaden am Wedding* (1931), Franz Kreys *Maria und der Paragraph* (1931), Bredels *Rosenhofstraße* (1931), Marchwitzas *Schlacht vor Kohle* (1931) und Walter Schönstedts *Kämpfende Jugend* (1932).

Die neue Romanreihe hatte den Anspruch, Bücher zu einem niedrigen Preis — nicht teurer als die Unterhaltungsromane des Ullstein-Verlags — für einen großen Leserkreis herzustellen. Der bürgerlichen Massenliteratur mit ihrer falschen Harmonie und ihrer Scheinbefriedigung von Bedürfnissen sollte „ein Roman von der Masse für die Masse" entgegengestellt werden. Man wollte sich an die Mehrheit der Arbeiterklasse wenden, aber auch „besondere Aufmerksamkeit dem revolutionären Kleinbürgertum, der technischen Intelligenz und den übrigen proletarisierten Schichten"[6] schenken; denn „es fehlt an Kinder- und Jugendliteratur, es fehlt Literatur für die proletarischen Frauen, es fehlt Literatur fürs flache Land, es fehlt Literatur für Zentrumsgebiete".[7]

Die *Roten Eine-Mark-Romane* erschienen jeweils in einer ersten Auflage von 15000 Exemplaren, häufig wurden sie in der *Roten Fahne*, der *Arbeiter-Illustrierten-Zeitung* oder in anderen Parteizeitungen in Fortsetzungen nachgedruckt. Die trotz ‚Massenkritikabenden' und Werbung für eine Massenliteratur keineswegs hohen Auflagen lassen schon auf der Ebene der Distribution die besonderen Schwierigkeiten der proletarisch-revolutionären Literatur erkennen. Da die bürgerlichen und sozialdemokratischen Buchhandlungen, Bibliotheken und Zeitungen dieser Literatur grundsätzlich versperrt waren, mußte die in der Partei übliche Vertriebsform über die Parteizellen, Literaturobleute usw. benutzt werden, womit die Käuferschicht entgegen dem proklamierten Anspruch weitgehend auf Parteimitglieder und Sympathisanten beschränkt blieb. — Noch deutlicher zeigt sich der Widerspruch zwischen Intention und Realisierung in der inneren Struktur der Romane, in Themenwahl, politischem Standort und literarischer Technik.

Willi Bredels Reportageromane

An den beiden Romanen von Willi Bredel (1901–1964) lassen sich die Mängel, aber auch das Neue des proletarisch-revolutionären Romans besonders gut aufzeigen. Nach der Programmatik der *Roten Eine-Mark-Romanreihe* greift Bredel Gegenwartsthemen auf. Nicht mehr die Interpretation heroischer Klassenkämpfe der Vergangenheit (1918–1923), sondern das „Leben in Fabriken, Schächten und Mietskasernen", die alltägliche Kleinarbeit der Betriebs- bzw. Straßenzellen, die Bredel selbst kannte, stehen im Mittelpunkt. Diese neue Tendenz manifestiert sich im Vergleich etwa zu Karl Grünbergs *Brennende Ruhr* und Hans Marchwitzas *Sturm auf Essen* mit ihrer Revolutionsmetaphorik schon in den dokumentarischen Titeln *Maschinenfabrik N&K* und *Rosenhofstraße*. In seinem ersten Roman konzentriert sich Bredel ganz auf die Darstellung einer Betriebszelle der KPD und ihrer Politik der Roten Gewerkschaftsopposition (RGO). Einerseits wendet sie sich gegen die verschärfte Ausbeutung und versucht, Kommunisten drohende Entlassungen mit Hilfe eines Streiks zu verhindern, andererseits bekämpft sie die Gewerkschaftspolitik der Sozialdemokraten und bemüht sich, sie als ‚Sozialfaschisten' zu entlarven. Der Leser lernt die handelnden Personen nur als Betriebsangehörige kennen, ohne daß jedoch eine grundsätzliche Kritik an der entfremdeten Arbeit ausgesprochen würde; ihr Privatleben, etwa wie sich der Held Melmster außerhalb seines Berufs verhält, bleibt ausgeblendet. Private Bedürfnisse wie die Verlobung von Dora und Hans werden sogar als Hindernis für die politische Arbeit angesehen.

Die enge Verbindung von Arbeiterkorrespondenz und Reportageroman läßt sich an Bredels erstem Roman noch besonders deutlich ablesen: die 49 kurzen, häufig noch unterteilten, anekdotenhaften Episoden, die jeweils einem Kapitel entsprechen, stehen additiv nebeneinander. Da sie entsprechend der Enthüllungstechnik der Arbeiterkorrespondenten jeweils mit einer Pointe enden, konnten sie durchaus auch einzeln in der Presse veröffentlicht werden: *N&K erklären den Krieg* bzw. *Der Rote Ring* in der *Roten Fahne* vom 14. bzw. 26. Oktober 1930. Aber auch der umgekehrte Weg wurde praktiziert: Die *Arbeitskorrespondenz 2516* aus der *Hamburger Volkszeitung* (Nr. 129, 1928) mit dem Titel *Der Jubilar* übernimmt Bredel als Teil des 14. Kapitels (S. 37 f.) in seinen Roman. Daneben fügt er (vermutlich dokumentarische) Ausschnitte aus bürgerlichen und sozialdemokratischen Zeitungen (Kap. 35, 40 und 48), deren Antikommunismus mit der realen Romanhandlung kontrastiert wird: ein

Flugblatt der RGO und ein Inserat, das die Aussperrung der Arbeiter bekannt gibt, in den Text ein. Zwar verändern Montagetechnik, Dokumentar- und Reportageteile die Struktur des Romans — es entsteht die *Mischform des Reportageromans* — durch die dominierende kontinuierliche Handlung, die fiktionale Fabel und den zur Identifikation anregenden Helden werden sie jedoch integriert; ihre potentielle Qualität: das Zerbrechen der traditionellen Wahrnehmungsstruktur beim Leser kommt nicht zum Tragen.

Das einfache Zeitgerüst des Romans (chronologischer Ablauf, Reportageteile im Präsens, Romanteile im Präteritum) verweist ebenso auf die Arbeiterkorrespondenz wie Bredels Darstellungweise. Der Roman beginnt mit einer knappen Schilderung der morgendlichen Situation vor Arbeitsbeginn: „Jetzt war es 15 Minuten vor 7. Das grüne Bäckerauto fuhr wie jeden Morgen um diese Zeit hier vorbei. Die drei Arbeitermädel von der Gummifabrik kamen dort um die Ecke. Wie jeden Morgen um diese Zeit humpelte der Alte mit den schlohweißen Haaren und dem merkwürdig langen Kinn über die Kanalbrücke. Dann rasselte auch schon drüben, wie jeden Morgen um diese Zeit, 15 Minuten vor 7, der Schlüssel des Pförtners im Schloß der schweren Eisentür . . .“ (S. 3) Diese Art des nüchternen Berichts, des Andeutens und Hinweisens („hier", „dort", „drüben", „jetzt") kann nur durch die *identische Erfahrungsebene von Autor und Leser* von diesem mit Leben, mit eigenen Erfahrungen gefüllt werden. Bredel verwendet in seinen Romanen mehrere Sprachebenen, in den Reportageteilen vor allem Fachsprache und berichtende Redeweise, in den Dialogen und szenischen Darstellungen dagegen umgangssprachliche Formulierungen („Sing nicht Alter" S. 8, „mausig machen" S. 8, „Drohn läßt ‚husten'" S. 38), versetzt mit dialektalen Ausdrücken und Invektiven („madiger Sack" S. 11, „etwas doofe Augen" S. 12, „Arschlecken" S. 53, „Schweine" S. 73). An vielen Stellen dominiert daneben eine Ausdrucksweise, die entsprechend der damaligen Parteisprache von marxistischen Termini, von Leitartikelparolen und scharfer Polemik gegen „reformistische Bonzen" (S. 15) und die „Lakaien des Kapitals" (S. 66) geprägt wird und dem kommunistischen Leser aus seiner Organisation vertraut war.

Auch in der *Personencharakterisierung* wirkt die typisierende, sich an äußeren Mermalen orientierende Schreibweise der Arbeiterkorrespondenten weiter. Während sie dort jedoch funktionaler Bestandteil einer spezifischen literarischen Technik war, wirkt sie vermischt mit traditionellen Romanelementen disparat, unzureichend und hilflos. Die Romanfiguren werden ohne ihre Bedürfnisse, Konflikte, Widersprüche, ohne psychische Motivation und Entwicklungsprozesse als starre Figuren gezeichnet.

In seinem zweiten Roman *Rosenhofstraße* geht Bredel zwar grundsätzlich nach derselben Methode vor, im Detail lassen sich jedoch eine Reihe von Modifikationen feststellen. Indem er einen *Roman einer Hamburger Arbeiterstraße* konzipiert, wie es im Untertitel heißt, löst er sich zunächst von dem eng begrenzten Produktionsbereich und verbreitert den dargestellten Realitätsausschnitt. Mit dieser Umorientierung greift Bredel mehrere außerliterarische Veränderungen auf: Erstens beginnt die KPD in dieser Zeit sich sehr zögernd auf eine vorsichtige Bündnispolitik einzulassen, ohne freilich die Theorie des ‚Sozialfaschismus‘ zu revidieren, zweitens verlagert sich ihr organisatorischer Schwerpunkt immer stärker von den Betriebs- auf die Straßenzellen (Arbeitslosigkeit!) und drittens ermöglicht die Wahl des Wohnbereichs, in dem das Alltagsleben einer Vielzahl verschiedener Individuen, Gruppen und Klassen aufeinandertrifft, eher die Forderung nach einer Massenliteratur zu erfüllen.

Im Mittelpunkt der Handlung steht wiederum eine kommunistische Zelle, die in ihrer Straße zunächst einen Mieterstreik in Auseinandersetzung und Zusammenarbeit mit Sozialdemokraten und Kleinbürgern organisiert und erfolgreich abschließt und die im weiteren Verlauf in entschiedener Konfrontation mit den Nationalsozialisten in ihrem Bereich den KPD-Wahlkampf trägt. Trotz Ähnlichkeit im Aufbau mit *Maschinenfabrik N&K* (Chronologie, Episodentechnik) ist die Romanstruktur komplexer. Bredel gliedert die Handlung nur noch in neun Kapitel — allerdings mit sehr vielen Unterabschnitten —, verwendet kompliziertere Figurenkonstellationen und führt, offensichtlich um Spannung zu erzeugen (Massenliteratur!), Elemente des Kriminalromans ein (der mißlungene Diebstahl der Mieterkasse). Vor allem bemüht er sich, eine größere Anzahl von gesellschaftlichen Aspekten miteinander zu verknüpfen: den Sozialdemokraten Kummerfeld als sozial empfindenden Wohlfahrtspfleger, ein ökonomisch und bewußtseinsmäßig heterogenes Kleinbürgertum, Kuhlmanns Flucht in die ‚heile Welt‘ des Gesangvereins (dessen Dampferfahrt mit der Landagitation der Straßenzelle kontrastiert wird), die schwangere Arbeiterin zwischen Klassenjustiz (Paragraph 218) und entwürdigendem Klassenkrankenhaus, die nationalsozialistische Betriebsorganisation NSBO und die spontane Einheitsfront der Arbeiter gegen die faschistische Bedrohung. Die Verbindung dieser verschiedenen Themenkomplexe hat Bredel jedoch offensichtlich einige Schwierigkeiten bereitet (die Kriminalstory wirkt z. B. aufgesetzt). Insbesondere sein Versuch, unter dem Eindruck des NSDAP-Sieges bei den Septemberwahlen den zweiten Teil seines Romans neu zu konzipieren — an die Stelle des Mieterstreiks im ersten Teil tritt die antifaschistische Einheitsfront – führte zu einer deutlichen Zweiteilung in der Romanhandlung. Dieser ungewollte Bruch läßt sich nicht nur daran ablesen, daß die Darstellung der Mieteraktion abrupt aufhört und ihr Ergebnis nur noch beiläufig erwähnt wird, sondern auch daran, daß Bredel sich im ersten Teil bemüht, die konkreten Aktionen, ihre Schwierigkeiten und Widersprüche lebendig und anschaulich darzustellen, während der zweite Abschnitt wohl wegen der größeren Abstraktheit des Phänomens Faschismus wesentlich lehrhafter und theoretischer wirkt.

Im Gegensatz zu seinem Betriebsroman erlaubt die Konzeption der *Rosenhofstraße* zwar, sowohl den politischen Kampf als auch das Privatleben darzustellen, beide Bereiche bleiben jedoch im allgemeinen strikt getrennt. Else und Fritz, das junge Paar im Mittelpunkt der Handlung, verständigen sich auch in ihrer Privatsphäre primär auf einer abstrakt-politischen Ebene; Probleme und Konflikte, Bedürfnisse und Gefühle werden kaum artikuliert. Die Geschlechterrollen entsprechen ihren traditionellen Mustern, Else trägt ‚typisch weibliche‘ Züge, sie ist anpassungsfähig, hilfsbereit, häuslich, voller Mutterliebe, ohne daß Bredel versucht hätte, diese Eigenschaften als historisch produzierte in Frage zu stellen. Allgemein unterliegt die Frau, das saubere und gesunde „Mädel“, wie es entsprechend seiner naiven und unmündigen Rolle in vielen proletarisch-revolutionären Romanen heißt, dem starken, führenden Mann als Mutter, Lustobjekt, zweitrangige Genossin, keifendes Klatschweib. Die bürgerliche Kleinfamilie und das Monogamieideal werden – in den proletarischen Bereich überführt – ohne Einschränkung akzeptiert. Wenn Frauen in den Romanen einen Bewußtwerdungsprozeß durchmachen wie etwa Else, dann – angeleitet durch den Genossen Fritz – nur im öffentlich politischen Bereich, nicht in ihren Alltagserfahrungen.[8] Außerdem bleiben die Ursachen, die inneren Konflikte, Rückschritte etc. des Lernprozesses, kurz das ‚Wie‘ undiskutiert; gerade aber die Auseinandersetzung mit der Ideologie des Kleinbürgertums wäre als Erklärung und Abwehr des Erfolgs der Nationalsozialisten von großer Bedeutung gewesen. Da die psychische Verankerung kapitalistischer Wertvorstellungen von Bredel nicht thematisiert wird, kann er auch Normen wie Disziplin, Askese, Moral etc., die er in der Arbeiterbewegung der Weimarer Republik weitverbreitet vorgefunden hat, in seiner Literatur nur verdoppeln, nicht problematisieren.

Diese Kritik trifft jedoch weniger den Schriftsteller Bredel als vielmehr die allgemeine Fehlentwicklung der damaligen KPD (Gewerkschaftspolitik, ‚Sozialfaschismusthese‘, mangelhafte Faschismusanalyse, Vernachlässigung des subjektiven Faktors) und ihre reduzierte Literaturkonzeption. Ihre Politik verhinderte weitgehend die Realisierung des eigenen Anspruchs einer Massenliteratur, obwohl zumindest Bredel in seiner *Rosenhofstraße* der extrem isolierend wirkenden Sozialfaschismusposition Ansätze einer antifaschistischen Einheitsfront entgegenstellte. Die proletarisch-revolutionären Romane blieben stattdessen weitgehend Selbstagitation, Mittel der innerparteilichen Auseinandersetzung, sozusagen ,Schulungstexte' für KPD-Zellen. Sowohl *Maschinenfabrik N&K* als auch die *Rosenhofstraße* können als „sinnliches Lehrbuch" gelten, das, so Kläber, „das ABC unserer Kämpfe" formuliert. Beide dargestellten Zellen arbeiten im Gegensatz zu anderen Teilen der Partei (vgl. die Kritik an der Leitung, der Betriebszelle in der Pianofabrik, an anderen Zellen im Wahlkampf) trotz der von Bredel gezeigten internen Probleme (Überarbeitung, Gereiztheit und Nervosität, Aggressionen, Angst und Mißtrauen) vorbildlich, so daß die KPD-Mitglieder, aber eben nur sie, versuchen können, durch Nachahmung einen Gebrauchswert aus diesen Büchern zu ziehen. Weiterhin wurde der Kontakt zu nicht kommunistischen Lesern dadurch erschwert, daß sie sich selbst häufig in den Romanen nur als „feindliches Lager" (Sozialdemokraten, Gewerkschaftler, Kleinbürger) beschrieben sahen; die Personencharakterisierung (der sozialdemokratische Betriebsrat in *Maschinenfabrik N&K* hat z.B. eine „seriöse Jungfernstimme" und „etwas doofe Augen"), erstarrte in demselben Schematismus, den Friedrich Wolf 1933 an den Agitpropstücken kritisierte: „,Der' Fabrikant war ein fetter Wanst mit Zylinder auf dem Kopf, ,der' Bonze war ein fetter Spießer, er trug die Aktenmappe, ,der' Faschist hatte eine Mördervisage und war bis an die Zähne bewaffnet, ,der' Sozialdemokrat war ein vertrottelter ,Sozialfaschist', ,der' Prolet war ehrlich und verhungert. (. . .) Man nahm in Parolen und Behauptungen Dinge vorweg, die grade dem deklassierten Angestellten, dem ausgepowerten Kleinbauern erst bewiesen werden mußten . . ."[9]

Zu spät intensivierte die KPD ihre bündnispolitische Literaturkonzeption — und bei den aufgeführten Schwierigkeiten in der Distribution, bei der vorherrschenden dogmatischen politischen Position und nicht zuletzt bei den Mängeln in der literarischen Technik bleibt es auch fraglich, ob diese Bemühungen wirklich zu einer entscheidenden Weiterentwicklung geführt hätten.

Diskussion um den Reportageroman in der „Linkskurve"

Die Diskussion im BPRS um den Reportageroman, die erst 1932, kurz vor der Machtübernahme des Faschismus, in der *Linkskurve* ausgetragen wurde, hatte kaum mehr Einfluß auf die Literaturproduktion in der Weimarer Republik und weist in ihren dominierenden Positionen in eine Richtung, aus der wenig neue Impulse zu erwarten waren. Georg Lukács versucht zwar in seinem Aufsatz *Willi Bredels Romane* (November 1931) die Entwicklung der proletarisch-revolutionären Literatur voranzutreiben, indem er einerseits deren neue Qualität hervorhebt, andererseits die ästhetischen Mängel kritisiert. Bei seiner Analyse geht er nicht von wirkungsästhetischen Überlegungen aus (wie mit Hilfe neuer literarischer Techniken Autor und Leser in ein neues Verhältnis treten können), sondern fordert die Intensivierung und Verbesserung der Romanform, die Hinwendung zum „großen proletarischen Kunstwerk", zum ‚Roten Tolstoi', die Ablehnung jeglicher Vermischung von Wissenschaft und Kunst (Reportageroman), die Orientierung am großen realistischen Roman des 19. Jahrhunderts, dessen Darstellung der gesellschaftlichen Totalität auf höherer, d. h. sozialistischer Ebene wieder aufgegriffen werden soll. Dieser Konzeption einer reinen Werkästhetik, auf ein geschlossenes Kunstwerk bauend, die Identifikation des Lesers mit den Romanhelden intendierend, stellte Ottwalt, der in seiner Antwort ‚*Tatsachenroman' und Formexperiment* auf Lukács' Aufsatz *Reportage oder Gestaltung?* stellvertretend für Brecht, Tretjakov und ihre Umgebung spricht, die Verteidigung des Reportageromans entgegen. Anstelle der „Postulierung" eines „abgeschlossenen, in sich ruhenden und in sich vollendeten Kunstwerk(s), vor dem der Leser sich automatisch in einen Genießer verwandelt", möchte Ottwalt berücksichtigt wissen, daß „die gesellschaftlichen Zusammenhänge (...) sich im Bewußtsein des Menschen so kompliziert (haben), daß diese Kompliziertheit aufgelöst werden muß. Im Literarischen: die absolut überzeugende Behandlung dieses Stoffes muß also notwendig die hergebrachte Romanform sprengen". Weiterhin postuliert Ottwalt, „daß die neueren Ergebnisse der Wissenschaft formverändernd auf die Literatur eingewirkt haben" und daß der Leser aus seinem traditionell-passiven Leseerlebnis herausgelöst werden muß, damit er gemeinsam mit dem Autor als aktiv Handelnder in die gesellschaftlichen Prozesse einzugreifen vermag. „Der größere oder geringere Grad dichterischer Gestaltung schlechthin kann also niemals das ausschließliche Kriterium der proletarisch-revolutionären Literatur sein. Nicht die schöpferische Methode ist Objekt der Analyse, sondern die funktionelle Bedeutung."[10] Die völlige Vernachlässigung ästhetischer Momente führte ebenso in eine Sackgasse, wie Lukács' Rückgriff auf eine traditionelle Romanästhetik des 19. Jahrhunderts, vielmehr hätte versucht werden können, von produktions- und wirkungsästhetischen Fragestellungen aus die Entwicklung einer operativen Literatur weiterzutreiben.

Aus heutiger Distanz sollte überlegt werden, ob nicht ein Umdenken in der Wertung der großen Prosaformen einsetzen müßte. Die Hilflosigkeit der deutschen Arbeiterbewegung und ihrer literarischen Produktion gegenüber dem Faschismus, besonders aber die Konstitutionsveränderung, die die proletarisch-revolutionäre Literatur durch ihre (eine legitimatorische Tradition konstruierende) Rezeption in der DDR der fünfziger Jahre, in der Bundesrepublik Ende der sechziger Jahre und jüngst wiederum in der DDR erfuhr[11], sollte die Fragestellung provozieren, ob nicht die Konzeption der *proletarischen Autobiographie* entgegen gängiger Einschätzung den Reportageroman mit seinen flinken Lösungen in der Frage von Sieg und Niederlage, mit seinen heroischen Vorbildern, zu denen der Leser nur emporsehen kann, an eingreifender Wirkung hätte übertreffen können. Gerade die sogenannte Begrenztheit der Autobiographie, ihre subjektive Verarbeitung von Erfahrungen und ihre Offenlegung von Widersprüchen, an die der Leser anknüpfen kann, gerade daß, wie Wieland Herzfelde in seinem Geleitwort zu Turek schreibt, „nichts (. . .) so dargestellt (wird), wie es hätte sein sollen, aber leider nicht war"[12], böte die Möglichkeit, Niederlagen und Fehlentwicklungen der deutschen Arbeiterbewegung aus einem anderen Blickwinkel zu analysieren und auf der Grundlage eines veränderten Geschichtsverständnisses auch ein neues Verhältnis zu aktuellen gesellschaftlichen Problemen zu entwickeln.

Anmerkungen

1 Vgl. die sogenannte ‚Kunstlumpkontroverse', dokumentiert von Walter Fähnders und Martin Rector (Hrsg.): Literatur im Klassenkampf. Zur proletarisch-revolutionären Literaturtheorie 1919—1923, München 1971.

2 Wolfgang Emmerich (Hrsg.): Proletarische Lebensläufe. Autobiographische Dokumente zur Entstehung der Zweiten Kultur in Deutschland, Bd. 2: 1914 bis 1945, Reinbek 1975, S. 13 (Einleitung).

3 Einschätzung von Berta Lask, zitiert nach: Lexikon sozialistischer deutscher Literatur von den Anfängern bis 1945, Halle (Saale) 1963, S. 407.

4 Neben Albert Hotopps Roman ‚Fischkutter H. F. 13' (1930) und Maria Leitners Angestelltenroman ‚Hotel Amerika' (1930) gab Münzenberg u. a.

sein autobiographisches Buch ‚Die dritte Front' (1931) heraus, und der Malik-Verlag veröffentlichte Ernst Ottwalts autobiographische Aufarbeitung seiner Zeit als nationalistischer Landsknecht (Ruhe und Ordnung, 1929) sowie Theodor Pliviers ‚Des Kaisers Kuli' (1929). – Vgl. hierzu auch das Kapitel über Kriegsprosa in diesem Band.

5 Zitiert nach: Proletarisch-revolutionäre Literatur 1918 bis 1933. Ein Abriß, Berlin 1970, S. 139 f.

6 Vor neuen Aufgaben, in: Die Linkskurve 2 (1930) Nr. 12, S. 5.

7 Ernst Schneller: Offensive für das proletarische Buch, in: Die Linkskurve 2 (1930) Nr. 12, S. 3.

8 Vgl. auch Franz Krey: Maria und der Paragraph (1931), Rudolf Braune: Das Mädchen an der Orga Privat (1930) und K. Olectiv: Die letzten Tage von . . . (1931).

9 Friedrich Wolf: Schöpferische Probleme des Agitproptheaters. Von der Kurzszene zum Bühnenstück. Eine Studie, in: F. W.: Aufsätze 1919–1944 (Gesammelte Werke Bd. 15), Berlin und Weimar 1967, S. 288.

10 Ernst Ottwalt: ‚Tatsachenroman' und Formexperiment. Eine Entgegnung an Georg Lukács, in: Die Linkskurve 4 (1932) Nr. 10, S. 22 ff.

11 In der DDR-Ausgabe von Bredels ‚Maschinenfabrik N & K' werden alle Hinweise auf die Sozialfaschismustheorie gestrichen oder gemildert.

12 Wieland Herzfelde: Geleitwort zu Ludwig Turek: Ein Prolet erzählt, Leipzig 1968, S. 7.

Literaturhinweise

Willi Bredel: Maschinenfabrik N & K. Ein Roman aus dem proletarischen Alltag (1930), Berlin 1971.

Willi Bredel: Rosenhofstraße. Roman einer Hamburger Arbeiterstraße (1931), Berlin 1974.

Walter Fähnders u. a. (Hrsg.): Sammlung proletarisch-revolutionärer Erzählungen, Darmstadt und Neuwied 1973 (= Sammlung Luchterhand 117).

Ludwig Turek: Ein Prolet erzählt (1929), Lebensschilderungen eines deutschen Arbeiters (1929), Frankfurt/M. 1975 (= Fischer Taschenbücher 1571).

Walter Fähnders/Martin Rector: Linksradikalismus und Literatur. Untersuchungen zur Geschichte der sozialistischen Literatur in der Weimarer Republik, 2 Bde., Reinbek 1974 (= das neue buch 52 und 58).

Helga Gallas: Marxistische Literaturtheorie. Kontroversen im Bund proletarisch-revolutionärer Schriftsteller, Neuwied und Berlin 1971 (= Sammlung Luchterhand 19).

Alfred Klein: Im Auftrag ihrer Klasse. Weg und Leistung der deutschen Arbeiterschriftsteller 1918–1933, Berlin und Weimar 1972.

Michael Rohrwasser: Saubere Mädel – starke Genossen. Proletarische Massenliteratur?, Frankfurt/M. 1975.

Peter Kühne: Die Arbeiterkorrespondenten-Bewegung der Roten Fahne (1924–1933), in: Claudio Pozzoli (Hrsg.): Jahrbuch Arbeiterbewegung, Bd. 3: Die Linke in der Sozialdemokratie, Frankfurt/M. 1975, S. 247 ff.

Hanno Möbius: Der Rote Eine-Mark-Roman, in: Archiv für Sozialgeschichte 14 (1974), S. 157 ff.

17. Literatur der Arbeiterbewegung II: Lyrik

‚Arbeiterdichtung' — Mythos von der Volksgemeinschaft

„Wer sich mit unserem Thema in der Bundesrepublik beschäftigt, stößt auf ein nahezu totales Informationsvakuum"[1] — so umreißt der Literaturjournalist Fritz J. Raddatz die Forschungslage zur proletarisch-revolutionären Lyrik. Von allen Gebieten der Arbeiterliteratur ist das der Lyrik am wenigsten aufgearbeitet — denn zu den spezifischen Schwierigkeiten der Arbeiterliteratur treten die der Lyrik hinzu. In der spärlichen und zumeist materialidentischen Sekundärliteratur herrscht die Tendenz, der ‚Arbeiterdichtung', die politisch der Sozialdemokratie zugeordnet wird, eine kommunistische ‚proletarisch-revolutionäre' Lyrik gegenüberzustellen — und dann je nach Standpunkt zu werten. Das hat zwar begründete Anlässe, reicht aber nicht hin.

Seit die Arbeiterdichter sich im Ersten Weltkrieg mehrheitlich als übereifrige Nationalisten und Kriegsbegeisterte erwiesen hatten, war von der Arbeiterdichtung der Ruch des Revolutionären und Vaterlandslosen abgefallen, aber es dauerte bis zur Zeit der Weltwirtschaftskrise, ehe sich die literarische Öffentlichkeit mit ihr befaßte. In dem dokumentarischen Industrieroman Erik Regers, *Union der festen Hand* (Berlin 1931), gibt es z. B. die Figur des Arbeiterdichters Hellmut Fries. „Er war ein Lyriker", heißt es von ihm, „und sang Hymnen auf die Maschinen, die er mit Kirchenorgeln verglich". Seine Gedichte gehen etwa so:

> Hei — mein Brikett! Wie schwarz es funkelt,
> Gepreßt in Schmerzen und in Not;
> Und wenn es abendlich nun dunkelt,
> Glüht im Kamin die Wunde rot —
> So wie in alten Märchentagen
> Des Helden Wunde neu entbrannt,
> Wenn der, so tückisch ihn erschlagen,
> Im Dom vor seiner Leiche stand.

Der Autor Reger läßt den Arbeiterdichter Fries sinnieren: „Einerlei — ein Volksschüler konnte Reime schmieden, ein ungebildeter Mann beherrschte das Versmaß, ein einfacher Arbeiter hatte die Gabe (...) — was für soziale Errungenschaften, was für Umwälzungen auf dem Markt der Literatur! Bald, bald mußte es so weit sein, daß es für vornehm galt, eine schwielige Faust zu haben und eine ungeschlachte Ausdrucksweise."[2] Was ein Widerspruch scheint, daß einer seine bildungs- und wertbeflissene Aufstiegssehnsucht äußert und zugleich auf die modische Regression ins Ungeschlachte setzt, wird wahr, wenn man das organisierende Zentrum bedenkt: den literarischen Markt.

Bürgerliche Rezeptionshaltung trifft zusammen mit den Intentionen der Arbeiterdichter. Real läßt sich das an einem Sammelband aus dem Jahr 1929 verfolgen, unter dem anspruchsvollen Titel *Das proletarische Schicksal*. Der Herausgeber feiert die Arbeiterdichter als geniale Avantgarde ihrer Klasse, die aber nicht mehr Klasse sein soll, sondern Teil der völkischen „Schicksalsgemeinschaft" (S. VI), kurz: ein Stück Natur. Er synthetisiert eine heruntergekommene Genieästhetik — „Das wirklich echte Gedicht ist ein Akt der Begnadung, der außerordentlich selten ist" (S. X) — mit völkischer Gemeinschaftsideologie. Als „gequälter Aufschrei", „sehnsuchtstrunkener Jubel" und „Verklärung des Hasses" (S. V und XVI) sei Arbeiterdichtung ein Gesang des Volkes „aus eigenem Herzen", nicht von Intellektualität und der „Widernatur moderner Zivilisation" infiziert (S. XIV), kurz: es handele sich um einen „neuen Mythos" (S. XI). „Der Riß, der mitten durch unser Volk geht", so der Herausgeber schließlich, „kann nur durch Verstehen überbrückt werden. Niemand aber schafft so tiefes Verstehen wie der Dichter, weil er (...) als *Bruder Mensch* uns im Gemüt anspricht." (S. XVIII) — Verstehen, das lehrt aber die Hermeneutik, dient meist dem Alten, selten dem Neuen.

Tatsächlich gibt die Arbeiterdichtung vor, was der bürgerlichen Rezeption sich einfügt. Die ‚großen Namen' Max Barthel, Karl Bröger, Gerrit Engelke, Heinrich Lersch und andere, aber auch jüngere, politisch radikalere Dichter wie Oskar Maria Graf, Kurt Kläber, Wilhelm Tkaczyk halten, was sich der Herausgeber von ihnen verspricht. Unter Kapitelüberschriften wie *Von Sonntag und Sonne, Heimat und Volk, Das neue Reich, Vom anderen Ufer* steht durchaus Typisches für die Arbeiterdichtung: Eine durchgängig in Naturstereotypen, Kriegsmetaphorik und Sentimentalitäten klischierte Sprache verbreitet einen handwerklich vorindustriellen Arbeitsbegriff und Vorstellungen von Technik, als sei sie bloße Natur. Von Geschichtsbewußtsein, geschweige denn Klassenbewußtsein, keine Spur — das ist es, was als ‚neuer Mythos' gefeiert wird.

Max Barthel dichtet ein *Lob auf die Landschaft:*

> In der Stadt bist du ein wildes Tier,
> voll Haß und Hunger, List und Gier,
> (. . .)
> Geh aber leicht im Wandergang,
> da bist du voller Überschwang,
> (. . .)
> O Landschaft, heilige Natur,
> wir folgen deiner Flammenspur,
> (. . .) (S. 92)

Kurt Kläber läßt unter dem Titel *Meine Maschine* einen alten Arbeiter beten:

> Doch mit der letzten Kraft
> wollen wir ringen
> und Not und Elend
> und Schmach und Leid bezwingen,
> du, meine Maschine,
> du und ich. (S. 45)

In Karl Brögers Gedicht *Vom wahren Eigentum* schließlich finden sich alle die einzelnen Momente vereint. Hier meditiert das lyrische Ich im Anblick einer Rose unter anderem:

> Werk ist nicht Ware.
> Nichts gehört dir vom Werk,
> wenn du nicht liebst
> die Schaffer und das Geschaffene,
> wenn ihr Tun nur ist
> Gegenstand deiner Gier.
> Denn Liebe ist unser einziges Eigentum.
> Über alle Berge trägt Wind
> Botschaft vom wahren Eigentum. (S. 184)

Solche ideologische Penetranz kam von sich aus schon der rabiaten These vom ‚Sozialfaschismus‘ entgegen, kein Wunder also, daß die kommunistische Kritik diese Arbeiterdichter zum Anlaß nahm, pauschal die Sozialdemokratie zu denunzieren. Symptomatisch sind dafür die Beiträge in der *Linkskurve*, der damals bedeutendsten kommunistischen Literaturzeitschrift.[3] Nur in einem Aufsatz geht die Auseinandersetzung mit der Arbeiterdichtung über Verdächtigungen der Sozialdemokratie argumentativ hinaus (– allerdings distanziert sich die Redaktion in einer Vorbemerkung von dessen Schlüssen). Armin Kesser registriert den unzulänglichen Arbeitsbegriff dieser Dichtung: ,,Das Klassenbewußtsein verschwindet hinter dem Handwerkerstolz‘‘, und zur Ästhetisierung der Technik stellt er fest: ,,Das Produktionsmittel, die Maschine werden unabhängig von ihrer Klassenfunktion betrachtet."[4] Dem sekundiert ein anderer Kritiker: „Was Ford bewußt tut, das machen die (. . .) Arbeiterdichter (. . .) unbewußt. Sie verherrlichen die jeweils modernste Produktionsform des Kapitalismus. Der saubere Maschinensaal, die blinkende neue Maschine verschaffen ihnen ästhetisches Behagen."[5] Kesser stellt besonders jenen fatalen Hang zu Mythisierung heraus und reflektiert, daß sie sich „nicht nur auf die ideelle Gestaltung von Naturkräften" erstreckt, „sondern auf die ‚eingebildete‘ Beherrschung *aller* unbekannten Kräfte, welche bestimmend in das menschliche Leben eingreifen". Aber diese Kritik kann nicht darüber hinwegtäuschen, daß es keinen Versuch gegeben hat, die Funktion proletarischer Lyrik positiv zu bestimmen, und daß − gemessen an der Prosa − die Lyrikbeiträge in der *Linkskurve* selbst verschwindend gering waren.

An einem Beispiel läßt sich die Unzulänglichkeit der bloß parteipolitischen Klassifizierung demonstrieren, zugleich die problematischen Tendenzen der Mythisierung noch in fortgeschritteneren Versuchen.

Das Beispiel Walter Bauer

1930 erschien im Malik-Verlag ein Lyrik- und Prosazyklus von Walter Bauer, *Stimme aus dem Leunawerk*. Das Buch erregte breitere Aufmerksamkeit. In der *Roten Fahne* indes wurde es als „kleinbürgerlich-sentimentale Träumerei" von „heillos ideologischer Zerfahrenheit" verrissen. Daraufhin wurde in der *Linkskurve* Widerspruch angemeldet. Zwar lasse Bauer seiner Phantasie zuviel Spielraum, er müsse noch lernen, „tiefer mit den unmittelbarsten augenblicklichen Erlebnissen der Klasse zu verwachsen", aber ihm wird ausdrücklich attestiert, er habe sich „zu uns hin" entwickelt. Die Brisanz der Einschätzungen wird erst so recht klar, wenn man bedenkt, daß zur gleichen Zeit ein Mitglied der KPD-Führung beklagt, es sei noch immer nicht gelungen, im modernsten Großchemieunternehmen, dem Leunawerk mit seinen 12 000 Beschäftigten, eine KPD-Zelle aufzubauen. So liegt der Grund der diskrepanten Einschätzung Bauers nicht in kontroversen ästhetischen Kriterien, sondern einzig in der Parteipolitik. Der Rezensent der *Roten Fahne* war davon ausgegangen, Bauer sei Sozialdemokrat, wohingegen der Kritiker in der *Linkskurve* von einem Brief Bauers wußte, in dem er mitteilte, er habe die KPD gewählt.[6]

Der Autor selbst hatte indes ganz andere Probleme. Walter Bauer

(1904—1976) stammte aus einer Arbeiterfamilie und hatte gelegentlich auch im Leunawerk gearbeitet, zur Zeit des Erscheinens seines Buches jedoch war er Volksschullehrer. Er schrieb dazu: „Mir erscheint es für die Innigkeit des Glaubens an die proletarische Idee unwichtig, Arbeiter zu sein oder nicht", und weiter, daß der „zeitbewußte Schriftsteller" die Aufgabe habe, „in den Ruf nach umfassender Gerechtigkeit so laut und so ernst wie möglich einzustimmen".[7] In den letzten Jahren hat Bauer, der 1952 vor der bundesrepublikanischen Restauration nach Kanada emigrierte, wo er als Literaturprofessor in Toronto lehrte, geschrieben, der Begriff der Arbeiterdichtung könne ihm „absolut nichts mehr sagen. Er ist sentimental und entspricht nicht mehr der (. . .) Wirklichkeit."[8] Aus dieser Perspektive erhellt sich Bauers damaliges Werk um so deutlicher.

Stimme aus dem Leunawerk schildert, von poetischer Prosa zu freirhythmischer Lyrik wechselnd, Stationen eines exemplarisch vorgestellten Arbeiterlebens von der Kindheit bis zum Werkalltag. In einem Brief erläutert der Autor: „Manche Dinge sind erlebt, viele; andere gedichtet. Das bedeutet, daß zwar nicht meine eigenen Erfahrungen, wohl aber die geahnten Erfahrungen anderer Menschen niedergeschrieben wurden."[9] Gleich das Eingangsgedicht entwirft die Leitfigur namens Hiob als Korrektiv zu Bauers eigener Biographie. Die Leitfigur wird ‚neuer Hiob' genannt, ‚proletarischer Hiob'; Bauer sagt, „seinen Namen tragen viele" und „er wird immer Hiob sein" — das zeigt, wie die Welt religiös motiviert, als Leidenszusammenhang verstanden wird. Bauer beschwört in seiner Dichtung das Allverbindende, die Gemeinschaft der Arbeitenden in aller Welt, auch die der Mütter in aller Welt (S. 13, 20), aber er verkündet zugleich als Gottes Botschaft: „nimm den Hammer und erlöse dich selbst". (S. 109)

In das — wie er sagt — „lügnerische unverbindliche Lob der Maschine" hat Bauer tatsächlich nicht eingestimmt, er übt durchaus Kritik am Profitprinzip und der technologischen Expansion im Kapitalismus, er verurteilt schließlich den Rückzug ins einfache Leben der ländlichen Idylle als individualistische Regression, doch bleibt seine Alternative vage. Er beschwört Brüderlichkeit und Solidarität, endet zumeist aber in auswegloser Melancholie. Beispielhaft ist das Gedicht *Städte und Werke*:

> Die Städte wachsen.
> Immer einsamer wird der Mensch;
> bald wird man weit reisen müssen,
> zu sehen, wo grüne Erde ist.
> Das Korn wird mager,

Asche färbt es braun,
und seine Lust zum Blühen stirbt.
Die Werke wachsen.
Immer höher werden die Zäune des Gleichmaßes,
Schornsteine dampfen ohne Hoffnung.
Bald werden unsere Gesichter Gruben der Nacht sein,
niemand wird es erkennen,
die Erde wird vergessen haben,
wer wir sind. (S. 121)

In diesem Schreckbild des wildwüchsigen Produktionsautomatismus wird ästhetisierte Landschaftsnatur für unfähig erklärt, weiterhin zu kompensieren, was die fortschreitende kapitalistische Zerstörung durch Produktion anrichtet. Doch Bauer findet ein anderes — nicht minder problematisches — Kompensationsmittel: Bildung. Seine eigene Erfahrung des individuellen Aufstiegs durch Bildung macht er zur Utopie für alle. Im Gedicht *Wenn wir erobern die Universitäten* heißt es z. B.:

Unser Geist ist frisch und ausgeruht wie Acker,
der nie berührt wurde vom Pflug —
unser Herz lag brach Jahrhunderte, (. . .)
Aus der Masse steigen wir empor, aus der Schweigsamkeit,
unsre Herzen sind erleuchtet! erleuchtet
von unsrem Licht!
(. . .)
Und es wird die Karte aufgehängt und jemand sagt:
hier ist die Welt! (S. 91)

Illusion von Natürlichkeit paart sich mit All-Einheitssehnsucht — genauso wie in der frühen bürgerlichen Ästhetisierung von Landschaftsnatur. Aber dieser ästhetische Illusionismus zeigt noch sein Ende an: die Naivität des *Geistes* wird illusioniert, nicht die des *Gemüts;* abstrahiertes Wissen tritt an die Stelle sinnlicher Erfahrung — damit wird aber die ästhetische Präsentationsform selbst problematisch, setzt sich dem Zweifel aus, ob sie erfahrbar machen kann, was ihr Autor zu wissen meint. Doch Bauer geht es selbst nur um Ästhetisierung von Wissen. Unter dem Titel *Unfaßbare Stunde* begeistert sich das lyrische Ich für Rundfunksendungen von Radio Moskau als „gute Nachricht aus dem Unendlichen" (S. 90). Daß damit jedoch die ästhetische Faszination des Mediums zuerst gemeint ist, signalisiert der Titel, und es geht auch daraus hervor, daß andernorts die Dichter als „Höhrrohre, gestellt ins Unendliche" (S. 157) besungen werden. Das Eingangsgedicht *Wort durchs Radio* unterstellt für sich den massenhaften Adressaten, den das neue Medium Radio hatte, die Lyrik aber eben nicht. In diesen Momenten macht Bauer durch Probleme seiner eigenen lyrischen Produktion auf Probleme der Lyrik überhaupt aufmerksam. Schon angesichts der medialen Entwicklung hat Lyrik, der historisch entstandene lyrische Subjektivismus, es immer schwerer, wo die neuen Medien ratifizieren, was der kapitalistische Fortschritt vorgibt: Zerstreuung und Entleerung. Aber, das zeigen Bauers angestrengte Bemühungen, dem Komplex Leunawerk umfassend poetischen Ausdruck zu geben: auch das ‚lyrische Erlebnis' ist nicht in der Lage, die Realität der Leunawerke zu erfassen. Katastrophenbilder und Verbrüderungssehnsucht sind zwar *Ausdruck* dieser Realität, aber nicht schon authentische Erfahrung oder gar *Erkenntnis* im Medium des Ästhetischen.

Bauers immanente poetologische Reflexion zeigt, wie wenig er an das Problem heranreicht. Im Gedicht *An die kommenden Dichter* tröstet er sich: „wem die Funken der brennenden Zeit in die Augen fallen, / den soll es nicht kümmern, wenn das Herz dem Reim um Längen voraus ist"; — und: „wenn wir singen, so ist vielleicht die Form aus dem vorigen Jahrhundert, / aber das Herz ist von 1930." (S. 156) Seine eigene Lyrik ist, vor allem gemessen an der ‚Arbeiterdichtung', formal gar nicht so weit zurück, vielmehr sind es melancholische Katastrophenstimmung, Bildungsverklärung, All-Einheitssehnsucht und sentimentales Humanitätspathos. Das eigentliche Problem liegt in der Unangemessenheit der ‚Herzen von 1930' an die Realität von 1930 — auch dies ein Problem der ‚Ungleichzeitigkeit' (Ernst Bloch).

Proletarisches Epos und satirische Pointe

Kurt Kläber, inzwischen Mitherausgeber der *Linkskurve,* hatte der Arbeiterdichtung, zu der er selbst beigetragen hatte, abgesagt: „Uns liegt (. . .) nichts an dem proletarischen Heldenepos, das langsam in die Lesebücher der deutschen Republik eingeht. Auch nichts an dem messianischen Gedicht und den pantheistischen Gesängen."[10] Er kann aber genausowenig wie Kesser, der in der Analogie zum propagierten ‚Massenroman' eine ‚Massenlyrik' fordert, plausibel machen, wie eine andere proletarische Lyrik auszusehen hätte.

Was im Umkreis der KPD an Lyrik entsteht, läßt sich in seinen Konsequenzen und Implikationen an zwei Extremen überprüfen. Zum einen am Versuch eines *großen proletarischen Versepos,* wie es Johannes R. Bechers chorische Dichtung *Der große Plan* (Berlin 1931) darstellt, zum anderen an der operativen Lyrik, die vom

Wahlvers bis zum satirischen Zeitkommentar reicht. Nach einer radikalistischen Phase der ausschließlichen Orientierung auf operative Formen hatte sich in der Literaturpolitik der KPD das Postulat des ‚großen proletarischen Kunstwerks' durchgesetzt. So behauptet schon 1930 der Theoretiker Karl August Wittfogel, sich auf Hegel berufend, die Wiederkehr des großen Epos im „jungen Sozialismus".[11] Man kann Bechers *Großen Plan* als Versuch ansehen, diese Forderung einzulösen. Dieses „Epos des Fünfjahresplans" wird angekündigt:

> Gewaltiges haben
> vor uns gesungen
> die Dichter aller Zeiten.
> Das Gewaltigste aber
> blieb uns zu singen:
> Wir singen
> den Fünfjahresplan.

Das ist deutlich orientiert an der epischen Poesie des griechischen Altertums — „Singe, o Muse". Es unterstellt, daß mit der historischen Realität Sowjetunion auch die Utopie der schönen Geschlossenheit, wie sie am griechischen Altertum sich nährte, für die Kunst beginne real zu werden. (Marx allerdings hatte angesichts des irreversiblen Fortschritts schon im 19. Jahrhundert überlegt, ob nicht mit Entstehung der Technik und der großen Presse notwendig die Bedingungen der epischen Poesie verschwänden.)

Indes gibt es noch andere Einwände gegen Bechers geschichtsphilosophischen Kraftakt. Sie werden gerade in einem Lobpreis seines Werkes vorgebracht. Otto Biha feiert den *Großen Plan* in der *Linkskurve* als adäquate künstlerische Gestaltung des sowjetischen Aufbaus, zudem sei Bechers Methode völlig neu. Doch abschließend fragt er: „Wird dieses Werk in seiner zwar grandiosen, aber keineswegs einfachen Konzeption von den Massen gelesen werden?" Seine Antwort, mindest Teile daraus würden, auf Versammlungen vorgetragen, „die Herzen der Mitkämpfer rühren", ist faktisch Eingeständnis, daß das ‚proletarische Epos' spätestens an der Rezeption scheitert.[12] Vorbehalte gegen das Kriterium der Rezeption, wie sie in bürgerlicher Theorie gängig sind, können aber hier dem eigenen Anspruch nach nicht mehr gelten.

Wenn Biha den *Großen Plan* in höchstem Lob einen „fantastischen Filmstreifen" nennt, „den Film seiner Dichtung" rühmt, dann macht gerade der Vergleich auf den medialen Aspekt aufmerksam, an dem Bechers Versuch der Wiederherstellung epischer Poesie zuvor mißlingt. Literatur bleibt gegenüber dem Film zurück. Wittfogel, der die Forderung nach dem ,proletarischen Epos' erhoben hatte, hatte denn auch im russischen Film einen ersten Ansatz dazu gesehen.

In der linksbürgerlichen *Literarischen Welt* hatte man Becher vorgeworfen, sein Epos sei „krampfhaft und künstlich" gemacht, er gebe statt Dichtung bestenfalls „Überschriften zu Reportagen".[13] Tatsächlich ist Bechers Werk von den Fakten her breit angelegt, es geht auf die zentralen Tendenzen der Zeit ein, zitiert Statistiken und führt zeitgenössische Personen und Parolen an, doch bleibt gerade diesem Authentizitätsanspruch der Gestus der ,singenden Muse' und des griechischen Chores äußerlich. Epische Poesie basierte auf dem Mythos, weil aber die Realität des 20. Jahrhunderts bestenfalls in politischer Theorie zu fassen ist, hat auch die epische Poesie keine Grundlage mehr. Für den Becherschen Versuch gilt mithin genauer, was Lukács Sergej Tretjakov vorgeworfen hatte: „Gleichgültigkeit der Darstellungsweise dem Dargestellten gegenüber".[4] Bechers lyrische Produktion geht allerdings nicht in dem auf, was am *Großen Plan* bemängelt wurde. Doch ist *Der große Plan* ein Beispiel für eine bestimmende Zwiespältigkeit im Werk — und in der Person — Bechers, von der eine Auseinandersetzung mit ihm auszugehen hätte.

Johannes R. Becher (1891–1958), großbürgerlich sozialisiert, einer der bedeutendsten expressionistischen Lyriker, hatte seit seinem Bekenntnis zum Kommunismus versucht, seine Fähigkeiten bedingungslos in den Dienst der Partei zu stellen. Er hat dafür in Kauf genommen, nurmehr als Organisator tätig sein zu können, zugleich aber doch seine lyrische Arbeit fortgesetzt, stets um Korrektur auf das von der Partei Erwünschte bemüht. So folgen auch seine damaligen — eher deklamatorischen als analytischen — Stellungnahmen zur Literatur getreulich der jeweiligen Linie der Komintern. Die Zwiespältigkeit Bechers wird etwa daran deutlich, daß er offiziell enthusiastisch die Sache der proletarisch-revolutionären Literatur verfocht, privat — wie berichtet wird — sich aber über die Ambitionen der Arbeiterschriftsteller mokierte. Dafür spricht auch, daß er zwar mit Gottfried Benn, der wie er vom Futurismus geprägt war, seit dem Ende der zwanziger Jahre in unversöhnlicher politischer Fehde lag, auf dessen Tod aber ein empfindsames Gedicht verfaßte; daß er als Minister für Kultur eine rigide Politik vertrat, aber Autoren wie Peter Huchel protegierte; daß seine *Verteidigung der Poesie* jungen DDR-Autoren wie Volker Braun oder Reiner Kunze zur Legitimation gegenüber der von Becher initiierten Kulturbürokratie dienen konnte. Kaum ein deutscher Schriftsteller des 20. Jahrhunderts hat im Grunde einen derart ungebrochenen Optimismus in die Möglichkeiten der Kunst gehabt wie gerade Becher, der als ‚Kulturbolsche-wist' Angefeindete.

An Bechers Versuch zeigt sich das Scheitern poetischer ‚Groß-dichtung' als proletarischer. Da der proletarischen Lyrik der artisti-sche Agnostizismus (Gottfried Benns z. B.) als Alternative versperrt war, blieb nurmehr der Weg *funktionaler Zurücknahme der Lyrik*. Faktisch wurde auch solche zurückgenommene Lyrik im Umkreis der KPD überwiegend produziert, so Agitationsverse, Wahlverse und Kampfparolen, so auch zeitkommentierende Alltagsgedichte, meist satirischen Charakters. Diese Lyrik, wie sie die Redakteure der kommunistischen Presse in Verlängerung ihrer üblichen redaktionel-len Arbeit verfaßten, wie sie Erich Weinert produziert und rezitiert hat, erhebt keinen Anspruch auf Kunstcharakter, auch nicht auf pro-letarischen. Formal stehen dabei, wie zumindest an Weinert zu sehen ist, fast alle Formen zur Verfügung, von der Ballade bis zum Sonett. Doch dienen sie wie Reim und Metrum zur besseren Eingängigkeit, sind Zusätze, nicht wesentlich. Diese Lyrik ist bewußt, was Rad-datz — allerdings polemisch — „kürzere Formel für die Stimmung des Tages" nennt.[15] Weinerts Wirkung basiert dabei vor allem auf der sa-tirischen Methode, nun aber nicht moralistisch an der Wahrheit der Idee gegenüber der schlimmen Realität festhaltend, sondern in der Konfrontation von Anspruch und Wirklichkeit dem Adressaten anzu-empfehlen, beidem zu mißtrauen. Wegen solcher Gedichte ist Wei-nert von der Bürokratie mit Auftrittsverboten verfolgt worden, und wo er auftreten durfte, da wurde die Vervielfältigung seiner Lieder auf Schallplatte verboten.[16]

Weinert hat sich vor allem als *operativen Schriftsteller* begriffen, so ist es kein Wunder, daß seine Charakteristik der eigenen Tätigkeit an die erinnert, die Walter Benjamin vom ‚operierenden Schriftstel-ler' Tretjakov gegeben hat: „Ich muß fast jeden Abend in einer oder mehreren Massenversammlungen rezitieren oder referieren (. . .) Mei-ne Tageszeit ist von einer Fülle von Kleinarbeit in Anspruch genom-men, als da sind: Propagandaverse und -gedichte, Transparentlosun-gen, Plakattexte, Truppenlieder, aktuelle Szenen und Revuen für Ar-beitertheaterensembles, Prologe für alle möglichen Tagungen und Ju-biläen und so weiter. Und dazwischen soll ich auch noch meine ak-tuellen Gedichte und Artikel für unsere Presse schreiben. Dann kom-men hinzu noch zahlreiche Reisen in die Provinz, wo Weinert-Aben-de veranstaltet werden."[17] Das satirische Alltagsgedicht lebt davon, daß es dem Autor gelingt, Momente der Realität zu finden, in denen sich signifikante Tendenzen und Widersprüche der Zeit durchsetzen. In dieser Perspektive gerät es notwendig weg von der herkömmlichen

Lyrik und hin zu Pointe und Anekdote. Das wäre genauer zu verfolgen, vor allem an Brechts Exil-Gedichten, die häufig den Charakter rhythmisierter Pointen, Anekdoten und Paradoxe haben.

Wenn Raddatz an den Gedichten Weinerts kritisiert, daß man sie ohne Zeitbezug nicht mehr verstehe und daß sie in fast jeder Zeile Kommentare nötig hätten, spricht das nicht zuerst gegen die Gedichte, sondern gegen eine Gegenwart, die ihre Vergangenheit so sehr vergessen hat.

Die Operativität des proletarischen Kampfliedes

Für wen solche Lyrik der Tagesaktualität, operative Lyrik, brauchbar sein kann, also die Frage nach der Wahrheit der proletarischen Lyrik, soll abschließend anhand des proletarischen Kampfliedes gefragt werden. Wie das Kampflied in Form und Melodie zumeist am tradierten, d. h. aber bürgerlich zugerichteten Liedgut, insbesondere an den kaiserdeutschen Militärliedern, sich orientiert hatte, war schon an der frühen Arbeiterlyrik zu sehen. Mit dem Auftreten des Nationalsozialismus ergibt sich ein neues Phänomen: Das proletarische Lied wird selbst enteignet.

Ein besonders plastisches Beispiel dafür ist das Plagiat des Liedes von Oskar Kanehl *Junge Garde* durch die Nazis, nun unter dem Titel *Die Sturmkolonnen*.

Junge Garde	*Die Sturmkolonnen*
Wir sind die erste Reihe	Wir sind die Sturmkolonnen
Wir gehen drauf und dran	. . .
Wir sind die junge Garde	Wir sind die ersten Reihen
Wir greifen an.	Wir greifen mutig an.
Im Arbeitsschweiß der Stirne	. . .
der Magen hungerleer,	. . .
Die Hand voll Ruß und Schwielen	. . .
spannt das Gewehr.	Umspannet das Gewehr.
So steht die junge Garde	So stehen die Sturmkolonnen
zum Klassenkampf bereit.	zum Rassenkampf bereit.
Erst wenn die Bürger bluten,	Erst wenn die Juden bluten,
sind wir befreit.	erst dann sind wir befreit.
Kein Wort mehr vom Verhandeln	. . .
das doch nicht frommen kann.	das doch nicht helfen kann.
Mit Luxemburg und Liebknecht	Mit unserm Adolf Hitler
Wir greifen an.	Wir greifen mutig an.
Es lebe Sowjetrußland!	Es lebe Adolf Hitler
Hört, wir marschieren schon.	Und wir marschieren schon.

Wir stürmen in dem Zeichen Revolution.	. . . der deutschen Revolution.
Sprung auf die Barrikaden Heraus zum Bürgerkrieg Pflanzt auf die Sowjetfahnen zum roten Sieg.	. . . Der Tod besiegt uns nur: Wir sind die Sturmkolonnen Der Hitler-Diktatur.

Der Autor, Oskar Kanehl (1888–1929), Anarchosyndikalist, kommentiert dieses Plagiat: „Kommentar zu solchem Saustall überflüssig."[18] Doch keineswegs. Zwar ist der Umformung der Lieder der Arbeiterbewegung durch die Nationalsozialisten nicht unter Berufung auf Moral beizukommen, aber hier stellen die beiden Versionen ihre Widersprüche aus sich heraus. Sieht man von den Partien ab, deren Umformung sich auf die Ersetzung der spezifischen politischen Signaturen bezieht („Klassenkampf" – „Rassenkampf", „Sowjetrußland" – „Adolf Hitler") und dem daraus folgenden Reimzwang, dann ergibt sich als auffallendste Änderung die im Rhythmus. Wo Kanehls Original im jeweils letzten Vers mit einer – aktivierenden – Kürze endet, wie man sie auch bei Brechts Kampfliedern findet, da ist die Naziversion durch Einfügen zusätzlicher Takte auf das Maß des leiernden Marschgesangs gebracht („Wir greifen an" – „Wir greifen mutig an"). An die Stelle der aktivierenden Unterbrechung tritt so die Monotonie. In der Form selbst wird der unterschiedliche Verwendungszusammenhang deutlich. Zugleich jedoch enthüllt die Nazi-Version Unwahrheiten des Originals. Ein derart ungenauer und daher unwahrer Satz wie „Erst wenn die Bürger bluten" ermöglicht die Enteignung durch die Barbarei: „Erst wenn die Juden bluten". (Dagegen hatte die Version der KPD, gegen die sich Kanehl ebenfalls verwahrt hatte, immerhin mehr Wahrheit, in ihr heißt es an der betreffenden Stelle: „Erst wenn die Bürger weichen.")

Mit dem zur Macht verholfenen Faschismus brach in Deutschland die Entwicklung proletarischer Lyrik mit emanzipatorischer Tendenz ab. Stattdessen zeigte die ‚Arbeiterdichtung' ihre Konsequenz: Barthel, Bröger und viele andere stellten sich in den Dienst des Faschismus – nicht nur mit direkt politischer Agitation, auch mit scheinbar Unverbindlichem, das Barthel für die Nazi-Presse reimte:

Wolfgang, Wolfgang, Wolkengucker,
Kleiner Rüpel, Erdenträumer,
Werde hart und schlag' die Mucker,
Zwischenträger, Zeitversäumer.[19]

Anmerkungen

1 Fritz J. Raddatz: Lied und Gedicht der proletarisch-revolutionären Literatur, in: Wolfgang Rothe (Hrsg.): Die deutsche Literatur der Weimarer Republik, Stuttgart 1974, S. 396.
2 Erik Reger: Union der festen Hand, Berlin 1931, S. 374 ff.
3 Peter Kast: Ein Renegat über proletarische Lyrik, in: Die Linkskurve 2 (1930) Nr. 2, S. 26 f.; Klaus Neukrantz: Über die Feierabendlyriker, in: Die Linkskurve 2 (1930) Nr. 12, S. 17 ff.
4 Armin Kesser: Die Arbeiterlyrik der SPD, in: Die Linkskurve 4 (1932) Nr. 10, S. 17.
5 S. Balden: Sozialdemokratische Arbeiterdichtung, in: Die Front 3 (1930) Nr. 8/9, S. 153.
6 Bernhard: Stimme aus dem Leunawerk, in: Die Linkskurve 3 (1931) Nr. 5, S. 23 f.
7 Walter Bauer: Bemerkungen zu einem Lebenslauf; W. B.: Über ein Buch, beides in: Volksblatt (Halle), Nr. 70/1931 (24. 3.).
8 Walter Bauer in: Österreichische Gesellschaft für Kulturpolitik (Hrsg.): Arbeiterdichtung. Analysen, Bekenntnisse, Dokumentation, Wuppertal 1973, S. 265 f.
9 Walter Bauer: Brief an v. Harnack vom 10. 12. 1930 (im Besitz des Germanistischen Seminars der Universität Gießen).
10 Kurt Kläber: An die Leser der ,Literarischen Welt', in: Die Linkskurve 1 (1929) Nr. 1, S. 27.
11 Karl August Wittfogel: Nochmals zur Frage einer marxistischen Ästhetik, in: Die Linkskurve 2 (1930) Nr. 9, S. 25.
12 Otto Biha: Johannes R. Bechers ,Großer Plan', in: Die Linkskurve 3 (1931) Nr. 6, S. 26 ff.
13 Vgl. Otto Biha: Der kleine Plan des Herrn Eggebrecht, in: Die Linkskurve 3 (1931) Nr. 11, S. 27 ff.
14 Georg Lukács: Reportage oder Gestaltung? Teil II, in: Die Linkskurve 4 (1932) Nr. 8, S. 30.
15 Raddatz, S. 406.
16 Vgl. Theodor Balk: Schallplattenpolitik, in: Die Linkskurve 3 (1931) Nr. 5, S. 27 f.
17 Zitiert nach Dieter Posdzech: Das lyrische Werk Erich Weinerts, S. 120.
18 Oskar Kanehl: Proletarische Dichter sind Freiwild, in: Die Aktion 18 (1928) H. 6/7, Sp. 117.
19 Zitiert nach: Max Barthel ,dichtet', in: Der Gegenangriff 2 (1934) Nr. 4, S. 4.

Literaturhinweise

Günter Heintz (Hrsg.): Deutsche Arbeiterdichtung 1910–1933, Stuttgart 1974 (= Reclams Universalbibliothek 9700).
Günter Heintz (Hrsg.): Texte der proletarisch-revolutionären Literatur Deutschlands 1919–1933, Stuttgart 1974 (= Reclams Universalbibliothek 9707).
Hans Mühle (Hrsg.): Das proletarische Schicksal. Ein Querschnitt durch die Arbeiterdichtung der Gegenwart, Gotha 1929.
Walter Bauer: Stimme aus dem Leunawerk. Verse und Prosa, Berlin 1930.

Erich Weinert: Das Lied von der roten Fahne. Ausgewählte Gedichte, Leipzig 1976 (= Insel-Bücherei 959).

Alfred Klein: Im Auftrag ihrer Klasse. Weg und Leistung der deutschen Arbeiterschriftsteller 1918—1933, Berlin und Weimar 1972, S. 44 ff. und 411 ff.

Dieter Posdzech: Das lyrische Werk Erich Weinerts. Zum Verhältnis von operativer Funktion und poetischer Gestalt in der politischen Lyrik, Berlin/DDR 1973.

18. Literatur der Arbeiterbewegung III: Drama

„Volksbühne" oder Agitprop?

Was für Arbeiterlyrik und -prosa festgestellt werden konnte, gilt in besonderem Maße für das Arbeitertheater: seine Entwicklung ist eingebunden in die kulturpolitischen Strategien der großen Arbeiterparteien SPD und KPD. Dabei werden Traditionen des frühen sozialdemokratischen Arbeitertheaters aufgegriffen, zugleich aber die Impulse des Naturalismus und Expressionismus und vor allem des revolutionären Theaters der Sowjetunion zu eigenständigen Konzepten weitergeführt.

Sozialdemokratische Tradition manifestierte sich auf dem Feld des Theaters vor allem in zwei kulturpolitischen Institutionen: einmal in dem 1909/1913 gegründeten *Deutschen Arbeiter-Theater-Bund,* der Dachorganisation der Arbeitertheatervereine, zum anderen in der seit 1890 bestehenden *Freien Volksbühne,* einer Besucherorganisation, welche darauf abzielte, die Arbeiter durch Vermittlung finanziell erschwinglicher Theaterbesuche mit klassischen und modernen Dramen bekanntzumachen.[1] Nachdem die seit 1892 gespaltene „Volksbühne" sich 1914 zum „Verband der freien Volksbühnen" wiedervereinigt hatte, war von ihrem alten Anspruch, Bildungsorganisation des Proletariats zu sein, endgültig nichts mehr vorhanden. Bürgerliches Kunstverständnis und Bildungsideal ließ keinerlei Unterschied zum Theater der herrschenden Klasse mehr erkennen. „Der ‚Verband der Freien Volksbühnen' hatte seit 1914 nur noch die Funktion, bürgerliche Kultur zu ermäßigten Preisen für das Proletariat zu organisieren und es in sie einzuüben."[2]

In den Jahren des 1. Weltkrieges verzichtete der Verband ganz auf die künstlerische Leitung und übertrug sie Max Reinhardt. Seit der Zeit und dann weiter nach dem Krieg wurde die „Volksbühne", die sich auch einen pompösen Theaterbau errichtet hatte, zum festen Bestandteil des bürgerlichen Theaterlebens in Berlin. Erwin Piscator, der einige Jahre unter großen Schwierigkeiten als Regisseur an der „Volksbühne" arbeitete, schrieb 1924: „Wo war die Volksbühne in dieser Zeit der größten geistigen Problematik, des schwersten Kampfes, den je eine Arbeiterschaft geführt hat? Wo war die Dramatik, die sie mit den mächtigen finanziellen Mitteln hätte schaffen können, die ihr eine nach Hunderttausenden zählende Mitgliedschaft in die Hand gab? Wo war die blanke Waffe geschmiedet, um den gordischen Knoten kapitalistischer Widersprüche und ihres eigenen Elends zu zerhauen? Sie hing an der Wand über dem Plüschsofa der guten Stube (. . .) Die Volksbühne hatte einen letzten Rest kämpferischer Einstellung verloren, war aufgesogen und verdaut vom bürgerlichen Theaterbetrieb."[3]

Die Leitung der „Volksbühne" lag während der Weimarer Republik fest in der Hand der Sozialdemokraten, „die sich gegen alle Versuche, eine proletarisch-revolutionäre Kunst zu beleben, sperrten. Ihre bürgerliche Volksbildungspolitik stand zudem quer zu den emanzipatorischen Versuchen der Kulturpolitik der KPD; eine Verbindung und eine Zusammenarbeit auf der Grundlage der Volksbühnenbewegung wäre undenkbar gewesen."[4] Allerdings hat es Versuche von Piscator und anderen linken Oppositionellen gegeben, auf die Politik des Verbandes Einfluß zu nehmen. Ihr Vorgehen wurde unterstützt durch die kommunistische Volksbühnenjugend, die ab 1927 in ‚Sonderabteilungen' innerhalb des Verbandes agierte. Ihr Verdienst war es schließlich, wenn in den Spielplan vor allem seit 1928/29 sozialkritische Stücke in zunehmendem Maße aufgenommen wurden.

Diese Spielplanpolitik ist allerdings mit Vorsicht zu betrachten. „Einerseits sah sich die Leitung durch den Druck der revolutionären Kräfte gezwungen, die verlangten progressiven Zeitstücke aufzuführen, zum anderen setzte sie (. . .) verwaltungstechnisch Sicherheitsmaßnahmen ein, um Aufführungen ihre mögliche aktuelle politisch-revolutionäre Spitze abzubrechen. Die Theaterpolizei, dem sozialdemokratischen Innenministerium unterstellt, konnte daher auch bei den radikalen Kundgebungen anläßlich der Aufführung der ‚Matrosen von Cattaro' beruhigt schreiben: ‚Daß das zum größten Teil aus einfachen Leuten bestehende Publikum sich von dem dramatischen Inhalt des Stückes mitreißen ließ und seinem Mißfallen wie auch seinem Beifall laut und unmißverständlich Luft machte, ist durchaus verständlich und kaum dazu angetan, Störungen der öffentlichen Ordnung und Sicherheit befürchten zu lassen.'"[5]

Nach weiteren vergeblichen Versuchen, die Verbürgerlichung des Verbandes zu stoppen, kam es schließlich 1930 zum Bruch. Piscator und die ‚Sonderabteilungen' traten aus und versuchten mit der „Jungen Volksbühne" eine eigene proletarische Besucherorganisation aufzubauen. Deren Wirksamkeit wurde allerdings durch die zugespitzte Weltwirtschaftskrise, die immensen Arbeitslosenzahlen und die damit verbundene fehlende Finanzkraft verhindert, während die bürgerlichen Theater weiterhin noch subventioniert wurden.

Trotz dieser Verbürgerlichung der „Volksbühne" darf nicht vergessen werden, daß bei Zunahme bürgerlicher und mittelständischer Publikumsschichten immer noch die Hälfte des Publikums aus Arbeitern bestand. Deren Rezeptionsweise war somit vom bürgerlichen Kunstverständnis geprägt, ein Problem, mit dem das proletarisch-revolutionäre Laien- und Berufstheater sich immer wieder auseinandersetzen mußte.

Bei der Dachorganisation der Arbeiter-Laienspieler, dem DAThB, verlief die Entwicklung umgekehrt. Durch zunehmenden Einfluß der KPD-Mitglieder konnte sich der Bund vom bloßen Sammelbecken der reformistischen sozialdemokratischen Theatervereine zum wirksamen Organ für die Spiel- und Agitprop-Truppen der KPD entwickeln. Die sozialdemokratischen Theatervereine hatten ja schon vor 1900 ihre im Ansatz sozialistisch-agitatorische Funktion verloren und waren zunehmend zu kleinbürgerlichen Freizeit-Clubs heruntergekommen: das Laientheater diente zur Verschönerung von Fest und Feier; die wenigen Versuche, Stücke mit sozialistischer Tendenz zu entwickeln, erlangten keine Breitenwirkung. An diesen Stand knüpfte der DAThB nach dem Krieg wieder bruchlos an. Der Vorstand entzog sich in dieser Phase zugespitzter Klassenauseinandersetzungen jeglicher politischer Stellungnahme. In einem Leitartikel der Bundeszeitschrift *Volksbühne* vom September 1919 heißt es: „(...) das Vereinsleben sprießt wieder auf, und wie vor dem Kriege wird es dazu dienen, der Unterhaltung, dem Frohsinn, der Geselligkeit die Pforten zu öffnen (...). Das Theater wird eine reine Kunststätte werden. Nach keiner Seite hat es eine Verbeugung zu machen, und es wirkt in der freien Gesellschaft, losgelöst, befreit von jeglichem Byzantinismus, wahrheitsgetreu, edel und rein."[6] Eine solche „kleinbürgerliche Geselligkeitsideologie" (Weber) bestimmte die Programmatik des DAThB noch bis 1928.

Die kommunistisch orientierten Laienspielgruppen und Berufsschauspielertruppen, die bis 1928 außerhalb des Bundes agierten, orientierten sich mangels einer KPD-eigenen Theaterkonzeption bis 1921 am Vorbild des sowjetischen Proletkult-Theaters.[7] Von 1922 bis 1924 erfolgte dann eine Reaktivierung der auch vom frühen deutschen Arbeitertheater her bekannten *Sprechchorbewegung*, die durch das Aussparen individueller Helden und durch die Betonung des kollektiven Faktors ‚Chor' schon Elemente des epischen Theaters aufwies. Seit Änderung der KPD-Politik 1925, der sogenannten Bolschewisierung der Partei, entstanden mit der zunehmenden Forderung nach künstlerischer Agitation und Propaganda zahlreiche neue Agitprop-Truppen. Beispielgebend war etwa die 1926 vom

KJVD eingerichtete zentrale Spielgruppe unter Leitung von Maxim Vallentin, „Rotes Sprachrohr". Auch hier wurde zunächst an die Form des Sprechchors angeknüpft, diese aber bald ersetzt durch Nummernprogramme aus Sketchen, Liedern, satirischen Kurzszenen, bis hin zu kompletten proletarischen Revuen.

Auf der Bundestagung des DAThB 1928 wurde, nicht zuletzt weil die kommunistischen Spielgruppen mittlerweile alle eingetreten waren, der reformistische Vorstand nach klarer Abstimmung von einem KPD-orientierten Vorstand abgelöst. Der Bund wurde umbenannt in „Arbeiter-Theater-Bund-Deutschlands" (ATBD), die Bundeszeitschrift erhielt den neuen Titel *Arbeiterbühne und Film,* sie erschien bis 1931. In der Einleitung des Reprints der Zeitschrift resümiert Richard Weber: „‚Arbeiterbühne und Film' hatte in der Zeit ihres regelmäßigen Erscheinens vor allem zwei Funktionen:

— Die Vermittlung der Kulturpolitik der KPD, d. h. Aktivierung, Schulung und Organisation von Agitproptruppen, um den Kampf gegen Kulturreaktion, gegen Imperialismus und Faschismus in die Massen zu tragen;

— sie war kritisches Organ, das das politische und künstlerische Selbstverständnis der Agitproptruppen ständig kontrollierte und ihnen Möglichkeiten der größten politischen Effizienz zeigte. Hinzu kam, daß sie aufgrund ihrer Auflagenhöhe von etwa 6 000 Heften pro Nummer nicht nur von den im ATBD organisierten Truppen gelesen wurde, sondern — auf Agitprop-Veranstaltungen vertrieben — auch jene Massen erreichte, die es für den Klassenkampf zu gewinnen galt."[8]

Schon der Titel deutet darauf hin, daß die theoretischen Fragen und praktisch-künstlerischen Probleme, die in der Zeitschrift zur Sprache kamen, sich nicht auf den engeren Bereich des Theaters beschränkten. Die neuen Massenmedien Rundfunk und Film wurden einbezogen, gerade die Filmkritik wurde besonders gepflegt. Der ATBD und seine Zeitschrift führten so zunehmend zur Verbesserung der politischen und künstlerischen Qualität des Arbeitertheaters. Neben den üblichen Kurzszenen und Nummernprogrammen entstanden erste Versuche realistischer proletarischer Dramen. Darauf wird am Beispiel Friedrich Wolfs genauer eingegangen.

Realistische Zeitstücke mit Agitpropwirkung: Friedrich Wolf

Auf der erwähnten Bundestagung des DAThB von 1928 hielt der Arzt und Schriftsteller Friedrich Wolf ein Referat, dessen Titel zur politischen Kampfparole wurde: *Kunst ist Waffe!* Darin versuchte er den Zusammenhang revolutionärer Bewegungen und deren Unterstützung durch Dichter und Schriftsteller an historischen Beispielen zu illustrieren und für eine aktuelle Perspektive der proletarischen Kulturbewegung, besonders des Arbeitertheaters fruchtbar zu machen. Wolf ritt heftige Attacken gegen das bildungsbürgerliche (und sozialdemokratische!) Kunstverständnis und propagierte stattdessen: „(. . .) die *Kunst* ist weder ein Erbauungsmittel in der Hand von Pädagogen, Studienräten und Rauschebärten, die auf den ‚bildungshungrigen' Handarbeiter losgelassen werden, noch ist sie Luxus, Kaviar und Opium, das uns die Häßlichkeiten des ‚grauen Alltags' vergessen macht. Die Kunst *heute* ist Scheinwerfer und *Waffe!*"

Fürs Arbeitertheater forderte Wolf die Behandlung von Gegenwartsstoffen in „*Kurzszenen*, die ein Schlosser, eine Ausläuferin, ein Trambahnschaffner, eine Waschfrau begreifen! (. . .) *Hierzu Reportage,* wie jeder Tag sie plötzlich bietet! (. . .) Sprechende Zeitung! (. . .) Und weiter: Muskelentladung, Akrobatik, Gymnastik! Der Mensch ist nicht bloß ‚Geist'! (. . .) Und ist der Stoff so groß und massig, daß er einen ganzen Abend fordert, *dann* aber nur dann auch ein *Dichtwerk,* das den Abend umspannt und ‚füllt' (. . .)." Gefordert wurde neben den richtigen Stoffen aber auch die entsprechende künstlerische Gestaltung: „(. . .) es ist noch lange kein Arbeiterstück, wenn in ihm unentwegt: Es lebe die Weltrevolution! gerufen und die Internationale gesungen wird, wenn Lenin immer wieder persönlich auf der Bühne erscheint. Das ist höchstens eine ‚*Walze*', die gerade den Arbeiter sehr bald langweilt. Auch ein Arbeiterstück, *gerade dies,* muß ‚*gekonnt*' sein! (. . .) Hierzu aber gehört, solange es eine Wortkunst gibt — man verzeihe den harten Ausdruck —, der *Dichter!*"[9]

Friedrich Wolf verstand sich als ein solcher „Dichter". Am Beispiel seiner eigenen Stücke sollen die oben skizzierten Forderungen illustriert und problematisiert werden. Die abendfüllenden „Dichtwerke" stehen dabei im Vordergrund. Doch vorweg einiges zur Biografie des Autors.

Friedrich Wolf wurde 1888 als Sohn eines Kaufmanns in Neuwied geboren. Ein Kunststudium in München brach er nach einigen Monaten ab und begann 1908 mit dem Medizinstudium in Tübingen. Die frühe Verbindung zur 1900 aufgekommenen „Wandervogelbewegung" setzte Wolf in Tübingen durch eine führende Tätigkeit in der studentischen Jugendbewegung fort. In diese Zeit fielen die ersten literarischen Versuche, die z. T. in renommierten Zeitschriften wie *Jugend* und *Simplicissimus* bis zum Beginn des Weltkriegs veröffentlicht wurden. Wolf studierte dann in Bonn und Berlin und schloß 1912 sein Studium mit der Promotion zum Dr. med. ab. Den folgenden Lebensabschnitt skizzierte er in einem autobiografischen Artikel so: „1914 bis 1918 Truppenarzt, an der West- und Ostfront, Bataillonsarzt, zweimal verwundet, einmal verschüttet, seit 1916 den Sinn des imperialistischen Krieges, wenn auch langsam begreifend. Seit Juli 1918 illegal in der Arbeiterbewegung, in Militärlazaretten. 1918/1919 teilgenommen an den Kämpfen der Arbeiterschaft in Dresden, Leipzig, Pirna, Plauen; 1920 als Stadtarzt in Remscheid, Aufbau des dortigen Gesundheitsamtes in rein proletarischer Umgebung; Anlegung der ersten Fabrikkindergärten, Volksgesundheitsparks, unterbrochen durch den Ausbruch des Kapp-Putsches (. . .). Es gelang der revolutionären Arbeiterschaft, im ersten Elan unter zwar schweren Opfern siegreich die gesamten weißen Freikorps zu vernichten und eine Rote Armee zwischen Ruhr, Rhein, Wupper und Lippe im Industriegebiet Deutschlands aus dem Boden zu stampfen. Ich selbst bekam den Auftrag der militärischen Leitung über den ‚Abschnitt Süd‘, mit Remscheid als Zentrum. (Nach dem Scheitern der Kämpfe war ich) 1920/21 (. . .) als Siedler und Torfarbeiter auf dem syndikalistisch geführten Barkenhoff bei Worpswede mit Heinrich Vogeler. Auch dieser Versuch des Zellenbaus als Teilaktion mußte scheitern. Danach fünf Jahre praktischer Arzt in einem verarmten bäuerlichen Distrikt Süddeutschlands. Dann erhielt ich von einem großen Verlag mehrere Aufträge, arbeitete als Schriftsteller und Arzt in Stuttgart.“[10]

Hier trat er 1928 in die KPD ein, arbeitete dann im DAThB und seit seiner Gründung im BPRS an führender Stelle mit, hielt in der MASCH in Stuttgart Vorträge zur Gesundheitsfürsorge, verfaßte ein weitverbreitetes medizinisches Hausbuch, leitete seit 1932 den „Spieltrupp Südwest“, eine Agitprop-Truppe der KPD, ging dann 1933 über Österreich, die Schweiz und Frankreich ins Exil in die Sowjetunion. Nach dem Zweiten Weltkrieg lebte Wolf bis zu seinem Tode 1953 in der DDR.

In seiner schon während des Krieges begonnenen frühen dramatischen Produktion dominierte noch das Pathos des Expressionismus, gepaart mit einem allgemeinen Pazifismus. Doch bereits in dem 1919 geschriebenen Stück *Der Unbedingte. Ein Weg in drei Windungen und einer Überwindung* wird vor allem in der Parodie von Sprache und Gestus eine erste Distanz zum expressionistischen Drama spürbar. Gleich zu Beginn des ersten Aktes ähnelt die Szene einer Karikatur des expressionistischen Sendungsbewußtseins: Der Held, ein junger Dichter, hat einen Zimmerbrand verursacht und sitzt nun in

Hemd und Hose auf dem allein übriggebliebenen Kanonenöfchen, ein Manuskript mit dem Titel „Urmensch" in der Hand.

Dichter *ein Manuskript schwingend:* Die Verantwortung trägt Europa! Die Erschütterung eines Dichters durch einen subalternen Stubenbrand bedrohen? Ich lache! *Empor.* Endlich! – Frei von dem Kram . . . Bett, Tisch, Garderobe . . . die Flamme war euch gnädig! *Umber.* Ha, der Brand bei der Witwe oder die Geburt des Unbedingten (. . .).[11]

Im weiteren Verlauf wird der „unbedingte" junge Dichter, welcher die Massen der Proletarier von seinen abstrakten Idealen eines neuen Menschentums überzeugen will, mit durchaus realistisch gezeigten gesellschaftlichen Problemen konfrontiert: Bodenspekulation, Wohnelend des Proletariats etc. Diese auch thematische Distanz zum Expressionismus wird allerdings nicht durchgehalten. Zwar werden gesellschaftliche Antagonismen vorgeführt, am Schluß jedoch zugespitzt zu der idealistischen Alternative Zivilisation oder Ursprünglichkeit. Der Dichter fordert die Massen dazu auf, die feindliche Zivilisation zu zerstören und zur Mutter Natur zurückzukehren: es kommt zur Katastrophe, die Mietskasernen etc. werden abgerissen, die Massen graben nach der Quelle der wahren Natur, der Dichter selbst kommt in dem anarchistisch-destruktiven Aufruhr um. Das ganze endet in einer Schlußapotheose: die Leiche des Helden in der Pose des Gekreuzigten verbreitet ein magisches Licht, die auf sie fixierten Proletarier stoßen verzückte Schreie aus.

Trotz einiger kritischer Züge wird also der Mythos der bürgerlichen Jugendbewegung, der in Stadt- und Zivilisationsflucht und in der bäuerlichen Naturgemeinschaft seine zentralen Topoi hatte, im Verein mit dem expressionistischen Menschheitspathos – wenn auch gebrochen – aufrechterhalten. Eine historisch-realistische Perspektive konnte Wolf in diesem Stück noch nicht aufweisen.

Waren es bei Brecht vor allem die ständigen Auseinandersetzungen mit dem bürgerlichen Kultur- und Theaterbetrieb und die Produktionsschwierigkeiten bei neuen Stücken, die ihn zur Beschäftigung mit Theorie und Praxis der Arbeiterbewegung drängten, so scheint es bei Wolf eher umgekehrt: seine berufliche Tätigkeit als Arzt und seine aktive Beteiligung an den täglichen Auseinandersetzungen des Proletariats und der bäuerlichen Landbevölkerung waren Hauptursachen für die Weiterentwicklung seiner künstlerischen Konzeption. Seine sozialistische und dann dezidiert kommunistische Position manifestiert sich in den Stücken *Der arme Konrad* (1924), *Cyankali* (1929) und *Die Matrosen von Cattaro* (1930).

Anregungen zum *Armen Konrad* erhielt Wolf durch die Bekanntschaft mit einem antifeudalen Fastnachtsspiel, dem *Ehrsamen Narrengericht,* das 1514 Auslöser für die Bauernunruhen in der Schwäbischen Alb gewesen war und in derselben Gegend — wo der Autor ja als Arzt praktizierte — immer noch von den Kleinbauern gespielt wurde. *Der Arme Konrad* ist denn auch ein *Schauspiel aus dem Deutschen Bauernkrieg,* in welchem der Kampf der Bauern gegen die Feudalherren und dessen Scheitern gestaltet ist. Nach traditionellem Fünf-Akte-Schema gebaut und in der Personengestaltung noch idealistische Züge tragend versucht dieses Geschichtsdrama die Kontinuität revolutionären Kampfes zu demonstrieren, der noch im Scheitern seine Zukunftsperspektive enthält. Am Ende des Stückes spricht der tödlich verwundete Bauernführer Konz zu den umstehenden Bauern: „(. . .) Geselln, nit alle Körner tragen sichtbar Frucht, seid nit betrübt; es war doch eine große Sach, die wir taten . . . sie ward *nit* widerrufen, Geselln, sie ward *nit* widerrufen . . . einmal wird sie wiederkommen!“[12] Die Abkehr von den allgemeinen Menschheitsthesen war damit vollzogen. *Der Arme Konrad* erlebte übrigens zahlreiche Inszenierungen, wie überhaupt Friedrich Wolf vor 1933 der meistgespielte und meistdiskutierte sozialistische Dramatiker in Deutschland war.

1929, kurz nach Wolfs Eintritt in die KPD, entsteht das Schauspiel *Cyankali.* In ihm versucht der Autor erstmals seine theoretischen Postulate von 1928 künstlerisch zu verwirklichen. Das Stück soll daher genauer betrachtet werden. *Cyankali* enthält ein Gegenwartsthema, mit dem Friedrich Wolf bei seiner ärztlichen Tätigkeit ständig konfrontiert wurde: die Auswirkungen des Abtreibungsparagraphen 218 auf proletarische Frauen und Familien. Für den Titel sind Fakten mitverantwortlich, wie Wolf sie in Form von Zeitungsauszügen im Vorwort der ersten Buchausgabe dokumentiert. Dort heißt es in einem Bericht der *Süddeutschen Arbeiterzeitung* über einen Mordprozeß im Zusammenhang mit dem § 218 vom Angeklagten: „(. . .) dort lernte er die Kassiererin M. F. kennen. Als nun die F. wieder in anderen Umständen war, machte er auf deren eigenes Betreiben einen Abtreibungsversuch. Dabei wollte er von dem Sanitätssergeanten A. den Rat erhalten haben, er solle die Abtreibung mit Cyankali bewerkstelligen. Die F. ist dann an dem Gift nach schwerem Todeskampf gestorben!“ (S. 101)

Das Stück gestaltet diese Problematik am Beispiel der zwanzigjährigen Arbeiterin Hete, die von ihrem Freund, dem Arbeiter Paul schwanger wird und versucht, aus materieller Not das Kind abzutreiben: zunächst bei einem Arzt, dann mit Hilfe von Paul, danach bei einer Kurpfuscherin, schließlich — als diese sich geweigert hat — mit

Hilfe ihrer Mutter, die ihr auf eigenes Drängen Cyankali gibt, an dessen Folgen Hete stirbt. Nach Denunziation durch den Hausverwalter Prosnik wird Hetes Mutter am Sterbebett der Tochter verhaftet. Die Haupthandlung ist eingebettet in die differenzierte Darstellung des proletarischen Lebenszusammenhanges (Wohnverhältnisse, politische Tätigkeit, Aussperrung, Arbeitslosigkeit, Hunger und Krankheit), der die individuellen Handlungen und Reden der Figuren als klassenspezifische hervorbringt; also keine psychologisierende Schicksalszeichnung, sondern eine Gestaltung, die über vergleichbare Milieu- und Elendsschilderungen naturalistischer Dramen analytisch hinausgeht und von daher *realistisch* genannt werden kann. Zugleich schreibt Wolf in parteilicher Weise aus der Perspektive des nicht nur leidenden, sondern auch kämpfenden Proletariats, so daß er zu Recht als „Klassiker des sozialistischen Realismus" (Mennemeier) bezeichnet werden kann.

Ein Höhepunkt ist die in der Mitte des Stückes (4. Bild) in aller Schärfe herausgearbeitete Darstellung des Klassencharakters des § 218, der am Verhalten des praktischen Arztes Dr. Möller sinnfällig demonstriert wird. Schauplatz ist das Behandlungszimmer des Arztes.

Dr. Möller hat eben eine Dame untersucht und beraten; er hat ein Zeugnis geschrieben und kuvertiert es.

Dame: Ich kann bestimmt auf Ihre Diskretion rechnen, Herr Doktor?

Dr. Möller: Ärztliche Schweigepflicht, meine Gnädigste.
Stempelt den Umschlag und gibt ihr den Brief.

Dame: Darf man wissen, Herr Doktor, ob das Zeugnis positiv ausfiel?

Dr. Möller: Es unterliegt noch der Entscheidung des ausführenden Gynäkologen, dem der Eingriff zusteht.

Dame schnell: Dafür garantiere ich.

Dr. Möller: Sie unterschätzen unsere Verantwortlichkeit.

Dame: Was haben Sie zu riskieren? Bitte, ich verstehe! Aber soll ich mir wegen eines Zufalls einen ganzen Winter verderben lassen, jetzt, da ich in bester Form bin? Mein Hockeyteam in Davos erwartet mich dringend.

Dr. Möller: Unser Gutachten gründet sich lediglich auf den sachlichen Befund.

Dame: Herr Doktor, ich liebe es nicht, mich durch Nichtbeantwortung von Fragen demütigen zu lassen: Haben sie den Eingriff befürwortet?

Dr. Möller: Glauben Sie, ich schreibe sonst? (S. 147)

Im Kontrast dazu die Parallelszene im gleichen Bild mit Hete und dem Arzt. Schon in der Redeweise und im Verhaltensgestus werden die Unterschiede offenkundig:

Dr. Möller am Schreibtisch: Bitte den Krankenschein! *Sieht auf.* Hätten Sie die Güte, sich etwas schneller zu äußern? Was fehlt Ihnen?

(. . .)

Hete heftig aber leise: Sie müssen mir helfen, Herr Doktor!

Dr. Möller obschon er es weiß: Nochmals, worum handelt es sich?

Hete in großer Angst: Es ist kein Verbrechen, Herr Doktor . . . es ist wirklich kein Verbrechen, wenn Sie mir helfen, Herr Doktor! Ich muß weg von Haus . . . wir haben ja für uns selber nichts . . . die Aussperrung nun schon vier Wochen, kaum Brot und Kartoffeln, sechs Menschen in einer Kammer . . . wie soll da noch ein siebentes herein? Sie sind doch Arzt, Sie sehen täglich das ganze Elend. Sie müssen mir helfen!

Dr. Möller: Wenn ich recht verstehe, fordern Sie von mir eine strafbare Handlung?

Hete: Herr Doktor, ich weiß nicht, was Sie da sagen . . . ich brauche Ihre Hilfe, Herr Doktor . . . wir Arbeiterinnen wissen ja viel zu wenig von diesen Dingen, die wir wissen müßten, jeden Tag kommen sie an uns heran . . . und dann hilft uns niemand.

(. . .)

Dr. Möller: Wenn ich ihnen helfen dürfte. Wie soll ich's denn machen? Das Gesetz bindet uns Ärzten doch die Hände . . .

(. . .)

Hete geht stumm zur Tür.

Dr. Möller ihr nach: Was wollen Sie tun?

Hete sieht ihn an: Dorthin gehen, wo man mir hilft.

Dr. Möller: Machen Sie keine Dummheiten, Mädchen! Gehen Sie nicht dahin, Mädchen, wo man Ihnen Cyankali gibt oder mit Schmierseife spritzt, oder wo man Sie mit einem unsauberen Instrument verletzt, wo Sie dann im Kindbettfieber in Krämpfen sterben, gehen Sie nicht dahin, ich warne Sie!

Hete aufschreiend: Aber Sie . . . Sie schicken mich ja dahin!" (S. 149 f.)

Die in der zynisch anmutenden Warnung des Arztes enthaltene Vorausdeutung erfüllt sich im weiteren Verlauf des Stückes mit zwingender dramatischer Logik. Die Schlußszene enthält dann in aller Klarheit die Aufforderung des Autors zur politischen Aktion: Appell an die Ärzte, für die Geburtenregelung einzutreten, Aufruf an die direkt Betroffenen, für die Beseitigung des § 218 zu kämpfen. Die letzten Worte der sterbenden Hete beenden das Stück: ,,Tausende . . . müssen . . . so sterben . . . Hilft . . . uns . . . denn niemand?" Der Kampf gegen den § 218 wird nicht im Stück entfaltet, er hat in der Wirklichkeit stattzufinden.

Nach der Aufführung von *Cyankali* und dem folgenden Stück *Die Matrosen von Cattaro*, das sich mit einem revolutionären Aufstand 1918 innerhalb der österreichischen Marine für den Abbruch des Krieges auseinandersetzte, wurde Friedrich Wolf 1931 zusammen mit einer Arztkollegin unter der sich als falsch erweisenden Anschuldigung gewerbsmäßiger Abtreibung verhaftet. Die Wirkung des Stückes und die Verhaftung seines Autors lösten eine große Solidaritätskampagne aus; es bildeten sich Komitees für die Abschaffung des § 218, die auch nach Wolfs Freilassung einige Zeit weiterbestanden und in denen der Autor selbst mitarbeitete.

In einem kurzen Text mit dem Titel *Unmittelbare Wirkung aristotelischer Dramatik* notierte Brecht zu Wolfs *Cyankali:* „In der Zeit der Weimarer Republik hatte ein Stück aristotelischer Bauart, welches das Verbot der Abtreibung in den überfüllten Städten mit ihren beschränkten Verdienstmöglichkeiten als unsozial bewies, den großen Erfolg, daß die proletarischen Frauen, die dies gesehen hatten, eine gemeinsame Aktion veranstalteten und erreichten, daß die Krankenkassen nunmehr die Bezahlung von Verhütungsmitteln übernahmen. (. . .) Die Nützlichkeit aristotelischer Wirkungen sollte nicht geleugnet werden; man bestätigt sie, wenn man ihre Grenzen zeigt. Ist eine bestimmte gesellschaftliche Situation sehr reif, so kann durch Werke obiger Art eine praktische Aktion ausgelöst werden. (. . .) Wenn die Rolle der Wahrnehmung verhältnismäßig klein sein kann, da ein allgemein gefühlter und erkannter Mißstand vorliegt, ist die Anwendung aristotelischer Wirkungen durchaus anzuraten."[13]

Friedrich Wolfs Dramaturgie läßt sich als „aristotelisch" kennzeichnen, insofern sie auf die *Einfühlung* des Zuschauers in den Stückverlauf setzt: starke emotionale Wirkung als Auslöser für politisches Handeln außerhalb des Theaters ist ihre Absicht. Diese Absicht kann bei begrenzten und dem Publikum bekannten Themen verwirklicht werden. Vom traditionellen aristotelischen Theater unterscheidet sich Wolfs Dramaturgie durch die Ablehnung des Schicksalsbegriffs als zentrales handlungstreibendes Element und die Ersetzung der ,Katharsis' als allgemeiner ,Reinigung' der Gefühle durch die Zielsetzung, Emotionen zu wecken *für bestimmte politische Aktionen.* Käthe Rülicke-Weiler hat daher vorgeschlagen, hier von einer „neuen aristotelischen Dramatik"[14] zu sprechen, die allerdings schon auf Grund ihrer Thematisierung widersprüchlicher Realität auf epische Elemente nicht gänzlich verzichten kann.

Anmerkungen

1 Vgl. dazu das Kapitel über proletarisches Drama in Band 1 dieser Einführung.
2 Richard Weber: Proletarisches Theater und revolutionäre Arbeiterbewegung 1918–1925, S. 26.
3 Erwin Piscator: Das Politische Theater (Schriften Bd. 1), Berlin/DDR 1968, S. 48.
4 Weber, S. 27.
5 Heinrich Braulich: Die Volksbühne, S. 148.
6 Zitiert nach Rolf Henke/Richard Weber (Hrsg.): Arbeiterbühne und Film, S. 7.
7 Vgl. hierzu das Kapitel über die Piscator-Bühne in diesem Band.
8 Henke/Weber (Hrsg.), S. 19.
9 Friedrich Wolf: Kunst ist Waffe! In: F. W.: Aufsätze über Theater (Ausgewählte Werke in Einzelausgaben Bd. 13), Berlin/DDR 1957, S. 162 ff.
10 Friedrich Wolf: Wie ich zur revolutionären Arbeiterschaft kam, in: F. W.: Aufsätze (Ausgewählte Werke Bd. 14), Berlin/DDR 1960, S. 40 ff.
11 Friedrich Wolf: Der Unbedingte, in: F. W.: Gesammelte Werke in sechzehn Bänden, Bd. 1, Berlin/DDR 1960, S. 117.
12 Friedrich Wolf: Der Arme Konrad, in: F. W.: Gesammelte Dramen I (Ausgewählte Werke Bd. 1), Berlin/DDR 1952, S. 349. – Vgl. hierzu und zu Wolfs späterem Bauernkriegsstück ,Thomas Münzer' den Aufsatz eines Autorenkollektivs: ,Die ganze Welt muß neu geboren wern'. Friedrich Wolfs Bauernkriegsdramen, in: Walter Raitz (Hrsg.): Deutscher Bauernkrieg, Opladen 1976 (= Lesen 3), S. 124 ff.
13 Bertolt Brecht: Unmittelbare Wirkung aristotelischer Dramatik, in: B. B.: Schriften zum Theater 1 (Gesammelte Werke 15), Frankfurt/M. 1967, S. 248 f.
14 Käthe Rülicke-Weiler: Die Dramaturgie Brechts. Theater als Mittel der Veränderung, Berlin/DDR 1966, S. 71.

Literaturhinweise

Ludwig Hoffmann/Daniel Hoffmann-Ostwald (Hrsg.): Deutsches Arbeitertheater 1918–1933, 2 Bde., 2. Aufl. München 1973.
Rolf Henke/Richard Weber (Hrsg.): Arbeiterbühne und Film. Zentralorgan des Arbeiter-Theater-Bundes Deutschlands e. V., Juni 1930 – Juni 1931, Köln 1974.
Friedrich Wolf: Cyankali, in: F. W.: Gesammelte Dramen II (Ausgewählte Werke in Einzelausgaben Bd. 2), Berlin/DDR 1957.

Richard Weber: Proletarisches Theater und revolutionäre Arbeiterbewegung 1918–1925, Köln 1976.
Gudrun Klatt: Arbeiterklasse und Theater. Agitprop-Tradition – Theater im Exil – Sozialistisches Theater, Berlin/DDR 1975.
Heinrich Braulich: Die Volksbühne. Theater und Politik in der deutschen Volksbühnenbewegung, Berlin/DDR 1976.

Walter Pollatschek: Friedrich Wolf. Leben und Schaffen, Leipzig 1974.
Franz Norbert Mennemeier: Ein Klassiker des sozialistischen Realismus
(Friedrich Wolf), in: F. N. M.: Modernes Deutsches Drama 1, München
1973, S. 231 ff.

19. Literatur des deutschen Faschismus

Seher-Dichter oder literarische Handlanger?

Walter Benjamin hatte 1927 zur russischen Literatur bemerkt, sie sei gegenwärtig ein größerer Gegenstand für Statistiker als für Ästhetiker — und das durchaus rechtens, weil sie nämlich mit dem Analphabetismus kämpfe. Sechs Jahre später trat die Literatur in Deutschland in eine Phase, in der sie auf Jahre ebenfalls — wenn auch aus anderen Gründen — nurmehr von statistischem Interesse schien. „Ein Sumpf aus analphabetischer Gemeinheit, Blut und Dreck"[1], — so Stephan Hermlin. Die Rede ist von der Literatur im ‚Dritten Reich'.

So sehr das für die Literatur gilt, die nach inhaltlich-ideologischen Kriterien offen nationalsozialistisch war, so sehr schwierig ist es, den Satz insgesamt zu übernehmen. Einer historisch-analytischen Perspektive stellt sich die Literatur im ‚Dritten Reich' nämlich nicht monolithisch geschlossen, sondern durchaus differenziert dar[2], — wobei allerdings nicht vergessen werden darf, was sie insgesamt zusammenhielt: das Sicheinlassen mit der Barbarei.

Die ‚Blut-und-Boden-Literatur', die meist als Inbegriff der Nazi-Literatur verstanden wird, hat es schon *vor* der faschistischen Herrschaft gegeben, sie hatte ihre Erfolge schon in der Weimarer Republik und ihre Wurzeln sind zurück bis in die Heimatkunst zu verfolgen. Unter dem Gesichtspunkt der Aktualität ist daher eine andere Literatur im ‚Dritten Reich' wichtiger, an der die Funktion der Literatur im Faschismus, vor allem aber des Faschismus für die Literatur exemplifiziert werden kann — die *Gebrauchs- und Massenliteratur*, darin inbesondere das *romaneske Sachbuch,* das bisher der Aufmerksamkeit entgangen zu sein scheint.[3] In ihm findet sich der eigentliche Beitrag des Faschismus zur Analphabetisierung, die noch heute anhält.

Gegen die Tendenz, insbesondere der Neuen Sachlichkeit, zur Ablösung des Begriffs vom genialisch intuitiven *Dichter* durch den des an Erfordernissen der Tagesaktualität orientierten professionell-spezialistischen *Autors*, etablierte die offizielle Nazi-Kultur neuerlich das Bild vom genialischen Seher-Dichter als einem Künder und Deuter. So sehr das dem reaktionären Klischee von Kultur entsprang,

das die Nazi-Herrscher mit ihren Anhängern verband, so sehr das
dem Selbstverständnis von Literaten entgegenkam, die nach der Vertreibung von Juden, Demokraten und Sozialisten sich breit machten,
so wenig entspricht das der Realität — gerade nicht der des Faschismus.

Vielmehr waren die wenigen Autoren, die sich als Seher-Dichter
gerierten, schwaches Pendant zu den Stars der Kulturindustrie. Hinter
dem Reklamebild des genialischen Einzelnen, das sie verbreiteten,
stand die Wirklichkeit der Vielzahl industrialisierter Kopfarbeiter.
Schon die Statistik macht es deutlich: In einschlägigen literaturwissenschaftlichen Publikationen des Nationalsozialismus werden knapp
50 Autoren als „bedeutende" nationalsozialistische Dichter genannt — nicht eigens zu betonen, daß keiner anspruchsvollen Kriterien standhielte —, als weiterhin von der Kritik beachtete Autoren:
maximal 300. Unter dem Begriff „Schriftsteller" wurden indes vom
Propagandaministerium ca. 10000 Personen geführt, aber insgesamt
unterstanden diesem Ministerium sogar ca. 200000, vom Journalisten bis zum Verleger.[4]

Dirigistische Ratifizierung der Kulturindustrie

Im amerikanischen Exil haben Adorno und Horkheimer angesichts
der kulturellen Wirklichkeit der USA eine radikale Konsequenz für
Europa gezogen: „Der Glaube, die Barbarei der Kulturindustrie sei
eine Folge (...) der Zurückgebliebenheit des amerikanischen Bewußtseins hinter dem Stand der Technik, ist ganz illusionär. Zurückgeblieben hinter der Tendenz zum Kulturmonopol war das vorfaschi-
stische Europa."[5] Waren z. B. noch die diversen Stadt- und Staats-
theater fernes Abbild der deutschen Kleinstaaterei und der liberal-
kapitalistischen Konkurrenz auf dem Gebiet der Kultur, so vollzogen
die Nazis endlich die radikale Monopolisierung auch hier. „Der neue
deutsche Staat faßte das geistige Schaffen in einem Riesenapparat
zusammen, um es von einer Stelle aus lenken zu können." — So
Walter Muschg.[6]

Man muß allerdings festhalten, daß diese Tendenz zum zentralisti-
schen Dirigismus durchaus Differenzen, Kontroversen und wider-
sprüchliche Entwicklungen einschloß, wie auch auf anderen Gebieten, etwa auf dem der Wirtschaftsplanung oder der Landwirtschaft
der Nationalsozialismus divergierende Interessen erst nach und nach
synthetisierte. Infolgedessen gab es nicht nur eine, sondern mehrere
kultursteuernde Behörden: den Preußischen Theaterausschuß unter

Görings Einfluß, „Kraft durch Freude" bei Leys Arbeitsdienst, das „Amt für Überwachung der gesamten geistigen und weltanschaulichen Schulung und Erziehung der NSDAP" unter Rosenberg, die „NS-Kulturgemeinde", schließlich die „Parteiamtliche Prüfungskommission zum Schutze des NS-Schrifttums".[7]

Die Gesamttendenz gibt sehr gut Peter von Werder wieder, dessen Stimme deshalb Gewicht hat, weil es sich um einen zweifellos rational und intelligent argumentierenden Nationalsozialisten handelt: „Wo aber alles einer Planung unterliegt und unterliegen muß, um die ideellen und materiellen Katastrophen der Vergangenheit zu vermeiden, da kann auch die Kunst und damit die literarische Produktion ruhig einer verantwortungsbewußten Planung, wie sie kulturelle Therapie erfordert, unterworfen werden, ohne (. . .) die persönliche Schöpferkraft und Schaffensfreude einzuengen oder gar zu vernichten." Und weiter: „Weil der Durchschnittsleser (. . .) auch ein mehr durchschnittliches Schrifttum bevorzugt, ist das Wirkungsfeld der kulturellen Therapie vornehmlich das Gebiet der Literatur jenseits der Grenze des genialen Dichtwerks. (. . .) Gerade die leichte Unterhaltungsliteratur, das psychologische Modebuch, der utopische Roman, der Kriminalroman", — zu dem Werder übrigens eine der brilliantesten soziologischen Analysen geliefert hat — „der Fortsetzungsroman, ja der Groschenroman wird Gegenstand der kulturellen Therapie sein müssen (. . .). Denn die kulturelle Therapie entsteht erst als Folge der Vermassung, deren Auftreten kunstpolitisch zu der Erkenntnis führte, daß die tiefe Kluft zwischen hoher Literatur und Unterhaltungsschrifttum (. . .) nicht nur eine ästhetische, sondern auch eine sozialgeschichtliche Erscheinung war."[8]

Hier haben wir das nationalsozialistische Fazit aus den Momenten, die bisher als charakteristisch für die Literaturentwicklung beschrieben wurden. Das *Sachbuch* aber ist die objektivistische Seite der Massenliteratur, mithin kann, was hier zur ‚kulturellen Therapie' gesagt wurde, übertragen werden. Zunächst liegt das für einen Teil der populären Sachliteratur auf der Hand: nämlich beim *Kriegsbuch*. Das Arbeiten mit Dokumenten, Kartenbeilagen, der beanspruchte Berichtcharakter und der Montagestil, alles das ratifiziert einen Teil der Sachbuchansprüche. Das Kriegsbuch wurde zum *Standard-Genre der NS-Literatur*. Allerdings hatten die Autoren von Kriegsbüchern den Höhepunkt ihrer Produktion (nicht zwar der Auflagen) zumeist in der Weimarer Republik gehabt.

Zu dieser Art Sachbücher zählen solche Bestseller wie das Buch eines Teams um den Reichspressechef Otto Dietrich unter dem Titel *Auf den Straßen des Siegs. Erlebnisse mit dem Führer in Polen;* überhaupt der ganze Literaturkomplex, der sich mit der Geschichte der ‚Bewegung' und den verschiedenen Parteigliederungen befaßte. Aus der großen Masse zwei symptomatische Beispiele: *Jungzug 2* von Alfred Weidenmann, erschienen 1936, ein Buch, das die Geschichte einer HJ-Gruppe schildert. Interessant daran ist nicht die Geschichte selbst, – es handelt sich um die üblichen Bewährungen und Initiationsriten, um Lagerfeuer und einen obligatorischen Bösewicht –, sondern die Aufmachung. Der damals gerade Neunzehnjährige verwendet nämlich eine *Technik der Montage* von unterschiedlichsten Elementen (Schrifttypen, Fotografien, Zeichnungen), wie sie etwa aus dem links-avantgardistischen Malik-Verlag bekannt war. Weidenmann hat sich später als Autor mehrerer Filme über die HJ hervorgetan, die höchstes Lob erhielten. Auch ihr Spezifikum war die Verquickung von Dokumentar- und Spielhandlung. (Nach 1945 machte er einen der ersten Filme über den Widerstand gegen Hitler, darin den umstrittenen Abwehrgeneral Canaris glorifizierend.)

Ein weiteres Beispiel gibt der Lyriker und Ministerialrat im Propagandaministerium Wilfrid Bade, der hauptsächlich Biografien über Nazi-Größen schrieb, 1933 über Goebbels und 1936, als Hans Heinz Ewers' Horst-Wessel-Biografie in Verruf gekommen war, über Wessel. In einem Reportageroman, unter dem Titel *Die SA erobert Berlin* (1939), stilisiert er den Terror der SA zur vaterländischen Heldentat und den Gauleiter von Berlin, Joseph Goebbels, besonders aber den zwielichtigen Horst Wessel, zu genialen Volksführern. Es wäre wichtig, diesen Roman einmal mit Willi Bredels *Rosenhofstraße* zu vergleichen, hier jedoch nur ein paar Details. Im Zentrum des Buches steht die Illustration des Erfolgsrezepts der Nazi-Propaganda, erfolgreiche Mobilisierungs- und Solidarisierungsstrategien anderer Gruppen zu imitieren – wie die Nazis z. B. ja kommunistisches Liedgut umfunktioniert haben. Das stellt sich wie folgt dar. Horst Wessel sinniert: „Die Schalmeien sind in der S. A. verboten. Was Rotfront benützt, benützt die S. A. nicht. Horst Wessel lacht vor sich hin. Und warum denn nicht? Gerade! Gerade! Die Kommune muß mit ihrer eigenen Musik gereizt, gelockt und geschlagen werden." (S. 188)

Die Lehre aus dieser Taktik durchzieht das ganze Buch, so wird der Zuhälter Horst Wessel glorifiziert, die gegnerischen Kommunisten aber allesamt zu Zuhältern erklärt (vgl. S. 205). Aber auch Heldentum muß sein: Nach den tödlichen Schüssen auf Horst Wessel will man „einen kommunistischen, jüdischen Arzt holen, aber mit seiner letzten Kraft winkte Wessel ab." (S. 193) Um den dokumentarischen Charakter des Buches zu unterstreichen, sind ihm Fotos beigegeben, vom Mörder Horst Wessels, vom angeblichen Kommunistenterror usw.

Ein anderes Buch Bades heißt *Das Auto erobert die Welt*. Es ist 1938 erschienen und ein Gegenentwurf zu Ilja Ehrenburgs *Das Leben des Autos* (deutsch 1930 im Malik-Verlag). Dienten im SA-Buch die fiktionalen Elemente dazu, den minimalen Realitätskern emotional aufzubereiten, so hat das Buch über das Auto seinen Schwerpunkt in den Tatsachen, die allerdings so arrangiert werden, daß die gesamte Geschichte des Automobils in der genialischen Idee des Führers, den Volkswagen zu schaffen, ihren Gipfel findet. Selbstverständlich ist die Geschichte des Autos die Geschichte der Meisterleistungen großer Männer.

Mit diesem und ähnlichen Sachbüchern wird vom Faschismus realisiert, was in der Neuen Sachlichkeit als Nonplusultra einer linksradikalen Intelligenz galt: Beschreibung von technischen Vorgängen, Werkstoffen und Produkten. Während aber Sergej Tretjakov, auf den sich der neusachliche Dokumentarismus gern berief, von seiner „Biografie des Dings" einen „Schnitt durch die Klassen" erwartete, diente die „Biografie des Dings" im Faschismus nur der Mystifizierung der Volksgemeinschaft. Besonders ausgeprägt ist diese Verquickung von formal ‚modernen' Techniken mit ausgesprochen reaktionären Zielvorstellungen in den Sachromanen Karl Aloys Schenzingers (1886–1962). Zunächst Arzt, dann ab 1928 als freier Schriftsteller im Dienste des Nationalsozialismus, hatte er sich – ähnlich wie Bade, allerdings schon früher – an Themen versucht, die den kommunistischen Reportageromanen vergleichbar waren. Am bekanntesten – insbesondere durch die spätere Verfilmung – ist das 1932 geschriebene Buch *Hitlerjunge Quex* (Auflage von nahezu einer halben Million) geworden.

Noch größere Bestseller waren die für Schenzinger typischen Bücher: *Anilin* (1936) und *Metall* (1939). Noch 1973 ist *Anilin* als Taschenbuch neu aufgelegt worden; der Verlag dazu: „Dieses Buch ist zum Inbegriff des historisch getreuen und doch dramatisch erzählten Industrieromans geworden! (. . .) In den zwanziger Jahren des vorigen Jahrhunderts einsetzend, zeigt das Buch die Entwicklung der deutschen Chemie bis zu ihrem Gipfelpunkt." Wie tut es das? Die Geschichte der Chemie erscheint stellvertretend für die der Naturwissenschaft und der Industrie überhaupt, darin schließlich für Geschichte schlechthin. Indem es zur Zeit der Befreiungskriege einsetzt, die vorgeführten Personen über die Zerrissenheit des Vaterlandes klagen läßt, in der Apotheose der unmittelbaren Gegenwart endet, stellt es schon von vornherein das ‚Dritte Reich' als teleologischen Fixpunkt der deutschen Nationalgeschichte dar. Diese Geschichte selbst wird als die Geschichte genialischer, selbstloser Individuen geschrieben, als Geschichte der großen Forscher.

Kein Sterotyp bleibt dabei unbeachtet: der große Forscher ist allemal weltfremd, uneigennützig, fern von Gewinnstreben, forscht zumeist verkannt und einsam, von Intrigen bedroht, rastlos und von Visionen besessen zum Wohle der Menschheit. Dabei läßt er Gänsebraten verbrennen, vergißt, die Geliebte zu heiraten und schlägt auch schon einmal einen Apotheker nieder, weil der ihm nicht unverzüglich nachts Zyankali herausgeben will. Dafür von der unverständigen Gesellschaft angeklagt, verteidigt er sich — und das Ganze — so: „Wissen Sie was eine Idee ist, Herr Staatsanwalt? Was eine Idee aus einem Menschen machen kann? (. . .) Die Idee ist furchtbar (. . .). Sie ist unerbittlich. Sie zerschlägt die Küche und Kammer, das Kind und die Mutter, die Liebste und das Amt. Aber sie bringt den Fortschritt, die Freiheit, die Leistung, das Leben!" (S. 221) Dies also ist die ‚sachliche' Variante des faschistischen Sendungsbewußtseins. Geschichte wird zum raffinierten Plan des Schicksals, zum höheren Zusammenhang, der lediglich vom Genie in momentanen Visionen durchdrungen wird und in dessen Dienst es sich rücksichtslos zu stellen hat.

Aber darin wird der Roman schon auf der Oberfläche der Gestaltung brüchig. Die Revue der geschichtemachenden Genies erscheint gerade durch die romaneske Ausschmückung mit privaten Zügen insgesamt als bloße Variationskette eines Grundstereotyps: die besessenen, aber zum Wohle des Ganzen zu ertragenden Einzelnen. So verliert sich denn auch die anfangs sehr breite milieuhafte Kolorierung gegen Mitte in bloß noch additive Nennung großer Köpfe, um zum Schluß dann noch einmal alle Register der ‚großen Gefühle' zu ziehen.

Die Idee des linearen industriellen Fortschritts, die ihr Katastrophisches rechtfertigen soll, wird indes von der Geschichte selbst Lügen gestraft. Im Roman läßt Schenzinger einen Forscher des 19. Jahrhunderts die Vision der vereinigten chemischen Industrie haben — als Parallele zum geeinten Vaterland —, die Vision mithin von *IG Farben*. Aber gerade dieser Name ist mit der dunkelsten Barbarei verknüpft: mit der Ausbeutung von KZ-Häftlingen und der Herstellung des Giftgases zu ihrer Ermordung.

In Schenzingers *Anilin* und anderen Sachbuchprodukten dieser Zeit hat man eine Vorstufe gegenwärtiger Bestseller zu sehen, wie sie in direkter ideologischer Erbfolge etwa unter dem Namen Konsalik produziert werden. Eine Vorstufe insofern, als *Anilin* das Schwergewicht noch auf seine ‚Botschaft' (die Heroisierung und Mystifizierung der deutschen Geschichte als Industriegeschichte) legt und das Romaneske pures Vehikel ist. Heute wird das ‚Sachthema', das ist:

was gerade immer die Öffentlichkeit beschäftigt, Drogen, Mauerbau, Abtreibung, Terrorismus, als aktualisierendes Milieu benutzt, in dem sich die stereotype Variation ‚tiefer Leidenschaften' einnistet. Die ‚Botschaft' wird nicht mehr vorrangig von Sache und Milieu getragen, sondern von den „Leidenschaften" — ihr Inhalt ist allerdings derselbe: die Austreibung von Geschichte. Gerade an Schenzinger ist denn auch der bruchlose Übergang dieser Literatur, und natürlich ihrer Autoren, vom Nationalsozialismus in die Bundesrepublik zu verfolgen. Zwar nicht mehr ganz so erfolgreich, aber durchaus beachtet waren seine Bücher *Atom* (1950), *Schnelldampfer* (1951) und *Magie der lebendigen Zellen* (1957).

Auf dem Sektor der populären Sachdarstellung wurde — wie kaum sonst — die Kontinuität gewahrt. Während die offen bekenntnishaft-weltanschaulichen Produkte etwa Erwin Guido Kolbenheyers oder Herbert Böhmes eine apokryphe Existenz in Zirkeln Unverbesserlicher führten (deren Brisanz allerdings in der NPD zeitweilig sichtbar wurde), während Gustl Kernmayr, Heinz Steguweit und andere sich vorwiegend auf scheinbar unverbindlich heiter-humorige Literatur verlegten, konnten viele Sachbuchautoren bei der Sache bleiben.

Völkischer Eskapismus als ästhetisches Realitätsprogramm: Hans Grimm

Wenden wir uns abschließend dem anderen Pol der Nazi-Literatur zu, jenem, der allgemein im Vordergrund des Interesses steht, der völkisch-nationalistischen, der ‚Blut-und-Boden-Literatur': Hans Grimms *Volk ohne Raum* (1926) ist schon vor, aber besonders während des Nationalsozialismus ein absoluter Bestseller gewesen.[9] Ähnlich wie Remarques *Im Westen nichts Neues* wurde der Titel schnell zum Schlagwort. Der in zwei Bände zu insgesamt vier Teilen gegliederte Roman von ca. 1300 Seiten verabsolutiert eine agrarische Lebensweise und verherrlicht den imperialistischen Landraub in den Kolonien als einzig mögliche Zukunft. Der Held des Romans, Cornelius Friebott, flüchtet aus der zunehmend unverstandenen und bedrohlichen Gegenwart in die scheinbar zeitlose Ferne der Kolonie Deutsch-Südwest. Dort entwickelt er sich unter Absolvierung einer Vielzahl von Schicksalsschlägen und Abenteuern, die denen Jörn Uhls in nichts nachstehen. Auch sonst erscheint der Roman auf den ersten Blick als eine koloniale Variante des typischen Heimatromans. Es finden sich darin die bekannte Großstadtfeindschaft, schon das Titelbild signalisiert es — aus engen Fabrikanlagen strömende Arbeitermassen —, der regressive Eskapismus und Projektionismus, hier als Antisemitismus, Rassenhaß und Englandfeindschaft. Auch die Sprache entspricht in ihrer gewollten Altertümlichkeit durchaus den gängigen Heimatkunstprodukten. Zwar kann man sagen, daß der Roman „archaisierendes Epos und politischer Entwicklungsroman zugleich sein will"[10], aber es gibt gegenüber diesem Anspruch noch einen bedeutsamen Überschuß. Gerade aus der Perspektive auf das populäre Sachbuch fallen Momente auf, die im irrationalistischen Entwicklungsroman nicht einfach aufgehen.

In einer seiner vielfältigen programmatischen Schriften hatte Grimm „Heiterkeit, Sachlichkeit und Mystik" als die positiven Eigenschaften der weißen Rasse bestimmt.[11] Leuchtet unmittelbar ein, was bei ihm die Mystik ausmacht, so ist der paradox erscheinende Anspruch auf Sachlichkeit noch zu verfolgen. Grimm hatte sich stets dagegen gewehrt, daß sein Buch als tendenziös oder gar als ‚Parteibuch' aufgefaßt wurde. Für ihn war es die objektive Beschreibung dessen, was der Fall ist. Dieser Anspruch auf Objektivität und Sachlichkeit ist an vielen Punkten zu registrieren. Zunächst ist bei der Lektüre erstaunlich, daß der Roman gerade dort, wo er auf unmittelbares Erleben des Autors zurückgeht — Grimm hatte sich längere Zeit in Südafrika aufgehalten —, z. B. in Schilderungen der Burenkriege oder einer Bergwerkskatastrophe, den archaisierenden Duktus zugunsten eines dokumentarischen Berichtstils verläßt. Auf der kompositorischen Ebene kommt hinzu, daß Grimm sich selbst im Roman einmal als Kaufmann Hans Grimm, dann als Romanautor ins Spiel bringt (S. 620 ff., S. 1225 ff.). Das ist jedoch keine fiktionale Arabeske, sondern ein Versuch, bewußt den Fiktionscharakter aufzusprengen. Geißler meint, daß dadurch der Roman „politisch und literarisch suspekt" werde[12]; man kann aber eher davon ausgehen, daß er gerade dadurch Grimms Intention nahekommt, nämlich ein „Handbuch zur Lösung brennender Gegenwartsfragen" zu sein.

Deutlicher wird das noch an einem weiteren Moment. In entscheidender Situation liest der Held Thomas Manns *Buddenbrooks*, „weil sie gestaltetes, fertiges Leben enthielten". Er delektiert sich zunächst an Sprache und Stil und verfolgt gebannt den Aufstieg der Familie, als es mit ihr jedoch bergab zu gehen beginnt, legt er den Roman weg und greift zu einem Sachbuch mit dem Titel *Die Erschütterung der Industrieherrschaft und des Industriesozialismus;* der Roman wird daraufhin von ihm als zweifelhafter Genuß abgetan, während die Gedanken des Sachbuchs inskünftig dem Helden „männliche Genossen" werden. (S. 905 f.) Darin wird nicht bloß der Roman zugunsten von

Sachliteratur denunziert, sondern gerade der drohende gesellschaftliche Niedergang als Produkt von Romanfiktion erklärt. Die Wirklichkeit soll hingegen die Botschaft Grimms hören: „Der deutsche Mensch braucht Raum (. . .) um gut und schön zu werden" — ein Programm der Ästhetik allerdings. Um so signifikanter ist aber die Funktion der suggerierten Sachlichkeit und Realitätsentsprungenheit dessen, was dargestellt wird. Die Fiktionalität, aus der gerade die große realistische Literatur des alten Bürgertums ihre Kraft zog, wird denunziert, um Literatur in den Dienst einer ‚Botschaft' zu stellen. Der ‚linke' Glaube, es reiche zur Veränderung des Bestehenden, das Bestehende so vorzuzeigen, wie es sich darbietet, — durch die Sachliteratur im Faschismus ad absurdum geführt —, findet hier seine reaktionäre Entsprechung. Vor der Komplexität der Realität ausweichend, wird eine wahnhaft reduzierte, fiktionale ‚Realität' als das Wirkliche, die Wirklichkeit aber als das Scheinhafte ausgegeben.

Das völlig unhistorische eskapistische Erklärungsmodell des Romans, in dem der „Landmangel" für die zunehmende Proletarisierung verantwortlich gemacht wird, hat beim deklassierten Mittelstand, beim bedrohten Kleinbürgertum, außerordentlich nachhaltig gewirkt. Es suggerierte nicht wie ein beliebiger Heimatkunstroman die heilende Nostalgie agrarischer Geborgenheit, sondern verkündete gerade im vierten Teil, der den Gesamttitel wiederholt, offen als Programm, was beim besitzlosen, inflationsgeschädigten Mittelstand ankam: *Grundbesitz als sichtbare, materielle Lebenssicherung.* Daß damit allerdings der verschuldete Acker der Realerbteilung genauso gemeint sein konnte wie der ostelbisch-junkerliche Großgrundbesitz, war kein Widerspruch, sondern kam der Wirkung noch entgegen.

Ein weiteres nachhaltig identifikatorisches Moment war, daß der Romanheld sich parallel zur erfahrenen Glorie und zum Niedergang des deutschen Mittelstandes entwickelte, von den achtziger Jahren des 19. Jahrhunderts bis zum Jahr 1923, in dem Friebott, noch vor Ende der Inflation — und einen Tag vor Hitlers Münchener Putschversuch — stirbt. Grimm selbst hat sich während der faschistischen Herrschaft den Nazis gegenüber reserviert verhalten, indes ist sein Anwesen in Lippoldsberg, wo er 1959 gestorben ist, noch heute Zentrum des völkischen Radikalismus in der Bundesrepublik, und für sein Werk, auf 36 Bände in der Gesamtausgabe angelegt, gibt es noch immer Publikum. Gerade an Grimm bestätigt sich die These Alexander von Bormanns, „daß die völkische Literatur der Weimarer Republik die Macht und die Radikalisierung der traditionsgebundenen antirepublikanischen Gruppen und Schichten spiegelt. Diese brauchen sich ihre Literatur nicht erst zu schaffen, sie können vielmehr an eine reiche deutsche imperialistische Tradition anknüpfen."[13]

Dokumentarfilm — Ästhetisierung der Politik

So sehr es diese Tradition war, aus der den Nazis unablässig Macht zuwuchs, es darf jedoch — damit die Dimensionen stimmen — nicht unerwähnt bleiben, daß im ,Gefüge der Künste', nicht so sehr die *Literatur* es war, die von den Nazis am erfolgreichsten eingesetzt worden ist, sondern der *Film*. Nicht zufällig gelten die Produkte der *Ufa* — insbesondere die Komödien — noch heute Cinéasten als technische Glanzstücke.[14] Im Blick auf die hervorgehobene Sachlichkeits- und Dokumentartradition zum Schluß noch Skizzenhaftes zu einem Film, der fast einhellig zu den besten Dokumentarfilmen der Welt gerechnet wird: Leni Riefenstahls Film über den Parteitag 1934 in Nürnberg, *Triumph des Willens*.

Der Film erhielt die höchsten Prädikate der Nazis und auf der Biennale in Venedig den ersten Preis in der Sparte Dokumentation. Goebbels würdigte ihn so: ,,Er hat den harten Rhythmus dieser großen Zeit ins eminent Künstlerische gesteigert; er ist monumental, durchzittert vom Tempo der marschierenden Formationen, stählern in der Auffassung und durchglüht von künstlerischer Leidenschaft.''[15]

Die Autorin selbst sah sich damals durch den Faschismus begnadet — ein Beispiel dafür, wie ein abgestandener Kunstbegriff gerade in seinem scheinbar schärfsten Gegenteil, dem Dokumentarismus wieder hervorkommt, ein Beispiel aber auch dafür, wie trügerisch die Hoffnung in das Emanzipative des Dokumentarischen an sich ist: ,,Die innere Bereitschaft für diese Aufgabe überwindet alle Zweifel, alle Bedenken, alle Hemmnisse. (. . .) Der Glaube, daß ein reales, starkes Erlebnis einer Nation ein Neuerlebnis durch den Film finden könne, wurde in Deutschland geboren. Der Führer gibt damit dem Zeitfilm Sinn und Sendung.''[16]

Tatsächlich werden in diesem Film, der aus 100 000 Metern Wochenschauaufnahmen 3 000 herausgefiltert und montiert zeigt, die marschierenden Nazi-Massen verherrlicht. Zwanzig Minuten lang sieht man endlos marschierende Kolonnen, die Monotonie des Marschierens so gut wie nie durch Gegenschnitte unterbrochen. Insgesamt suggeriert der Wechsel in der Präsentation der Massen und NS-Führer, jeweils zusammengefaßt in den breit vorgestellten NS-Symbolen, deren Einheit: ,,den orgiastischen Austausch zwischen gewaltigen Mächten und ihren Marionetten''.[17]

In Konsequenz ihres Erfolgs wurde Leni Riefenstahl 1936 mit dem offiziellen Olympia-Film betraut, der gerade an seinem Gegenstand, dem scheinbar unpolitischen Sport, die Ästhetisierung von Massen im Wechsel mit ,schönen' Einzelnen als Mittel suggestiver

Ritualisierung besonders deutlich macht. Walter Benjamin könnte seine Formel von der faschistischen „Ästhetisierung der Politik" geradezu an diesen Filmen gefunden haben, jedenfalls charakterisieren sie wie kaum sonst ein Film Benjamins Einsicht, daß der Faschismus die Massen zu ihrem Ausdruck, aber nicht zu ihrem Recht kommen lasse.

Im Weltbild, das die populäre Sachliteratur und der unterhaltsame Sachfilm des Fernsehens heute implizit vermitteln, könnte man, bei genauerer Analyse, einer gespenstischen Aktualität solcher Traditionen ansichtig werden, zwar nicht dominant, aber leicht aktivierbar. Hier jedenfalls, in der Tradition von Sachbuch und Dokumentarfilm, und nicht so sehr im völkisch-nationalistischen Rassismus und Irrationalismus liegt die hauptsächliche Brisanz der NS-Literatur für unsere Gegenwart.

Anmerkungen

1 Stephan Hermlin: Literatur und Dichtung im Dritten Reich, in: Sinn und Form 20 (1968), S. 1490.
2 Vgl. Klaus Vondung: Der literarische Nationalsozialismus, in: Horst Denkler/Karl Prümm (Hrsg.): Die deutsche Literatur im Dritten Reich, S. 44 ff.
3 Karl Riha: Massenliteratur im Dritten Reich, ebda., S. 281 ff., geht lediglich auf Broschüren des Winterhilfswerks, der Ahnenforschung usw. ein.
4 Nach: Geschichte der Deutschen Literatur von den Anfängen bis zur Gegenwart, Bd. 10 (Von 1917 bis 1945), Berlin/DDR 1973, S. 671.
5 Max Horkheimer/Theodor W. Adorno: Dialektik der Aufklärung, Amsterdam 1947, S. 158.
6 Walter Muschg: Die Zerstörung der deutschen Literatur, 3. Aufl. Bern 1958, S. 31.
7 Vgl. Uwe-K. Ketelsen: Völkisch-nationale und nationalsozialistische Literatur in Deutschland 1890—1945, S. 82.
8 Peter von Werder: Literatur im Bann der Verstädterung, Leipzig 1943, S. 24, vgl. S. 18.
9 Gegenwärtig liegt das 783. Tausend auf. Nach einer mündlichen Auskunft der Klosterhofbuchhandlung Lippoldsberg vom 28. 9. 1976 soll sich die Gesamtauflage, eine Bertelsmann-Leseringausgabe während des Zweiten Weltkriegs eingeschlossen, auf über eine Million belaufen.
10 Lothar Köhn: Überwindung des Historismus. Zu Problemen einer Geschichte der deutschen Literatur zwischen 1918 und 1933, Teil II, in: Deutsche Vierteljahrsschrift 49 (1975), S. 139.
11 Zitiert nach Rolf Geißler: Dekadenz und Heroismus. Zeitroman und völkisch-nationalsozialistische Literaturkritik, Stuttgart 1964, S. 148.
12 Ebda., S. 149.
13 Alexander von Bormann: Vom Traum zur Tat. Über völkische Literatur, in: Wolfgang Rothe (Hrsg.): Die deutsche Literatur in der Weimarer Republik, Stuttgart 1974, S. 318.

14 Vgl. Karsten Witte: Die Filmkomödie im Dritten Reich, in: Denkler/
   Prümm (Hrsg.), S. 347 ff.
15 Nach Francis Courtade/Pierre Cadars: Geschichte des Films im Dritten
   Reich, S. 61.
16 Leni Riefenstahl: Hinter den Kulissen des Reichsparteitagsfilms, zitiert
   nach Jochen Teichler: Unpolitisch — mit Berufung auf den Führer, in: Vorwärts Nr. 51/1976, S. 29.
17 Susan Sontag: Die Ekstase der Gemeinschaft, in: Die Zeit Nr. 20/1975,
   S. 22.

Literaturhinweise

Wilfried Bade: Die SA erobert Berlin. Ein Tatsachenbericht (1939), 6. Aufl.
   München 1941.
Karl Aloys Schenzinger: Anilin. Roman eines Farbstoffs (1936), München
   1973 (= Heyne Taschenbuch).
Hans Grimm: Volk ohne Raum (1926), 4 Bde., Lippoldsberg 1975.

Uwe-K. Ketelsen: Völkisch-nationale und nationalsozialistische Literatur in
   Deutschland 1890—1945, Stuttgart 1976 (= Sammlung Metzler 142).
Horst Denkler/Karl Prümm (Hrsg.): Die deutsche Literatur im Dritten Reich,
   Stuttgart 1976.
Klaus Vondung: Völkisch-nationale und nationalsozialistische Literaturtheo-
   rie, München 1973.
Joseph Wulf: Literatur und Dichtung im Dritten Reich. Eine Dokumentation,
   Reinbek 1966 (= rororo 809—11).
Francis Courtade/Pierre Cadars: Geschichte des Films im Dritten Reich, Mün-
   chen 1975.

20. ‚Innere Emigration‘

Die ‚Verhältnisse im Inneren‘

Zwar ist sicher, daß es einen literarischen Widerstand gegen den Nationalsozialismus in Deutschland gegeben hat, auch, daß es Autoren gab, die ihren Rückzug aus der Öffentlichkeit des faschistischen Deutschland als Protest verstanden — aber es gab auch Leute, deren Mitwirkung nur etwas gezierter war als es die offizielle Propagandamaschinerie der Nazis gern gehabt hätte. Die Grenzen sind fließend, vor allem wo Autoren zunächst begeistert den Nazis zujubelten und erst später etwas einsichtiger wurden. So ist der Begriff der ‚Inneren Emigration‘, unter dem die distanzierteren Verhaltensweisen in Deutschland gebliebener Autoren gegenüber dem Faschismus gern gefaßt werden, sehr schillernd und keineswegs unproblematisch. Zudem verdeckt er, daß die ‚Kultur‘ des deutschen Faschismus nicht monolithisch war, nur aus ‚Blut-und-Boden‘-Schrifttum und Propaganda bestand, sondern durchaus Platz für einen vorsichtigen Experimentalismus, für elitäre Feinsinnigkeit, abstrakte Geistigkeit und christliche Innerlichkeit ließ — solange diese die massenorientierten Intentionen der Nazis und ihrer Nutznießer nicht störten.

Im Zeichen des sehr schnell einsetzenden Antikommunismus des Kalten Krieges ist vor allem der Teil der ‚Inneren Emigration‘ nach 1945 in die allgemeine Aufmerksamkeit gerückt, der sich im — weitgedehnten — Spektrum christlicher Religiosität bewegte, die eine Kontinuität der ‚Moral‘ gegen jedwede andere Ideologie zu gewährleisten schien. Entsprechend wurden Autoren wie Agnes Miegel, Ina Seidel, Hans Carossa, Werner Bergengruen, Stefan Andres oder Ernst Wiechert mehr noch als in der literarischen Öffentlichkeit im Literaturunterricht der Schulen gepflegt. — Immerhin hatte aber Bertolt Brecht, unversöhnlicher Gegner des Faschismus, schon im Exil dem christlichen Ethos Qualitäten im antifaschistischen Kampf zugebilligt: „tatsächlich findet man im bürgerlichen lager widerspiegelungen der sozialen kämpfe beinahe nur auf religiösem boden. Man muß nur tillich mit thomas mann vergleichen. Es gibt so etwas wie religiösen sozialismus, der sich dem clerico-faschismus entgegenstemmt.“ Und Brecht warnt vor einer undifferenzierten Verurteilung der im Reich Gebliebenen: „das urteil muß drinnen gefällt werden."[1] Dem scheint ein Satz Gottfried Benns zu entsprechen, den dieser ‚drinnen' schrieb: „Das Spezifische (am Nationalsozialismus – E. S.) ist die Biederkeit, der Kulturhaß, das aufgeplusterte Mittelmäßige, der Haß gegen alles *andere*. Das kann wohl nur der Innerlandbewohner, der hierblieb, sehn und darstellen."[2] – *Dazu* war Benn ursprünglich zwar nicht in Deutschland geblieben; doch kann man gerade an seiner Wandlung vom Begeisterten zum Angewiderten exemplarisch bestimmende Momente der ‚inneren Emigration' feststellen.

Von Ritual und Rassewahn zur ‚aristokratischen Form der Emigration'

Walter Muschg hat gegen die verquälten Versuche von Benn-Apologeten, dessen Begeisterung für den Nationalsozialismus herunterzuspielen, festgehalten, daß „Benns Kunsttheorie und -praxis gar nichts anderes erwarten ließen."[3] Tatsächlich hat Benn sofort nach Herrschaftsübernahme der Nazis in einem Rundfunkvortrag ausgesprochen höhnisch und zynisch mit den vom Faschismus verfolgten Intellektuellen abgerechnet. Als Klaus Mann aus dem Exil heraus Benn einen besorgten Brief schrieb, antwortete der in einem *Offenen Brief*, daß der Emigrant das Recht verloren habe, mitzureden. Benn verhöhnt die liberale Intelligenz, lobt den faschistischen Staat, weil es allen jetzt besser gehe, und verklärt Hitler gar zum Ausdruck des deutschen Volkswillens. Überhaupt sei es nun, meint er abschließend, höchste Zeit, „an die Züchtung einer stärkeren Rasse zu denken."[4] In der Folgezeit entwarf er unter Titeln wie *Züchtung, Der deutsche Mensch. Erbmasse und Führertum* oder *Zucht und Zukunft* dazu Entsprechendes; – absurde Konsequenz seines biologistischen Irrationalismus.

Ende 1933 unterschrieb er zusammen mit ca. 80 anderen Künstlern ein kriecherisches Treuegelöbnis zu Adolf Hitler und forderte nebenbei, daß selbstverständlich nun kein Buch mehr erscheinen dürfe, das den „neuen Staat" verächtlich mache. Selbst sein Vokabular änderte sich auffällig: statt „Nihilismus", „monoman" etc. jetzt „produktiv", „ethisch" und „moralisch". Dennoch bekam Benn bald Schwierigkeiten; Börries von Münchhausen, militanter Nationalist, von Benn bald nur noch „Anekdotenschnurrer" und „Balladenbarde" genannt, griff schon 1933 den Expressionismus und darin auch Benn sehr heftig an. Benn hat dem mit einer vehementen Verteidigung des Expressionismus geantwortet, ja, er legt ihn im Gegenzug dem Faschismus ausdrücklich als Staatskunst nahe. Dabei deckt der Begriff von Expressionismus aber den gesamten europäischen Avantgardismus der Zeit von 1910 bis 1925. Benn nennt den Expressionismus ausdrücklich einen „europäischen Stil" und preist ihn als „neues geschichtliches Sein". In ihm sieht er „Identität zwischen dem Geist und der Epoche", nämlich „die komplette Entsprechung im Ästhetischen" zur modernen Physik und „ihrer abstrakten Interpretation der Welten". Benn verweist dazu auf das Vorbild des italienischen Futurismus: „der Futurismus hat den Faschismus mitgeschaffen, das schwarze Hemd, der Kampfruf und das Schlachtenlied". Und in seiner Rede auf Marinetti, den Protagonisten des Futurismus, holt Benn zum Lobpreis des Dritten Reiches aus: „Form —: in ihrem Namen wurde alles erkämpft, was Sie im neuen Deutschland um sich sehen; Form und Zucht: die beiden Symbole der neuen Reiche; Zucht und Stil im Staat und in der Kunst (. . .). Die ganze Zukunft, die wir haben, ist dies: der Staat und die Kunst —, die Geburt der Zentauren hatten sie in ihrem Manifest verkündet: dies ist sie."[5] Die Verwechslung seiner eignen irrationalen Projektionen mit der Übermenschenmaskerade des Nationalsozialismus und die Verwechslung dieser Maskerade mit der trivialen, aber bitteren Realität des deutschen Faschismus waren Anlaß für Benns Begeisterung, zugleich aber auch Grund, warum er von den Nazis so hart zurückgestoßen wurde, die durchaus anderes im Sinn hatten.

Noch während der Zeit von Benns absoluter Begeisterung wurde er vom NS-Ärztebund als Jude ‚verdächtigt', beeilte sich aber, seine makellose arische Abkunft zu beweisen. Danach zog er es indes vor, die Privatpraxis aufzugeben und sich als Militärarzt reaktivieren zu lassen, um, wie er an Ina Seidel schrieb, die „*aristokratische Form der Emigration*" zu wählen. Dieser bedenkliche Satz wurde später zum geflügelten Wort auch für die Mitläufer und Opportunisten — allerdings ohne Benns Zutun.

Zwar wurden noch 1936 seine *Ausgewählte Gedichte* veröffentlicht, aber die Nazi-Presse attackierte ihn nun heftig wegen seiner früheren — expressionistischen — Gedichte. Benn wurde denunziert, gar der Gestapo zur Behandlung anempfohlen. Davor rettete ihn indes Hanns Johst, der ehemals als expressionistischer Dramatiker sich einen Namen gemacht hatte, jetzt SS-Brigadeführer und Präsident der Reichsschrifttumkammer war. So erhielt Benn lediglich Publikationsverbot.

Benn war nachhaltig ernüchtert worden. Dennoch ist seine Hoffnung auf den Nationalsozialismus in Konsequenz seiner Position so absurd nicht gewesen. Vom Verhältnis des italienischen Futurismus zum Faschismus her konnte er darauf hoffen, daß auch im faschistischen Deutschland der Avantgardismus eine Chance hätte. Während tatsächlich die jüngste Generation von Autoren sich durchaus auf die Entwicklung der modernen Literatur außerhalb Deutschlands orientieren konnte und — in Grenzen — experimentierte, war für Benn allerdings dieser Weg verbaut, zu sehr hatte er sich — aus der Sicht der Nazis — als Autor ‚dekadenter‘ Literatur in der ‚Systemzeit‘ hervorgetan. Vor allem aber konnte dem Avantgardismus nicht zugestanden werden, was Benn für ihn verlangte: Teilhabe am Ritual, dazu war seine kritische, subversive Potenz zu groß.

Zugleich zeigt das aber eine Ambivalenz des Avantgardismus nach 1910, daß nämlich sein Protest gegen die Barbarisierung der bürgerlichen Gesellschaft durchaus noch von deren Inhumanität durchdrungen war, daß also Affinitäten zur Barbarei sich artikulierten. Immerhin zeigt das Beispiel Benn aber auch, wie das Beharren auf den immanenten Konsequenzen der Kunstentwicklung eine reale Kooperation am Ende scheitern ließ. So wenig Benns Artismus im Faschismus aufging, so sehr wirkten jedoch der Irrationalismus und die Geschichtsfeindlichkeit, die er mit der faschistischen Ideologie teilte, nach. Gerade weil Benns Position des artistischen Isolationismus scheinbar durch die faschistische Attacke auf ihn ex negativo bestätigt wurde, konnte sein Werk in den Jahren nach dem Krieg so einflußreich werden. Der Kalte Krieg hat faktisch ein Denkverbot für praktizierbare radikale Alternativen bewirkt, um so mehr entsprach seinen Intentionen der resignative Gestus, den Benns Spätwerk in Gedichten von großer Schönheit verführerisch vorschlug.

Auf einen anderen Aspekt der Aktualität solcher problematischer Positionen, zugleich auf deren historische Wurzeln, macht das Werk Ernst Jüngers aufmerksam.

Jünger und der deutsche Faschismus

Ernst Jünger, geb. 1895, der sich gern als ‚Welfen‘ und Preußen bezeichnet, haben wir bisher als aggressiven Nationalisten und Militaristen kennengelernt. Auch bei ihm deutete alles darauf hin, daß er — als Schrittmacher des Faschismus während der Weimarer Republik — im ‚Dritten Reich‘ sich erst richtig entfalten würde. Immerhin hatte er eines seiner Bücher Adolf Hitler handschriftlich zugeeignet und immerhin hatten ihm die Nazis schon 1927 ein Reichstagsmandat angetragen. — Aber Jünger hat es abgelehnt, wobei die Ablehnung für ihn signifikant war: Er wollte nicht an den Institutionen der verhaßten Republik mitarbeiten — und sei es auch gegen sie.

Alfred Andersch kommentiert Jüngers damaliges Verhalten in dem Satz: „Der Ausfall des militärischen Bürgerkrieges hat Jünger gezwungen, einen literarischen zu führen."[6] — Und tatsächlich besteht Jünger noch heute auf der Notwendigkeit des Bürgerkrieges — allerdings inzwischen zum Weltbürgerkrieg totalisiert: „die Aufspaltung der Menschheit in große Heerlager" gehört, so Jünger 1967, „zu den günstigen Zeichen, denn sie verhindert, daß die Evolution auf unbefriedigender Stufe verharrt."[7] Dennoch ist Ernst Jünger nach dem Kriege weithin als zum Christentum bekehrter Widerständler gegen das Dritte Reich gefeiert worden. Seither haben seine zahlreichen Schriften, Essays und Erzählungen stets eine beachtliche Gemeinde gefunden, und in den letzten Jahren ist er häufiger mit Ehrungen bedacht worden, so etwa mit dem *Schiller-Gedächtnis-Preis*. Der Bundespräsident Heinrich Lübke, der Ministerpräsident Hans Filbinger, beide mit Erfahrungen im Dritten Reich, haben Ernst Jünger offiziell und aufs Höchste gelobt. Eine neuere Analyse der politischen Entwicklung Ernst Jüngers zieht daher das Fazit: „Um seine politischen Ziele zu autorisieren, kann der westdeutsche Neokonservativismus in Jünger auf ein bewährtes Idol zurückgreifen."[8] Doch andererseits wird Jünger von dem integren Demokraten Alfred Andersch enthusiastisch gepriesen: „Was wir an ihm zu ehren haben, ist die einfachste und seltenste aller menschlichen Eigenschaften: Mut."[9]

Das Bild Jüngers und seines Werks erscheint demnach vieldeutig. In seinem 1932 erschienenen umfänglichen Essay *Der Arbeiter* hatte er zwar geschrieben: „Viele Anzeichen lassen erkennen, daß wir vor den Pforten eines Zeitalters stehen, in dem wieder von wirklicher Herrschaft, von Ordnung und Unterordnung, von Befehl und Gehorsam die Rede sein kann."[10] Aber er konnte im zur Macht gekommenen Faschismus nur das Vorspiel zur gläubig erwarteten autoritären Gesellschaft erkennen. Für ihn war der Nationalsozialismus zu sehr mit Pöbelhaftigkeit, Trivialität und Spießigkeit durchsetzt, als daß er sich hätte für ihn begeistern können. Immerhin zeigte er sich kooperationswillig: Er schrieb nämlich, daß er „zur positiven Mitarbeit am neuen Staat, ungeachtet mancher persönlicher Verärgerung (. . .) durchaus entschlossen" sei. Als man ihn jedoch 1933 in die Deutsche Akademie der Dichtung aufnehmen wollte, lehnte er ab — nicht etwa aus Solidarität mit den hinausgeworfenen Demokraten und Juden — sondern weil ihm die Akademie als museales Relikt jener verhaßten bürgerlichen Welt erschien.

Schwierigkeiten bekam er, weil er für den Nationalbolschewiken Ernst Niekisch eintrat. Jünger wurde jedoch nicht mit Publikationsverbot belegt, vielmehr war er weiterhin literarisch durchaus produktiv. Die in dieser Zeit entstandenen Schriften, etwa *Afrikanische Spiele*, gelten nicht nur bedingungslosen Jünger-Verehrern als Höhepunkte seines Schaffens. Aber Jünger zog es vor, sich zu Kriegsbeginn als Hauptmann reaktivieren zu lassen. Er verbrachte nun seine Zeit, abgesehen von einem Zwischenspiel in Rußland, in Paris. Das muß nach seinen Wünschen gewesen sein: aufgehoben in der Würde der Uniform, geschützt durch die Zucht der Armee, aber fern der Front, inmitten der französischen Kultur — mit Kontakten zu bekannten Künstlern wie Jean Cocteau, Georges Braque und Pablo Picasso. In Paris hatte Jünger auch Verbindungen zu späteren Widerständlern des 20. Juli, doch lehnte er es ab, selbst aktiv am Widerstand teilzunehmen. Über sein Tagebuch *Gärten und Straßen*, 1942 erschienen, wurde Publikationsverbot verhängt, weil er darin notiert, daß er den 73. Psalm gelesen habe: „Sie vernichten alles und reden übel davon (. . .) Darum fällt ihnen ihr Pöbel zu (. . .) Siehe, das sind die Gottlosen (. . .) Wie werden sie so plötzlich zunichte! Sie gehen unter und nehmen ein Ende mit Schrecken."

Dennoch ist Reinhold Grimm zuzustimmen, der, auf den Kontext dieser Stelle anspielend, bemerkt: „Was verschlug es denn im Sommer 1940, wenn ein Offizier auf dem Vormarsch durch Frankreich zwischen etlichen Flaschen Veuve Cliquot und Pommard, die er ‚aussticht', zur Abwechslung den 73. Psalm liest? Ich kann darin keinen übermäßig eindrucksvollen Akt des Widerstandes sehen."[11]

Erst nach dem Scheitern des Attentats auf Hitler, das Jünger übrigens abgelehnt hatte, wird er aus der Wehrmacht entlassen. Über die Folgezeit gab er 1960 der rechtsradikalen *Nationalzeitung* Auskunft, die ihm Feigheit vorgeworfen hatte: „Ich wurde im Herbst 1944 wegen Krankheit aus dem Heer verabschiedet und sogleich mit der Führung einer Volkssturmeinheit beauftragt. Diese führte ich noch, als die Lemuren, die sich das Kriegskommando angemaßt hatten, längst desertiert waren. Ich habe unter anderem dafür gesorgt, daß in meinem Bereich keine weiße Fahne gezeigt wurde."[12] Mehr als Mut offenbaren diese Sätze allerdings das, was Jünger für ‚Haltung' hielt, eine abstrakte Konsequentheit, der die Inhalte am Ende gleichgültig werden. Die Absurdität solcher ‚Haltung' belegt auch, daß Jünger, der aufgrund seiner Schwierigkeiten mit den Nazis leicht als Entlasteter gegolten hätte, sich nach 1945 starrköpfig weigert, den Entnazifizierungsfragebogen auszufüllen. So bekommt er abermals Publikationsverbot — bis 1949. Dann erscheinen seine weiteren Tagebücher aus dem Zweiten Weltkrieg unter dem Titel *Strahlungen*. Mit ihnen beginnt Jüngers Nachkriegskarriere, die noch immer nicht abgeschlossen ist.

Mythos als Zeitkritik?

Wie sich die ‚Haltung' literarisch ausmünzt, soll am Beispiel einer Erzählung von 1939, *Auf den Marmorklippen,* dargestellt werden. Gerade sie ist (noch während der Nazi-Herrschaft, vor allem aber danach) als Kritik am Nazi-Regime empfunden worden. Zwei Brüder, in denen Interpreten gern Ernst Jünger und seinen Bruder Friedrich Georg (1898—1977) erkennen, leben in der „Rautenklause" auf den „Marmorklippen", die das geheime Zentrum einer idealisiert-mythischen Landschaft sind. Dort gehen sie der Beschreibung und Klassifizierung von Pflanzen der Gegend nach. Um sie gruppiert sind verschiedene Ideallandschaften, von der mediterranen Seelandschaft, genannt „Große Marina", über Hirtenebenen und Wüste bis hin zu nördlichen Urwäldern. Diesen sind jeweils bestimmte Stadien der Naturgeschichte der Menschheit zugesellt, vermischt mit Positionen der alten Ständeordnung: Bürger, Adel, Jäger, Hirten, Bauern und Vogelfreie. Typisierende Entrückung von realer Geschichte kommt auch darin zum Ausdruck, daß sich die Menschen dort des Autos, der Armbrust, der Lanze und des Gewehrs gleichermaßen bedienen. Gespielt wird in dieser „Modellandschaft", so ein werkimmanenter Interpret, das „Drama des Zerfalls der Ordnung in Anarchie".[13] Aus den Urwäldern heraus bedroht nämlich der „Oberförster" mit seinen Spießgesellen jene kultivierte Seelandschaft in der Absicht, sie in Urwald zurückzuverwandeln. Der Oberförster erscheint als Inkarnation der Anarchie, als Vertreter von Irrationalität und Triebhaftigkeit. Ihm gegenübergestellt sind der dekadente, aber angesichts des Todes heroische Fürst von Sunmyra und der Mauretanier Braquemart, die mit einem Attentatsversuch auf den Oberförster scheitern. Braquemart gilt in der Erzählung als Nihilist, als intellektueller Rationalist. Nihilismus und Anarchismus sind, so Jüngers Botschaft hier und immer wieder, die gefährlichsten Kräfte des Zeitalters.

Ausweg, man ahnt es, bietet allein die ‚Haltung' des Brüderpaars, nämlich die von keiner (wie immer gearteten) Gemütserregung bestimmte kontemplative Gelassenheit. Sie versinnlicht sich in Jüngers Erzählung in eben jener naturwissenschaftlich-klassifikatorischen Tätigkeit der Brüder, im Botanisieren — als Teil jenes Entschlusses, dem drohenden Bösen „allein durch reine Geistesmacht zu widerstehen". Die Ausübung der naturkundlich klassifizierenden Sammlertätigkeit wird darum als liturgisches Exerzitium suggeriert, erscheint einerseits als Praxis des Kampfes gegen den ‚Anarchismus' des Oberförsters — „Wir dürfen wohl sagen, daß unsere ‚Florula Marinae' im Felde entstanden ist" —, andererseits als magische Teilhabe an der geheimnisvollen Dimension der Welt. Hört sich der Satz im Anfang der *Marmorklippen* zunächst bloß oberlehrerhaft betulich an: „Wie alle Dinge dieser Erde wollen auch die Pflanzen zu uns sprechen", so wird im Verlauf der Erzählung deutlich, wie ernst es Jünger damit meint. Die Ausübung einer alten klassifizierenden Biologie wird zum magischen Ritual emporstilisiert, zu einer Haltung, die die einzig angemessene sein soll.

Ernst Jünger hat den Interpreten widersprochen, die im Oberförster die Versinnbildlichung Hitlers sehen wollten. Das steht auch in der Erzählung selbst: „Stets kehren in der menschlichen Geschichte die Punkte wieder, an denen sie in reines Dämonenwesen abzuleiten droht." Jünger versteht die Erzählung als überzeitliches, der Geschichte enthobenes Modell, als *Versuch, einen neuen Mythos zu konstruieren*. In dieser Stilisierung liegt aber nicht nur die politische Folgenlosigkeit der Erzählung begründet, sondern auch ihr ästhetisches Scheitern. Eine „Art der Sprache", „in der von Kampfflugzeugen wie von angeschirrten homerischen Streitwagen gesprochen wird" ist entgegen Jüngers Illusion eben nicht mehr tragfähig, sie verkommt — wie die *Marmorklippen* zeigen — zu peinlich-hohler Gestelztheit.[14]

In dieser geschichtsfernen, geschichtsfeindlichen Mythisierung ist Jünger nicht allein, vielmehr macht gerade einen signifikanten Zug großer Teile der nichtfaschistischen Literatur der Zeit aus, daß sie sich in ahistorischen Idealisierungen, Mythen, Legenden und Allegorien ergeht. Zwar ist das unmittelbar eine Folge des Lebens im Faschismus, aber zugleich drückt sich darin auch die Unfähigkeit der Autoren aus — im Gegensatz zu den meisten Exilierten —, den *Faschismus als historisches Phänomen* zu erfassen. Für eine solche Erfahrungsweise und ihre historischen Gründe kann wiederum Ernst Jünger das Beispiel liefern.

Beschreibung und Spekulation — Jüngers Erkenntnisprogramm

Nach dem Ersten Weltkrieg hatte Jünger einige Semester Biologie studiert, von daher mag zum Teil seine *sachlich-deskriptive Darstellungsweise* datieren, die auf exakter Beobachtung fußt. Sie ist jedoch nicht ungebrochen: Spezifikum seiner theoretischen Positionen wie seiner literarischen Praxis ist vielmehr die Amalgamierung dieser Beschreibungstechniken mit *magischen Spekulationen*. Alles Beobachtete, so Jünger, soll auf ein geheimnisvolles Dahinter verweisen. Im *Abenteuerlichen Herzen*, 1929 mit dem Untertitel *Aufzeichnun-*

gen bei Tag und Nacht, 1938 völlig verändert mit dem Untertitel *Figuren und Capriccios* erschienen, nennt Jünger diese Mixtur aus empirischer Deskription und intuitionistischer Spekulation „stereoskopisches Phänomen". In den *Strahlungen* führt er aus: „Wer in Begriffen und nicht in Bildern denkt, verfährt der Sprache gegenüber mit derselben Grausamkeit, wie jener, der nur Gesellschaftskategorien und nicht die Menschen sieht."[15] Das thematisiert etwas Wichtiges, aber — in Jüngers Konzeption — auch höchst Problematisches: Zum einen verfällt er ins andere Extrem, denunziert die strenge Begrifflichkeit, um an ihrer Stelle Spekulation, Irrationalismus und partikularer Bildlichkeit Tür und Tor zu öffnen, zum anderen ist bei ihm gerade ausgeklammert, daß es die jeweils (historisch) *bestimmte* Individuation ist, der sich Erfahrung verdankt.

Im Ganzen dieser ‚Methode' Jüngers macht sich nun aber eine bestimmte historische Sozialisationsform geltend, *‚Erziehung um 1900'*, und darin das Problem des autoritären Charakters. Alfred Andersch notiert das — unwissentlich — an Jüngers Methode, wenn er schreibt: „Einfach dadurch, daß der Sohn diese Methode (des Vaters Jünger — E. S.) beibehält, auch nachdem sie durch die Entwicklung der Wissenschaft scheinbar überholt wurde, wird er zum Konservativen."[16] Das unaufgearbeitete Problem der väterlichen — als zugleich historischer — Autorität, schlägt noch in Ernst Jüngers bisher letzter Erzählung *Die Zwille* (1973) durch. Dort stellt Jünger die Leiden schulischer Sozialisation im Kaiserreich dar, in der Zeit, zu der Hermann Hesses *Unterm Rad* und Robert Musils *Zögling Törleß* handeln. Aber Jünger suggeriert, es sei dies nicht eine bestimmte historische Konstellation, sondern eine überzeitliche. Für ihn stehen *Typen* im Kampf, eine „Hirten-" gegen eine „Jägernatur", „Träumer" gegen „Spieler", „Kontemplative" gegen „Aktivisten". Die Stilisierung der Personen und ihrer Handlungen auf diese Typenpaare verdirbt das Erzählen, der Zwang zur Symbolisierung treibt groteske Blüten — so wird beispielsweise der Müllerknechtssohn Clamor später vom Lehrer Mühlbauer adoptiert — und der allwissende auktoriale Erzähler zwingt allem und jedem seine Reflexionen auf.

Diese Zwänge in der Technik enthüllen zugleich aber die Gründe, *warum* Jünger so schreibt — ein Problem des autoritären Charakters als historisch erzeugtem. In der Erzählung heißt es über den Protagonisten Clamor: „Er brauchte den Befehl. Das blieb seine Schuld." In diesen Sätzen ist der Zwiespalt des autoritären Charakters angesprochen, seine Entwicklung zu Untertan und Herrenbestie gleichermaßen, die Tatsache, daß er durch eine historisch bestimmte Erziehung zu dem gemacht wurde, was er selbst zu verantworten hat.

Auf Jünger gewendet: Seine Sehnsucht nach der geschlossenen Gesellschaft, nach Geborgenheit in einer ständischen Hierarchie, als deren Urbild bei ihm die militärische erscheint, ist sein bestimmtes, ‚eigenes‘ Schicksal, aber eben eins, das ihm in einer bestimmten gesellschaftlichen Konstellation aufgezwungen wurde. Jüngers frühe Biografie, sein Fluchtversuch von der Schule in die Fremdenlegion und sein Weg im Ersten Weltkrieg deuten an, was damals mit dem Individuum geschehen konnte. Der autoritären Sehnsucht so radikal Nach- und Ausdruck gegeben zu haben, zwar selbst nicht der Barbarei verfallen zu sein, doch deren Klima gefördert zu haben, bleibt Jüngers Zwiespalt.

Tagebuch als Realismus?

Die Kritik hat sich immer wieder über Tagebuchpassagen aus dem Zweiten Weltkrieg entrüstet — wie die folgende, wo Jünger notiert, daß und wie er einen Fliegerangriff auf Paris beobachtet. „Beim zweiten Male, bei Sonnenuntergang, hielt ich ein Glas Burgunder, in dem Erdbeeren schwammen, in der Hand. Die Stadt mit ihren roten Türmen und Kuppeln lag in gewaltiger Schönheit, gleich einem Blütenkelch, der zu tödlicher Befruchtung überflogen wird." In der Verbindung von Preziösität und Zynismus vergleichbar ist auch die folgende Stelle: „Fliegeralarm. Wir saßen bei Licht zusammen und tranken Champagner von 1911, wozu (...) der Hall der Geschütze die Stadt erschütterte. Klein wie die Ameisen. Dabei Gespräche über den Tod. Zu diesem Thema machte Madame Gould einige gute Bemerkungen."[17] Diese Passagen lassen sehr genau Jüngers Haltungsideal erkennen: sich durch keinen wie immer gearteten Schock überrumpeln zu lassen, stets gefaßt und passionslos zu genießen.

Das darf nicht nur moralisierend verurteilt, das muß *erklärt* werden — und ist dann zuerst als ein Versuch zu begreifen, in einer Welt des scheinbar rasenden chaotischen Zerfalls und der Unberechenbarkeit, auf *alles*, d. h. auf das Schlimmste gefaßt zu sein. Dieses Problem einer Existenz und einer Wahrnehmung, die durch die steigende Flut von Entwicklungen und Eindrücken sich bedroht und überfordert fühlen, thematisiert Jünger ausdrücklich im Vorwort der Tagebücher: „Der Tagebuchcharakter wird (...) zu einem Kennzeichen der Literatur. Es hat das aus mancherlei Gründen auch den (...) der Geschwindigkeit. Die Wahrnehmung (...) kann sich in einem Maße steigern, das die Form bedroht (...). Demgegenüber ist literarisch das Tagebuch das beste Medium." Das nennt Jünger „Realismus".[18]

Wenn Helmut Kaiser meint, Jünger darin hinlänglich kritisieren zu können, daß er die Form des Tagebuchs, des Capriccios und des Aphorismus bevorzuge — „Ihre Kurzatmigkeit kommt dem Hang der Dekadenz zum Fragmentarischen entgegen, und sie erscheinen dadurch modern"[19] —, so ist das schlicht tautologisch. Die Moderne hat ja nicht zufällig und willkürlich das Problem des Fragmentarischen!

Das ästhetische Programm, das Jüngers Äußerungen implizieren, wäre ernsthaft zu diskutieren und sei es nur, weil es einen radikalen Gegenentwurf zu Georg Lukács Forderungen nach epischer Darstellung der *Totalität* durch den großen Roman bedeutet. Vor allem aber im Blick auf die seither verbindliche Literatur zeigen Jüngers Sätze durchaus analytisch-prognostische Qualität. Ihr Dilemma ist allerdings — zumindest für das Werk Jüngers —, daß sie an seinen gesellschaftspolitischen Vorstellungen scheitern. Er schreibt nämlich weiter, die Aufgabe bestehe darin, „im Modell" den „unsichtbaren Plan" des Ganzen nachzuweisen. „Die Ordnung der sichtbaren Dinge nach ihrem unsichtbaren Rang. Nach diesem Grundsatz sollte ja jedes Werk und jede Gesellschaft gegliedert sein." Dieser Nachsatz enthüllt als Kern der Vorstellung ein überholtes, regressives ständestaatliches Gesellschaftsbild. Jünger begreift Gesellschaft nicht als das was sie ist, ein komplexes, prinzipiell offenes System, sondern setzt dem dezisionistisch seine Sollens-Forderung entgegen, die sich aus dem illusionären Rückfall in den historisch notwendig vergangenen Ständestaat mit seiner naturwüchsigen Hierarchie speist.

„Wir schätzen", schreibt Jünger im Vorwort zu den Tagebüchern, „keine Spekulation, die logisch nicht in Ordnung ist."[20] Wer realistisch darstellen will, bedarf eines richtigen Konstruktionsplans vom Ganzen. Über die rückwärtsgewandte Utopie vom Ständestaat fließen jedoch an entscheidender Stelle voluntaristische und irreale Momente ein. So ist seine Spekulation historisch — und damit auch logisch — nicht in Ordnung.

Sein konsequentes Festhalten an der Einsicht, daß Erfahrung durch die reale Entwicklung zunehmend weniger in der Lage ist, das hereinbrechende Chaos zu erfassen, geschweige denn, es zu bewältigen, hat Jünger in Widerspruch zum Faschismus gebracht, der das Chaos systematisch weiter entwickelte. Die regressiven Implikationen seiner Theorie, die ihn zum ideologischen Wegbereiter des Faschismus haben werden lassen, sind aber ein Erbe, das aus dem deutschen Imperialismus stammt und das der Faschismus noch der *Gegenwart* aufgebürdet hat.

Klaus Günther Just hat anläßlich von Jüngers achtzigstem Geburtstag behauptet: „Gerade der heutige, permanent vom Verlust der geschichtlichen Dimension bedrohte Leser sollte sich im Nachvollzug und als Gegengewicht, des stupenden Gedächtnisses von Ernst Jünger, seines wahrhaft säkularen Erinnerungsvermögens bedienen."[21] Das erscheint problematisch; eher schon wäre Jünger gegen den Strich, sein Werk selbst als *Figur des Verlustes von Geschichtsbewußtsein* zu lesen, seine Mythisierungen als Problem der Realgeschichte des 20. Jahrhunderts und seine Mystifikationen der Gewalt als Zwänge einer bestimmten historischen und historisch wirksamen Sozialisation.

Anmerkungen

1 Bertolt Brecht: Arbeitsjournal 1938–1952, Frankfurt/M. 1973, Bd. 2, S. 555 und 626.

2 Gottfried Benn: Brief an Ellinor Büller-Klinkowström vom 22. 2. 1937, in: G. B.: Den Traum alleine tragen. Neue Texte, Briefe, Dokumente, Wiesbaden 1966, S. 193.

3 Walter Muschg: Der Ptolemäer. Abschied von Gottfried Benn, in: W. M.: Die Zerstörung der deutschen Literatur, 3. Aufl. Bern 1958, S. 181.

4 Gottfried Benn: Antwort an die literarischen Emigranten (1933), in: G. B.: Vermischte Schriften (Gesammelte Werke, Bd. 7), S. 1704.

5 Gottfried Benn: Expressionismus (1933), in: G. B.: Essays und Aufsätze (Gesammelte Werke Bd. 3), S. 804, 805, 812 f.; Rede auf Marinetti (1934), in: G. B.: Reden und Vorträge (Gesammelte Werke Bd. 4), S. 1045.

6 Alfred Andersch: Amriswiler Rede auf Ernst Jünger, in: Frankfurter Rundschau vom 16. 6. 1973, S. VII.

7 Ernst Jünger: Post nach Princeton, in: Merkur 19 (1975), S. 229.

8 Karl Prümm: Vom Nationalisten zum Abendländer, S. 29.

9 Andersch, vgl. Anm. 6.

10 Ernst Jünger: Der Arbeiter (1932), (Werke Bd. 6), S. 259.

11 Reinhold Grimm: Im Dickicht der inneren Emigration, S. 416.

12 Zitiert nach Armin Kerker: Dreißig Jahre danach, in: A. K.: Aus den Köpfen an die Tafel, München 1976, S. 28.

13 Volker Katzmann: Ernst Jüngers Magischer Realismus, Hildesheim und New York 1975, S. 122, vgl. S. 129.

14 Ernst Jünger: Der Arbeiter, S. 198. – Zur Kritik an Jüngers ,Stil' vgl.: Hans Heinz Holz: Ernst Jüngers stilistische Präzision, in: Frankfurter Rundschau vom 11.4.1970, S. II; Wolfram Schütte: Offizierprosa, in: Frankfurter Rundschau vom 26.3.1970, S. 12; Peter Wapnewski: Ernst Jünger oder der allzu hoch angesetzte Ton, in: Die Zeit vom 8.11.1974, S. 17 f.

15 Ernst Jünger: Strahlungen (1949), (Werke Bd. 3), S. 67.

16 Alfred Andersch: Cicindelen und Wörter, in: A. A.: Norden Süden rechts und links, Zürich 1972, S. 324.

17 Ernst Jünger: Strahlungen (Werke Bd. 3), S. 281 und (Werke Bd. 2), S. 336.

18 Ernst Jünger: Strahlungen (Werke Bd. 2), S. 13, 16.
19 Helmut Kaiser: Mythos, Rausch und Reaktion, Berlin/DDR 1962, S. 262.
20 Ernst Jünger: Post nach Princeton, S. 233 f.
21 Klaus Günther Just: Zurück in die Tiefe der Zeit, in: Frankfurter Allgemeine Zeitung vom 29. 3. 1975 (Beilage).

Literaturhinweise

Ernst Jünger: Auf den Marmorklippen, Frankfurt/M. und Berlin 1973 (= Ullstein Taschenbuch 2947).
Ernst Jünger: Die Zwille, Stuttgart 1973.
Ernst Jünger: Werke, 10 Bde., Stuttgart 1960—64.
Gottfried Benn: Gesammelte Werke in acht Bänden, hrsg. von Dieter Wellershoff, München 1975 (= dtv 5954).

Reinhold Grimm: Im Dickicht der Inneren Emigration, in: Horst Denkler/Karl Prümm (Hrsg.): Die deutsche Literatur im Dritten Reich, Stuttgart 1976, S. 406 ff.
Karl Prümm: Vom Nationalisten zum Abendländer. Zur politischen Entwicklung Ernst Jüngers, in: Basis. Jahrbuch für deutsche Gegenwartsliteratur, Bd. 6, Frankfurt/M. 1976, S. 7 ff.

21. Literatur im Exil

Exilliteratur als antifaschistische Literatur

„Als 1933 Hitler an die Macht geriet, war es *unsere* Literatur, die im Namen alles dessen, was Deutschland an Gutem und Schönem hervorgebracht hatte, den Nazibarbaren den unversöhnlichen Kampf ansagte und führend allen deutschen Dichtern und Künstlern guten Willens voranging." [1] In diesem Satz Johannes R. Bechers aus dem Jahr 1956 werden zwar die großen und vielfältigen Schwierigkeiten, mit denen sich Schriftsteller, Literaten und Künstler durch den Sieg des Faschismus konfrontiert sahen, nicht benannt, aber er gibt den kämpferischen Elan derer wieder, die im Exil die Tradition einer fortschrittlichen Kunst fortzuführen versuchten. Die im Nachhinein reklamierte Führungsrolle der sozialistischen Literatur im literarisch-kulturellen Exil kann inzwischen als historische Tatsache gelten. Zwar wird angesichts der Vielschichtigkeit bzw. Widersprüchlichkeit der deutschen Literatur im Exil immer wieder beteuert, eine solche Wertung sei eine unstatthafte Einengung ihres breiten Spektrums, verfälsche mithin ihre wirkliche Geschichte. Doch mit Blick auf die faschistische Diktatur in Deutschland ist um so leichter darin zuzustimmen, daß eine entschieden kämpferische, und das heißt in diesem Fall: *antifaschistische Literatur* nottat, eine Literatur also, die ihre Legitimation zentral aus der erklärten Gegnerschaft zum Faschismus zog.

Eine ablehnende ‚antifaschistische‘ Haltung konnte aus vielerlei Gründen eingenommen werden, etwa weil bestimmte Literatur und Kunst im Faschismus unterdrückt oder verboten wurde. Aber diese Motivation und der darauf aufbauende Protest verblieben so lange oberflächlich, als der ursächliche Zusammenhang von faschistischer Macht und Machtausübung nicht begriffen war. Literatur und Kunst waren im Gefolge der faschistischen Diktatur eigentlich nur *mit*betroffen. Denn der Faschismus an der Macht richtete sich seinem Wesen nach gegen die organisierte Arbeiterschaft; seine historische Aufgabe bestand darin, die allgemeinen Verwertungsschwierigkeiten des Kapitals „schlagartig und gewaltsam zugunsten der entscheidenden Gruppen des Monopolkapitalismus zu ändern". [2]

Unter diesem Blickwinkel wird dann allerdings das Phänomen der verfemten Literatur und Kunst neuerlich befragenswert. Diesen von der bürgerlichen Ästhetik allzu gern ins interesselose Reich des bloßen Scheins verbannten Gegenständen wohnt augenscheinlich *doch* eine politische Kraft inne, wie schon das berühmt-berüchtigte Autodafé zeigte. Hier wurde der Literatur doch auf besonders sinnfällige und brutale Weise bestätigt, daß sie zum spezifischen *Erkenntnismittel* taugt. Auch einige Autoren des Exils wußten jenen ‚Umgang‘ mit der Literatur im faschistischen Deutschland richtig zu deuten: „Nie und nimmer darf, was dort entsteht, Spiegel und Kritik der gesellschaftlichen Verhältnisse, Ausdruck und Darstellung der beispielhaften Wirklichkeit sein. Denn die gesellschaftliche Wirklichkeit darzustellen, heißt implicite: sie zur *Kritik* stellen."[3]

Verständlich, daß Schriftsteller, die ihre Arbeit eben als kritische begriffen, nun darauf bestanden, auch unter eigentlich konservativen Kollegen Klarheit zu schaffen. Deren subjektives Unbehagen sollte zum Anlaß politischer Aufklärung genommen werden. Erst dann sei selbst von bürgerlichen Schriftstellern ein entschiedener Standpunkt im Kampf gegen den Faschismus zu erwarten. „Man verleiht ihnen keinen solchen, indem man sich ab und zu für irgend etwas ihre Namen ausborgt", schreibt Bertolt Brecht bereits im Juni 1933 an Johannes R. Becher, damit zugleich eine Schwäche in der späteren literarischen Volksfront vorwegnehmend. „Dabei gäbe gerade der Umstand, daß sie ihre Standpunktlosigkeit und Wehrlosigkeit jetzt zum Teil empfinden, uns bei ihnen eine wirkliche Chance, deren Zeit allerdings bemessen sein dürfte. Die These, daß man sie im Grunde in Ruhe lassen muß, um ihre Sympathie nicht zu verscherzen, war nie falscher als jetzt. Wenn überhaupt jemals, dann würden sie jetzt für eine wirkliche politische Schulung zu haben sein."[4] Solche Schulung hätte die Reflexion über die gesellschaftlichen Verhältnisse, wie sie sich mit dem Faschismus verändert haben, zu ihrem zentralen Gegenstande machen müssen. Der Sieg des Faschismus — nicht als die viel beschworene ‚Naturkatastrophe‘, sondern als historisches Resultat — wäre dabei als die bisher schwerste Niederlage der Arbeiterbewegung erkennbar geworden.

Der Anfang vom Ende

In der Endphase der Weimarer Republik steht mit der Zuspitzung der politischen Kämpfe die Aktionseinheit der Arbeiterschaft auf der Tagesordnung. Sie ist die einzige gesellschaftliche Kraft, die den Sieg des Faschismus hätte verhindern können. Doch stehen diesem Bündnis der bornierte Antikommunismus der SPD sowie die ultralinke Politik der KPD entgegen. Erst auf dem VII. Weltkongreß der Kommunistischen Internationale (= Komintern) 1935 wird Georgi Dimitroff den sektiererischen Kurs, der die notwendige Errichtung der Einheitsfront objektiv erschwert, revidieren, um den Übergang zur Politik der *proletarischen Einheits-* und weitergehend der *antifaschistischen Volksfront* zu ermöglichen. Auf der anderen Seite kann die SPD-Führung ihre ablehnende Haltung gegenüber der KPD den Parteimitgliedern scheinbar einleuchtend erklären, wird sie doch von der KPD als der gemäßigte Flügel des Faschismus bekämpft (sogenannte Sozialfaschismus-These).

Als Adolf Hitler dann Anfang 1933 zum Reichskanzler berufen wird, sehen viele darin nur ein kurzes Intermezzo. Das Gros der Schriftsteller, Literaten und Künstler erliegt — wie auch ein Großteil der oppositionellen Politiker — der Illusion, daß alles wohl nicht so schlimm werde. Diese Haltung ist indes erklärlich, da schon während der Weimarer Republik Zensur und Repressalien (wie z. B. Aufführungsverbote, Hochverrats- oder Gotteslästerungsprozesse) gang und gäbe sind. Darüber hinaus gibt das *Thüringische Beispiel* bereits einen Vorgeschmack von dem, was mit der Machtübergabe an die Faschisten Deutschland bevorsteht.

In Thüringen hatte nämlich die NSDAP bei den Landtagswahlen vom Dezember 1929 einen wichtigen Erfolg zu verbuchen. Mit Dr. Wilhelm Frick übernahm erstmals ein Nationalsozialist Regierungsverantwortung. Und nun scharte sich um ihn, was in nächster Zukunft richtungsweisende Kompetenzen im Innen- und Volksbildungsministerium Fricks haben sollte: Professor Paul Schultze-Naumburg (bildende Kunst), Dr. Hans S. Ziegler (Theater), Fritz Wächtler (Schulpolitik). Hildegard Brenner hat in ihrem Buch *Die Kulturpolitik des Nationalsozialismus* darauf hingewiesen, daß Frick fast den gesamten *Saalecker Kreis,* eine frühe, von Schultze-Naumburg ins Leben gerufene nationalsozialistische Vereinigung, in seinen Führungsstab übernahm. „Unter dem Motto ‚Kampf gegen marxistische Verelendung' gab Frick am 29. März 1930 ein Ermächtigungsgesetz bekannt. Ihm folgten die ersten Notverordnungen und eine Verwaltungsreform. Vor allem die führenden Beamtenstellen wurden reduziert und neu besetzt. Schon in wenigen Monaten sicherten diese Maßnahmen der ‚nationalen Koalition' die Schlüsselstellungen. Nationalsozialistische Gewährsleute hatten die Polizeigewalt inne."[5] Thüringen war die Probe auf „das kommende große Dritte Reich" (so der thüringische Gauleiter Sauckel auf einer Kundgebung in Weimar); Hitler ließ sich ständig über die dortige Entwicklung unterrichten, und gegebenenfalls intervenierte er direkt. Denn offensichtlich war ihm daran gelegen, sozusagen im Vorfeld der politischen Macht in ganz Deutschland die Ziele seiner Bewegung auf ihre Durchsetzbarkeit zu überprüfen.

Dem Schlagwort von der ,marxistischen Verelendung' gesellte sich das vom *,Kulturbolschewismus'* hinzu. Damit vermeinten die Faschisten im besonderen moderne Kunst und Literatur zu diffamieren. Dabei allein blieb es nicht; man ging bald daran, die literarische und künstlerische Avantgarde real zu zerstören. Eine der ersten Amtshandlungen des neu ernannten Leiters der Hochschule für Baukunst, bildende Kunst und Handwerk in Weimar, des schon erwähnten Schultze-Naumburg, war die Übertünchung der Fresken im Van de Velde-Bau, die von dem berühmten Bauhausmeister Oskar Schlemmer stammten. ,,Wenige Tage nach dieser demonstrativen Zerstörung erging dann ein mündlicher Befehl des Innenministeriums an das Weimarer Schloßmuseum: innerhalb weniger Stunden mußte die Moderne aus den Ausstellungsräumen entfernt sein"[6] — darunter Werke von Otto Dix, Paul Klee, Franz Marc, Oskar Kokoschka, Emil Nolde, Ernst Barlach u. v. a. Diese ,Säuberungen' blieben nicht auf die bildende Kunst beschränkt. So wurde in Thüringen die erste offizielle Verordnung für den Grundbestand an nationalsozialistischer Literatur in den öffentlichen Bibliotheken erlassen.

Weithin wurden diese massiven Eingriffe als Schildbürgerstreiche belächelt; man nahm sie immer noch nicht ernst. Mit Hitlers Amtsantritt als Reichskanzler wird diese Art von Kulturpolitik bitterer Ernst. In den ersten Tagen und Wochen nach der faschistischen Machtübernahme verlassen nur wenige Literaten, Schriftsteller oder Künstler Deutschland, so Heinrich Mann, Robert Neumann, Joseph Roth und Alfred Kerr. In der Zeit zwischen dem 30. Januar und dem 27. Februar, dem Datum des Reichstagsbrands, sind die Reisebedingungen noch nicht erschwert. Pässe werden ausgestellt oder verlängert; Verlegungen des Wohnsitzes ins Ausland sind — nach Abgabe der sogenannten Reichsfluchtsteuer — möglich. Doch mit dem Reichstagsbrand, der von den Nazis als Anlaß zur Verfolgung Mißliebiger benutzt wird, vielleicht auch eigens dafür inszeniert wurde, verschärft sich die Situation, und es kommt zu einer ersten großen Fluchtbewegung. Betroffen sind Kommunisten, Antifaschisten und Juden. Schlagartig werden die Kontrollen an den Bahnhöfen verschärft, auch das Überschreiten der Grenzen wird schwieriger. Vielen, besonders natürlich den Kommunisten, die bereits in Fahndungsblättern vermerkt sind (was auf einen wohlgeplanten faschistischen

Coup gegen die Opposition hindeutet), gelingt nur unter größten Schwierigkeiten oder durch Täuschung der Behörden die Flucht ins Ausland. Andere wieder versuchen, illegal die Grenze zu passieren.

Exilzentren sind vorerst die ČSR, Österreich, die Schweiz und Frankreich. Hans-Albert Walter gibt im ersten Band seiner noch nicht abgeschlossenen Untersuchung zur deutschen Exilliteratur einen umfassenden Überblick über die einsetzende Fluchtbewegung und die oft tragikomischen Umstände bei der Flucht. Es ist hier kaum möglich, auch nur einen einigermaßen repräsentativen Überblick davon zu geben. Um wenigstens einen kleinen Eindruck vom Ausmaß und der politischen Vielfalt der ersten Emigrationswelle zu vermitteln, sei Walter zitiert: „Am 8. bzw. 12. März gingen Harry Graf Kessler und Alfred Kantorowicz ins französische, am 14. März Arnold Zweig ins tschechoslowakische Exil, Hermann Kesten verließ Deutschland um den 15. März, Plivier und Wilde in der zweiten Märzhälfte. Der erste im Pariser Exil geschriebene Brief Walter Benjamins, der erhalten ist, trägt das Datum des 20. März; Benjamin teilt darin mit, daß Ernst Bloch und Siegfried Kracauer ebenfalls geflohen waren. Bei folgenden Flüchtlingen ließ sich nur ermitteln, daß sie im Laufe des Monats März emigrierten: Theodor Balk, Fritz Erpenbeck, Ruth Fischer, Bruno Frei (der als Österreicher ausgewiesen wurde), Alfons Goldschmidt, Julius Hay, Franz Höllering, Balder Olden, Heinz Pol, Hans Sahl, Otto Strasser, Hedda Zinner und H. W. von Zwehl (alle in die ČSR); Georg Hermann, Leo L. Matthias und Wilhelm Speyer (nach den Niederlanden); Maximilian Scheer, Wilhelm Sternfeld, Gustav von Wangenheim und Paul Westheim (alle nach Frankreich, Scheer dabei über Belgien); Ferdinand Bruckner, Wieland Herzfelde, Fritz Sternheim und Jesse Thoor nach Österreich, Ernst Josef Aufricht und Bernard von Brentano in die Schweiz, Carl Otten nach Spanien. Für Werner Türk, Margarete und Franz Carl Weiskopf (die in die ČSR gingen — das Ehepaar Weiskopf besaß die tschechoslowakische Staatsbürgerschaft) sprechen Quellen von einer Flucht ‚nach dem faschistischen Umsturz‘ bzw. ‚nach Hitlers Regierungsantritt‘, vage Formulierungen, die auf eine frühere Abreise schließen lassen könnten. Nach aller Wahrscheinlichkeit ist aber auch hier der Reichstagsbrand Fluchtsignal gewesen."[7]

Zerstörung des Geschichtsbewußtseins

So verschieden die Gründe für die Flucht auch waren, das Exil bedeutete grundsätzlich, aus dem sozialen, kulturellen und politischen

Lebenszusammenhang in Deutschland herausgerissen zu sein. Eines der deutlichen Zeichen für diese existenzielle Gefährdung ist der *Funktionsverlust* oder auch das *Aufgeben der gewohnten Sprache*, die dem Exilierten drohen, der als Zufluchtsort kein deutschsprachiges Land finden kann. Österreich ist nur bis zur Angliederung an das faschistische Deutschland ein mögliches Exilland; übrig bleibt die Schweiz, dort werden jedoch (auch als Reaktion auf den beständigen Druck der Faschisten) die Einreise- und Aufenthaltsbedingungen zunehmend erschwert.

Im Gegensatz zur Musik, Malerei oder Bildhauerei ist und bleibt Literatur an Sprache gebunden. Das Exil reduziert mithin die Wirkungsmöglichkeit der deutschen Literatur auf jenen kleinen Kreis, der dieser Sprache mächtig ist, zumeist also auf den der Exilierten selbst. Wenn auch die schon zur Zeit der Weimarer Republik renommierten Schriftsteller weiterhin übersetzt werden, und sich mithin so etwas einstellen kann wie Erfolg (am größten der Thomas Manns) oder kritische Resonanz, das Sprachproblem ist für alle virulent. Gerade im Exil meint Sprache immer mehr als nur ein Kommunikationsmittel. Die eigene Sprache ist das Medium, in dem – um ein Wort von Ernst Bloch zu paraphrasieren – der Mensch zuerst zu Hause ist. Erinnert sei hier an Johann Gottfried Herder, der im 18. Jahrhundert mit aufklärerischer Emphase den Zusammenhang von Sprache und Nation formulierte. So wie Sprache Voraussetzung des Denkens, damit auch die wirkliche Existenzform des Bewußtseins ist, so bildet die Muttersprache gleichsam das Reservoir vorgängiger Erfahrungen, kurz: das Wissen eines Volkes. Wenn der expressionistische Lyriker, Dramatiker und Essayist Alfred Wolfenstein 1938 in Amsterdam eine Anthologie mit den „schönsten Gedichten aller Zeiten und Länder" unter dem Titel *Stimmen der Völker* herausgibt, dann ist die Reverenz an Herders gleichnamige Sammlung überdeutlich und sicher nicht zufällig. Das Exil nämlich schärft die sprachliche Sensibilität; das Bewußtsein der Verbannung und drohenden Isolierung nimmt in dem Maße zu, wie die Muttersprache dysfunktional, eigentlich künstlich wird, weil sie nurmehr als *literarisches* Produktionsmittel Verwendung findet. *Sprache* vermittelt zudem aufgrund ihres sozialen Charakters auch wesentlich die *Identität des Subjekts in der und zur Geschichte.*

Diesen Zusammenhang macht die Erzählerin Anna Seghers in ihrem Roman *Transit* besonders sinnfällig, der 1940/41 während der Flucht über Frankreich nach Mexiko verfaßt wurde und 1944 in spanischer Übersetzung erschien. Wie der Titel andeutet, wird die Emigrationssituation direkt und zentral thematisiert. Die Autorin läßt den Ich-Erzähler, einen jungen deutschen Arbeiter, dessen Name nie genannt wird, in einem Anfall tiefer Depression auf ein unvollendetes Manuskript stoßen: „Ich vergaß meine tödliche Langeweile. Und hätte ich tödliche Wunden gehabt, ich hätte auch sie im Lesen vergessen. Und wie ich Zeile um Zeile las, da spürte ich auch, daß das meine Sprache war, meine Muttersprache, und sie ging mir ein wie Milch dem Säugling. Sie knarrte und knirschte nicht wie die Sprache, die aus den Kehlen der Nazis kam, in mörderischen Befehlen, in widerwärtigen Gehorsamsbeteuerungen, in ekligen Prahlereien, sie war ernst und still. Mir war es, als sei ich wieder allein mit den Meinen. Ich stieß auf Worte, die meine arme Mutter gebraucht hatte, um mich zu besänftigen, wenn ich wütend und grausam geworden war, auf Worte, mit denen sie mich ermahnt hatte, wenn ich gelogen oder gerauft hatte. Ich stieß auch auf Worte, die ich schon selbst gebraucht hatte, aber wieder vergessen, weil ich nie mehr in meinem Leben dasselbe gefühlt hatte, wozu ich damals die Worte gebraucht hatte." (S. 18)

Die Konfrontation mit der Muttersprache läßt Erinnerungen an ein besseres Gestern wach werden: an die Kindheit als einen Lebensabschnitt, der fast synonym steht für Geborgenheit, ‚Heimat‘. Daran wird deutlich, daß im kollektiven Medium der Sprache Erfahrung aufgehoben ist, die unmittelbar auf die konkrete (Lebens-)Geschichte des Individuums bezogen ist. Sprache hat einen wesentlichen Anteil an der Bildung und Ausformung von dessen Identität. Um so schmerzhafter die ‚Beschädigung‘, die gerade den Emigranten trifft, der auf die Heimatsprache auch als Medium seiner *Arbeit* angewiesen ist: „Enteignet ist seine Sprache und abgegraben die geschichtliche Dimension, aus der seine Erkenntnis die Kräfte zog."[8] Daß der Ich-Erzähler in Seghers’ *Transit* seinen richtigen Namen nicht nennt, seine Identität verbirgt, ist also weder subjektive Attitude noch erzähltechnischer Trick, sondern verweist auf eine objektive Lebensbedingung des Exilierten, die *Enteignung seiner historisch gewachsenen Identität:* „Das Vorleben des Emigranten wird bekanntlich annulliert."[9]

Um so verständlicher wird unter diesem Blickwinkel, daß angesichts des allgemeinen Exorzismus von Geschichte die literarische Behandlung von Historie, meist in der Form des Romans, während des Exils zunimmt. Einige der bedeutendsten *historischen Romane* seien — bei aller Verschiedenheit — hier angemerkt: Heinrich Manns *Die Jugend* und *Die Vollendung des Königs Henri Quatre*, Thomas Manns *Joseph und seine Brüder* oder *Lotte in Weimar*, Bertolt Brechts Fragment *Die Geschäfte des Herrn Julius Caesar* und auch

Lion Feuchtwangers *Der falsche Nero*. Ihnen gemein ist nicht nur die Verpflichtung auf die „humanistischen Ideale" (Georg Lukács). Im Rückgriff auf einen historischen Stoff und in dessen Gestaltung liegt die Möglichkeit zur Herstellung einer Kontinuität, die durch den Sieg des Faschismus gewaltsam unterbrochen ist, nun aber unter den erschwerten Bedingungen des Exils fortzuführen versucht werden muß: *Kontinuität von Geschichtsbewußtsein*.

Die brutale Verdrehung der tatsächlichen Klassenverhältnisse zur ‚natürlichen Geschichte' ist Ergebnis faschistischer Herrschaft. „Der Faschismus als hochzivilisierter Naturzustand auf der Basis eines entwickelten Tauschverkehrs hat das Bewußtsein der Massen derart enthistorisiert und Verdinglichung derart potenziert, daß, wie Adorno befürchtete, das Schreckbild einer Menschheit ohne Erinnerung droht."[10] Erwehrt sich das Proletariat der Enthistorisierung und Verdinglichung, wie sie als Folgen der kapitalistischen Gesellschaft gegeben sind, gerade durch den Auf- und Ausbau eigener Organisationen, die gegen bürgerliche Formen des gesellschaftlichen Verkehrs stehen, so erweist sich jetzt die politische Tragweite ihrer Zerstörung durch den Faschismus. Das legale Instrument zur Sicherung erkämpfter Rechte und Errungenschaften ist zerbrochen und damit das *Medium* von Geschichtserfahrung. Geschichtserfahrung indiziert immer auch strategisches Handeln, ein auf die gesellschaftliche Realität bezogenes und an dieser sich durchsetzendes Handeln. Zur Konstituierung von Geschichtsbewußtsein, das aus jenem Handeln erst resultiert, ihm zugleich logisch aber vorausgesetzt ist, wiederum braucht es besagte Organisationen, die als *Orte von Gegenöffentlichkeit* funktionieren können. Jetzt repräsentieren gerade die dezidiert antifaschistischen Aktivitäten des politischen Exils sowie der sich noch vereinzelt zu Wort meldende Widerstand im faschistischen Deutschland (die noch mögliche) Gegenöffentlichkeit. Diese zu befördern, hilft fortschrittliche Literatur mit ihren spezifisch ästhetischen Mitteln. „Die Bedeutung des historischen Romans der deutschen Antifaschisten liegt aber gerade im ‚Dichterischen': sie gestalten und verlebendigen in konkreten dichterischen Bildern jenen humanistischen Typus des Menschen, dessen gesellschaftlicher Sieg zugleich den gesellschaftlichen und politischen Sieg über den Faschismus bezeichnet."[11]

Der Rekurs auf die Historie ist also durchaus nicht als Rückzug vor der aktuellen Geschichte, als Flucht aus der unmittelbaren Wirklichkeit zu interpretieren. In einem Artikel von Franz Carl Weiskopf aus der Zeitschrift *Der Gegen-Angriff* (1935) findet sich wohl zum ersten Mal der Vorwurf der Flucht: „Die Wahl eines historischen Stoffes bedeutet für einen emigrierten deutschen Schriftsteller in der Regel Ausweichen oder Flucht vor den Problemen der Gegenwart. Flucht und Ausweichen sind keine Zeichen von Stärke. Das muß sich auch in den Werken der ausweichenden oder flüchtigen Autoren zeigen. Und es zeigt sich auch. Alfred Neumanns *Neuer Cäsar* ist dafür ein gutes Beispiel. Und auch Bruno Franks *Cervantes* ist — trotz vieler Vorzüge, deren stärkster die geglückte Spiegelung jetziger Zustände in solchen des Mittelalters ist — ein uneinheitliches, ein unbefriedigendes Buch."[12] Immerhin gesteht Weiskopf die Möglichkeit ein, daß die Gestaltung eines *historischen* Stoffes mit dem Ziel der Aufklärung über die *Gegenwart* geschehen kann. Das Interesse solch eines Werkes gilt mithin über den Umweg durch die Historie der Gegenwart. Jedoch bleibt am konkreten Werk selbst zu prüfen, inwieweit es diesem Anspruch genügt.

Die Debatte um Nützlichkeit und Angemessenheit des historischen Stoffes wird während des Exils zwischen Schriftstellern, Literaten und Kritikern geführt. So hält z. B. der im französischen Exil neu gegründete Schutzverband Deutscher Schriftsteller (SDS) im November 1938 eine interne Arbeitssitzung zum Thema *Der historische Stoff als Waffe im Kampf um die Freiheit* ab, auf der u. a. Alfred Döblin und Hermann Kesten referieren. In der Zwischenzeit hat Dimitroff auf dem bereits erwähnten Weltkongreß der Komintern (1935) die *politische* Dimension dieser Frage nach dem Verhältnis zur Geschichte thematisiert: „Die Faschisten durchstöbern die gesamte Geschichte jedes Volkes, um sich als Nachfolger und Fortsetzer alles Erhabenen und Heldenhaften in seiner Vergangenheit aufzuspielen und benutzen alles, was die nationalen Gefühle des Volkes erniedrigte und beleidigte, als Waffen gegen die Feinde des Faschismus."[13] Diesem Vorgehen muß mit allen Kräften Einhalt geboten werden, indem der Verfälschung durch die Faschisten die wirkliche Tradition entgegen gehalten wird. Der „erbschaftsgedanke drängt in den vordergrund und wird gewissermaßen zum ausweis der herstellung einer kontinuität zwischen arbeiterbewegung, arbeiterklasse und bürgertum, die anders in der politischen reaktion nicht mehr herzustellen ist."[14] Die Komintern und ihr folgend die Exil-KPD haben für diese Phase des Kampfes den Begriff der *Volksfront* zur Hand. Auch auf der literarischen Ebene haben die engagierten Diskussionen um das *klassische Erbe* ihren Grund in der gemeinsamen Anstrengung, sich entgegen der historischen Niederlage der Arbeiterbewegung und der daraus resultierenden Gefahr von Vereinzelung und Entpolitisierung einer Basis zu versichern, die das Fundament des (Literatur-)Kampfes gegen den Faschismus abgeben soll.

Bewahrung und — was weit wichtiger — Entwicklung der Tradition verlangen die kritische Aufarbeitung der Geschichte. Das Exil erschwert verständlicherweise eine solche Arbeit erheblich. Durch die Trennung von den unmittelbar materiellen Produktionsmitteln — nicht jedem gelingt es, die Bibliothek ins Exil mitzunehmen — oder allein durch die Tatsache, daß die Exilierten auf verschiedene, geographisch weit entfernte Länder verteilt sind, ist ein intensiver Informations- und Erfahrungsaustausch eingeschränkt. Auch um einer voraussehbaren Stagnation bei der Arbeit entgegenzuwirken, bemühen sich Exilierte, neue Diskussionsforen zu schaffen und die schon bestehenden auszubauen.

An erster Stelle sind hier die diversen *Exilzeitschriften und Periodika* zu erwähnen. Hans-Albert Walter nennt für den Zeitraum von 1933 bis 1950 eine Zahl von über 400 Publikationen dieser Art, die von deutschen Exilierten entweder gegründet und/oder herausgegeben werden. Die Exilpresse und ebenso die Exilverlage (wie z. B. der *Querido Verlag* in Amsterdam oder der *Aurora Verlag* in New York) sind konkrete Schritte, Formen der Gegenöffentlichkeit aufrecht zu erhalten und zu entwickeln.

Eine der interessantesten Zeitschriften erscheint ab September 1933 in Prag: *Neue deutsche Blätter*. Herausgegeben wird diese literarische Monatsschrift von Anna Seghers, Oskar Maria Graf, Wieland Herzfelde und von einem Mitarbeiter, der mit *** (Berlin) auf dem Titelblatt verzeichnet ist. Dahinter verbirgt sich Jan Petersen, der noch in Berlin im Untergrund lebt und dort eine illegale Schriftstellergruppe leitet (seine Erfahrungen und Erlebnisse während dieser Zeit gehen später in den Roman *Unsere Straße* ein). Von ihm gelangen Manuskripte nach Prag, die unter der ständigen Rubrik *Die Stimme aus Deutschland* abgedruckt werden. Der ersten Nummer stellen die Redakteure ein Geleitwort voran, das an Klarheit und Offenheit der mit der Zeitschrift vertretenen Position nichts zu wünschen übrig läßt. Dort heißt es u. a.: ,,Wer schreibt, handelt. Die ,Neuen Deutschen Blätter' wollen ihre Mitarbeiter zu gemeinsamen Handlungen zusammenfassen und die Leser im gleichen Sinn aktivieren. Sie wollen mit den Mitteln des dichterischen und kritischen Wortes den Faschismus bekämpfen.

In Deutschland wüten die Nationalsozialisten. Wir befinden uns im Kriegszustand. Es gibt keine Neutralität. Für niemand. Am wenigsten für den Schriftsteller. Auch wer schweigt, nimmt Teil am Kampf. (. . .) *Schrifttum von Rang kann heute nur antifaschistisch sein.* Gewiß, die Zusammengehörigkeit der antifaschistischen Schriftsteller ist noch problematisch. Viele sehen im Faschismus einen Anachronismus, ein Intermezzo, eine Rückkehr zu mittelalterlicher Barbarei; andere sprechen von einer Geisteskrankheit der Deutschen, oder von einer Anomalie, die dem ‚richtigen‘ Ablauf des historischen Geschehens widerspreche; sie verwünschen die Nationalsozialisten als eine Horde verkrachter ‚Existenzen‘, die urplötzlich das Land überlistet haben. Wir dagegen sehen im Faschismus keine zufällige Form sondern das organische Produkt des todkranken Kapitalismus. Ist da nicht jeder Versuch, liberalistisch-demokratische Verhältnisse wiederherzustellen, ein Verzicht darauf, das Übel mit der Wurzel auszurotten? Ist nicht jeder Kampf, der nur der Form gilt, im Grunde ein Scheinkampf? Gibt es eine andere reale Kraft, die den endgültigen Sieg über Not und Tyrannei zu erringen vermag, als das Proletariat? Wir sind überzeugt, daß die richtige Beantwortung dieser Fragen gerade auch für den Schriftsteller bedeutungsvoll ist, denn die Wahrhaftigkeit der Darstellung und sogar die formale Qualität der Literatur hängen ab von der Tiefe des Wissens um das gesamte Geschehen und seine Ursachen. Das ist unsere Meinung. Aber nichts liegt uns ferner, als unsere Mitarbeiter ‚gleichschalten‘ zu wollen. (. . .) Wir werden alle — auch wenn ihre sonstigen Überzeugungen nicht die unseren sind — zu Wort kommen lassen, wenn sie nur gewillt sind, mit uns zu kämpfen.‘‘[15] Wenngleich also die Zielsetzung dieser Zeitschrift eindeutig benannt ist, so verpflichtet sich das Redaktionskollektiv doch zur Öffnung seines Organs auch für nichtmarxistische Schriftsteller. Und dies zu einem Zeitpunkt, wo die Strategie und Taktik der (literarischen) Volksfront noch nicht in der politischen Diskussion ist.

Erst 1935 auf dem VII. Weltkongreß der Komintern wird, wie gesagt, die Losung von der Volksfrontpolitik ausgegeben. Eine solche Politik gilt in erster Linie der Errichtung eines breiten Blockbündnisses zur Abwehr des Faschismus. Auf der anderen Seite kommt die jetzt einsetzende Volksfrontpolitik dem legitimen Bedürfnis nach Präventivmaßnahmen zum Schutz der Sowjetunion entgegen. Denn daß der Faschismus letztlich den Angriff gegen die Sowjetunion führen muß, ist den politisch Bewußten sehr bald klar. Allzu oft jedoch wird dieses Volksfrontbündnis nur dadurch erreicht, daß der sozialistische Führungsanspruch den Bündnispartnern verschwiegen wird. Eine ähnliche Politik liegt auch der Errichtung einer literarischen

Volksfront zugrunde. Konnten die *Neuen deutschen Blätter* noch *eindeutig* marxistische Positionen beziehen, so hat sich beim Ersten Internationalen Schriftstellerkongreß 1935 in Paris das Klima bereits verändert. Dieser Kongreß wird unter dem Vorzeichen der Volksfront abgehalten, die Veranstalter sehen ihn als einen ersten umfassenden Versuch zur Sammlung aller antifaschistischen Kräfte. Politische Agitation scheint jetzt wenig angebracht. Und so ist denn auch Bertolt Brechts Rede den meisten Delegierten viel zu radikal. Brecht will Klarheit schaffen über die wirklichen, *klassenmäßigen* Bestimmungen des Faschismus: „Viele von uns Schriftstellern, welche die Greuel des Faschismus erfahren und darüber entsetzt sind, haben diese Lehre noch nicht verstanden, haben die Wurzel der Roheit, die sie entsetzt, noch nicht entdeckt. (. . .) Jene aber, welche auf der Suche nach der Wurzel der Übel auf die Eigentumsverhältnisse gestoßen sind, sind tiefer und tiefer gestiegen, durch ein Inferno von tiefer und tiefer liegenden Greueln, bis sie dort angelangt sind, wo ein kleiner Teil der Menschheit seine gnadenlose Herrschaft verankert hat. Er hat sie verankert in jenem Eigentum des einzelnen, das zur Ausbeutung des Mitmenschen dient und das mit Klauen und Zähnen verteidigt wird, unter Preisgabe einer Kultur, welche sich zu seiner Verteidigung nicht mehr hergibt oder zu ihr nicht mehr geeignet ist, unter Preisgabe aller Gesetze menschlichen Zusammenlebens überhaupt, um welche die Menschheit so lange und mutig verzweifelt gekämpft hat. Kameraden, sprechen wir von den Eigentumsverhältnissen!"[16]

Der Literaturwissenschaftler Hans Mayer hat darauf hingewiesen, daß diese Rede einem politischen Programm gleichkomme, unter das Brecht seine künstlerische Tätigkeit stelle. Gerade durch die Betonung des *Klassencharakters des Faschismus* unterscheide sich Brecht von den bürgerlichen und gewiß auch von einigen marxistischen Kollegen (z. B. Lion Feuchtwanger). Er besteht darauf, unmißverständlich die Dinge beim Namen zu nennen, denn ein wirksamer Kampf gegen den Faschismus ohne das Bewußtsein von dessen ökonomischen und sozialen Implikationen scheint ihm unmöglich. Max Horkheimer, einer der Vertreter des emigrierten Instituts für Sozialforschung, vertritt damals noch einen ähnlichen Standpunkt, wenn er mahnt: „Wer aber vom Kapitalismus nicht reden will, sollte auch vom Faschismus schweigen."[17]

Anmerkungen

1 Johannes R. Becher: Von der Größe unserer Literatur, Leipzig 1971, S. 256.
2 Ernest Mandel: Einleitung zu Leo Trotzki ‚Wie wird der Nationalsozialismus geschlagen‘, Frankfurt/M. 1971, S. 7.
3 Alfred Kantorowicz: Die Einheitsfront in der Literatur, in: Heinz-Ludwig Arnold (Hrsg.): Deutsche Literatur im Exil 1933–1945, Bd. I: Dokumente, S. 72.
4 Klaus Völker: Brecht-Chronik. Daten zu Leben und Werk, München 1971, S. 56 f.
5 Hildegard Brenner: Die Kulturpolitik des Nationalsozialismus, Reinbek 1963, S. 22.
6 Ebda., S. 33.
7 Hans-Albert Walter: Bedrohung und Verfolgung bis 1933. Deutsche Exilliteratur 1933–1950, Bd. 1, Darmstadt und Neuwied 1972, S. 223 f.
8 Theodor W. Adorno: Minima Moralia. Reflexionen aus dem beschädigten Leben, Frankfurt/M. 1969, S. 32.
9 Ebda., S. 52.
10 Hans-Jürgen Krahl: Thesen zum allgemeinen Verhältnis von wissenschaftlicher Intelligenz und proletarischem Bewußtsein, in: H.-J. K.: Konstitution und Klassenkampf. Zur historischen Dialektik von bürgerlicher Emanzipation und proletarischer Revolution, Frankfurt/M. 1971, S. 340.
11 Georg Lukács: Der Kampf zwischen Liberalismus und Demokratie im Spiegel des historischen Romans der deutschen Antifaschisten, in: Heinz-Ludwig Arnold (Hrsg.): Deutsche Literatur im Exil 1933–1945, Bd. 1, S. 174.
12 Franz C. Weiskopf: Hier spricht die deutsche Literatur, ebda., S. 84.
13 Georgi Dimitroff: Die Offensive des Faschismus und die Aufgaben der Kommunistischen Internationale im Kampf für die Einheit der Arbeiterbewegung gegen den Faschismus, in: VII. Kongreß der Kommunistischen Internationale. Referate und Resolutionen, Frankfurt/M. 1975, S. 150.
14 Oskar Negt: 50 jahre institut für sozialforschung, in: Alexander Kluge/ O. N.: kritische theorie und marxismus, s'Gravenhage 1974, S. 121.
15 Neue Deutsche Blätter (Prag) 1 (1933) Nr. 1, S. 1 f.
16 Bertolt Brecht: Rede auf dem Internationalen Schriftstellerkongreß, in: B. B.: Schriften zur Literatur und Kunst 1 (Gesammelte Werke 18), Frankfurt/M. 1967, S. 245 f.
17 Max Horkheimer: Die Juden in Europa, in: Zeitschrift für Sozialforschung 8 (1939), S. 115.

Literaturhinweise

Anna Seghers: Transit (1944), Reinbek 1966 (= rororo 867).
Hermann Kesten (Hrsg.): Deutsche Literatur im Exil. Briefe europäischer Autoren 1933–1949, Frankfurt/M. 1973 (= Fischer Taschenbücher 1388).

Hans-Albert Walter: Deutsche Exilliteratur 1933 bis 1950, Bde. 1, 2, 7, Darmstadt und Neuwied 1972 ff. (= Sammlung Luchterhand 76, 77, 136).
Heinz-Ludwig Arnold (Hrsg.): Deutsche Literatur im Exil 1933–1945, 2 Bde., Frankfurt/M. 1974 (= Fischer Athenäum Taschenbücher 2035/36).

Manfred Durzak (Hrsg.): Deutsche Exilliteratur 1933–1945, Stuttgart 1973.

Dieter Schiller: „. . . von Grund auf anders". Programmatik der Literatur im antifaschistischen Kampf während der dreißiger Jahre, Berlin/DDR 1974

Hans Dahlke: Geschichtsroman und Literaturkritik im Exil, Berlin und Weimar 1976.

Hans Mayer: Brecht in der Geschichte. Drei Versuche, Frankfurt/M. 1971 (= Bibliothek Suhrkamp 284).

Herbert Claas: Die politische Ästhetik Bertolt Brechts vom Baal zum Caesar, Frankfurt/M. 1977 (= edition suhrkamp 832).

Hermann Weber (Hrsg.): Völker hört die Signale. Der deutsche Kommunismus 1916–1966. Dokumente, München 1967 (= dtv 405).

22. Bertolt Brecht III: Exildramen

Faschismustheorie und Faschismusdarstellung

Faßt man, wie am Ende des vorigen Kapitels vorgeschlagen, Brechts politische Frontstellung gegen den Faschismus zugleich als *Programm seiner künstlerischen Arbeit* auf, so ist es nur konsequent, daß fast seine gesamte literarische Produktion während der Exilzeit um die Auseinandersetzung mit dem Faschismus zentriert ist. Für einen bestimmten Sektor dieser Produktion — die Lyrik — wurde dies bereits oben anhand der *Svendborger Gedichte* gezeigt. Wichtig ist nun, auch im Blick auf die spezifisch dramatische Umsetzung, daß jene Auseinandersetzung gesellschaftstheoretisch fundiert ist; mit anderen Worten: daß Brecht im Gegensatz zu den meisten Exilautoren über eine ausformulierte und relativ konsistente Faschismus-Theorie verfügt, die sich vor allem in den *Aufsätzen über den Faschismus* (1933—1939), aber auch in den Notizen des *Arbeitsjournals* (ab 1938) niederschlägt. Als literarische Umsetzung solcher Theorie sollte man die *Flüchtlingsgespräche* (1940/41) erwähnen, einen brillanten Dialog-Essay, der manche Passagen aus den theoretischen Schriften aufnimmt und insofern eine Zwischenposition zwischen Brechts Abhandlungen über den Faschismus und seinen dramatischen Darstellungen einnimmt.

In seiner Analyse und Einschätzung des Faschismus zeigt Brecht sich den meisten Exilautoren überlegen, — auch solchen, die im antifaschistischen Kampf vorbildlich engagiert waren wie etwa Heinrich Mann. Denn Brechts Faschismustheorie berührt sich an zentralen Punkten mit den Erklärungsmodellen, die von zeitgenössischen marxistischen Politikern oder Theoretikern (Georgi Dimitroff, August Thalheimer u. a.) entwickelt wurden. Wie diese (und konträr zur Auffassung bürgerlicher Autoren) sieht Brecht den Nationalsozialismus eben nicht als zufälliges, isoliertes und lokales ‚Phänomen‘, sondern begreift ihn im historischen und übernationalen Maßstab als ‚Faschismus‘: „Der Faschismus ist eine historische Phase, in die der Kapitalismus eingetreten ist, insofern etwas Neues und zugleich Altes. Der Kapitalismus existiert in faschistischen Ländern nur noch als Faschismus und der *Faschismus kann nur bekämpft werden als*

Kapitalismus, als nacktester, frechster, erdrückendster und betrüge-
rischster Kapitalismus."[1]

In Konsequenz dieser theoretischen Einsicht zielen dann auch
mehrere Theaterstücke auf eine *direkte*, nur teilweise dramaturgisch
verfremdete Auseinandersetzung mit dem zur Macht gelangten Nationalsozialismus: — und zwar in der Absicht, den *Klassencharakter*
faschistischer Herrschaft offenzulegen. Dies gilt unabhängig davon,
daß diese Stücke in einem Zeitraum von fast zehn Jahren entstanden
und daß sie unterschiedlichen dramaturgischen Modellen folgen.

Der Faschismus als „Gangsterherrschaft"?

Die Parabel-Satire *Die Rundköpfe und die Spitzköpfe oder Reich*
und Reich gesellt sich gern (1931—1934) ist Brechts erster Versuch,
die ökonomischen und ideologischen Bedingungen für die Etablierung faschistischer Herrschaft mit den Mitteln des Theaters zu analysieren. Wie schon aus dem Doppeltitel hervorgeht, verknüpft
Brecht die Darstellung der nationalsozialistischen Rassenverfolgung
mit der des zugrundeliegenden Klassenkampfs; er interpretiert also
den von den Nazis propagierten *Rassengegensatz* als politisches Täu-
schungsmanöver, das von dem trotz ‚Volksgemeinschafts'parolen
weiterbestehenden *Klassengegensatz* ablenken und die ökonomische
Krise verschleiern soll. Durch offensichtliche Anspielungen auf Personen und Ereignisse der realen politischen Szenerie wird das Stück
einerseits zur gezielten *Persiflage* auf Hitlers Machtergreifung. Es
gibt jedoch andererseits eine politökonomisch fundierte *Interpreta-*
tion der Ursachen und Bedingungen dieser Machtergreifung, deutet
die NS-Bewegung als Instrument des Kapitals zur Festigung beste-
hender Macht- und Eigentumsverhältnisse. In diesem Kontext erscheint dann die faschistische ‚Rassentheorie' nur als Hilfsmittel zur
Erreichung dieses Ziels. Gerade diese Einschätzung der Rassenpolitik
als kurzfristiges und quasi beliebiges Mittel zur Stabilisierung ‚normaler' kapitalistischer Verhältnisse wird aber von der realhistorischen
Entwicklung widerlegt. Der — von Brecht im Stück zutreffend pro-
gnostizierte — Eroberungskrieg hat die Judenverfolgung keineswegs
überflüssig gemacht. Man wird also das Stück von einer gewissen
„Unterschätzung des Nazi-Terrors und der partiellen (. . .) Autonomie der faschistischen Strukturen"[2] nicht lossprechen können.

Brecht selbst hat dies später durchaus gesehen. Anfang 1942 betont er (auch im Hinblick auf eine dramaturgische Gestaltung), daß
Hitler „eine wirklich nationale erscheinung, ein ‚volksführer' ist, ein

schlauer, vitaler, unkonventioneller und origineller politiker, und seine äußerste korruptheit, unzulänglichkeit, brutalität usw kommen erst dann wirkungsvoll ins spiel." Und der Zusammenhang von Kapitalismus und Faschismus wird jetzt ebenfalls komplizierter gesehen: der Nationalsozialismus „ist handlangertum, faustlangertum, aber die faust hat eine gewisse selbständigkeit; die industrie bekommt ihren imperialismus, aber sie muß ihn nehmen, wie sie ihn bekommt, den hitlerschen."[3] Innerhalb der dramatischen Produktion wurden diese Einsichten bereits in dem 1941 noch in Finnland entstandenen Stück *Der aufhaltsame Aufstieg des Arturo Ui* umgesetzt. Wenn dort die Führer des ,Karfiol(=Blumenkohl)-Trusts' von Chicago sich mit dem berüchtigten Gangsterchef Arturo Ui einlassen, sich dabei aber immer stärker in dessen Willkür begeben, so wird damit wiederum parabolisch und satirisch die Haltung einflußreicher deutscher Wirtschaftskreise gegenüber Hitler und seiner Partei zur Darstellung gebracht. Mit den *Rund- und Spitzköpfen* gemeinsam hat diese neue Polit-Parabel die klassentheoretische Erklärung des Faschismus; die Spielhandlung wird jedoch nicht mehr in einer feudal und agrarisch bestimmten Gesellschaft angesiedelt, sondern im modernen, von der Weltwirtschaftskrise erschütterten Monopolkapitalismus (ähnlich schon in der *Heiligen Johanna der Schlachthöfe*). Dies geschieht durchaus auch im Blick auf die möglichen Rezipienten: Brecht versucht, nach eigener Einschätzung, „der kapitalistischen Welt den Aufstieg Hitlers dadurch zu erklären, daß er in ein ihr vertrautes Milieu versetzt wurde."[4] Dementsprechend erscheint das aus der *Heiligen Johanna* bekannte kapitalistische Geschäftsgebaren hier erneut auf der Bühne — und wird mit den Praktiken der Unterwelt von Chicago in Zusammenhang gebracht (,Zusammenarbeit' von Karfioltrust und Gangsterbande).

Der *politische Schlüsselcharakter* des Stückes konkretisiert sich dabei in den Figuren, die — italienisiert bzw. anglisiert — die Hauptakteure deutscher Politik in den dreißiger Jahren repräsentieren, von Arturo Ui (Adolf Hitler) selbst bis zum ,alten und jungen Dogsborough' (Paul und Oskar von Hindenburg); er konkretisiert sich weiterhin in den Handlungsepisoden, die — angelehnt an Geschehnisse zwischen 1929 und 1938 — Stationen des aufhaltsamen Aufstiegs Uis/Hitlers markieren. Solche Stationen sind etwa der „Dockshilfeskandal" (,Osthilfeskandal' um die Haltung Hindenburgs zur finanziellen Unterstützung der ostelbischen Großgrundbesitzer), der „Aufstieg des Arturo Ui während der Baisse" (Hitlers Arrangements mit der Großindustrie während der Weltwirtschaftskrise), der „Speicherbrandprozeß" (Reichstagsbrandprozeß vor dem Leipziger Reichsgericht), die „Abschlachtung des Ernesto Roma" (Liquidierung des SA-Führers Ernst Röhm auf Befehl Hitlers 1934), schließlich „Die Gangster erobern die Stadt Cicero" (Annexion Österreichs 1938). In den fünfzehn Bildern dieser „großen historischen Gangsterschau" (Prolog) werden nicht nur die ‚Gangstermethoden' der Nazis bei ‚Machtergreifung' und ‚Gleichschaltung' bloßbelegt, sondern auch die Mitschuld von Interessengruppen aus Wirtschaft, Industrie und Politik. Im Stück ist vor allem Clark (Franz von Papen) Repräsentant solcher Gruppen, die die Kollaboration mit den Gangstern aus eigenem Interesse betreiben. Aber auch die passive Duldsamkeit des Kleinbürgertums (hier: die Grünzeughändler von Chicago), das sich über den Terror der neuen Machthaber zwar empört, ihn aber widerstandslos hinnimmt, wird als indirekte Mitschuld deutlich.

Zu der entlarvenden Verfremdung der historischen Vorgänge durch die Versetzung an den Spielort Chicago kommt die *Verfremdung der Sprache*. Brecht läßt „gangster und karfiolhändler jambisch agieren" und erzielt durch solche „doppelverfremdung — gangstermilieu und großer stil — "[5] eine verstärkte satirische Wirkung: Aktion und Diktion denunzieren sich gegenseitig. Die „Theatralik des Faschismus"[6] wird dadurch entlarvt und destruiert, nationalsozialistische Politik auf ihr wahres Format und ihre wahren Antriebe zurückgeführt.

Die Mehrfachverfremdung, nach Brecht „‚verhüllung', (die eine enthüllung ist)", wurde zum Teil heftig kritisiert. So glaubte man in der Umsetzung des Geschehens ins Gangstermilieu unzulässige Vereinfachungen der Historie, insbesondere aber auch eine Bagatellisierung des Nazi-Terrors zu sehen. Dagegen muß an Entstehungs- und Rezeptionsbedingungen des Stücks erinnert werden. Brecht verfaßte den *Arturo Ui* 1941, kurz vor der Reise in die USA und bereits „an das amerikanische theater denkend"[7]. Die Verlagerung ins Al-Capone-Milieu[8] sollte dem amerikanischen Publikum Hitlers Aufstieg in einer vertrauten Szenerie veranschaulichen; zugleich aber sollte sie eine strukturelle Analogie von Gangsterwesen und Faschismus verdeutlichen. Mit anderen Worten: Die Verlagerung des Geschehens ins bekannte Brecht-Chicago zielt nicht nur auf Bühnenwirksamkeit, sie beansprucht einen Erkenntniswert für die Faschismusanalyse. Tatsächlich diente um 1940 das von amerikanischen Verhältnissen abgezogene Modell der „Gangsterherrschaft" (Max Horkheimer) auch solchen Theoretikern, die nur begrenzt mit Brecht einer Meinung waren, zur Erklärung faschistischer bzw. nachliberalistischer Gesellschaft.[9] So hat denn auch für Brecht sowohl das organisierte Verbrechen im Stil Al Capones wie die verbrecherische Politik der Nazis ihre Wurzeln im kapitalistischen Nährboden.

Von den satirischen Parabeln hebt sich nach Intention und dramaturgischer Konzeption die Szenenfolge *Furcht und Elend des Dritten Reiches* (1935—1938) ab; typisierend könnte man sie als ,realistisches Zeitstück' bezeichnen, insofern sie Ausschnitte zeigenössischer Realität (eben des ,Dritten Reiches') relativ ,unverfremdet' vorführt. Freilich hat Brecht sich entscheiden gegen eine voreilige Vereinnahmung des Stückes für einen ,Sozialistischen Realismus' verwahrt: übersehen werde bei solcher Klassifizierung „die montage von 27 szenen, und daß es eigentlich nur eine gestentafel ist, eben die gesten des verstummens, sich umblickens, erschreckens usw. die gestik der diktatur."[10] Es geht hier also nicht so sehr um die parabolische Verdeutlichung politökonomischer oder historischer Zusammenhänge, sondern um die Ausstellung einer *Sozialpsychologie des Faschismus*. Die Vergiftung und Deformierung des Alltagslebens im Herrschaftsbereich der Nazis ist somit die Quintessenz dieser Szenen. Walter Benjamin hat sie, anläßlich der Uraufführung in Paris 1938, wie folgt charakterisiert: „Jeder dieser kurzen Akte weist eines auf: wie unabwendbar die Schreckensherrschaft, die sich als Drittes Reich vor den Völkern brüstet, alle Verhältnisse zwischen Menschen unter die Botmäßigkeit der Lüge zwingt. Lüge ist die eidliche Aussage vor Gericht (,Rechtsfindung'); Lüge ist die Wissenschaft, welche Sätze lehrt, deren Anwendung nicht gestattet ist (,Die Berufskrankheit'); Lüge ist, was der Öffentlichkeit zugeschrieben wird (,Volksbefragung') und Lüge noch, was dem Sterbenden in die Ohren geflüstert wird (Die ,Bergpredigt'). Lüge ist es, die mit hydraulischem Druck in das gepreßt wird, was sich in der letzten Minute ihres Zusammenlebens Gatten zu sagen haben (,Die jüdische Frau'); Lüge ist die Maske, die selbst das Mitleid anlegt, wenn es noch ein Lebenszeichen zu geben wagt (,Dienst am Volke')."[11]

Soziologisch gesehen sind es vor allem die bürgerlichen Intellektuellen (Ärzte, Juristen, Wissenschaftler, Lehrer), mit denen Brecht ins Gericht geht und deren Opportunismus und moralische Schwäche er weitgehend für die Durchsetzung der faschistischen Herrschaft verantwortlich macht. Die Haltung des Kleinbürgertums wird dagegen eher als Folge politischer Naivität bzw. Erfolg von Hitlers Täuschungsmanövern gezeichnet. Demgegenüber erscheint das Verhalten der Arbeiter wesentlich entschiedener, im Grundsätzlichen das Naziregime ablehnend, wenn auch hier das konkrete Verhaltensspektrum von der äußeren Anpassung bis zum entschlossenen Widerstand (in der Szene *Volksbefragung*) reicht. Erst am Schluß der Szenenfolge, die insgesamt einen repräsentativen Querschnitt des Versagens gibt, erscheint entschiedener antifaschistischer Widerstand, freilich ‚nur‘ als beispielgebendes Zeichen und Aufforderung zum Kampf.

Die 24 Szenen (der endgültigen Fassung), die von gestischen Skizzen bis zu regelrechten Einaktern reichen, unterscheiden sich nicht nur im Umfang, sondern auch in der Aussagekraft, was wohl als Folge ihrer sehr kurzfristigen Entstehung anzusehen ist. Als Höhepunkte ragen die vier Einakter *Das Kreidekreuz*, *Rechtsfindung*, *Die jüdische Frau*, *Der Spitzel* heraus, die gewöhnlich auch den Kern jeder Bühnenaufführung bilden. Man sollte freilich bei solchen Bewertungen noch einmal daran denken, daß Brecht — gewiß nicht gedankenlos — von einer *Montage* spricht: Das impliziert einerseits Authentizität des Dargestellten, ‚Originalmaterial‘ (tatsächlich beruhen die Szenen nach Brechts Aussage auf „Augenzeugenberichten und Zeitungsnotizen“); zum anderen erinnert der Montagebegriff daran, daß auch die ‚realistische‘ Darstellung des Gegenwartsstoffes noch den Prinzipien des epischen Theaters verpflichtet bleibt. *Verfremdend* wirkt in diesem Fall eben nicht die Präsentierung der Einzelszenen, sondern ihre Verbindung, Montierung. Das Stück rückt, wie Benjamin vom epischen Theater generell sagt, „den Bildern des Filmstreifens vergleichbar, in Stößen vor. Seine Grundform ist die des Choks, mit dem die einzelnen wohlabgehobenen Situationen des Stücks aufeinandertreffen.“ Durch die Szenenmontage entsteht nicht fiktionale Kontinuität, es entstehen „Intervalle, die die Illusion des Publikums eher beeinträchtigen. Diese Intervalle sind seiner kritischen Stellungnahme, seinem Nachdenken reserviert.“

Man sieht, wie Brecht auf verschiedenen formalen Wegen die Auseinandersetzung mit dem Faschismus und zugleich die Entwicklung eines neuen Theaters vorantreibt. Mit der Szenenmontage in *Furcht und Elend des Dritten Reiches* hat er nicht nur, gerade durch den Verzicht auf eine Globalperspektive, einen relativ umfassenden Einblick in die innere Realität des Nationalsozialismus geben können. Er hat, eben wesentlich durch die Szenen-Montage, die Leistungsgrenzen des herkömmlichen realistischen Zeitstücks durchbrochen (die etwa in den antifaschistischen Dramen von Ferdinand Bruckner und teilweise auch von Friedrich Wolf an der bemühten Handlungsführung deutlich werden). Mit seiner theatralischen „Gestentafel“ schuf sich Brecht eine eigene Darstellungsform, die auf die Besonderheit des Faschismus angemessen und differenziert reagieren konnte.

„Preis oder Verdammung des Galilei?"

Während die bisher diskutierten Stücke in ihrem ästhetischen und analytischen Wert häufig unterschätzt worden sind, gelten die weiteren Stücke der Exilzeit gemeinhin als Höhepunkte von Brechts dramatischer Produktion überhaupt: *Leben des Galilei, Mutter Courage und ihre Kinder, Der gute Mensch von Sezuan, Der kaukasische Kreidekreis.* Wenn diese Stücke den ‚Kommunisten' Brecht etwa auch in der Bundesrepublik endgültig zum ‚modernen Klassiker' gemacht haben, so liegt dies durchaus auch daran, daß sie die Auseinandersetzung mit dem Faschismus nur *indirekt* führen und ihre grundsätzliche Kapitalismuskritik durch geographische und/oder historische Distanzierung ‚entschärft' scheinen kann. Dies allerdings zu Unrecht: Brecht hat sein neues Verfahren nicht als Zurücknahme politischer Intentionen verstanden, eher als ihre Vertiefung ins Grundsätzliche. An Stelle der satirischen Auseinandersetzung mit der Zeitgeschichte tritt tendenziell die Darstellung des Geschichtsprozesses selbst. Das entspricht durchaus einem entwickelten marxistischen Geschichtsbegriff: Gegenwart als historisches Problem ist nicht verstehbar ohne die Kenntnis ihrer Vor-Geschichte. Solche Kenntnis zu vermitteln und damit die Kontinuität eines kritischen Geschichtsbewußtseins — gegen die Traditionsverfälschung und -zerstörung der Faschisten — zu wahren, ist für Brechts Exildramen zentrale Intention; insofern fügen diese Stücke sich ins Gesamtbild der Exilliteratur ein. Jedenfalls vollzieht sich auch und gerade bei Brecht die Rückwendung zur Vergangenheit im Horizont gegenwärtiger Erfahrung und im Interesse der Zukunft: „Weil man nicht nur aus dem Kampf lernt, sondern auch aus der Geschichte der Kämpfe."[12]

Wie ein derartiges Geschichtsverständnis anhand eines bestimmten Stoffes dramaturgisch umgesetzt wird, soll nun am Beispiel von *Leben des Galilei* näher untersucht werden. Das Stück entstand in einer ersten Fassung noch im dänischen Exil: „Das ‚Leben des Galilei' wurde in jenen finsteren letzten Monaten des Jahres 1938 geschrieben, als viele den Vormarsch des Faschismus für unaufhaltsam und den endgültigen Zusammenbruch der westlichen Zivilisation für gekommen hielten. In der Tat stand die große Epoche vor dem Abschluß, die der Welt den Aufschwung der Naturwissenschaften und die neuen Künste der Musik und des Theaters gebracht hatte. Die Erwartung einer barbarischen und ‚geschichtslosen' Epoche war beinahe allgemein. Nur wenige sahen die neuen Kräfte sich bilden und spürten die Vitalität der neuen Ideen. (. . .) Die Lehren der sozialistischen Klassiker hatten den Reiz des Neuen eingebüßt und schienen einer abgelebten Zeit anzugehören (. . .)."[13] Damit wird klar, daß der thematische Rückbezug aufs 17. Jahrhundert nicht als Fluchtbewegung verstanden werden darf; vielmehr ist — am Ende der bürgerlich-kapitalistischen Epoche, als deren gespenstische Spätphase der Faschismus erscheint — die Rückbesinnung auf deren Anfänge nützlich und nötig. Sie kann nicht nur die damals ,neuen' Strukturen, die dann die Epoche prägen sollten, aus der Distanz besonders klar werden lassen, sie kann auch — im Blick auf Kontinuität und Veränderung — Bestimmungen der gegenwärtigen Situation liefern. Einen solch dialektischen Vergangenheits-Gegenwarts-Bezug als Erkenntnisprozeß ,in Szene zu setzen', ist Brechts Absicht. Für das dabei zu wählende Verfahren hat er den Begriff der *Historisierung* in Vorschlag gebracht: ,,bei der *historisierung* wird ein bestimmtes gesellschaftssystem vom standpunkt eines anderen gesellschaftssystems aus betrachtet. die entwicklung der gesellschaft ergibt die gesichtspunkte."[14] Wenn in dieser Perspektive (die dann spezifische dramaturgische Techniken erfordert) die Vergangenheit gezeigt wird, wird zugleich die *historische Gewordenheit wie die Veränderbarkeit der Gegenwart* deutlich. Historisierung stellt sich somit dar als eine Form der *Verfremdung.* ,,Verfremden heißt also Historisieren, heißt Vorgänge und Personen als historisch, also als vergänglich darstellen. Dasselbe kann natürlich auch mit Zeitgenossen geschehen, auch ihre Haltungen können als zeitgebunden, historisch, vergänglich dargestellt werden."[15] Dabei wirkt der historisch distanzierte Stoff, wie am *Galilei* deutlich, bereits von sich aus verfremdend, bedarf nur in geringem Maße ,äußerer', also z. B. gestischer oder sprachlicher Verfremdung (im Kontrast etwa zu den ,direkten' Faschismus-Stücken). So kann beim ersten Blick auf die dramaturgischen Techniken der *Galilei* als das am wenigsten ,epische' Stück Brechts erscheinen. Der Schein trügt freilich insofern, als Verfremdung nicht in den dramaturgischen V-Effekten aufgeht. Brecht hat, wie zu sehen war, durchaus verschiedene Konzepte verfolgt (satirische Milieu- und Sprachverfremdung im *Ui,* Verfremdung durch Montage in *Furcht und Elend,* Historisierung als Verfremdung nicht nur im Galilei, sondern etwa auch in der *Courage*). Aber all diese Verfahren sind nicht Selbstzweck, sondern bleiben den Intentionen eines dialektischen Theaters untergeordnet: ,,Es geht darum, durch Einsicht in die Struktur der Vergangenheit oder einer historisierten Gegenwart Antriebe zu praktischem Handeln zu gewinnen, um von hier aus die Zukunft zu beherrschen."[16]

Der konkrete äußere Anlaß, der zu Brechts Beschäftigung mit dem überlieferten historischen Galilei-Stoff führte, ist allerdings nicht genau zu bestimmen. Sein eigener Hinweis auf die Nachricht von der Spaltung des Uran-Atoms durch Otto Hahn (1938) verdunkelt eher die Entstehungsgeschichte, denn der erste Text war offensichtlich bereits vorher abgeschlossen. Den Bezug zur Atomspaltung und ihren Folgen stellte dann erst der Atombombenabwurf auf Hiroshima (6. August 1945) her, dessen Nachricht Brecht während der Arbeit an einer zweiten Textfassung in den USA überraschte. Als Brecht hingegen begonnen hatte, den Galilei-Stoff zu dramatisieren, sah er zunächst in erster Linie die Parallele, die zwischen der Situation des Galilei im Jahre 1633 und derjenigen der deutschen Wissenschaftler nach 1933 bestand. Hier wie dort waren die Wissenschaftler einem gesellschaftlichen System ausgesetzt, das nach der einen Seite hin die freie Suche und Verbreitung wissenschaftlicher Erkenntnisse unterdrückte (Inquisition, Unterdrückung ‚undeutscher‘ Wissenschaft), nach der anderen Seite hin aber an der technologischen Verwertung gewisser wissenschaftlicher Erkenntnisse aufs höchste interessiert war (ökonomisches Interesse der italienischen Handelsbourgeoisie, militärische Aufrüstung im ‚Dritten Reich‘). In Galileo Galilei sah Brecht offenbar eine *exemplarische Widerstandsfigur*, die praktisch demonstrierte, wie die ‚Schwierigkeiten beim Schreiben der Wahrheit‘[17] zu überwinden wären — und die er der allzu bereitwilligen Einpassung der deutschen Intelligenz ins NS-Regime entgegenstellen konnte. Brecht geht also von jener volkstümlich überlieferten ‚Legende‘ aus, die Galilei mit seinem trotzigen 'Und sie bewegt sich doch!' als listigen Kämpfer gegen die Inquisition erscheinen ließ, der in einer aussichtslosen Lage seine wissenschaftliche Erkenntnis nur widerrief, um seine Arbeit fortsetzen und die widerrufene Wahrheit desto besser verbreiten zu können.

Doch während der Arbeit am Stück beurteilt Brecht die Gestalt Galileis und seinen Widerruf immer kritischer. Dieser wird jetzt mit Todesfurcht motiviert, was allerdings noch nichts an der positiven Einschätzung von Galileis objektiver Funktion für die Wissenschaft ändert. Galileis Verhalten nach dem Widerruf, das Schreiben der *Discorsi* und ihren Schmuggel ins freie Ausland bewertet er nach wie vor als bewußte Widerstandshandlungen. Bereits in der fertiggestellten *ersten Textfassung* von 1938 erscheint also Galilei nicht mehr als die große beispielgebende und positive Widerstandsfigur im Sinne der populären Legenden, immerhin aber noch als Kämpfer für die Erkenntnis und Verbreitung der Wahrheit.

Diese — eingeschränkt — positive Bewertung von Galileis Verhalten wurde in der *zweiten Textfassung*, die 1944—46 in den USA entstand, erneut in Frage gestellt. In seiner Vorrede zu dieser Fassung,

Ungeschminktes Bild einer neuen Zeit (1946), bemerkt Brecht: „Das ‚atomarische Zeitalter' machte sein Debüt in Hiroshima in der Mitte unserer Arbeit. Von heute auf morgen las sich die Biographie des Begründers der neuen Physik anders. Der infernalische Effekt der großen Bombe stellte den Konflikt des Galilei mit der Obrigkeit seiner Zeit in ein neues, schärferes Licht." Freilich hatte Brecht schon vor dem Atombombenabwurf sein Unbehagen an der ersten Fassung festgehalten: im Hinblick auf eine mögliche Inszenierung, schreibt er in seinem *Arbeitsjournal* am 6. April 1944, „prüfte ich die moral noch einmal nach, die mich immer leise beunruhigt hat (. . .). nun höre ich mit unwillen, ich hätte es für richtig gehalten, daß er öffentlich widerrufen hat, um insgeheim seine arbeit fortsetzen zu können. das ist zu flach und zu billig."[18]

Galileis Widerruf, der ‚entscheidende' Vorfall des Stückes, erscheint nunmehr als Verrat an der Wissenschaft schlechthin, er wird von Brecht nun im größeren historischen Zusammenhang gesehen. „Galileis Verbrechen kann als die ‚Erbsünde' der modernen Naturwissenschaften betrachtet werden. Aus der neuen Astronomie, die eine neue Klasse, das Bürgertum, zutiefst interessierte, da sie den revolutionären sozialen Strömungen der Zeit Vorschub leistete, machte er eine scharf begrenzte Spezialwissenschaft, die sich freilich gerade durch ihre ‚Reinheit', d. h. ihre Indifferenz zu der Produktionsweise, verhältnismäßig ungestört entwickeln konnte."[19] Damit wird, wenn auch Galilei die dominierende Zentralfigur des Stückes bleibt, dessen Problematik doch als nicht private, sondern historisch-bestimmte gefaßt: die *Entwicklung bürgerlicher Wissenschaft* im Konflikt mit den verschiedenen Machtträgern bürgerlicher Gesellschaft.[20]

Dramaturgisch gesehen, erforderte die neue Konzeption nur wenige Änderungen. Sie betreffen in der amerikanischen wie in der endgültigen deutschen Fassung hauptsächlich die *Szene nach Galileis Widerruf*. In ihr wird verdeutlicht, daß Galilei nicht weiterkämpft, sondern wirklich kapituliert hat. Zu diesem Zweck werden die negativen Züge der Figur verstärkt: Galilei betreibt die wissenschaftliche Arbeit nur noch als heimliches Laster. Die *Discorsi* überläßt er seinem Schüler Andrea nur unter der Bedingung, daß dieser bei einer möglichen Entdeckung die ganze Verantwortung übernehmen werde. Die *Entheroisierung* Galileis wird von diesem selbst in der sich anschließenden Selbstverurteilung betrieben. In der 14. Szene der endgültigen Fassung wird die Alternative „Preis oder Verdammung des Galilei?" (Brecht) in der Konfrontation zwischen Galilei und Andrea dialektisch-argumentativ ausgetragen. Alles, was für eine positive Auslegung von Galileis Widerruf und Verhalten sprechen könnte, wird vom ehemaligen Schüler des Forschers angeführt, der noch in der Szene zuvor Galileis Verhalten aufs schärfste verurteilt; dieser selbst gibt dagegen die negative Analyse und Auslegung seines Falles und gelangt zur Selbstbezichtigung. Andrea baut Galilei eine Brücke zur Rechtfertigung, indem er die Theorie einer ‚neuen Ethik' entwirft, derzufolge nicht das *Verhalten des Wissenschaftlers,* sondern allein die *Gültigkeit des wissenschaftlichen Beitrags* zählt. Für einen Augenblick sieht auch Galilei die Möglichkeit der Entschuldigung, doch er überprüft Andreas Vorschlag und verwirft ihn. Er postuliert seinerseits eine neue Ethik, die der *gesellschaftlich-politischen Verantwortlichkeit des Forschers* für die Verwendung seiner Forschungsergebnisse. Im Blick auf die künftige Entwicklung der Gesellschaft warnt Galilei: ,,Wenn Wissenschaftler, eingeschüchtert durch selbstsüchtige Machthaber, sich damit begnügen, Wissen um des Wissens willen aufzuhäufen, kann die Wissenschaft zum Krüppel gemacht werden, und eure neuen Maschinen mögen nur neue Drangsale bedeuten. Ihr mögt mit der Zeit alles entdecken, was es zu entdecken gibt, und euer Fortschritt wird doch nur ein Fortschreiten von der Menschheit weg sein." Und dem visionären Ausblick folgt die rückblickende Selbstanalyse: ,,Ich hatte als Wissenschaftler eine einzigartige Möglichkeit. In meiner Zeit erreichte die Astronomie die Marktplätze. Unter diesen ganz besonderen Umständen hätte die Standhaftigkeit eines Mannes große Erschütterungen hervorrufen können. Hätte ich widerstanden, hätten die Naturwissenschaftler etwas wie den hippokratischen Eid der Ärzte entwickeln können, das Gelöbnis, ihr Wissen einzig zum Wohle der Menschheit anzuwenden! Wie es nun steht, ist das Höchste, was man erhoffen kann, ein Geschlecht erfinderischer Zwerge, die für alles gemietet werden können. (. . .) Einige Jahre lang war ich ebenso stark wie die Obrigkeit. Und ich überlieferte mein Wissen den Machthabern, es zu gebrauchen, es nicht zu gebrauchen, es zu mißbrauchen, ganz wie es ihren Zwecken diente." (S. 125 f.)

Die Veränderungen des Textes sind von Interesse, weil sie zeigen, daß und wie Brecht in der Arbeit am Stück dessen Thematik verändert und (in seinem Sinne) *historisiert* hat. Die ‚Galilei-Legende' als Ausgangspunkt wird bereits in der ersten Fassung relativiert, in der amerikanischen und der endgültigen deutschen Fassung aber entschieden revidiert. ,,Die entwicklung der gesellschaft", d. h. also die Aktualität ergibt dabei ,,die gesichtspunkte". Lag in der ersten Fassung, angesichts der Nazi-Herrschaft in Deutschland, der Akzent noch auf den ‚Schwierigkeiten beim Verbreiten der Wahrheit' in Zeiten der Unterdrückung, so verlagert er sich während des Weltkriegs auf die Frage nach der politischen Verfügung über wissenschaftliche Erkenntnisse bzw. nach der Verantwortung der Wissenschaftler für die Verwendung ihrer Resultate.

Damit aber wird das Stück — über alles Interesse am historischen Fall oder an der eindrucksvollen Theaterfigur Galilei hinaus — zu einer *Kapitalismuskritik von grundsätzlichem Anspruch und aktueller Relevanz,* formuliert anhand frühbürgerlicher Verhältnisse. Die Wissenschaftsproblematik zum Angelpunkt einer Kapitalismuskritik zu machen, ist nun aber keine beliebige Theateridee, sondern wohlbegründet: ist doch die ökonomische, politische, ja ideologische Entfaltung bürgerlich-kapitalistischer Gesellschaft wesentlich abhängig von der Produktivkraft Wissenschaft und deren technologischer Verwertung. In Brechts Gegenwartshorizont hat freilich diese Produktivkraft schon unübersehbar die Züge einer globalen ‚Destruktivkraft' angenommen; seinen Galilei läßt er voraussehen und davor warnen, daß der „Jubelschrei über irgendeine neue Errungenschaft von einem universalen Entsetzensschrei beantwortet werden könnte" (S. 126).

Die Bedeutung des Galilei-Stückes liegt nicht zuletzt darin, solche Widersprüchlichkeit als ein Strukturmerkmal kapitalistischer Gesellschaft deutlich zu machen. Explizite Faschismuskritik, wie sie von den früheren Stücken formuliert wurde, ist damit nicht hinfällig geworden, sondern wird im größeren Kontext aufgehoben.

Anmerkungen

1 Bertolt Brecht: Fünf Schwierigkeiten beim Schreiben der Wahrheit, in: B. B.: Schriften zur Kunst und Literatur 1 (Gesammelte Werke 18), S. 226 f.
2 Franz Norbert Mennemeier: Modernes Deutsches Drama, Bd. 2, S. 59.
3 Bertolt Brecht: Arbeitsjournal 1938—1955, Frankfurt/M. 1973, Bd. 1, S. 380 f.
4 Bertolt Brecht: Anmerkungen (zu ‚Der aufhaltsame Aufstieg des Arturo Ui'), in: B. B.: Schriften zum Theater 3 (Gesammelte Werke 17), S. 1176.
5 Brecht: Arbeitsjournal 1938—1955, Bd. 1, S. 258, 250.
6 Vgl. hierzu den gleichnamigen Dialogpassus in Brechts theatertheoretischem Dialog ‚Der Messingkauf', in: B. B.: Schriften zum Theater 2 (Gesammelte Werke 16), S. 558 ff.
7 Brecht: Arbeitsjournal 1938—1955, Bd. 1, S. 249, 251.
8 Die Parallelen zwischen Ui (Hitler) und Capone sind ausführlich behandelt bei Helfried W. Seliger: Das Amerikabild Bertolt Brechts, Bonn 1974, S. 203 ff.
9 Vgl. Martin Jay: Dialektische Phantasie. Die Geschichte der Frankfurter Schule und des Instituts für Sozialforschung 1923—1950, Frankfurt/M. 1976, S. 189 ff.
10 Brecht: Arbeitsjournal, 1938—1955, Bd. 1, S. 22.

11 Walter Benjamin: Das Land, in dem das Proletariat nicht genannt werden darf, in: W. B.: Versuche über Brecht, Frankfurt/M. 1966, S. 45, 47 f.

12 Bertolt Brecht: Ist ein Stück wie ‚Herr Puntila und sein Knecht Matti‘ nach der Vertreibung der Gutsbesitzer bei uns noch aktuell? In: Schriften zum Theater 3 (Gesammelte Werke 17), S. 1175.

13 Bertolt Brecht: (Entwürfe für ein Vorwort zu ‚Leben des Galilei‘), in: Werner Hecht (Hrsg.): Materialien zu Brechts ‚Leben des Galilei‘, S. 16.

14 Brecht: Arbeitsjournal 1938—1955, Bd. 1, S. 138.

15 Bertolt Brecht: Über experimentelles Theater, in: B. B.: Schriften zum Theater 1 (Gesammelte Werke 15), S. 302.

16 Klaus-Detlef Müller: Die Funktion der Geschichte im Werk Bertolt Brechts. Studien zum Verhältnis von Marxismus und Ästhetik, S. 45.

17 Vgl. Brechts Aufsatz über die ‚Fünf Schwierigkeiten beim Schreiben der Wahrheit‘, oben Anm. 1.

18 Brecht: Arbeitsjournal 1938—1955, Bd. 2, S. 646.

19 Bertolt Brecht: Preis oder Verdammung des Galilei (1947), in: Werner Hecht (Hrsg.): Materialien zu Brechts ‚Leben des Galilei‘, S. 12.

20 Vgl. hierzu Friedrich Tomberg: Bürgerliche Wissenschaft. Begriff, Geschichte, Kritik, Frankfurt/M. 1973 (besonders Kap. III, IV); zu Brecht S. 91 f.

Literaturhinweise

Bertolt Brecht: Der aufhaltsame Aufstieg des Arturo Ui (1941), Frankfurt/M. 1965 (= edition suhrkamp 144).

Bertolt Brecht: Furcht und Elend des Dritten Reiches (1938), Frankfurt/M. 1970 (= edition suhrkamp 392).

Bertolt Brecht: Leben des Galilei (1938/46), Frankfurt/M. 1963 (= edition suhrkamp 1).

Bertolt Brecht: Gesammelte Werke in 20 Bänden, Frankfurt/M. 1970.

Klaus-Detlef Müller: Die Funktion der Geschichte im Werk Bertolt Brechts. Studien zum Verhältnis von Marxismus und Ästhetik, 2. Aufl. Tübingen 1972.

Werner Mittenzwei: Bertolt Brecht. Von der ‚Maßnahme‘ zu ‚Leben des Galilei‘, Berlin/DDR 1962.

Heinz Geiger: Widerstand und Mitschuld. Zum deutschen Drama von Brecht bis Weiss, Düsseldorf 1973 (= Literatur in der Gesellschaft 9).

Franz Norbert Mennemeier: Modernes Deutsches Drama. Kritiken und Charakteristiken, Bd. 2: 1933 bis zur Gegenwart, München 1975 (= UTB 425).

Burkhardt Lindner: Avantgardistische Ideologiezertrümmerung. Theorie und Praxis des Brechtschen Theaters am Beispiel der Faschismusparabeln, in: Klaus-M. Bogdal, B. L., Gerhard Plumpe (Hrsg.): Arbeitsfeld: Materialistische Literaturtheorie, Frankfurt/M. 1975, S. 229 ff. (= Fischer-Athenäum Taschenbücher 2079).

Werner Hecht (Hrsg.): Materialien zu Brechts ‚Leben des Galilei‘, Frankfurt 1963 (= edition suhrkamp 44).

Ernst Schumacher: Drama und Geschichte. Bertolt Brechts ‚Leben des Galilei‘ und andere Stücke, Berlin/DDR 1965.

23. Heinrich Mann II

Politisierung der Essayistik

Seit 1919 hat Heinrich Mann — dessen *Untertan* gerade damals größte Verbreitung fand — eine Reihe von Essaybänden veröffentlicht, die im Rückblick wichtiger erscheinen als die in den zwanziger Jahren entstandenen Romane. Denn direkt oder indirekt nehmen fast alle dieser Arbeiten zu den Problemen Stellung, die in der Weimarer Republik und im antifaschistischen Exil virulent waren. Vor allem die Jahre der Republik mochten damals als dem Essay und den Essayisten günstige Zeit erscheinen.[1] Die literarisch-politische Intelligenz war in lebhafte Debatten sowohl über gesellschaftliche wie künstlerische Fragen verstrickt, und die große Presse, der Rundfunk sowie die bedeutenden Kulturzeitschriften gaben dafür ein Podium ab. Mit Brecht könnte man freilich die Lebhaftigkeit dieser ‚Tui-Debatten' als besondere Form ihrer realpolitischen Wirkungslosigkeit verstehen: „Nicht als ob irgend jemand mit irgend jemandem einig gewesen wäre, es wurde allgemein gestritten, und zwar über jede nur mögliche Frage, aber (. . .) auf eine Weise, die die Ordnung nicht gefährdet."[2]

Weniger ironisch gesagt: der Versuch, einen in Deutschland nie recht lebenden „Geist der Öffentlichkeit zu realisieren", an dem so unterschiedliche Autoren wie Heinrich Mann und Hugo von Hofmannsthal partizipierten, muß wohl als „verzweifelter Versuch" bezeichnet werden.[3] Und zwar nicht nur im Hinblick auf Hofmannsthals (oder Rudolf Borchardts) kulturpflegerische Versuche. Die von Heinrich Mann vorgetriebene Politisierung der Essayistik, die sich als (kritisches) Engagement für die Republik konkretisiert, scheiterte ebenso. Die ihre demokratische Intention so direkt aussprechenden Essaybände *Diktatur der Vernunft* (1923) oder *Das öffentliche Leben* (1932) konnten gewiß nicht aufhalten, was politisch nicht aufzuhalten war: die Diktatur der Unvernunft und die Agonie allen öffentlichen Lebens im Terror. Insofern reflektieren Heinrich Manns republikanische Essays auch die Schwäche der Republik selbst. Sie sind im übrigen als Konkretisierungen eines politischen Weltbilds und eines Literaturkonzepts anzusehen, das bereits wesentlich früher entstanden war.

Bereits um 1910 hat Heinrich Mann am Beispiel französischer Autoren (Voltaire, Rousseau, Zola) die Wirkung oder Wirkungslosigkeit der Literatur, des *Geistes* im Hinblick aufs öffentliche Leben, die Politik, die *Tat* reflektiert. In der (idealisierten?) gesellschaftlichen Funktion der französischen Literatur sieht er ein Gegenbild zur deutschen Misere, seit je geprägt durch geistfeindliche Machthaber und machtlose Intelligenz (wie zuletzt noch im *Untertan* beschrieben). Von hier wird, zentral im *Zola*-Essay, ein Literaturkonzept entwickelt, das für das gesamte weitere Schaffen Heinrich Manns verbindlich bleiben wird. Nur grob kann man es als *littérature engagée* kennzeichnen. Postuliert ist ein ‚aktivistisches‘ Eingreifen des Geistes in die Realität, eine Identität von *Geist und Tat* (so der Titel eines weiteren wichtigen Essays). Es erstaunt nicht, daß dieses Programm von weiten Kreisen der literarischen Intelligenz (vor allem im Umkreis des Expressionismus) begeistert aufgenommen wurde, mündet es doch in die „Überzeugung, daß die Schriftsteller im politischen Leben nicht nur mitwirken, sondern den Verlauf zukünftiger politischer Entwicklungen mit ihren Schriften langfristig im voraus festzulegen versuchen sollen."[4] Es weist also der Literatur eine neue, politische Funktion zu, ohne doch die Literaten ihrer privilegierten Position zu berauben; – also ein Tui-Konzept?!

Was Heinrich Mann angeht, so ist der literatur- bzw. erkenntnistheoretische Kern seines Geist-und-Tat-Konzepts wichtig: die Auffassung von der *Priorität des Geistigen* (etwa gegenüber der Ökonomie) und, damit zusammenhängend, die Idee der *Antizipationskraft von Kunst*. Sie kommen in Postulaten zum Ausdruck wie „Politik ist Angelegenheit des Geistes", „Ordnung des Wirtschaftlichen vom Geistig-Sittlichen aus" oder: „Bevor die Politik ihren Weg erkennt, sucht ihn die Literatur". – Solche Positionen machen es schwer, Heinrich Mann für einen theoretischen Marxismus zu reklamieren, wie bisweilen versucht wird. Unbestreitbar aber ist, daß er in den Jahren des Exils zum Verbündeten des Proletariats wurde: unermüdlich und entschiedener als jeder andere bürgerliche Intellektuelle hat er von Frankreich aus für die Schaffung einer antifaschistischen Volksfront agitiert. Die Essaybände *Der Haß* (1933) und *Mut* (1939)[5], sowie das ‚Deutsche Lesebuch‘ *Es kommt der Tag* (1936), in dem seine Essays mit Texten der bürgerlich-humanistischen Literaturtradition montiert werden, sind der ‚literarische‘ Niederschlag dieser Arbeit.

Politische Publizistik also tritt — unter dem Druck der gesellschaftlichen Realität — mehr und mehr an die Stelle des literarischen Essays; deutlicher noch wird dies in den zahllosen Gelegenheitsschriften, in Appellen, Reden (oft als Tarnschriften nach Nazi-Deutschland geschmuggelt) und in den französischen Artikeln für die große Provinzzeitung *Dépêche de Toulouse*, die Heinrich Mann seit 1933 verfaßte. – Und trotz dieser vielfältigen, auch physisch belastenden Aktivität (immerhin war der Autor 1933 schon 62 Jahre alt!) ist das erzählerische Werk noch keineswegs abgeschlossen.

„Geschichte als wahres Gleichnis"

1925 hatte Heinrich Mann den Plan zu einem Roman über das Leben des Königs Heinrich IV. von Navarra und Frankreich (1553–1610) gefaßt; seit 1932 arbeitete er an diesem Buch. 1935 erschien der erste Teil, *Die Jugend des Königs Henri Quatre,* 1938 der zweite, *Die Vollendung des Königs Henri Quatre,* im Querido-Verlag in Amsterdam. Ein *historischer Roman* also, seiner Thematik nach, – und ein Produkt der *Exilsituation* (wie etwa Brechts *Svendborger Gedichte*)? Wir werden beide Kennzeichnungen mit einiger Skepsis überprüfen müssen.

Zwar war Heinrich Mann aufgrund seiner exponierten kulturpolitischen Stellung der erste Schriftsteller, der 1933 aus Deutschland fliehen[6] mußte. Aber er hat den Aufenthalt in Frankreich, wohin er sich zunächst wandte, nie als Emigration aufgefaßt – zu sehr fühlte er sich diesem Land und seiner Kultur verbunden. Er war in der glücklichen Lage, gerade aus der französischen Geschichte – und selbst aus der Besonderheit der französischen Sprache – Impulse für seine Arbeit nutzen zu können. In seinem Memoirenwerk *Ein Zeitalter wird besichtigt* von 1945, wo er auch die Vorgänge um seine Flucht beschreibt, heißt es dazu: „Das ist nun ein Aufenthalt, ironisch Exil benannt, in dem Königreich seines Henri." Und, über dies „französische Königsbuch" und sich selbst: „Er schrieb es in Frankreich all die langen Jahre. Um seines Henri Quatre willen hat auch er an dem Lande, das kein Exil war, seinen Anteil und sein Recht. Nicht viele mitlebende Franzosen haben für Frankreich mehr getan als er mit seinem Roman." (S. 315)

Doch verstand Heinrich Mann das Werk nicht nur in einem allgemeinen Sinne als *hommage* an Frankreich und seine kulturelle oder politische Tradition. Vielmehr sollte dieser Roman, dessen eines Schlüsselwort *Volkstümlichkeit* lautet, allen antifaschistischen Kräften, insbesondere allen Bestrebungen um eine Volksfront ideellen Rückhalt geben. Insofern ist der große – und nur scheinbar gegenwartsferne – Roman *auch* konsequente Fortsetzung und Umsetzung der politisch-publizistischen Arbeit auf anderer Ebene.

Doch er kann nicht ohne weiteres in die Reihe jener historischen Romane eingeordnet werden, die damals von den exilierten deutschen Autoren zahlreich verfaßt wurden. Häufig handelte es sich dabei um — problematische — Rückprojektionen von Faschismus und Vorfaschismus in vergangene Jahrhunderte. Es hat sich um diesen Romantypus und seine Formprobleme dann auch bald eine kritische Diskussion ergeben, die u. a. die Behandlung historischer Stoffe als „Flucht vor der Gegenwart" anprangerte.[7] Allerdings muß selbst Georg Lukács, schärfster Kritiker des antifaschistischen historischen Romans und auch des *Henri Quatre*, einräumen: „Die Flucht vor dem Gegenwartsthema kann (. . .) einen Zentralangriff auf die Gegenwartsproblematik enthalten."[8] Und in einem ähnlichen Sinne hat Heinrich Mann später seinen Versuch gedeutet.

Dem vergangenen Geschehen spricht er weder einen Eigenwert im historistischen Sinne zu, noch will er es zum bloßen „Illustrationsmaterial für die Probleme der Gegenwart" (Lukács) machen. Er insistiert vielmehr darauf, daß es sich um *„ein wahres Gleichnis"* handele: „Wir werden eine historische Gestalt immer auch auf unser Zeitalter beziehen. Sonst wäre sie allenfalls ein schönes Bildnis, das uns fesseln kann, aber fremd bleibt. Nein, die historische Gestalt wird, unter unseren Händen, ob wir es wollen oder nicht, zum *angewendeten Beispiel unserer Erlebnisse* werden, sie wird nicht nur bedeuten, sondern sein, was die weilende Epoche hervorbringt oder leider versäumt. Wir werden sie den Mitlebenden schmerzlich vorhalten: seht dies Beispiel. Da aber das Beispiel einst gegeben worden ist, die historische Gestalt leben und handeln konnte, sind wir berechtigt, Mut zu fassen und ihn anderen mitzuteilen."[9]

Damit wird — dreimal fällt der Begriff ‚Beispiel' — eine Geschichtsauffassung angesprochen, die hinter den modernen Historismus, der jede Epoche in ihrer Eigenart und ihrem Eigenwert fassen will, zurückweist aufs 18. Jahrhundert, ja auf mittelalterliche Auffassungen. „Das besondere Ereignis, der ausgezeichnete Mensch, die bestimmte Konstellation werden in ihm dem Kontinuum des Geschehensflusses als *exempla* entrissen. Ihre Kenntnis speist das Vorauswissen über isomorphe Geschichtssegmente, ihren Verlauf, ihr Schicksal."[10] Allerdings weist dies Geschichtsverständnis nicht nur zurück, sondern zugleich voraus auf ein nachhistoristisches, *dialektisches Geschichtsbild*. „Vergangenes historisch artikulieren (. . .) heißt", nach Walter Benjamin, „sich einer Erinnerung bemächtigen, wie sie im Augenblick einer Gefahr aufblitzt. (. . .) Die Gefahr droht sowohl dem Bestand der Tradition wie ihren Empfängern".[11]

Damit soll Heinrich Mann keineswegs für den historischen Materialismus reklamiert werden (aus dessen Perspektive Benjamin formuliert); doch sein erzählerischer Eingriff in die Geschichte verdankt sich der gleichen Intention, die Benjamin dem materialistischen Geschichtsschreiber zuweist: „im Vergangenen den Funken der Hoffnung anzufachen". Allerdings impliziert der von Heinrich Mann bevorzugte Gleichnis-Begriff auch, daß die Geschichte Heinrichs IV., die er erzählt, in weiten Partien eher *Konstruktion* als Rekonstruktion des historisch Tatsächlichen ist. Zwar hätte, wie Ernst Hinrichs feststellt, der *Henri Quatre* „nicht entstehen können ohne ein intensives Studium zeitgenössische Brief- und Memoirenliteratur, ohne die Durchsicht wichtiger Darstellungen Frankreichs im 16. Jahrhundert, ohne eine Lektüre des großen Werks Michelets; die geschickte Auswahl wörtlicher Quellenzitate, ihre Verknüpfung mit den erdachten Romandialogen lassen eher eine intime Vertrautheit mit dem Stoff vermuten als oberflächliche Kenntnisse."[12] Dennoch aber, das wird von Hinrichs konstatiert und durch Blattmanns Quellenuntersuchung bestätigt, schließt Heinrich Mann sich eher an die besonders im 18. Jahrhundert entwickelten Legenden um Henri IV an (die ihn als „großen, milden, von allen geliebten König", als Humanisten, Friedensfürsten und Präsozialisten feierten). Die deutlich negativeren Züge, die „die exakte Quellenforschung" an dem König wahrgenommen hat, bleiben bei Heinrich Mann weitgehend unberücksichtigt.[13]

„Henri Quatre oder die Macht der Güte"

Der historische „Augenblick der Gefahr", von dem Benjamin spricht, wird für ihn wie für Heinrich Mann durch die sich ausbreitende Herrschaft des Faschismus markiert. Sie bedroht die humanistischen Traditionen der Geschichte (sei es durch Verfälschung, sei es durch Unterdrückung) ebenso, wie sie die demokratischen Kräfte der Gegenwart bekämpft. Solcher Gefahr hält Heinrich Mann erinnernd die Begriffe der *Volkstümlichkeit* und *Humanität* entgegen, in der Person des ‚guten Königs' gewinnen sie individuelle Gestalt: „Heinrich IV, König von Frankreich, ist das ‚Beispiel' für die Volkstümlichkeit des Guten. Der junge Prinz von Geblüt, der im kleinen Fürstentum als Hugenotte beginnt; der Lebensgefahr kennt und Gewissensunterdrückung erleidet wie der geringste der Franzosen; der an Katharina von Medicis Hof den Metzeleien der Bartholomäusnacht nur knapp entgeht und eine harte Schule der Verstellung und der List zu absolvieren hat, bis er seines Lebens wieder einigermaßen sicher sein darf; dem das Volk zuströmt, als er das verrottete Könighaus der

Valois, den machtsüchtigen Interessenklüngel der Liga bekämpft; Heinrich, der seiner protestantischen Religion abschwört, weil sie dem Frieden und der Einheit des Landes hinderlich ist; der als Katholik mit dem Edikt von Nantes den Hugenotten Anerkennung verschafft; der für sein Land die Epoche der Religionskriege abschließt, die des friedlichen Wohlstands einleitet; der die Adelsrechte beschneidet, die der Bürger erweitert; der König schließlich, der mit seinem ‚großen Plan' die spanisch-habsburgische Tyrannei bekämpfen und die Freiheit in Europa stärken will: dieser König ist in der Tat ein Beispiel, das berechtigt, ‚Mut zu fassen und ihn anderen mitzuteilen'."[14]

Die von Hans-Alber Walter so skizzierte Handlung entfaltet sich, bei aller Konzentration auf die Hauptfigur, in einem Bezugsfeld von Figuren, die zur plastischen Bewegtheit des Romans nicht wenig beitragen. Da ist der Jugendfreund Philipp de Mornay, „Papst der Protestanten", der als Diplomat die weltpolitische Anerkennung von Henris Herrschaft sichert, — der aber aus der starren Frontstellung zum Katholizismus nicht herausfindet und so in Isolation gerät. Denn so sehr Henri sich im Kampf auf die militärische und moralische Stärke der Hugenotten („die von der Religion") stützen muß, so sehr *emanzipiert* er sich vom Puritanismus und Glaubenseifer dieser Mitkämpfer. Er erkennt, daß seine königliche Herrschaft dauerhaft und fruchtbar (für das Volk!) nur werden kann, sofern sie den Religionskrieg überwindet. Insofern wächst konsequenterweise der Edelmann Rosny, später Herzog von Sully, der ganz auf die Stärkung der königlichen Macht orientiert ist, immer mehr in die Rolle des „treuesten Dieners" hinein — trotz leicht erkennbarer Charakterschwächen. Als Organisator der Armee, als Finanz- und Außenminister wird er zum eigentlichen Konstrukteur der Königsmacht, die strukturell bereits den absolutistisch organisierten Zentralstaat erkennen läßt. — Schließlich Michel de Montaigne, ein ‚unbekannter Landedelmann' aus dem Périgord, der nur zweimal und eher zufällig mit dem König zusammentrifft und dennoch zur zentralen *Lehrergestalt* wird, die dem jungen Henri die Grundgedanken einer skeptisch-toleranten Humanität vermittelt.

Nicht weniger bestimmend sind die Frauengestalten des Romans: die Mutter Jeanne d'Albret, Königin von Navarra, eine glaubensstrenge Protestantin, die den Ränken der in Paris regierenden Katharina von Medici zum Opfer fällt; diese selbst — als machiavellistische Politikerin und Intrigantin die eigentliche *Gegenfigur* zum späteren König Henri; sodann Katharinas Tochter Margot, mit der man Henri kurzerhand verheiratet und die später zu seiner Feindin wird. Zentral aber Gabriele d'Estrée, eine Grafentochter aus der Normandie, die zur Lebensgefährtin in Henris schwersten und größten Jahren, zum Kern seiner privaten Existenz, zur Kraftquelle seiner politischen Aktivität wird. Die allerdings auch den Wendepunkt seiner Lebensgeschichte markiert: denn als Henri seine „teure Herrin" als Königin einsetzen will, intrigieren und rebellieren weite Kreise des mißgünstigen Adels und selbst der „treueste Diener" Sully. Gabriele stirbt wenige Tage vor der Hochzeit; unklar bleibt, ob sie vergiftet wurde. Die Energie und Entschlußkraft des Königs aber scheint von da an gebrochen.

Schon der flüchtige Blick auf Handlung und Figuren läßt vermuten: da wird bunt und episodenreich, bisweilen ‚spannend' erzählt, – in einem gewissen Sinne also *unmodern*. Und in der Tat verbietet schon der Stoff allzu auffällige Erzählexperimente, legt einen chronologisch einsträngigen, ja *chronik-artigen Grundzug des Romans* fest. Herbert Jhering hat die spezifische Gestaltung des Romans durch einen Hinweis auf seine Entstehungsgeschichte zu klären versucht, metaphorisch zwar, aber durchaus treffend. „Als Heinrich Mann 1927 das Schloß in Pau besuchte (wo er den Plan zum Roman faßte – J. V.), sah er dort einen Gobelin. ‚Es ist ein flämischer Gobelin, und der Tag scheint dargestellt, als der König aussprach, daß jeder Bauer sein Huhn im Topfe haben sollte. Oder es ist der Tag, als er seinen Wunsch erfüllt zu haben hoffte. Denn er ist hier alt, die meisten seiner Mühen und Kämpfe sind vollbracht, und aus dem Bilde blicken seine großen dunklen Augen entrückt vom Schmerz und vom Glück zugleich.' Mit einem kunstvoll gewebten Gobelin könnte man auch diesen Lebensroman des großen französischen Königs vergleichen, übersichtlich hingebreitet, klar verflochten, großzügig disponiert, im Detail lebendig und doch jeder Einzelzug dem Ganzen eingeordnet."[15]

Moderne Erzähltechniken werden behutsam integriert: so der innere Monolog, der vielfache Wechsel der Personenperspektive, rein dialogische Partien, aber auch Einmischungen und Kommentare des Erzählers. Das Erzählkontinuum, die große Linie des Geschehens, wird dadurch nicht unterbrochen, wohl aber bewegter, lebendiger gestaltet. Einheitsstiftend bleibt der Sprachduktus selbst, der Stil. Er ist geprägt durch Anschaulichkeit und Knappheit, die Syntax ist einfach, durch Reihungen bestimmt, nicht durch Satzgefüge wie etwa bei Thomas Mann. Überzeugend hat man die Orientierung an der Satzstruktur des Französischen nachgewiesen.[16] Häufig auch sind die Sätze unvollständig (elliptisch), hierdurch die dramatische Bewegung verstärkend. Oder sie werden epigrammatisch zugespitzt, münden in *moralische Sentenzen.* So kommt es auch stilistisch zu einer gewissen Polarität von Handlungs-Beispiel und Moral-Lehre, die der Intention entspricht, Geschichte als *exemplum,* als „wahres Gleichnis" zu gestalten. Verstärkt wird diese Wirkung durch die jedem Kapitel des ersten Teils nachgestellten *Moralités,* das sind in französischer Sprache gehaltene Resümees, moralische Erörterungen, die das Geschehen deuten und so dem Werk eine fast *emblematische Struktur* verleihen.

Die Handlung löst sich nicht aus der politisch-moralistischen Perspektive, die der Autor entworfen hat und die sich an den Leitbegriffen *Volkstümlichkeit* und *Güte/Humanität* orientiert. So beginnt der Roman mit der Schilderung von Henris frühester Jugend: „Der Knabe war klein, die Berge waren ungeheuer. (. . .) Er hatte kleine Freunde, die waren nicht nur barfuß und barhäuptig wie er, sondern auch zerlumpt oder halb nackt. Sie rochen nach Schweiß, Kräutern, Rauch, wie er selbst; und obwohl er nicht, gleich ihnen, in einer Hütte oder Höhle wohnte, roch er doch gern seinesgleichen. (. . .) Seine Mutter hatte Henri einer Verwandten und einem Erzieher anvertraut, damit er aufwuchs wie das Volk, obwohl er auch hier oben in einem Schloß wohnte, es hieß Coarraze. Das Land hieß Béarn. Die Berge waren die Pyrenäen." (Bd. 1, S. 5) Und der Schluß wendet sich zurück auf dies gleiche Motiv, das Aufgehobensein Henris im Volk. Nach der Ermordung des Königs wird sein Leichnam im Louvre ausgestellt: „Der Wille des Königs Henri herrscht bis jetzt. Das Volk soll bei ihm ein und ausgehen zu allen seinen hohen Zeiten (. . .) Einer aus Tausenden konnte auf den Tisch springen und sturmrufen. Er konnte aussprechen, was alle fühlten: Unser König und wir waren eins. Er hat geherrscht mit uns, und wir in ihm. Er wollte uns besser haben, und daß wir es besser hätten. Von unserem Blut ist er gewesen, gerade darum hat man es vergossen." (Bd. 2, S. 557)

Volksverbundenheit, scheinbar naturgegeben in der Anfangsszene (und doch schon erzieherisch ins Werk gesetzt), wird zur Volkstümlichkeit erst durch lebenslange Bemühung und Verdienst. Was sie ermöglicht, ist aber nicht individuelle ‚Güte‘, sondern ein *historisch neues Verhalten, Humanität.* Davon erhält in einer gedanklichen Kernszene der noch junge, am Hof mehr oder weniger gefangengehaltene Henri durch den Philosophen Montaigne einen ersten Begriff. „‚Die Gewalt ist stark‘, erklärte sein Begleiter. ‚Stärker ist die Güte. Nihil est tam populare quam bonitas.‘ Dies vergaß Henri nie wieder, weil er es gehört hatte, als es sein ganzer Trost war. Gutsein ist volkstümlich, nichts ist so volkstümlich wie Gutsein." (Bd. 1, S. 277 f.)

Was hier philosophisch-begrifflich gefaßt wird, findet sich wenig später in der Handlung wieder, und nicht ohne humoristische Effekte. Die Einwohner einer von Henri eroberten Stadt sind verstört darüber, daß die Sieger keine Strafaktionen ins Werk setzen, daß niemand gehängt, die Stadt nicht geplündert werden soll. „Was ist das, was geht vor?" fragt fassungslos einer der Bewohner. „Endlich antwortete ihm ein kleiner Herr im grünen Jägerrock (d. i. Agrippa d'Aubigné, Humanist, Poet und Freund des Königs – J. V.). ,Menschlichkeit ist es. Die große Neuerung, der wir beiwohnen, ist die Menschlichkeit.'" Und von den Einwohnern, vom *Volk* heißt es zum Schluß der Episode: „Voll Überzeugung aber tranken sie auf den jungen König, der sie ohne ihr Verdienst leben ließ, auch ihren Besitz verschonte und noch mit ihnen zu Mittag aß. So beschlossen sie denn, ihm allzeit treu zu bleiben, und gelobten es kräftig." (Bd. 1, S. 338)

Die Vereinigung von „Geist" und „Tat", die Leitidee Heinrich Manns, wird in der Figur Henris, in seiner humanistischen, volksverbundenen Herrschaft konkret gestaltet. „Das muß man wissen: wer denkt, soll handeln, und nur er." (Bd. 1, S. 354) In der Gestaltung dieser Ideen (und nicht so sehr in eher beiläufigen Anspielungen und Analogien zum Gegenwartsgeschehen) liegt denn auch der zentrale *Aktualitätsanspruch* des Werkes. Deutend heißt es in der (wiederum französischen!) Schluß-Apotheose, der „Ansprache Heinrichs des Vierten Königs von Frankreich und von Navarra von der Höhe einer Wolke herab" (Bd. 2, S. 561 ff.): „Bewahrt euch all euren Mut, mitten im fürchterlichen Handgemenge, in dem so viele mächtige Feinde euch bedrohen. Es gibt immer Unterdrücker des Volkes, die habe ich schon zu meiner Zeit nicht geliebt; kaum, daß sie ihr Kleid gewechselt haben, keineswegs aber ihr Gesicht. (...) Nun, dieses Frankreich, das das meine war, behält das im Gedächtnis; es ist immer noch der Vorposten der menschlichen Freiheiten, die da sind: die Gewissensfreiheit und die Freiheit, sich satt zu essen."

Deutlich wird hier noch einmal, daß es Heinrich Mann zentral um die Positionen bürgerlicher Aufklärung und Demokratie, im Sinne etwa der Französischen Revolution geht. Darin liegt seine Größe, zugleich aber auch seine Grenze. Im *Henri Quatre* finden diese Positionen ihren würdevollsten, schönsten Ausdruck. Freilich ist dieses „weiseste und zugleich heiterste Epos" (Herbert Jhering) vom Publikum wie von der Wissenschaft bislang vernachlässigt worden. Jherings Mahnung von 1950 – das ist Heinrich Manns Todesjahr – ist noch längst nicht überflüssig geworden. „Überschätzen wir" – so hatte er damals gefragt – „ein Werk, wenn wir diese beiden Bände in die Weltliteratur einreihen? Nein, wir wollen bewundern. Wir wollen das Große groß nennen. In einer Zeit, wo viele wieder mit dem Kopf nach unten handeln, wollen wir mit dem Kopf nach oben denken und Maßstäbe setzen. Wir wollen die Vorbilder herausstellen und dem Genörgel und der Verzweiflung die wahren deutschen Leistungen entgegensetzen. Es bedarf der Deutlichkeit, des Bekenntnisses. Während Hans Grimm und Ernst Jünger bereits wieder propagiert und gelesen werden, während das trübe Mittelmaß schon wieder oben schwimmt, sind es erst wenige Bücher von Heinrich Mann, die in Deutschland nach 1945 erscheinen konnten."[17]

Der letzte Blick

Zum Schluß ein Hinweis auf Heinrich Manns großes Alterswerk. Damit sind nicht so sehr die späten, im US-Exil nach 1940 noch verfaßten Romane gemeint als vielmehr der Band *Ein Zeitalter wird besichtigt* (entstanden 1941−1944), ein aus Autobiographie, politisch-literarischem Essay und Erzählelementen unverwechselbar komponiertes Werk. Es enthält private Erinnerungen, Bilder der Lebens- als Literaturgeschichte (über Thomas Mann, Wedekind, Schnitzler), Momentaufnahmen der historischen Entwicklung, Episoden, die zu ‚gleichnis'haften Erzählungen ausgeweitet werden. Dazwischen der vielfach variierte Dank an Frankreich oder auch, aus später Vereinsamung gesehen, ein ganzer Lebensrückblick − projiziert in den Augenblick der Abfahrt nach Amerika, ins eigentliche Exil: „Der Blick auf Lissabon zeigte mir den Hafen. Er wird der letzte gewesen sein, wenn Europa zurückbleibt. Er erschien mir unbegreiflich schön. Eine verlorene Geliebte ist nicht schöner. Alles was mir gegeben war, hatte ich an Europa erlebt, Lust und Schmerz eines seiner Zeitalter, das meines war; aber mehreren anderen, die vor meinem Dasein liegen, bin ich auch verbunden. Überaus leidvoll war dieser Abschied." (S. 311 f.)

Aber auch bittere Sentenzen über das eigene Volk, in denen sich eine seltene politische Klarsicht ausdrückt: „Jeder Deutsche von Rang hat unter den Deutschen gelitten." (S. 26 f.) Oder − über die Deutschen nach dem absehbaren Ende des Krieges: „Sie werden, in ihrer öffentlichen Unbegabtheit, irgendeinen neuen Unfug anstellen. (Faschismus und Welteroberung machen künftig andere.)" (S. 351)

Ein „Un- und Überding von einem Buch" ist dies *Zeitalter*, wie Jean Améry zurecht bemerkt: „Das Werk hat keine äußere Struktur, das heißt: es zeichnet kein Gefüge sich ab. Aber es hat (. . .) eine

‚Tiefenstruktur'. Erkennbar wird der Lebensweg eines Mannes, dessen Erfolgskurve von frühen Enttäuschungen jählings aufstieg zu großem Ruhm (‚Der Untertan', hunderttausend Exemplare in kurzer Zeit abgesetzt!) und sich langsam abwärts neigte zu später Vergessenheit. Erleuchtet wird auch das besichtigte Zeitalter selbst: der Wilhelminismus, der zum Ersten Weltkrieg führte, die Dolchstoß-Republik von Weimar, die tatsächlich dem Faschismus sein blitzendes Messer schliff, von dem alsbald das Blut der Besten spritzen sollte."[18] Nicht wegzudiskutieren sind aber auch politische Fehlurteile. Daß Stalin in die Tradition Heinrichs IV. gestellt wird, ist sicherlich grotesk genug. Vorwitzig aber bleibt es, wenn man von daher versucht, Heinrich Mann und zugleich seine „Lobredner, die diesen Zusammenbruch zu bagatellisieren belieben" moralisch zu diffamieren, wie es etwa Blattmann tut.[19] Es käme wohl erst einmal darauf an, die Informations- und Urteilsmöglichkeiten Heinrich Manns im Exil zu analysieren — bzw. nur Walters faktenorientierte und abgewogene Analyse zur Kenntnis zu nehmen. Und daneben dürfte man (zur Relativierung) nicht verschweigen, daß Heinrich Mann Charles de Gaulle und Winston Churchill gleichfalls in jene humanistische Tradition gestellt hat — was man durchaus *auch* grotesk finden kann.[20] Insofern urteilt der diffamierte ‚Lobredner' Jean Améry durchaus angemessen: „Verblüffend, wie in den politischen Partien des Werkes die Irrtümer, ja Absurditäten — Stalin, ein Intellektueller! —, nicht die vom fernen Kalifornien her geschauten Wahrheiten außer Kraft setzen."

Das Memoirenwerk *Ein Zeitalter wird besichtigt* wurde 1945 vom Neuen Verlag in Stockholm verlegt. In zwei Jahren waren davon ganze 1 300 Stück verkauft. 1947 erschien eine — relativ weit verbreitete — Ausgabe im Aufbau-Verlag in Ostberlin. Bezeichnend, daß eine Ausgabe in der Bundesrepublik erst 1975, eine Taschenbuchedition 1976 zustande kam. Noch scheint Jherings Diktum von 1950 zu gelten. Améry braucht es, fast resigniert, nur zu wiederholen: „Wie oft soll man noch bettelnd bei den Deutschen darum ankommen, daß sie diesen Autor, einen ihrer größten, endlich lesen? Wie oft noch soll man zu rechtfertigen versuchen, wo doch die anderen verspätet und darum beschämt um dieses Werk sich bemüht hätten? Wie der gute König Henri Quatre blickt sein Namensvetter Heinrich Mann aus den Wolken. Wer ihn nicht sehen will, der bleibe blind."

Anmerkungen

1 Vgl. Klaus Günther Just: Von der Gründerzeit bis zur Gegenwart. Die deutsche Literatur der letzten hundert Jahre, Bern und München 1973, S. 391 ff.; Ralph-Rainer Wuthenow: Literaturkritik, Tradition und Politik, S. 434 ff.

2 Bertolt Brecht: Der Tui-Roman, in: B. B.: Prosa 2 (Gesammelte Werke 12), Frankfurt/M. 1967, S. 624.

3 Wuthenow, S. 437.

4 Helmut Mörchen: Schriftsteller in der Massengesellschaft, S. 47.

5 Vgl. Bertolt Brecht: Notizen zu Heinrich Manns ‚Mut', in: B. B.: Schriften zur Kunst und Literatur 2 (Gesammelte Werke 19), S. 466 ff. — Zur Exil-Publizistiik Heinrich Manns insgesamt vgl. die Untersuchungen von Hans Albert Walter und Werner Herden.

6 Vgl. Hans Albert Walter: Heinrich Mann im französischen Exil, S. 115.

7 Vgl. Elke Nyssen: Geschichtsbewußtsein und Emigration. Der historische Roman der deutschen Antifaschisten 1933—1945, München 1974, S. 21 ff.; Hans Dahlke: Geschichtsroman und Literaturkritik im Exil, Berlin und Weimar 1967, bes. S. 87 ff.

8 Vgl. Georg Lukács: Aktualität und Flucht, in: G. L.: Schicksalswende, Berlin 1948, S. 102.

9 Heinrich Mann: Gestaltung und Lehre, in: H. M.: Verteidigung der Kultur. Antifaschistische Streitschriften und Essays, Berlin und Weimar 1971, S. 481 f.

10 Ekkehard Blattmann: Henri Quatre Salvator. Studien und Quellen zu Heinrich Manns ‚Henri Quatre', Bd. 1, Freiburg 1972, S. 106.

11 Walter Benjamin: Geschichtsphilosophische Thesen, in: W. B.: Illuminationen. Ausgewählte Schriften, Frankfurt/M. 1961, S. 270 f.

12 Ernst Hinrichs: Die Legende als Gleichnis, S. 105.

13 Vgl. dazu Blattmann, S. 107 ff.; Hinrichs, S. 105 ff.

14 Walter, S. 118.

15 Herbert Jhering: Die Zeitalter Heinrich Manns, in: Sinn und Form 2 (1950) H. 5, S. 119.

16 Vgl. Hanno König: Heinrich Mann, S. 402 ff.

17 Jhering, S. 122.

18 Jean Améry: Der arme Heinrich. Über Heinrich Manns Autobiographie ‚Ein Zeitalter wird besichtigt', in: Frankfurter Rundschau vom 15. 3. 1975, S. II, Beilage.

19 Vgl. Blattmann, S. 93. — Überhaupt ist diese stattliche Fleißarbeit nicht frei von unnötigen antimarxistischen Untertönen.

20 Vgl. etwa Jhering, S. 118.

Literaturhinweise

Heinrich Mann: Politische Essays, Frankfurt/M. 1969 (= Bibliothek Suhrkamp 209).

Heinrich Mann: Die Jugend des Königs Henri Quatre. Die Vollendung des Königs Henri Quatre, 2 Bde., Reinbek 1964 (= rororo 689—91 und 692—94).

Heinrich Mann: Ein Zeitalter wird besichtigt, Reinbek 1976 (= rororo 1986).

Heinrich Mann: Gesammelte Werke, hrsg. von der Deutschen Akademie der Künste zu Berlin (bisher 10 von 25 Bdn.), Berlin und Weimar 1965 ff.

Klaus Schröter: Heinrich Mann in Selbstzeugnissen und Bilddokumenten, Reinbek 1967 (= Rowohlts Monographien 125).

Hugo Dittberner: Heinrich Mann. Eine kritische Einführung in die Forschung, Frankfurt/M. 1973 (= Fischer Athenäum Taschenbücher 2053).

Helmut Mörchen: Schriftsteller in der Massengesellschaft. Zur politischen Essayistik und Publizistik Heinrich und Thomas Manns, Kurt Tucholskys und Ernst Jüngers während der zwanziger Jahre, Stuttgart 1973, S. 47 ff.

Werner Herden: Geist und Macht. Heinrich Manns Weg an der Seite der Arbeiterklasse, Berlin und Weimar 1971.

Hans-Albert Walter: Heinrich Mann im französischen Exil, in: Heinz Ludwig Arnold (Hrsg.): Heinrich Mann (Sonderband Text + Kritik), München 1971, S. 115 ff.

Ernst Hinrichs: Die Legende als Gleichnis. Zu Heinrich Manns Henri-Quatre-Romanen, ebda., S. 100 ff.

Hanno König: Heinrich Mann. Dichter und Moralist, Tübingen 1972.

Klaus Schröter: Heinrich Mann ‚Untertan' — ‚Zeitalter' — ‚Wirkung'. Drei Aufsätze, Stuttgart 1971 (= Texte Metzler 17).

24. Thomas Mann II

Nochmals: „Roman (m)einer Epoche"

Während Heinrich Mann, der entschiedene Wortführer eines bürgerlich-demokratischen Antifaschismus in den dreißiger Jahren, in den USA (seit 1940) völlig unbeachtet, einflußlos und vereinsamt lebte, wurde sein Bruder, der sich mehr und mehr ins amerikanische Kulturleben integrierte, auch die US-Bürgerschaft annahm, bald zu einer Repräsentationsfigur deutscher Kultur, des ‚besseren' Deutschland schlechthin. Die autobiographischen Gelegenheitsschriften der frühen vierziger Jahre, die literarisch-politischen Reden usw. weisen das in vielen Einzelheiten auf. Freilich war diese literarisch-publizistisch-politische Tätigkeit, anders als bei Heinrich Mann, der kontinuierlichen Arbeit am erzählerischen Werk stets untergeordnet. Aus Europa hatte er das „mythische Romanwerk" *Joseph und seine Brüder* mitgebracht, dessen erste drei Bände 1933, 1934 und 1936 erschienen waren; 1943 erst — inzwischen in Kalifornien ansässig — beendet Thomas Mann den vierten Band des Werkes, das „eine abgekürzte Geschichte der Menschheit" in biblisch-mythologischem Gewand geben sollte.[1]

Es ist nicht verwunderlich, daß nach der jahrelangen Rückwendung ins Vorzeitliche nun die unmittelbaren Zeitereignisse, der Krieg und sein absehbares Ende (damit aber auch die grundsätzliche Frage nach Zukunft oder Nicht-Zukunft Deutschlands) die Stoff- und Themenwahl von Thomas Manns nächstem Erzählwerk — es ist sein letztes großes — nachhaltig beeinflussen. Der Roman *Doktor Faustus* entstand von 1943 bis 1947, erschien noch im gleichen Jahr in New York und Stockholm im Bermann-Fischer-Verlag. Bewußter als die anderen Romane hat der Autor diesen *von vornherein* groß und ‚bedeutend' angelegt. In der 1949 erschienenen Schrift *Die Entstehung des Doktor Faustus. Roman eines Romans,* einer Art von nachträglich abgefaßtem Arbeitsjournal, wird das deutlich ausgesprochen: „Das eine Mal wußte ich, was ich wollte und was ich mir aufgab: nichts Geringeres als den Roman meiner Epoche, verkleidet in die Geschichte eines hoch-prekären und sündigen Künstlerlebens." (S. 38) Und im gleichen Zusammenhang ist von dem Projekt als

„Geheimwerk und Lebensbeichte" die Rede (S. 33, vgl. S. 200); Kennzeichnungen also, die einerseits an den *Zauberberg* erinnern (Roman der Vorkriegsepoche!), die andererseits aber weit stärker ein Moment persönlicher Betroffenheit artikulieren. In der Charakterisierung als „Kultur- und Epochenroman" (S. 41) wird allerdings zugleich eine (nicht überraschende) Beschränkung auf den geistesgeschichtlich-ideellen Bereich angesprochen, deren Bedeutung später noch diskutiert werden soll.

Zunächst aber — was kann „Geheimwerk", „Lebensbeichte" heißen? Einmal, daß der Autor hier Themen, Probleme, auch Techniken aufnimmt, die ihn seit langem beschäftigt haben: so spricht die *Entstehung* vom wiederausgegrabenen „Drei-Zeilen-Plan des Dr. Faust vom Jahre 1901" (S. 21), — das ist das *Buddenbrooks*-Jahr! Weiterhin, daß die beschriebene historische Spanne seit der Jahrhundertwende eben mit der Schaffenszeit des Autors zur Deckung kommt, daß also die epische „Hervorbringung (. . .) ein ganzes Leben, halb ungewollt, halb in bewußter Anstrengung, synthetisiert und zur Einheit zusammenrafft" (S. 11). Und schließlich, daß dieser Roman noch mehr als die früheren gekennzeichnet ist durch ‚geheime' — d. h. verschlüsselte, aber auf Entdeckung angelegte Verweisungszusammenhänge, Symbolbezüge, sei es zwischen einzelnen Schichten, Elementen des Werks selber, sei es zwischen Roman und Wirklichkeit. Nicht nur in dem Sinne, daß Figuren und Handlungsabläufe des Werks auf ‚Vorbilder' in Gegenwart und Vergangenheit[2] hinweisen — solche Anlehnung ans Tatsächliche, an Realitätspartikeln ist ja bei Thomas Mann ein prägender Stilzug; wichtiger ist schon, daß das hier beschriebene individuelle Schicksal des Komponisten Adrian Leverkühn in ‚geheimer' (also mehr oder weniger deutlicher) Analogie zur Entwicklung der modernen Kunst überhaupt bzw. zur historischen Situation Deutschlands (bis hin zum Ende des faschistischen Kriegs) steht. Oder, wie es in der *Entstehung* formuliert wird, daß „die Musik (. . .) nur Paradigma war für allgemeineres, nur Mittel, die Situation der Kunst überhaupt, der Kultur, ja des Menschen, des Geistes selbst in unserer durch und durch kritischen Epoche auszudrücken." (S. 41) Und ein letzter geheim-offenbarer Bezug liegt darin, daß sowohl Leverkühn wie auch sein angeblicher Biograph, der biedere Bildungsbürger Serenus Zeitblom, Elemente Thomas-Mannscher Identität (vgl. S. 82) verkörpern, verbergen, verraten. Derartigen Bezügen und damit der Romanstruktur selbst soll vorerst nachgegangen werden.

Fingierte Biographie

Der Untertitel des Romans, *Das Leben des deutschen Tonsetzers Adrian Leverkühn, erzählt von einem Freunde,* stellt bereits Kategorien für die Analyse bereit: angesprochen ist in erster Linie die Form der Lebensbeschreibung, der *Biographie.* Daß es sich um eine solche, den an historisch Tatsächliches, das real gelebte Leben der Titelfigur gebundenen Bericht, nicht um Erfindung, romanhafte Fiktion handele, wird bereits in der Einleitung betont (S. 7) und später mehrfach erinnert. Und doch steht dies in Thomas Manns *Roman;* insofern Hauptfigur und ‚Biograph' (der „Freund" des Untertitels) konstruierte, fiktive Figuren sind, nimmt der Roman allenfalls die *Struktur* einer Lebensbeschreibung an, ist *fingierte Biographie.*[3]

Warum aber diese eher künstliche, bei aller vorgeblichen Kunstlosigkeit des Biographen doch konstruierte Form? Sie ermöglicht es einerseits, die Intellektualität und den elitären Gestus Leverkühns in Kontrast zu eben diesem Biographen, einem Gymnasialprofessor von biederem Gemüt und humanistischer Bildung namens Serenus Zeitblom, besonders deutlich zu profilieren. Weiterhin kann Thomas Mann, indem er Zeitblom zu häufigen Auslassungen über seine ‚Schreibgegenwart' und deren Geschehnisse veranlaßt, zwei zeitliche Ebenen im Text selbst verschränken. Denn die Ebene von Leverkühns Biographie umfaßt die Zeit von der Jahrhundertwende bis gegen 1930 (danach lebt er noch zehn Jahre in geistiger Umnachtung); Zeitblom beginnt nach seinem Tode am 23. Mai 1943, wie er exakt datiert (S. 7), seine Niederschrift. Die so verschränkten Zeitebenen sind historisch als die *Vorgeschichte des deutschen Faschismus* (im Sinne einer ‚Zerstörung der Vernunft') und als die *Endphase eben dieses Faschismus,* geprägt von Bombenkrieg und Terror, zu verstehen. Damit aber stellt die Verschränkung von Leben und Schreiben zugleich den Symbolbezug her, der Leverkühns Schicksal als Paradigma der historisch-kulturellen Entwicklung faßt: Zeitblom hat das Resultat jener Entwicklungen gegenwärtig vor Augen, die er erinnernd beschreibt. Sowohl der (fiktive) Biograph wie der (reale) Romancier weisen deshalb mehrfach auf diese Zeitgestaltung hin.[4]

Ein weiterer Grund für die Form der fingierten Biographie ist weniger geistesgeschichtlicher als literaturtheoretischer Natur. Thomas Mann war durchaus bewußt, daß die von ihm gepflegte und verfeinerte Kunst ironisch-realistischen Erzählens historisch in einer Krise stand; deutlich war dies durch die Werke von James Joyce, Alfred Döblin, Robert Musil, Hermann Broch signalisiert. So war etwa die Figur des allwissenden Erzählers, der seine epische Welt souverän regiert, anachronistisch geworden angesichts einer zunehmend undurchschaubaren und widersprüchlichen Realität. Auch wäre dem jetzt gewählten Thema gegenüber die ironische Haltung des *Zauberberg*-Erzählers undenkbar. So ist die fiktive Zwischeninstanz des Biographen nützlich, der ja nur vorgeblich Erlebtes niederschreibt — nützlich als eine Art *Rückzugsposition des traditionellen Erzählers*. Aus der naiven Sicht des Biographen läßt sich das nicht mehr Erzählbare eben immer noch erzählen, zumindest chronikalisch berichten. Später wird noch zu diskutieren sein, in welchem Verhältnis diese Erzählweise zum Anspruch der Modernität steht, den Thomas Mann für sein Werk erhoben hat.[5]

Leben und Schaffen eines „deutschen Tonsetzers"

Sein Epochenroman, so Thomas Mann, sei „verkleidet in die Geschichte eines hoch-prekären und sündigen Künstlerlebens"; und auch die Formel vom „deutschen Tonsetzer" im Untertitel läßt aufhorchen. Der Begriff ist nicht nur von „angestrebter Altertümlichkeit", wie Inge Diersen meint[6], er ist vielmehr ambivalent: archaisierend einerseits, andererseits aber von höchst bewußter, kalkulierender Modernität (vgl. Zwölftonmusik!). Und mit dieser Ambivalenz wird sogleich auch Leverkühns kompositorisches Lebenswerk charakterisiert, das im Rückgriff auf altertümliche Traditionen die moderne Musik in bisher nicht gekannter Konsequenz vorwärts zu treiben sucht, — durch die „Vereinigung des Ältesten mit dem Neusten" (S. 376) gekennzeichnet ist. Leverkühns Lebens- und Werkgeschichte, wie sie von Zeitblom in wesentlichen Stationen ausgebreitet wird, enthält damit die reale Problematik der Musik (und auch der anderen Künste) in der spätbürgerlichen Gesellschaft. Sein Oeuvre, dargestellte in einer Reihe von eindringlichen Werkbeschreibungen und durch zahllose weitere Kommentare Zeitbloms und Leverkühns selbst erläutert, steht grundsätzlich (und entwickelt sich) in jenem realen Prozeß und Funktionswandel, der als das *Schwerverständlichwerden der neuen Kunst*[7] beschrieben wurde. In diesem Sinne — als zunehmende Hermetik, Unzugänglichkeit des Werks bei gleichzeitiger Weiterentwicklung der immanent-technischen Standards von Kunstproduktion — ist Leverkühns Musik durchaus ein stimmiges Modell der realen Kunstentwicklung im 20. Jahrhundert, genauer: der bürgerlichen Avantgardekunst. Thomas Mann hat denn auch Konzeptionen, Material und Formulierungen zu diesem Problemkreis reichlich aus der zeitgenössischen Musik- und

Kunstdiskussion geschöpft. So ist Leverkühns spezifisch moderne „Kompositionsart, Zwölfton- oder Reihentechnik genannt, in Wahrheit das geistige Eigentum eines zeitgenössischen Komponisten und Theoretikers, Arnold Schönberg", wie Mann in einer *Nachbemerkung* zum Roman, auf Schönbergs Einspruch hin, einräumt. Aber nicht nur Schönberg selbst und sein musikalisches Konzept spielt eine Rolle. Wenn oben Theodor W. Adornos Formulierung von der schwerverständlichen neuen Kunst benutzt wurde, dann nicht willkürlich: die musiktheoretische Konzeption, die anhand von Leverkühns Oeuvre entwickelt wird, hat Thomas Mann selbst mit Adorno, damals ebenfalls im kalifornischen Exil, diskutiert – bzw. in Partien aus dessen *Philosophie der neuen Musik* (gedruckt 1949) entnommen. In der *Entstehung* notiert Thomas dazu: „Die Darstellung der Reihen-Musik und ihre in Dialog aufgelöste Kritik, wie das XXII. Faustus-Kapitel sie bietet, gründet sich ganz und gar auf Adorno'sche Analysen (. . .)." Und, wenig später: „Seine schneidende Art zu verehren, die tragisch gescheite Unerbittlichkeit seiner Situationskritik war genau, was ich brauchte; denn was ich ihr entnehmen mochte und mir zur Darstellung der kulturellen Gesamtkrise wie der Musik im besonderen von ihr aneignete, war das Grundmotiv meines Buches: die Nähe der Sterilität, die eingeborene und zum Teufelspakt prädisponierende Verzweiflung." (S. 44, 60)

Dies zentrale Motiv von der *Krise der Musik als Kulturkrise* taucht im Roman an entscheidenden Stellen auf: entfaltet wird es im XXV. Kapitel, in einem zwischen Realität und Phantasmagorie schwebenden Dialog, den Leverkühn angeblich mit – dem Teufel in Person geführt und später aufgezeichnet hat. Der teuflische Gesprächspartner ist es denn auch, der in Gestalt eines „Musikintelligenzlers" die „unerbittliche Situationskritik" formuliert. Von den Problemen des Musikbetriebs (mangelnde Nachfrage!) ausgehend, folgert er: „(. . .) als Erklärung genügts nicht. Das Komponieren selbst ist zu schwer geworden, verzweifelt schwer. (. . .) Die Sache fängt damit an, daß euch beileibe nicht das Verfügungsrecht zukommt über alle jemals verwendeten Tonkombinationen. Unmöglich der verminderte Septimakkord, unmöglich gewisse chromatische Durchgangsnoten. Jeder Bessere trägt in sich einen Kanon des Verbotenen, des Sichverbietenden, der nachgerade die Mittel der Tonalität, also aller traditionellen Musik umfaßt. Was falsch, was verbrauchtes Cliché geworden, der Kanon bestimmt es." (S. 240) Und mit den Mitteln der traditionellen Kunstübung wird auch deren „kategoriales Zentrum"[8], das in sich geschlossene, fiktionale Werk als gestaltete Totalität fragwürdig – und zwar fragwürdig angesichts „der völligen Unsicherheit, Proble-

matik und Harmonielosigkeit unserer gesellschaftlichen Zustände"
(S. 181). So heißt es, wiederum im Teufelsgespräch: „Die historische
Bewegung des musikalischen Materials hat sich gegen das Werk gekehrt. (. . .) Werk, Zeit und Schein, sie sind eins, zusammen verfallen
sie der Kritik. Sie erträgt Schein und Spiel nicht mehr, die Fiktion,
die Selbstherrlichkeit der Form, die die Leidenschaften, das Men-
schenleid zensuriert, in Rollen aufteilt, in Bilder überträgt. (. . .)
Zulässig ist allein noch der nicht fiktive, der nicht verspielte, der un-
verstellte und unverklärte Ausdruck des Leides in seinem realen Augenblick." (S. 241 f.)

Dies also, in kaum variierten Wendungen Adornos, ist das Fazit
der Kunst- und Kulturkrise. Dem konsequent modernen Künstler,
der nicht hinter die bereits erreichten Standards zurückfallen will,
bleibt kaum ein Weg sinnvoller Produktivität. Und dies ist nun der
Punkt, wo in der Romanhandlung die eigenartige Fiktion des ‚Teu-
felspaktes' ansetzt. Sie ist auf mehreren Ebenen zu erklären bzw. zu
legitimieren. Einmal greift Thomas Mann auf einen literarischen
Traditionsstrang nicht nur der deutschen Literatur zurück, indem
er seinen aufs Unbedingte drängenden Helden (welch ein Antityp
zu Hans Castorp!) als *Faustfigur* stilisiert — unübersehbar schon im
Titel. Diese Figur, der Typus des bürgerlichen Intellektuellen, der um
neuer Erkenntnis (hier: neuer Kunstproduktion) willen mit dem Dä-
monischen paktiert, wird — freilich nicht mehr naiv, sondern ironisch gebrochen — aufgegriffen und (ein letztes Mal?) als Modellfi-
gur bürgerlicher Selbstdeutung dem Erzählwerk zugrunde gelegt.[9]
Der ‚Widersacher', mit dem Leverkühn in einer italienischen Nacht
phantasmagorisch debattiert, lockt ihn konsequenterweise mit dem
Versprechen, die Kunstkrise überwinden zu können: „Wir stehen
dir für die Lebenswirksamkeit dessen, was du mit unserer Hilfe voll-
bringen wirst. Du wirst führen, du wirst der Zukunft den Marsch
schlagen, auf deinen Namen werden die Buben schwören, die dank
deiner Tollheit es nicht mehr nötig haben, toll zu sein. (. . .) Verstehst du? Nicht genug, daß du die lähmenden Schwierigkeiten der
Zeit durchbrechen wirst — die Zeit selber, die Kulturepoche, will
sagen, die Epoche der Kultur und ihres Kultus wirst du durchbrechen und dich der Barbarei erdreisten, die's zweimal ist, weil sie nach
der Humanität, nach der (. . .) bürgerlichen Verfeinerung kommt."
(S. 244)

Der so gefaßte Pakt, der als Gegenleistung ausdrücklich Leverkühns Vereinsamung („Du darfst nicht lieben", S. 249) nennt,
scheint sich vorerst insofern zu erfüllen, als dieser in der Tat einige
Werke schafft, an die sich eine „Aura esoterischen Ruhmes" (S. 265)

heftet. Auf der realistischen Ebene des Romans ist der Teufelspakt (leicht als Fieberphantasie Adrians hinweg zu rationalisieren) als Syphiliserkrankung gefaßt, die Leverkühn in jungen Jahren sich zuzog und die ihn, unkuriert, nun in Wahnsinn und Tod führt; nicht ohne ihm in ‚teuflischer‘ Ambivalenz zugleich unerhörte Schaffenseuphorien zu gewähren, denen sich seine großen Werke verdanken. Aber der Teufelspakt ist zugleich wiederum ein Element symbolisch-verweisenden Erzählens: „Der Teufel des ‚Doktor Faustus‘ ist ein Teil Adrian Leverkühns, und er ist metaphorische Umschreibung von außerhalb der Welt des Helden existierenden gesellschaftlichen Kräften und ideologischen Tendenzen, eben des Faschismus. In Zeitbloms Reflexionen auf der Gegenwartsebene des Romans ist (...) der Teufel gleichgesetzt mit dem realen Faschismus, mit den braunen Machthabern."[10]

In der Tat hat Thomas Mann sehr bewußt versucht, „die Idee der Teufelsbündnerschaft", wie er sie bereits 1901 notierte, mit den neueren zeitgeschichtlichen Erfahrungen, „mit der Idee der Nation zu verschmelzen und die deutsche Entwicklung gleichnishaft mitzugestalten."[11] Der Künstler, der sich dem Satan verschreibt, soll also zur Gleichnisfigur des deutschen Volkes werden, das sich dem Nationalsozialismus überläßt. Eine Summe von Leverkühns Schaffenstragödie — zugleich des Epochenproblems der Kunst und der deutschen Verirrungen — gibt der Musiker selbst in einer ‚Lebensbeichte‘ am Schluß des Romans (die sich strukturell an das Volksbuch vom Dr. Faust aus dem 16. Jahrhundert anlehnt). Wieder bildet die *Schwerverständlichkeit* der Kunst den Ausgangspunkt: „Ja und ja, liebe Gesellen, daß die Kunst stockt und zu schwer worden ist und sich selbsten verhöhnt, daß alles zu schwer worden ist und Gottes armer Mensch nicht mehr aus und ein weiß in seiner Not, das ist wohl Schuld der Zeit. Lädt aber einer den Teufel zu Gast, um darüber hinweg und zum Durchbruch zu kommen, der zeiht seine Seel und nimmt die Schuld der Zeit auf den eigenen Hals, daß er verdammt ist." Und Leverkühns Tragödie, das Scheitern der künstlerischen Anstrengung wie auch der politischen Entwicklung wird wie folgt gefaßt: „(...) statt klug zu sorgen, was vonnöten auf Erden, damit es dort besser werde, und besonnen dazu zu tun, daß unter den Menschen solche Ordnung sich herstelle, die dem schönen Werk wieder Lebensgrund und ein redlich Hineinpassen bereiten, läuft wohl der Mensch hinter die Schul und bricht aus in höllische Trunkenheit (...).“ (S. 499) So sehr die Absicht, Leverkühns Kunstproblematik und die zeitgeschichtliche zusammenzufassen, aus diesen Formulierungen deutlich wird — zu fragen bleibt, ob solche Analogie stimmig werden kann.

Faschismus als Bildungskatastrophe?

Eine Bewertung des Mannschen Spätwerks kann von den Anforderungen nicht absehen, die der Autor selbst an seinen Roman gestellt hat: er sollte einerseits die „Situation der Kunst" ausdrücken, andererseits ein „Buch vom Deutschtum" (und das heißt: vom Weg in den Faschismus) sein. Und gewiß wird das erste Postulat prägnant und anschaulich eingelöst. Die Krise — also der gesellschaftliche Funktionsverlust wie auch die innere, vom Stand der musikalischen Technik bedingte Kompositionsproblematik — all das wird, gebunden an die eindrucksvoll stilisierte Figur Leverkühns und ihr Schicksal, in typischer Weise zum Ausdruck gebracht. Es ist dies, in kunstsoziologischer Perspektive, die Problematik spätbürgerlich-modernistischer Kunst, die nur in weitergetriebener Formkonsequenz, strengstem Ästhetizismus noch eine Möglichkeit der Entwicklung sieht — sich aber dadurch gleichzeitig weiter isoliert. Eine alternative, nachbürgerliche, im Brechtschen Sinne *volkstümliche* Kunst wird nur zweimal ganz abstrakt angesprochen (S. 322, 499); sie konnte für Thomas Mann kaum die Konturen einer konkreten Alternative annehmen.

In diesem Sinne also nimmt das Erzählwerk, und das ist ein Kriterium von Modernität, *Kunsttheorie* thematisch in sich auf. Fragt sich, ob dies genügt. Thomas Mann jedenfalls hat in der *Entstehung* gefordert, daß sein „Buch selbst das werde *sein* müssen, wovon es handelt, nämlich konstruktive Musik." (S. 60) Ist aber das Buch seiner Struktur nach Dokument der Kunst-Krise, hier: der Krise traditionellen Erzählens geworden? Wohl doch nicht: Thomas Mann ist von dem Epochenproblem der Kunst, das er so überzeugend behandelt, offenbar weniger *betroffen,* als er selbst glaubte. Er verwendet die erprobten Strategien fiktionalen Erzählens mit einer Meisterschaft und Effektsicherheit, die Resultat eines bewundernswerten Lebenswerkes ist, — die aber andererseits doch in deutlichem Kontrast zur Kunst-Problematik steht, die der Roman theoretisch beschwört. Gerade wo der Autor die Techniken auktorialen Erzählens eben *nicht* voll ausspielt, sondern durch den Einsatz des fiktiven Biographen Zeitblom zurücknimmt, wird dies als Verfahren deutlich, *Erzählbarkeit doch noch zu retten.* Denn während in den musiktheoretischen Partien des Romans der fiktionale Schein als „Lüge" durchschaut, das geschlossene, autonome Werk schneidender Kritik (Adornoscher Provenienz) unterzogen wird, *ist* der *Doktor Faustus* Fiktion und geschlossenes Werk: sei es auf der fingiert naiven Ebene von Zeitbloms Künstler-Biographie, sei es auf der Stufe des als Biographie sich nur tarnenden, sehr bewußt kalkulierten, aller Effekte sicheren Romans. „Um dem Widerspruch zu entgehen, in einem Roman, einem Kunstwerk, den ‚Endzustand‘ der Kunst darzustellen, schiebt der reale Autor einen Schreiber vor, dessen Zweifel noch nicht so weit fortgeschritten sind (. . .).“[12]

Dieser Widerspruch kann an verschiedenen Details weiterverfolgt werden; hier soll exemplarisch das Verhältnis von Dokumentarischem und Fiktion betrachtet werden. Eine ihn „selbst fortwährend befremdende, ja bedenklich anmutende *Montage-Technik*“, ein fortwährendes „Aufmontieren von faktischen, historischen, persönlichen, ja literarischen Gegebenheiten“ auf das fiktionale Romangerüst hat Thomas Mann in der *Entstehung* als „zur ‚Idee‘ des Buches“ gehörig deklariert (S. 33). Geht man dem nach, so stößt man freilich nicht auf Montageverfahren, wie sie in der Literatur der zwanziger Jahre (in der Neuen Sachlichkeit, bei Döblin, Brecht, Benn u. a.) bewußt eingesetzt wurden, um neuen gesellschaftlichen Realitäten, historisch neuen Wahrnehmungsweisen gerecht zu werden. So sehr Thomas Mann Fakten und Figuren, Gedanken und Formulierungen aus eigener Lebenserfahrung oder „aus sich gutwillig einfindende(n) Schriften“ (S. 138) verwendet, so sehr werden diese doch letztlich vom Erzählwerk vereinnahmt, assimiliert — gedanklich wie stilistisch. Da bleiben keine Brüche, Kontraste, keine Diskrepanzen von Dokument und Fiktion. Aufschlußreicher als die oben zitierten Selbstkommentare ist deshalb eine Tagebuchnotiz, die lautet: „Die Integrierung des Studierten und Angeeigneten in Atmosphäre und Zusammenhang des Buches reizvoll empfunden . . .“ (S. 84) In der Tat: *epische Integration* der diskrepantesten Materialien, nicht ihre Montage, ist Thomas Manns Stilprinzip — konsequente Fortführung dessen, was im *Zauberberg,* ja schon in den *Buddenbrooks* begonnen wurde. Insofern muß wohl doch gelten, daß Thomas Mann zwar von den Form- und Kompositionsproblemen fortgeschrittenster Kunst *handelt,* sich selbst aber in seiner Kunstproduktion zurückzieht auf die bewährten, wenn auch differenzierten, Techniken — auf einen souveränen epischen Altersstil. „Thomas Mann hat seine eigenen Grenzen und die Grenzen bestimmter Schreibmethoden genau erspürt und erkannt, er hat seine Zweifel in einem ausgeklügelten und abgesicherten System, das zu bewundern bleibt, zugleich zum Ausdruck gebracht und sich den Konsequenzen verweigert.“[13]

Wie aber steht es mit dem zweiten Anspruch des Romans? Zeigt dieser tatsächlich sinnbildhaft den Weg in die faschistische Barbarei? Thomas Metscher verweist zustimmend darauf, daß *Doktor Faustus* „eine ideologiekritische und sozialpsychologische Pathogenese des deutschen Faschismus in literarischer Form"[14] darstelle. In der Tat veranschaulicht insbesondere der Hintergrund des Geschehens, in dem Leverkühn keine oder nur eine geringe Rolle spielt, die „Zerstörung der Vernunft" (Georg Lukács), den wachsenden Einfluß irrationalistischer, faschistoider Vorstellungen seit der Jahrhundertwende. Jugendbewegte Studentendiskussionen in Halle, später dann Münchner Intellektuellenzirkel eindeutig kryptofaschistischen Charakters lassen wahrlich, wie es in der *Entstehung* heißt, ein „wunderliches Aquarium von Geschöpfen der Endzeit" (S. 178) betrachten. Aber Ähnliches haben ja bereits so unterschiedliche Werke wie der *Zauberberg* und − schärfer − Musils *Mann ohne Eigenschaften* geleistet, Brochs *Schlafwandler* und selbst Heinrich Manns *Untertan*, allesamt *vor* dem Faschismus verfaßt. In dieser Hinsicht also ist Thomas Manns Epochenbeschreibung, wiewohl treffsicher, doch nicht besonders neuartig.

Es bleibt jedoch ein weiterer Aspekt zu diskutieren − und hier dürfte eine eindeutige Wertung schwieriger sein. Gemeint ist die Frage, ob die Zentralfigur, ob Leverkühns Schaffen und Schicksal selbst geeignet ist, nicht nur als Symbol der Kunstkrise, sondern auch als Symbol der allgemeinen *gesellschaftlichen Endzeit,* des deutschen Weges in den Faschismus zu stehen. Diese Intention wird ja sowohl im Roman selbst wie auch in der *Entstehung* (S. 31) ausdrücklich betont. Realisiert werden, *stimmig* werden kann sie freilich nur, wenn die in Analogie gestellten Phänomene: also Leverkühns Teufelspakt und die Machtergreifung der Nazis, die esoterische Musik und der braune Terror, in sich vergleichbar wären. Gerade das ist aber zweifelhaft. Denn Leverkühn ist ja, *als Musiker,* kein Wegbereiter faschistischer Kunst, auch wenn er im Bemühen um absolute Modernität gern und häufig auf archaische Verfahrensweisen, rituelle Elemente der Musik zurückgreift. Seine künstlerische Produktion ist „für die Zwecke des Faschismus vollkommen unbrauchbar", wenn auch zugleich unbrauchbar für eine neu zu begründende humanistisch-volkstümliche Kunst. Schon ihr ungeminderter Elitarismus setzt sie in Gegensatz zu den Bestrebungen des Faschismus, „die Massen zu ihrem Ausdruck (beileibe nicht zu ihrem Recht) kommen zu lassen".[15] So ist denn auch innerhalb der Romanhandlung Leverkühn keine Leitfigur ‚völkischer Kunst', sondern ein ‚Entarteter'; Zeitblom läßt keinen Zweifel daran, daß sein Werk im ‚Dritten Reich' boykottiert und Leverkühns Name nur von einem „der breiten Masse gänzlich verborgene(n) Früh-Ruhm" (S. 313) umgeben ist. Deshalb kann Leverkühns Kunst nicht mit dem Faschismus selbst analogisiert werden; möglich wäre es allenfalls, diese Kunst aufgrund ihres radikalen Elitarismus als verfehlt anzusehen, wie es die oben zitierten Schlußworte aus Adrians ‚Lebensbeichte' nahelegen. Adrian Leverkühns Problematik, seine ‚Schuld' läge dann eben in seinem elitären Ästhetizismus, der — insofern er Absage an eine neu definierte sozialverantwortliche Kunst ist — unwillentlich die Barbarei, den Faschismus *begünstigt.* In diesem Sinne hat etwa Metscher, nicht unplausibel, die *Dialektik von Ästhetizismus und Barbarei* als „das ideelle Zentrum des Romans" angesprochen.[16] Aber selbst wenn man dem zustimmt: es erklärt allenfalls die Problematik einer bestimmten künstlerischen Position in der Entscheidung zwischen Fortschritt und Barbarei (veranschaulicht an der Kunstfigur Leverkühn, real in etwa aufzufinden bei Autoren wie Stefan George, Gottfried Benn oder Ernst Jünger, die vom Faschismus allenfalls Unterstützung ihres elitären Ästhetizismus erwarten mochten, sich aber bald enttäuscht abwandten). Nicht erklärt wird, worauf Thomas Mann doch ausdrücklich abzielt, der Faschismus, die Barbarei selbst. Es bleibt letzten Endes nur eine sehr ungefähre symbolische Analogie zwischen ‚verderblicher, in den Collaps mündender Euphorie" (so die *Entstehung* über Adrians Teufelspakt) und „dem fascistischen Völkerrausch" (S. 31).

Daß diese Analogie nicht recht stimmig werden kann, liegt im Grundsätzlichen verursacht: in der von Thomas Mann bevozugten und auch hier wieder gebrauchten Perspektive auf gesellschaftliche Phänomene. Er selbst hat sie in der *Entstehung des Doktor Faustus* als die „Neigung" definiert, „alles Leben *als Kulturprodukt* und in Gestalt mythischer Klischees zu sehen (...)." (S. 137) Hier dürfte denn auch die Grenze nicht nur der Faschismus-Analyse im *Doktor Faustus,* sondern der Mannschen Zeitromane überhaupt liegen: in der Fixierung auf die kulturelle, ideengeschichtliche Sphäre, bestimmte Sektoren des Überbaus, und in der Neigung, historisch-gesellschaftliche Prozesse *von dort her* zu erklären. Dies hatte Ernst Bloch schon am *Zauberberg* kritisiert; für den Faustus muß, wie Inge Diersen überzeugend ausführt, ähnliches gelten: „Er faßt die Epochenfragen von ihrem geistigen Reflex im bürgerlichen Denken, nicht von ihren realgeschichtlichen Grundlagen her."[17]

Sehr fragwürdig muß demgegenüber die bildungsbürgerliche Sorge eines marxistischen Literaturwissenschaftlers erscheinen, das Werk ohne jede Einschränkung und Differenzierung zu ‚retten', also noch die genannte Beschränkung des Blicks als „Größe" zu interpretieren. „Denn mit einer in der Literaturgeschichte sicher beispiellosen Folgerichtigkeit", schreibt Metscher, „schildert Thomas Mann den Zerfallsprozeß deutscher bürgerlicher Kultur von *innen* her: gerade dies verleiht dem Roman, verleiht der von ihm geleisteten epischen Analyse deutscher Geschichte ihre literarische Individualität und ihren historischen Rang."[18] So beispiellos ist das eben nicht (man denke an Musil) – und: *deutsche Geschichte* wird auch nicht analysiert, allenfalls die (wichtige!) deutsche *Geistes*geschichte. Differenzierter hat da bereits vor Jahren ein liberaler Kritiker den Roman beurteilt. „Denn läßt sich" fragt Reinhard Baumgart, „die Vorgeschichte des deutschen Faschismus tatsächlich erzählen als eine Verführung und Perversion nur des Denkens, als – Bildungskatastrophe? Ich sehe diese Fabel nicht dorthin zielen, wo doch der Fluchtpunkt aller Analyse liegen sollte – nicht auf Auschwitz, auf Eichmann. Zu hoch oben, sehr ideologisch läuft die Beschreibung über den Ereignissen. Hier offenbar versagt die Absicht der Repräsentation, die jetzt das persönliche Trauma, die spätbürgerliche Fragwürdigkeit des Künstlers, auch politisch auslegen möchte. (...) Doch von Gott und Goethe verlassen sein, bedeutet noch nicht Faschismus."[19]

Mit dem *Doktor Faustus* kommt (trotz aller Einwände im einzelnen) die Literatur des antifaschistischen Exils im Jahre 1947 zu einem weiteren Gipfelpunkt nach Heinrich Manns *Henri Quatre*, nach Brechts *Svendborger Gedichten* und seinem *Leben des Galilei*. Sie gelangt aber zugleich zu einem Schlußpunkt. Im gleichen Jahr 1947 entstehen im zerstörten Deutschland, ohne jede Fühlung mit den großen Exilautoren und ihrer Literatur, die ersten – vergleichsweise primitiven – Texte einer deutschen Nachkriegsliteratur. Ihre Autoren heißen – beispielsweise – Wolfgang Borchert, Heinrich Böll, Günter Eich. Von ihnen wird im dritten Teil dieser Einführung die Rede sein. Das moralisch-politische Problem aber, das im letzten großen Werk der Exilliteratur zentral war (oder doch sein sollte), das *Problem des Faschismus*, wird auch die neue Literatur noch auf Jahrzehnte hinaus beschäftigen.

Anmerkungen

1 Zitiert nach Inge Diersen: Thomas Mann, S. 223.
2 Grundlegend für den Nachweis des verarbeiteten Wirklichkeitsstoffes bzw. der literarischen Materialien ist nach wie vor Gunilla Bergsten: Thomas Manns Doktor Faustus. Untersuchungen zu den Quellen und zur Struktur des Romans, Lund 1963.
3 Zu den hier implizierten dichtungslogischen Kategorien, inbesondere der fingierten Wirklichkeitsaussage, vgl. Käte Hamburger: Die Logik der Dichtung, 2. Aufl. Stuttgart 1968, S. 222 u. ö.
4 Vgl. Thomas Mann: Doktor Faustus, S. 342; Th. M.: Die Entstehung des Doktor Faustus, S. 32 f. – Es handelt sich in der Tat, wie Thomas Mann sagt, um eine ‚doppelte Zeitebene' (der erzählten Zeit), die den aufschluß-

reichen Kontrast hervorbringt, nicht um den Gegensatz von ‚erzählter' und ‚Erzählzeit', wie Metscher formuliert (Faust und die Ökonomie, S. 139).

5 Volker Hage: Vom Einsatz und Rückzug des fiktiven Ich-Erzählers, S. 88 f.

6 Diersen, S. 310.

7 Vgl. Theodor W. Adorno: Warum ist die neue Kunst so schwer verständlich? In: Der Scheinwerfer 5 (1931/32) H. 2, S. 12 ff. — Vgl. hierzu auch den ersten Band dieser Einführung, bes. S. 17 ff.

8 Metscher, S. 142.

9 Vgl. Rainer Dorner: ‚Doktor Faust'. Zur Sozialgeschichte des deutschen Intellektuellen zwischen frühbürgerlicher Revolution und Reichsgründung (1525—1871), Kronberg 1976.

10 Diersen, S. 319.

11 Eberhard Hielscher: Thomas Mann, S. 157.

12 Hage, S. 92.

13 Ebda., S. 97.

14 Metscher, S. 136.

15 Walter Benjamin: Das Kunstwerk im Zeitalter seiner technischen Reproduzierbarkeit, Frankfurt/M. 1963, S. 11 und 48.

16 Metscher, S. 141.

17 Diersen, S. 340.

18 Metscher, S. 136.

19 Reinhard Baumgart: Thomas Mann von weitem, in: R. B.: Literatur für Zeitgenossen, Frankfurt/M. 1966, S. 158.

Literaturhinweise

Thomas Mann: Doktor Faustus. Das Leben des deutschen Tonsetzers Adrian Leverkühn erzählt von einem Freunde (1947), Frankfurt/M. 1971 (= Fischer Taschenbücher 1230).

Thomas Mann: Die Entstehung des Doktor Faustus — Roman eines Romans, Frankfurt/M. 1949.

Thomas Mann: Gesammelte Werke in 13 Bänden, Frankfurt/M. 1974.

Eberhard Hielscher: Thomas Mann. Leben und Werk, Berlin/DDR 1975 (= Schriftsteller der Gegenwart 15).

Inge Diersen: Thomas Mann. Episches Werk, Weltanschauung, Leben, Berlin und Weimar 1975.

Georg Lukács: Die Tragödie der modernen Kunst (1948), in: G. L.: Faust und Faustus. Vom Drama der Menschengattung zur Tragödie der modernen Kunst, Reinbek 1967, S. 239 ff. (= Rowohlts deutsche Enzyklopädie 285—287).

Hans Mayer: Thomas Manns ‚Doktor Faustus': Roman einer Endzeit und Endzeit eines Romans, in: H. M.: Von Lessing bis Thomas Mann, Pfullingen 1959, S. 383 ff.

Volker Hage: Vom Einsatz und Rückzug des fiktiven Ich-Erzählers. ‚Doktor Faustus' — ein moderner Roman?, in: Heinz Ludwig Arnold (Hrsg.): Thomas Mann (Sonderband Text + Kritik), München 1976, S. 88 ff.

Thomas Metscher: Faust und die Ökonomie, in: Vom Faustus bis Karl Valentin. Der Bürger in Geschichte und Literatur (Argument Sonderband 3), Karlsruhe 1976, bes. S. 135 ff.

Die Verfasser

Karl W. Bauer (Bertolt Brecht II: Lehrstück-Konzept; Literatur der Arbeiterbewegung III: Drama)

Horst Belke (Karl Kraus)

Manfred Dutschke (Franz Kafka)

Heinz Geiger (Volksstück: Zuckmayer, Fleißer, Horváth; Bertolt Brecht III: Exildramen)

Hermann Haarmann (Piscator-Bühne; Literatur im Exil)

Manfred Jäger (Kabarettkultur)

Heinz Günter Masthoff (Alfred Döblin)

Erhard Schütz (Einführung und Überblick: Literatur im Zeitalter der Medienkonkurrenz; Kriegsprosa: Remarque, Renn, Jünger; Gottfried Benn; Reportage: Reger, Hauser, Kisch; Literatur der Arbeiterbewegung II: Lyrik; Literatur des deutschen Faschismus; ‚Innere Emigration')

Florian Vaßen (Literatur der Arbeiterbewegung I: Prosa)

Jochen Vogt (Heinrich Mann I; Thomas Mann I; Bertolt Brecht I: Lyrik; Robert Musil; Heinrich Mann II; Thomas Mann II)

LESEN

Herausgegeben von Erhard Schütz und Jochen Vogt

Unter dem Titel LESEN erscheinen in unregelmäßiger Folge Hefte zu aktuellen Fragen kritischer Literatur- und Medienwissenschaft. Sie enthalten theoretische Versuche, Analysen, didaktische Modelle, Kritik und Informationen zu jeweils einem Themenbereich. LESEN versucht, kritische Theoriebildung und politisch-pädagogische Praxis miteinander zu verbinden. Es steht als Forum für Projekt und Erfahrungsberichte offen, welche die Möglichkeiten und Widerstände emanzipatorischer Praxis in Schule und Hochschule aufzeigen.

1 KINDER - BÜCHER - MASSENMEDIEN
Hrsg. von Karl W. Bauer und Jochen Vogt.
1976. 228 Seiten. Folieneinband

2 DER ALTE KANON NEU
Zur Revision des literarischen Kanons in Wissenschaft und Unterricht.
Hrsg. von Walter Raitz und Erhard Schütz.
1976. 256 Seiten. Folieneinband

3 DEUTSCHER BAUERNKRIEG
Historische Analysen und Studien zur Rezeption.
Hrsg. von Walter Raitz.
1976. 234 Seiten. Folieneinband

4 LITERATUR ALS PRAXIS?
Aktualität und Tradition operativen Schreibens.
Hrsg. von Raoul Hübner und Erhard Schütz.
1976. 240 Seiten. Folieneinband

5 DIDAKTIK DEUTSCH
Probleme — Positionen — Perspektiven.
Hrsg. von Hannes Krauss und Jochen Vogt.
1976. 224 Seiten. Folieneinband

6 LITERATUR UND STUDENTENBEWEGUNG
Hrsg. von W. Martin Lüdke.
1977. 248 Seiten. Folieneinband

WESTDEUTSCHER VERLAG

GRUNDKURS
LITERATURGESCHICHTE

Einführung in die deutsche Literatur des 20. Jahrhunderts
Band 1: Kaiserreich

Erhard Schütz / Jochen Vogt
unter Mitarbeit von Karl W. Bauer, Heinz Geiger,
Hermann Haarmann, Manfred Jäger

1977. 264 Seiten. Folieneinband

Inhalt

Einführung und Überblick: Literatur zwischen Kunst-
autonomie und Massenkultur / Naturalismus / Gerhart Haupt-
mann / Heimatkunstbewegung / Hermann Hesse / Hugo von
Hofmannsthal / Rainer Maria Rilke / Stefan George / Frank
Wedekind / Carl Sternheim / Arthur Schnitzler / Thomas
Mann / Heinrich Mann / Unterhaltungsliteratur I: Eugenie
Marlitt / Unterhaltungsliteratur II: Karl May / Arbeiter-
literatur I: Proletarisches Theater / Arbeiterliteratur II:
Proletarische Autobiografie und Lyrik / Expressionismus.

Einführung in die deutsche Literatur des 20. Jahrhunderts
Band 3: Bundesrepublik Deutschland und DDR

Erhard Schütz und Jochen Vogt
unter Mitarbeit von Karl W. Bauer, Heinz Geiger, Hermann
Haarmann, Manfred Jäger, Hannes Krauss, W. Martin Lüdke,
Klaus Siblewski

In Vorbereitung (Erscheint im Frühjahr 1979)

WESTDEUTSCHER VERLAG